本书得到南京水利科学研究院出版基金资助

病险水库除险加固效果评价

马福恒　沈振中　李子阳　张湛　著

中国水利水电出版社
www.waterpub.com.cn
·北京·

内 容 提 要

本书是作者多年从事水库大坝安全评价、病险水库除险加固蓄水安全鉴定及竣工技术鉴定研究和实践工作的经验总结，介绍了国内外病险水库除险加固技术及其效果评价的理论和方法，结合具体工程实际，全面系统地阐述了病险水库除险加固技术及效果评价体系和技术方法。主要包括水库大坝病险成因及特征、病险水库除险加固技术及优化方法、病险水库除险加固效果多尺度评价方法、病险水库除险加固效果评价指标体系、病险水库除险加固效果量化评价、病险水库除险加固效果评价信息模型及决策系统以及典型工程应用案例。

本书对病险水库除险加固后评估具有重要参考价值，可供水利设计单位、水库大坝管理单位和从事水库大坝除险加固设计、施工、鉴定、后评估的技术人员学习、使用，也可作为高等学校水利类专业的教材或参考书。

图书在版编目（ＣＩＰ）数据

病险水库除险加固效果评价 / 马福恒等著. —— 北京：
中国水利水电出版社，2021.11
ISBN 978-7-5226-0287-5

Ⅰ．①病… Ⅱ．①马… Ⅲ．①病险水库—加固—研究
Ⅳ．①TV697.3

中国版本图书馆CIP数据核字(2021)第258028号

书　　名	**病险水库除险加固效果评价** BINGXIAN SHUIKU CHUXIAN JIAGU XIAOGUO PINGJIA
作　　者	马福恒　沈振中　李子阳　张　湛　著
出版发行	中国水利水电出版社 （北京市海淀区玉渊潭南路1号D座　100038） 网址：www. waterpub. com. cn E-mail：sales@waterpub. com. cn 电话：(010) 68367658（营销中心）
经　　售	北京科水图书销售中心（零售） 电话：(010) 88383994、63202643、68545874 全国各地新华书店和相关出版物销售网点
排　　版	中国水利水电出版社微机排版中心
印　　刷	天津嘉恒印务有限公司
规　　格	184mm×260mm　16开本　20印张　512千字
版　　次	2021年11月第1版　2021年11月第1次印刷
定　　价	**178.00**元

序

　　我国现有水库 9.8 万多座，是调控水资源时空分布、优化水资源配置、保障国家水旱灾害防控的重要工程措施，是保障国家水安全和经济社会高质量发展、保护和改善水生态环境不可替代的重要基础设施。这些水库 80％ 以上修建于 20 世纪 50—70 年代，运行 50 年以上的占 48％，许多水库接近或达到设计使用年限，或因地质条件复杂、建造标准低、极端荷载作用等原因，工程老化、毁损等病险问题较为突出。党中央、国务院历来高度重视水库大坝安全，近 10 多年来，先后实施了 7.3 万座水库除险加固，取得了显著成效，但目前尚有 8699 座存量病险水库未实施除险加固，已实施除险加固的小型水库中还有 16472 座存在遗留问题，另有 31779 座水库到规定期限未开展安全鉴定，且每年还会新增一定数量的病险水库。习近平总书记高度重视水库安全，多次作出重要批示，强调要坚持安全第一，加强隐患排查和消除，确保水库大坝安全。党的十九届五中全会明确提出要"加快病险水库除险加固"。国务院常务会专题研究，国务院办公厅印发《关于切实加强水库除险加固和运行管护工作的通知》，进一步明确提出"十四五"期间全面完成现有病险水库的除险加固，基本消除水库大坝重大安全隐患，对新出现的病险水库及时除险加固，建立健全水库除险加固和运行管护长效机制，对水库大坝安全和除险加固提出了很高要求，作出了具体部署。

　　水库大坝结构和地质状况复杂，病险机理各异，因此，病险水库除险加固技术的选择、施工质量的控制、运行效果的保证、加固效益的分析等是一项复杂的系统工程，科学、准确地评价病险水库除险加固的实施方案和实际效果，需要大量相关理论方法及技术的支撑。但是，由于缺少水库除险加固效果评价的方法和先进的技术，部分除险加固工程并未取得预期效果。例如，由于缺少水库除险加固技术的合理性评价方法，采用的加固技术不一定是最优化的或并不具有针对性，加固效果也无法得到科学准确和客观的评价。这些问题使得一些水库大坝虽经除险加固，运行不久却再次出现病险，甚至在除险加固完成不久或在加固过程中出现溃坝的不正常现象。由此也反映了现有的大坝除险加固工作尚未建立长效和科学的评估体系，从根本上来讲还是缺少病险水库除险加固效果评价的成套技术和方法，无法对水库除险加固的优劣及成功与否进行科学评价。

本书作者长期从事水库大坝安全评价、"三类坝"鉴定成果核查、病险水库除险加固蓄水安全鉴定及竣工技术鉴定等方面的研究和实践工作。他们总结了国内外病险水库除险加固的成功经验和存在的问题，并结合具体工程实际，对水库大坝病险成因及特征、病险水库除险加固技术及优化方法、除险加固效果多尺度评价模型、除险加固效果评价指标体系、除险加固效果量化评价及决策支持系统等方面进行了系统阐述，提供了多个典型除险加固水库工程效果评价的应用案例。本书内容全面，针对性强，是研究和实践成果的结晶，对提高病险水库大坝除险加固决策及科学管理水平具有重要的理论意义和实用价值，对今后的病险水库除险加固与运行管理工作也有很好的指导意义。

在当前国务院要求加快病险水库大坝除险加固步伐，保障水库安全运行、充分发挥工程效益，为经济社会高质量发展提供支撑保障的新形势下，本书的出版填补了开展病险水库除险加固效果科学定量评价的不足，可为我国水库大坝现代化管理提供强有力的理论支撑。我相信，本书对于广大水库大坝管理人员和从事水库大坝除险加固设计、施工、鉴定、后评估的技术人员均具有很好的参考和借鉴作用。

是为序。

中国工程院院士
南京水利科学研究院名誉院长
英国皇家工程院外籍院士

2021 年 9 月于南京

前　言

　　根据最新的全国水利发展统计公报，我国已建成各类水库大坝 98112 座（不含港澳台地区），总库容 8983 亿 m³，水库数量居世界之首。受历史原因影响，其中病险水库数量众多，不仅制约着水库效益的充分发挥和社会经济的发展，而且严重威胁着广大人民群众的生命财产安全。党中央、国务院高度重视水库除险加固，先后作出一系列决策部署，自 20 世纪 90 年代以来陆续组织开展了 10 批次 7.3 万座水库除险加固。水库的除险加固有效降低了病险率，消除了安全隐患，保障了水库下游人民群众的生命财产安全，大大增强了水资源调控和抗御干旱灾害的能力。

　　尽管水库除险加固工作消除了一些隐患，但也应看出，目前仍有 8699 座水库已被鉴定为病险水库，16472 座已经除险加固但仍存在遗留问题，根据预估未鉴定水库中还有约 5600 座病险水库，今后每年还会正常出现一些病险水库。2020 年 11 月 18 日，国务院常务会议明确要求对现有病险水库 2025 年年底前要全部完成除险加固，并对新出现的病险水库及时除险加固，病险水库加固将是一项长期工作。与此同时，病险水库除险加固效果还缺少相应的成套评价技术，使得在实际的除险加固工程中还存在着诸多不甚完善和合理的地方，除险加固采用技术的合理性和水库除险加固的效果等无法得到准确评价。这些问题造成了病险水库除险加固在取得巨大成绩的同时，也出现了一些水库大坝在除险加固完成后或在加固过程中发生溃坝的不正常现象。例如，仅在 2013 年年初 15 天内即连续发生新疆联丰小（2）型水库、黑龙江星火小（1）型水库、山西曲亭中型水库等 3 座除险加固水库溃坝事故，2013 年 5 月 5 日，甘肃永登县翻山岭小（1）型水库又在加固改造工程完成后第二次蓄水过程中发生溃坝事故等。

　　据初步统计，除险加固水库工程溃坝率已经超出了水库大坝综合溃坝率，反映出当前的病险水库除险加固效果后评估机制及成套评价技术缺失的不利影响不容忽视。为总结病险水库除险加固经验，查找问题、完善政策制度、提高除险加固决策的科学化水平，进行病险水库除险加固效果评价，指导今后的病险水库除险加固与运行管理工作，保障水库安全运行和效益持续发挥，具有十分重要的社会和经济意义，是当前保障国家水安全的重大需求。

本书针对病险水库除险加固效果综合评价的关键问题，系统研究了病险水库除险加固效果评价体系和方法，提出了病险水库除险加固技术优化、除险加固效果多尺度综合评价等关键技术，构建了除险加固效果评价指标体系、除险加固效果量化评价模型和除险加固效果评估融合信息模型等。主要成果如下：

（1）研究了不同类型水库大坝不同病险状况的除险加固技术及适应性，构建了可对除险加固技术方案与病险因子进行灰色关联-层次分析的综合评价模型，提出了基于风险的加固技术方案优化评价方法。

（2）综合加固方案、功能康复程度、经济和社会影响等，研究了除险加固效果分项评价方法，建立了水库大坝除险加固效果的多层次模糊综合评判法；构建了水库加固实时性态监控的加权支持向量机模型和长效监控的 Bayes-ARMA 模型，提出了同类和异类监测数据组合监控大坝加固效果的方法。

（3）建立了病险水库除险加固效果评价指标体系，制定了指标筛选方法。建立了大坝加固效果评价指标的评价等级集，提出了时效-非时效、定量-非定量等不同类型指标的量化评价方法，构建了专家综合权重的评测体系，建立了指标权重随评价值变化的动态权重计算方法。

（4）将效果评估分为信息获取、信息处理、信息输出三个阶段，提出了适用于各类型水库大坝除险加固效果评价的信息模型，构建了除险加固效果评价辅助决策系统框架。

（5）对河南省石漫滩水库、虎山水库和浙江省南山水库等典型水库进行了除险加固效果评价案例分析，验证了评价方法和模型的有效性。

本书由马福恒总体策划，李子阳、马福恒、沈振中负责统稿及定稿。全书共分 8 章，第 1 章由马福恒、张湛、李子阳撰写，第 2 章由张湛、胡江、毛春梅撰写，第 3 章由张湛、潘海英、霍吉祥、建剑波撰写，第 4 章由李子阳、郭丽、叶伟、李乐晨撰写，第 5 章由沈振中、徐力群、毛春梅、邱莉婷撰写，第 6 章由沈振中、甘磊、严中奇撰写，第 7 章由马福恒、李子阳、俞扬峰撰写，第 8 章由李子阳、沈振中、胡江、程林、沈心哲撰写。研究生李强、李涵曼、周聪聪、王硕等项目组其他同志，以及中科华水工程管理有限公司、河南省水利勘测设计研究有限公司、河南省河口村水库管理局、河南省石漫滩水库管理局等单位相关人员为本书的编写做了大量的资料收集与整理工作，在此一并向他们表示衷心感谢！

本书在河南省水利科技攻关项目"病险水库除险加固效果评价关键技术

研究及应用"（GG201422）等研究成果基础上撰写，并得到了国家重点研发计划"土石堤坝内部隐患及诊漏通道快速探测关键技术及装备研究"（2019YFC1510802）、南京水利科学研究院中央级公益性科研院所基本科研业务费专项资金（Y721002、Y721009）和出版基金的支持和资助，特表示感谢。

作者希望通过本书的出版，能促进病险水库除险加固后评估工作并在行业内交流，提升病险水库除险加固成效，确保工程安全。由于时间仓促及水平所限，书中不当之处，恳请读者批评指正。

作者

2021 年 6 月于南京

目　录

第 1 章

概　　述

1.1　全国病险水库及除险加固概况

我国是人类筑坝历史最悠久的国家之一，战国时修建的淮河流域安丰塘水库，距今已有 2600 多年历史，经过历代修缮目前仍在运行发挥效益，但大规模的水库大坝建设是在 1949 年中华人民共和国成立之后。根据《2019 年全国水利发展统计公报》，我国已建成各类水库大坝 98112 座（不含港澳台地区），总库容 8983 亿 m^3，水库数量居世界之首。其中大型水库 744 座（占 0.76%），总库容 7150 亿 m^3；中型水库 3978 座（占 4.05%），总库容 1127 亿 m^3；小型水库 93390 座（占 95.19%），其中小（1）型 18224 座（占小型水库数 19.5%），小（2）型 75166 座（占小型水库数 80.5%）。按坝型统计，土石坝 90718 座，占 92.4%；混凝土坝 2372 座，占 2.4%；其他坝型 5022 座，占 5.2%。按坝高统计，15m 以上约 37400 万座，占 37.6%；其中 30m 以上约 6500 座，100m 以上 220 座，200m 以上 22 座。按坝龄统计，平均坝龄 50 年，其中土石坝平均坝龄 54 年，混凝土坝平均坝龄 31 年。这些水库不仅是调控水资源时空分布、实现水资源优化配置的重要工程措施，也是我国江河防洪保安工程体系和水利基础设施重要的组成部分，还是保护和改善生态环境不可或缺的保障系统，在防洪、发电、供水、灌溉、航运、生态等众多方面发挥了不可替代的重要作用，承担着保障防洪安全、能源安全、供水安全、粮食安全、生态安全的重要功能，取得了巨大的经济、社会、生态综合效益。但这些已建水库中，87% 以上修建于 20 世纪 50—70 年代，限于当时经济条件和技术水平，工程建设标准普遍偏低，施工技术和管理经验欠缺，缺失必要的工程质量管理和控制措施与手段，"先天"工程质量较差。加之处于特殊的历史阶段，相当一部分以"三主"（以蓄为主、以小型为主、以社办为主）原则为依据建设，造成了大量的"三边"（边勘测、边设计、边施工）和"四不清"（来水量不清、流域面积不清、库容不清、基础不清）工程。受水文、地质、施工质量、运行管理等多方面影响，工程普遍存在防洪标准低、工程质量差等多种安全隐患，加上长期以来运行维修经费落实不到位，管理粗放，老化失修严重，导致水库病险率较高。另一方面，我国水库平均坝龄已超过 50 年，经过数十年服役，大部分水库已接近或超过设计使用年限，结构老化、性能劣化、淤积等问题渐趋严重，建筑物异常变形、渗漏、开裂等多种安全问题已普遍存在，且随时间推移可能产生新的缺陷和隐患。此外，受到日益加剧的全球气候变化影响，极端天气事件发生频率与分布显著变化，区域性气候事件呈现频次增加、范围扩大的趋势，这进一步加剧了已有水库大坝的安全风险，使得现有的安全隐患更为突出。水库大坝安全问题严重影响工程效益正常发挥，严重威胁下游人民生命财产、基础设施和生态环境安全，严重制约社会经济可持续发展和区域稳定。

我国对病险水库的除险加固和水库大坝安全管理工作相当重视，"75.8"大洪水后，即对全国65座大型水库实施了以提高防洪标准为主的除险加固工程建设；1986—1992年又先后进行了第一批43座、第二批38座共81座重点病险水库除险加固工程建设；1998年大水后，中央加快了病险水库除险加固步伐，10年间将两期共3458座病险水库除险加固纳入中央补助规划；在2007年12月召开的中央农村工作会议上，在第一、第二批已完成2300座病险水库除险加固任务的基础上，又确定了6240座病险水库作为3年除险加固的实施重点；2010年7月全国小型病险水库除险加固规划实施启动，2011年4月全国小（2）型病险水库除险加固规划实施启动，确保了"十二五"末完成全部小型水库除险加固任务。截至2010年年底，全国大中型和重点小型病险水库除险加固项目已通过竣工验收或主体工程投入使用验收6235座，2017年前我国病险水库除险加固进度及投资统计见表1.1-1。截至目前，大中型水库安全状况显著改善，但大量小型病险水库除险加固任务仍十分艰巨。

表1.1-1 我国病险水库除险加固进度及投资统计表

时 间	目 标 及 任 务	加固数/座	投资/亿元
1976—1985年	大型水库除险加固工程	65	
1986年	险情重，威胁大的重点病险水库除险加固工程	43	
1992年	险情重，威胁大的重点病险水库除险加固工程	38	
1998—2006年	病险水库除险加固工程	2000	244
2007—2009年	大中型和重点小型病险水库除险加固工程	6240（大型86，中型1096，重点小型5058）	624.8
2009—2010年	东部地区重点小型病险水库除险加固工程	1116	50.22（中央投资16.74）
2010—2012年	小（1）型病险水库除险加固工程	5400	244
2010—2015年	小（2）型病险水库除险加固工程	41000	15900座全国重点：中央拨款381.38；25000座一般：地方安排
2016年	新出险小型病险水库除险加固工程	4073	
2017年	灾后小型病险水库除险加固工程	3200	9000（水利基础设施建设总投资）

注 部分规划投资为中央和地方共同出资，总额未统计。

尽管近年来，国家发展改革委、财政部安排中央资金1553亿元，对2800座大中型水库和69000座小型水库进行了除险加固，工程安全状况不断改善，平均年溃坝率为0.045‰，低于世界上公认的0.1‰的低溃坝率，大坝安全状况总体可控。但是，随着岁月推移，由于以下原因，仍陆续有水库产生病险。

（1）我国水库80%以上修建于20世纪50—70年代，大部分已超过或接近设计使用年限，年久老化。

（2）超标准洪水、强烈地震等自然灾害影响，可能导致工程不同程度损毁。例如，2020 年我国发生了 1998 年以来最严重的汛情，造成 131 座大中型水库、1991 座小型水库损坏。

（3）存在"重建轻管"现象，尤其是小型水库，管护力量薄弱，疏于日常维修养护，积病成险。

为此，习近平总书记多次作出重要指示、批示，强调要坚持安全第一，加强隐患排查预警和消除，在"十四五"时期解决防汛中的薄弱环节，确保现有水库安然无恙。李克强总理 2020 年 11 月 18 日主持召开国务院常务会议，明确要求对现有病险水库 2025 年底前要全部完成除险加固，并对新出现的病险水库及时除险加固。2020 年 12 月 2—3 日，水利部在福建省福州市召开全国水库除险加固和运行管护工作会，进一步明确在 2022 年前，完成水库除险加固遗留问题处理、现有超时限水库的安全鉴定、现有已鉴定病险水库的除险加固，按照"十四五"总体安排，列出任务清单、制定实施办法、落实投资任务、细化工作举措、强化属地责任、加大问责力度，确保将病险水库除险加固各项任务落到实处，完成水库除险加固任务。并将病险水库除险加固常态化，健全稳定的资金渠道作保障，确保水库安全及长效运行。

1.2　病险水库除险加固后运行状况及存在问题

1.2.1　病险水库除险加固后运行状况及主要隐患

为了解病险水库除险加固后运行状况，水利部大坝安全管理中心组织开展了相关调研，结合作者近年来承担的病险水库除险加固工程蓄水安全鉴定、竣工验收技术鉴定及安全评价等工作，将全国病险水库除险加固后运行状况总结如下。

1. 调研样本分类

除险加固工程施工的主要内容通常包括大坝（一些平原水库分主坝与副坝）、溢洪道、输水洞（包括泄洪洞与取水洞）、金属结构、安全监测以及相关岸坡整治等。而在此之前的设计阶段还需根据水库等别以及建筑物级别进行防洪度汛的复核并且对工程所处的地区进行地质评价。在整体完工后，要求工程达到一定的工程形象面貌才能通过蓄水验收。因此，结合全国各地的工程情况差异，调研样本可分为防洪度汛、大坝加固、溢洪道加固、输水洞加固、金属结构维修改造以及安全监测完善等 6 个方面。

2. 防洪度汛

水库除险加固施工前需对水库的防洪能力进行评定，对于不满足防洪要求的需根据验算后的结果采取工程措施进行改造。设计洪水一般采用暴雨资料推算，对于年代已久的水库，初建时的暴雨资料与现如今存在较大差异，因此除险加固复核设计洪水时一般将降雨量系列延续到近几年。通过除险加固 90% 以上的水库防洪能力得到了保证。但有个别水库由于设计深度不够，防洪能力仍不满足，如河南省某水库除险加固工程初设阶段设计洪水采用"84 图集"成果，该成果 1000 年一遇校核洪水 24h 洪量比"05 图集"成果偏小

20.4%，洪峰流量比参证站流量法偏小 1.74%，未进一步复核设计洪水成果的合理性。在此方面，对于大中型水库一般能采用最新的暴雨资料，而某些小型水库由于缺乏配套的雨量站，降雨量常常使用附近水库的暴雨资料，虽说降雨情况有一定的相似性，但终究是两个地点，降雨量不尽相同，出于安全考虑，需在小型水库配备相应雨量站或雨量观测点。

3. 大坝加固

大坝作为水库的主体工程，在除险加固过程中属于主要加固对象，一般的渗漏、变形等问题都能很好地解决。在调研过程中发现某些水库的加固工程只是对内部显著问题（如渗漏、变形）进行了整改，而忽视了外部一些可能的安全隐患，有一些水库大坝下游采用草皮护坡，但加固完成后未形成严格的管理制度，导致牲畜到下游坡啃食草皮，危害下游坝坡稳定。如对河南省某水库进行现场鉴定时发现下游坡草皮上出现牛蹄印，过度踩踏破坏了草皮完整性，还有一些牲畜排泄物引来的昆虫使得土体疏松，危害坝坡稳定。有些小型水库大坝周围及大型水库副坝周围住有农户，在除险加固过程中未对坝体周围的土利用进行规划，使得在加固完成后周围的农户将坝坡用作农田进行农业种植，如河南省某大型水库副坝上游坝脚铺盖已被耕种成农田，影响副坝渗流安全，应与当地政府会商尽快确定副坝安全管理与保护范围。

4. 溢洪道加固

溢洪道作为主要泄水建筑物，保证其能正常运行在汛期至关重要。除险加固工程多为解决溢洪道泄流能力不足、溢洪道混凝土强度不够以及末端消能设施不合适等问题，还有一些会考虑泄槽岸坡稳定情况，但对于下游河道的情况没有给予足够的关注。有些河道并不顺直，在其拐弯处转弯半径比较小，溢洪道泄洪时流速较大，拐弯处会出现水跃上岸坡的情况，而沿河道两旁常常会有住户，此时的安全问题需要引起重视。有些水库溢洪道末端尾水渠开挖不能严格按照设计要求，如河南省某大型水库尾水渠段开挖未按设计完成，仅能通过流量约 $800\text{m}^3/\text{s}$，约为设计流量的 33.5%，泄放设计洪水时水流将淹没挑流鼻坎，不能形成挑流，存在安全隐患。

5. 输水洞加固

在调研过程中发现，某些水库进行除险加固时对原有输水洞进行了填堵并另选路线开挖新的洞体，新洞体的设计及施工基本不存在安全隐患，但对原有洞体以及洞上建筑物如取水塔等给予的关注度不够。这些旧洞体原先是由于渗漏较严重而遭弃用，通常的做法是直接进行封堵，但并未进行具体的渗漏点勘察，一般认为只要断水即可制止渗漏，忽视了日后运行过程中可能出现的封堵不密实而再次渗漏的情况。再者，对于原有的取水塔等建筑物，虽然不再工作于原洞体上，但经历了除险加固工程后依旧在新洞体上发挥效用，通常的做法是自然衔接，即不再对取水塔进行稳定等方面的复核，直接使其工作。如某水库在更换输水洞后依旧采用原先的进水塔及工作桥，但未复核进出口启闭塔的抗滑、抗倾稳定及配筋，沿用了除险加固前的计算结果，存在安全隐患。

6. 金属结构维修改造

原先的金属结构部分基本都存在选型不合适、强度不足等情况。更新改造选用的相关设备，如闸门、启闭机、柴油发电机等，一般都能保证出厂合格以及安装合理。在除险加固后，拆除老旧锈蚀的相关金属设备，对新的设备需要妥善养护。在调研过程中有发现某些水库进行加固后选用的闸门厚度及配重存在问题，使得原有启闭机工作困难，这将使得启闭机寿命大大降低。还有些水库在闸门以及止水的安装过程中操作不规范，闸门在运行一段时间后出现漏水现象。一般而言，只要严格按规范进行设计及安装，金属结构部分存在的问题很少，只要做好后期运行过程中的养护以及操作的规范，基本不会出现安全问题。

7. 安全监测完善

进行除险加固的水库基本都是建造年代较为久远，当初的水库大坝基本没有进行安全监测设计和安装，加固后大坝大多埋设了安全监测设施，配备了相应的安全监测系统。对于小型水库，不一定要有安全监测系统，但人工读数的安全监测设备还是需要的。在调研过程中，发现安全监测这一项目中的主要问题体现在监测项目不全、监测仪器存活率不高等方面。有些水库只对坝体表面进行了沉降观测，而渗流观测靠观察下游坡面情况以及排水沟和量水堰水量，这种方法能发挥一定的作用，但终究是不严谨的。仪器的存活率不高主要是由于加固过程中的施工不规范导致的，在加固完成后若要再进行更换将要耗费大量的人力物力，虽然施工过程中允许一定的损毁，但很多关键部位的仪器损坏将导致不能准确掌握大坝的运行性态。有些水库的安全监测工程也会出现实际埋设的监测仪器与设计不符，出现漏埋或埋设位置不对等状况。

除以上问题外，由于新的地震动参数区划图的发布，很多水库所处地区的地震动参数发生了变化，但未进行抗震复核，如河南省寺河水库、小龙山水库等，存在安全隐患。就调研结果来看，病险水库除险加固后常见问题见表1.2-1。

表1.2-1　　　　　　　　　　　病险水库除险加固后常见问题

项　目	设　计	施　工	管　理
防洪度汛	暴雨资料序列不够	未设置雨量站	未定期统计雨量数据
大坝	地震动参数出现变化，未进行抗震复核		坝坡出现耕地，护坡植被得不到保护
溢洪道	溢洪道转弯半径过小，水流冲刷岸坡；地震动参数出现变化，未进行抗震复核	尾水渠深度等开挖不够	
输水洞	新建输水洞后未对原取水塔、工作桥等建筑物进行安全复核；地震动参数出现变化，未进行抗震复核		
金属结构	闸门配重不当；地震动参数出现变化，未进行抗震复核	止水安装不当	
安全监测	监测项目和测点数量不能满足运行要求	仪器埋设存活率低，埋设点漏埋仪器	对出现异常的数据未核对，未及时进行资料整编分析，缺少人工监测

以调研的河南省兔子湖、大石桥、铁佛寺、小龙山、老龙埝、邬桥、五岳、长洲河、南湾、寺河、泼河、龙脖等十余座水库为例，据此对各水库除险加固遗留问题数量进行了

统计，如图 1.2 - 1 所示。

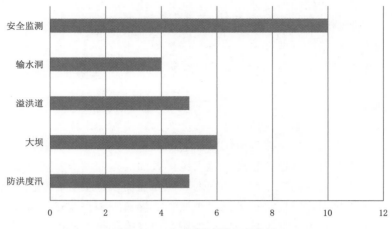

图 1.2 - 1　遗留问题水库数量

各遗留问题所占比例如图 1.2 - 2 所示。

通过对全国不同地域除险加固后水库的调研，分析了各水库的除险加固资料，勘察了除险加固后的现场，总结了常见加固后水库大坝存在的安全隐患。调研发现：一般而言，只要设计合理、施工规范，病险水库在经过除险加固后均能达到安全运行的要求，并不会遗留重大安全隐患。相比之下，加固后的水库运行管理缺乏具体的指导准则，很多小隐患得不到水库管理人员的重视等问题较为突出。但是水库是生命工程，隐患无关大小，只有扼杀了危险的苗头，才能保证水库的安全运行。

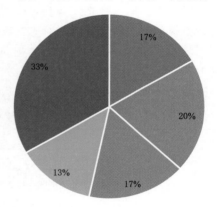

图 1.2 - 2　各遗留问题所占比例

1.2.2　病险水库除险加固工作存在问题

通过除险加固，水库安全状况大幅度提升。但仍有部分加固过的水库仍然存在安全隐患，通过调研及综合分析，病险水库除险加固存在问题主要表现在管理及除险加固制度不健全，即大坝安全鉴定、初步设计、建设管理、资金使用管理与工程验收、运行管理等六个关键环节，如图 1.2 - 3 所示。

1. 制度不健全

主要问题是除险加固制度不健全、不完善。除险加固的制度不健全，法律法规层面配套软环境不完善，国家或地方政府缺乏长期稳定的除险加固规划，投资渠道单一。加之目前的基层管理单位自身能力差，缺乏资源整合能力，现行体制不能满足管理需要。另外，地方配套资金困难，一些省份水库数量多，病险水库也多，省级财政基本能按一定比例落实配套加固资金，但市、县财政紧张，配套资金不到位，不能按照设计完成全部建设内容，存在工程加固不彻底问题。

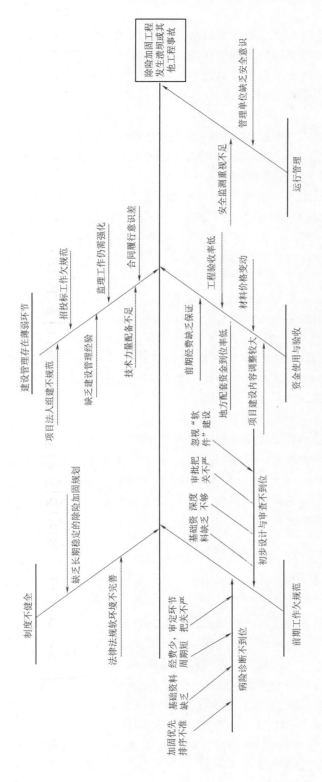

图 1.2-3　我国病险水库除险加固主要薄弱环节鱼刺图

2. 前期工作欠规范

(1) 病险诊断（大坝安全鉴定与审查）。①现行的大坝安全评价体系无法界定哪些水库需要进行工程除险加固或除险加固的优先排序问题；②基础资料缺乏，鉴定依据的勘探试验资料、水文验证资料、工程原设计施工资料和运行管理资料普遍缺乏，致使安全鉴定依据不充分、不够深入；③投入经费少，为了赶进度，工作周期短；④审定环节把关不严。

(2) 初步设计与审查。除险加固的前期工作包括安全鉴定、可行性研究、初步设计三个环节，前期工作质量水平的高低，直接关系到水库除险加固项目实施的成败。根据前期除险加固工作的调查，初步设计存在基础资料缺乏、设计深度不够、成果质量不高、审批把关不严等问题，小型水库更为突出。主要表现在：①和安全鉴定工作相似，缺乏地质、水文、观测和管理等基础资料；②设计深度不够，质量不高，除险加固方案不尽科学合理；③设计审批把关不严；④重视硬件建设，忽视"软件"建设，如大坝安全监测设计不合理或削减除险加固中大坝安全监测的内容。

3. 建设管理存在薄弱环节

(1) 建设管理。①部分项目法人组建不规范，缺乏建设管理经验，技术力量配备不足；②招标投标工作仍需进一步规范；③建设监理工作还需进一步强化；④合同履行意识需要进一步加强。

(2) 资金使用与验收。①除险加固前期经费缺乏保障；②地方配套资金到位率低；③工程项目建设内容调整较大；④由于配套资金不到位，工程验收率低；⑤除险加固工程材料价格变动的影响。

4. 运行管理重视不足

(1) 安全监测设备和管理设施项目重视程度不足。

(2) 管理单位对加固工程安全麻痹大意，安全监测和巡视检查不到位。

以上原因造成了目前 0.87 万座水库鉴定为病险水库，未除险加固，1.65 万座水库已经除险加固，但仍存在遗留问题，根据预估未鉴定水库中还有约 0.56 万座病险水库，今后每年还会出现一些病险水库。

1.2.3 除险加固效果评价的必要性

尽管水库除险加固工作消除了一些隐患，但也应看出，目前我国水库除险加固技术及除险加固的效果，在实际工程应用中还存在着诸多不甚完善和合理的地方。例如由于缺少水库除险加固技术的优化方法，所选取的除险加固技术并非最优设计方案；由于缺少水库除险加固效果的评价方法和模型，水库除险加固效果无法得到准确评价等方面的问题。这些问题也造成了病险水库除险加固在取得巨大成绩的同时，也出现了一些水库大坝在除险加固完成后或在加固过程中发生溃坝的不正常现象。如仅在 2013 年年初 15 天内即连续发生新疆联丰小（2）型水库、黑龙江星火小（1）型水库、山西曲亭中型水库等 3 座除险加固水库溃坝事故，2013 年 5 月 5 日，甘肃永登县翻山岭小（1）型水库在加固改造工程完成后第二次蓄水过程中发生溃坝事故。还有除险加固水库新疆生产建设兵团八一水库（2004 年 1 月）、青海英德尔水库（2005 年 4 月）、甘肃小海子水库（2007 年 4 月）、内蒙古岗岗水库（2007 年 7 月）、海南博冯水库（2009 年 4 月）、吉林大河水库（2010 年 7 月）、广西卡马水库（2009 年 7 月）、青海温泉水库（2010 年 7 月）等，在除险加固完成后或在加固过程中发生溃坝或出现重大险情。2018—2020 年我国水库溃坝汇总见表 1.2-2。

表 1.2-2 2018—2020 年我国水库溃坝汇总表

序号	大坝名称	所在地	溃决日期/（年.月.日）	坝型	坝高/m	总库容/万 m³	溃坝原因	死亡人口/人
1	增隆昌水库	内蒙古巴彦淖尔乌拉尔特前旗	2018.7.19	碾压式均质土坝	主坝：20.5 副坝Ⅱ：4.5	1888	除险加固存在重大质量安全隐患，强降雨、高水位运行，致副坝Ⅱ决口，主坝左肩渗漏塌陷	0
2	射月沟水库	新疆哈密市伊州区	2018.7.31	沥青心墙砂砾石坝	37.65	677.9	强降雨漫顶	28
3	龙潭水库	湖南株洲市茶陵县	2019.7.8	均质土坝	14.15	11	长时间高强度降雨导致下游坝坡填筑体整体达到饱和状态，其工况超过现行设计标准正常设计工况	0
4	铁落冲水库	湖南株洲市茶陵县	2019.7.8	均质土坝	9.42	10.43	最大 24h 降雨 191.5mm，历史最大；病险水库、坝体单薄、填筑质量较差	0
5	车角塘水库	湖南株洲醴陵市	2019.7.10	均质土坝	10	17	强降雨，坝外管涌	0
6	东海坝水库	云南普洱市澜沧县	2019.10.15	均质土坝	18.28	48.56	管涌造成左坝体局部塌陷，致决口	0
7	沙子溪水库	广西桂林市阳朔县	2020.6.7	均质土坝	17.87	25.93	渗透破坏	0

初步统计，除险加固水库溃坝率已超出了水库大坝综合溃坝率，反映出当前的病险水库除险加固工作中还存在不可忽视的技术缺陷，有必要通过病险水库除险加固效果评估工作，分析总结经验教训，以指导今后的病险水库除险加固工作，杜绝类似事件的再次发生。

另外，也要认识到病险水库除险加固效果评价与病险水库安全评价以及加固方案优化评估存在区别，具体有以下两个方面。

（1）病险水库除险加固效果评价与病险水库安全评价的区别。病险水库安全评价是根据水利部《水库大坝安全鉴定办法》的有关规定，通过综合分析评定水库大坝的安全类别，从而判断该水库大坝安全等级，再决定是否需要进行除险加固，以及除险加固方案的选取和优化。水库大坝安全类别的确定综合考虑大坝工程性状及溃坝后果。大坝工程性状包括大坝运行管理、防洪安全、结构安全、渗流安全、抗震安全及金属结构安全。溃坝后果取决于工程规模（工程等级、库容、建筑物类别、坝高、坝型及工程效益等）及给下游带来的生命和经济损失及社会和环境影响。水库大坝安全评价的方法是对水库大坝的所有坝段，根据实际情况，选取评价对象，并给每个评价对象赋予一个评价值，再据此按照评价准则作出最终评价。

很显然，病险水库安全评价是除险加固前对水库大坝的病险鉴定，得出病险等级结论，从而为后续的除险加固设计工作提供依据，属于前评价的概念。而病险水库除险加固效果评价则是病险水库除险加固后治理效果的鉴定评价，评估除险加固效果的好坏，总结经验与教训，为以后其他工程的除险加固设计和评价提供依据，属于后评价的概念。

（2）病险水库除险加固效果评价与加固方案优化评估的区别。病险水库除险加固效果评价是对已经完成的除险加固治理工程项目的除险加固方案、功能指标、经济与社会效益进行系统、客观的分析。通过评价加固方案合理性、功能指标康复程度、经济与社会效益的影响程度，对本次除险加固工程作出详尽真实的综合鉴定结论，以便总结经验与教训，及时有效地反馈信息，为以后病险水库除险加固设计与治理效果评价提供依据，使病险水库除险加固治理工作更为科学、可行、合理。因此，治理效果评价具有现实性、全面性、探索性、反馈性的特点。

除险加固方案优化评估大多数是先构造出一定数量的加固方案，然后分别分析其治理后的稳定性和工程造价，通过建立设计参数与稳定性及加固方案造价之间的映射关系，利用多层次模糊综合群、遗传算法等方法来搜索出最优的设计参数，优化选择合理除险加固方案，一般多侧重于各种构造方案的工程造价比较。

病险水库除险加固效果评价与除险加固方案优化评估虽然都是对除险加固工程进行评估，但由于除险加固前评估是一种事前对加固治理措施优化的评估，两者之间存在许多不同，见表 1.2 - 3。

表 1.2 - 3　　　　　　　　除险加固效果评价与方案优化评估的比较

评价项目	除险加固方案优化评估	除险加固效果评价
评价阶段	工程前期的优化评估	工程竣工及运营之后的再评价
评价性质	经济型、技术性较强	综合性评价
评价内容	除险加固工程的可行性	治理效果实施和运行情况分析
评价依据	定额标准、国家规范及历史资料	除险加固方案、功能指标康复程度、经济与社会效益进行系统、客观的综合分析

我国病险水库众多，除险加固的效果评价仍是较难实现的操作，项目内部各种因素相互作用、相互影响。为能够定性、定量地对病险水库加固效果做出评价，这就需要借助一些更先进的理论与方法，找到一种使指标更合理的方法，以便找出具有代表性的指标，从而建立更加科学、合理以及实用的指标体系。建立大坝除险加固效果量化评价体系可以比较客观全面地反映出病险水库治理后的工程效益，以便于及时调整水库的维护管理措施。

1.3 病险水库除险加固效果评价方法及发展趋势

1.3.1 除险加固效果评价方法

现有的病险水库除险加固相关研究工作主要集中在加固技术措施和加固分析方法两方面，考虑我国病险坝特点及病险水库除险加固所处的阶段，其风险分析与安全评价、结构正反分析及除险加固效果的量化评价等研究是今后病险水库除险加固理论分析研究的重点。目前病险水库的除险加固设计只偏重于工程治理措施，倾向于水库大坝工程的安全，未考虑除险加固方案对下游居民安全、社会经济、城镇交通等的风险以及对自然环境的影响及风险评价。而病险水库除险加固效果综合评价是结合预定治理目标，综合比较除险加固前后水库功能指标健康程度及其对应治理效果前后变化的过程，建立此类综合评价体系包括以下步骤：首先，建立一套综合评价质量保证指标体系，该体系能反映治理效果的多方面影响因素；然后，确定评价方法，能够准确量化评价指标体系中的各定性以及定量指标，确定此类指标相对于治理效果的重要程度，并根据重要性的不同进行赋权。只有把评价指标体系与评价方法体系有机地统一起来，才能建立起完整、全面的综合评价体系，从而达到对整个病险水库除险加固项目的治理效果进行综合评价的目的。基于上述分析，按照评价指标体系构建、指标量化、指标权重确定和综合评价方法四部分对现有研究成果进行阐述。

1. 评价指标体系构建

影响病险水库除险加固治理效果的因素众多，它们之间有时又是相互作用、相互联系的。因此为了实现除险加固治理效果综合评价的定量化、模型化，就必须根据病险水库除险加固治理效果的层次性和动态性等特点，对各种因素采用定性和定量指标进行描述。这些定性的和定量的指标按照治理效果综合评价的逻辑关系进行组合，即构成了病险水库除险加固治理效果综合评价的指标体系。指标体系的建立需要能从整体上涵盖病险水库除险加固治理效果的各种影响因素，指标体系建立之前需要进行大量现场调查和工程资料分析工作。

收集指标体系评价资料是一项细致而有序的工作，进行资料收集时，一方面要收集除险加固设计资料和验收资料，另一方面应组织尽可能多相关专业的专家、科技人员进行现场实地调查。指标选取是否合适，直接影响到综合评价的准确性和结论。指标太多，有可能产生不必要的重复；指标太少，可能缺乏足够的代表性，会产生片面性。评价指标的选取与具体问题的专业知识有关，也和能考察获取的手段有关。

目前评价指标的选取，主要依靠专家及体系制定者的主观意识选取，具有代表性的研究成果如下：

张国栋等针对目前我国大坝安全鉴定办法在病险水库严重程度评价中的不足，在大坝病险严重程度评价中，将水库大坝病险分为五级，建立了防洪能力、渗流、稳定、变形裂缝、抗震能力、金属结构、工程质量、运行管理、现场检查9个评价大坝病险程度因素的指标体系以及分级和定性-定量转换方法。

冯瑞磊等主要从工程质量、运行管理、结构安全、渗流安全、抗震安全、金属结构安全等方面分析论述了病险水库安全评价体系的具体内容，从而得出完善的安全评价体系，对于保证防洪安全、提高水资源调控能力、促进国民经济发展和人民生活水平的提高均具有重要意义。王旭东等从工程总体情况、防洪安全、坝体安全、抗震安全、结构安全、金属结构安全、安全监测等方面对大坝安全状况进行综合分析，为病险水库除险加固设计提供可靠的资料和依据。路英奇从治理效果综合评价实际工作需要出发，探讨了在全国加大病险水库除险加固治理工作的大环境下，建立定量评价病险水库除险加固治理效果的综合评价体系的工程实际意义。

李晓军等介绍了指标体系的建立原则及指标体系递阶层次结构的相关理论，提出了现场安全评价指标体系。刘火华等从治理效果研究的实际状况入手，在分析安全评估和优化方案与治理效果评估差别的基础上，建立相应的定量评价病险水库除险加固治理效果的综合评价体系。

王士军等依据《水库大坝安全评价导则》（SL 258），结合专家经验，对土石坝变形、渗流、结构、抗震分析评价的统计模型、确定性模型、安全监控指标及判别体系进行研究，开发了土石坝结构安全分析评价系统。该系统基于 SUN J2EE 平台开发，采用 B/S 结构，通过浏览器实时在线综合分析大坝安全运行性态和发展趋势，评定大坝结构安全类别，对大坝隐患进行预警。周春海等介绍了三道镇水库的概况和存在的主要险情，结合除险加固必要性，从经济效益、生态效益、社会效益等方面进行了分析。

此外，姚文泉等从工程项目的效果和效益分析，主要包括技术、经济、环境、社会和管理 5 个方面，根据水库加固改造工程的特点，对加固改造工程项目的效果和效益进行分析评价，主要从加固改造的技术效果、功能恢复程度、财务和经济效益、运行管理维修环境以及项目可持续发展等 5 个方面进行评价。

窦海波等对云南省重点小（1）型病险水库除险加固的评价方法和评价体系进行客观分析，总结存在的不足，探索进一步完善的方法，以求更加科学评价和指导在建工程，客观公正地对项目建设全过程和效益进行绩效评价。

除将已有的评价体系应用于各项工程应用外，针对评价目标侧重程度的不同，对病险水库除险加固项目中某些单项指标的评价体系也在不断的建立与完善中。例如，黄佑生等针对病险水库除险加固项目的经济评价的特殊性，提出在评价中考虑固定资产投资的剩余残值和滞洪效益，从而使得评价的结果更为合理。因此，阮建清等参考国外病险水库大坝安全和除险加固风险分析理论的最新进展，结合我国病险水库大坝和除险加固技术的特点，进行了除险加固方案与大坝风险关联分析与决策、除险加固方案评价指标分析和基于风险分析的除险加固方案优化技术的研究，提出了基于风险的病险水库除险加固方案的评价、分析和优化方法，为今后病险水库除险加固工作提供技术支撑。

2. 指标量化

在水库大坝除险加固效果评价指标体系中建立了各指标的评价等级，可以对各指标进行等级评价，但这仍然属于定性评价过程。而治理效果的变化是一个连续发展的过程，通过对各指标进行量化处理可以很好地解决这一问题。所谓量化，通常是指将目标通过数值度量的方式精确地表达出来。而在大坝安全评价工程中，许多工程性态的评价是难以直接用量化值来表示的，主要通过评价专家根据经验得到的一些定性评价，这种评价方式对评价人员的专业知识要求较高，而且评价结果因人而异，会有一定的差异。而要将定性评价转化到用数值表示，主要可以采用评分法，即将评价目标分为多个等级，每个等级采用一定的数值表示。例如，将评价等级分为五个等级，采用 10 分制描述，即可将这五个等级由高到低依次用 10～8、8～6、6～4、4～2、2～0 来表示。这种描述在数学意义上说，对评价目标仍是一种线性描述。因此还需通过一定的数学模型，将 10 分制的定性评分转化为适应与所评价目标的性态发展模式。因此，由定性向量化的转化，可以采用两步法，即通过评分值，完成定性评分，然后采用一定的数学模型，完成由定性评分到量化评价的转化，最终达到量化评价的目的。

我国的除险加固效果量化评价技术尚处于起步阶段，2005 年，水利部曾组织大量人员对除险加固的水库大坝进行了一次全面检查，给出了一个定性的结论，其评价体系仍是以定性评价为主，评价结果比较模糊，没有统一成熟的除险加固效果评价手段，有关除险加固效果评价的方法仍然是依据大坝安全评价体系。针对目前存在的问题，国内外学者也开始进行了进一步研究，但目前对水库评价的量化评价方法及除险加固效果评价研究的文献资料还不是很多。有关水库大坝安全量化评价技术，南京水利科学研究院李雷等进行了研究，通过专家评分制形成定性向定量转化，然后根据水库大坝危险程度的发展趋势基于 Logistic 生长曲线的特征提出了大坝性态危险程度判别模型，实现了大坝性态危险程度由定性向量化的转化。

吴焕新等从整个病险水库除险加固系统出发，详细地分析了除险加固治理效果的各种影响因素并从除险加固方案、功能指标康复程度及治理效果三方面建立起病险水库除险加固治理效果综合评价指标体系。在针对治理效果评价指标体系中的定性与定量指标的量化转化时，主要采用了模糊数学和专家评分法进行定量转化。

王庆等采用加速遗传的层次分析法，建立了除险加固治理效果的综合评价体系，有利于以后的除险加固治理效果的评价工作。在除险加固治理效果的定量评价方面增加了有效方法，促进了病险水库除险加固治理效果综合评价指标体系和量化方法体系的发展。

目前病险水库除险加固投入多依据标准和规范定性确定，缺乏定量的论证。针对公众风险的投入问题，Mahesh D. Pandeya 和 Jatin S. Nathwania 等提出了生命质量指数（Life Quality Index，LQI）的概念。LQI 是一个复合的社会指数，作为风险管理决策工具，从社会效应的角度来评价风险，表示当前经济水平条件下公众愿意为控制风险而支付的费用（Societal Willing-ness To Pay，SWTP），以评估项目的实施效果。LQI 在环境污染、工程风险控制等方面有着广泛的应用。胡江等针对此缺点，提出将风险和 LQI 理论引入到病险水库除险加固决策优化过程中，生命质量指数是一个复合的社会指数，能较好地结合工程当地的经济发展水平，从社会效应的角度来优化结构失效风险率和除险加固投入间的关系，因此基于已有溃坝资料提出了溃坝生命损失的快速估算公式，在当前规范的基础上，建立了病险水库除险加固效果的定量评价模型。

有关对病险水库除险加固治理效果评价研究，大多数是针对除险加固具体某一项或几项，通过有限元数值模拟的方法来对比除险加固前后治理效果情况。

赵杰等通过研究国内外普遍使用的土石坝防渗技术，分析总结了各种土石坝防渗技术的特点及适用条件，并总结出分别适应于坝基、坝体、管涵结合部位的各种防渗技术方案，可综合考虑土石坝除险加固工程的多目标性，包括土石坝防渗方案的成本、质量、工期、施工安全、施工难易程度、环境影响程度等。

赵瑜等则采用 FLAC3D 软件对某已建水库围堤基础液化段进行数值模拟，对高压旋喷墙加固效果进行分析研究，研究表明，加固后液化段的应力和变形都在允许范围内，论证了高压旋喷墙加固方案的合理性和可靠性。

王曙光主要应用有限元软件 SEEP/W 对某水库采用高压旋喷混凝土地下连续墙全封闭加固后的防渗效果进行了数值模拟，分别分析了防渗墙、坝体及基础土体性质对渗流的影响。研究结果表明，在对已建水库的防渗加固工程中，防渗墙的施工质量对防渗效果影响最大，库水位变动和绕渗对防渗效果也有一定影响。韩立炜等针对土石坝渗流安全评价中的不确定性及现有评价方法的不足，提出了一种全新的不确定性动态评价方法。该方法以描述不确定性的云模型方法为基础，给出评价等级，求各指标对评价等级的贡献，并依据不同时期（或时刻）的土石坝渗流安全等级和等级特征值，建立了渗流不确定性动态评价模型，并用实例分析验证了所建立模型的合理性。

李伟等探讨了土体动力稳定性的强度分析方法在土石坝的动力稳定性评价及抗震加固效果检验中的应用，并对其中的评价坝坡整体稳定性的圆弧滑动法作了改进，使其能反映坝体及坝基液化对坝坡整体稳定性的影响，并能反映局部范围内的土体滑动，从而使该方法更适用于可液化的砂壳坝的坝坡抗滑稳定性评价。

马福恒等对影响土石坝渗流安全的因素进行了分析，建立了土石坝渗流警兆指标体系，直观地反映了土石坝渗流破坏模式。针对渗流稳定计算中自由面难以确定的问题，采用截止负压法进行渗流计算。提出采用子结构分析方法模拟可能发生接触渗透破坏的区域，可以直接求解渗流场，简化了渗流计算过程，节省了预处理时间。基于截止负压法拟定了土石坝渗透坡降的警兆指标，并将该警兆指标应用于实际工程的安全评价中，取得了较好的效果。

章杭惠等通过对双河水库混凝土拱坝病险及除险加固仿真分析，对加固后的双河拱坝进行了变形、强度和稳定的复核。结果表明灌浆加固在恢复其整体性和封堵渗漏通道、避免长期渗水对坝体的溶蚀破坏方面起了很重要的作用；通过补强加固可以增强坝体的整体性、降低坝体的温度荷载；排水及预应力锚索则对提高岩体的完整性十分有益。

3. 指标权重确定

对实际问题选定综合指标后，确定各指标的权重值，常采用由专家确定的方法，这些方法都是利用专家或个人的知识或经验，所以有时称为主观赋权法，但这些专家的判断本身也是从长期实践中来的，不是随意设想的，应该说有客观的基础。另一些方法是从指标的统计性质来考虑，它是由调查所得的数据决定的，不需征求专家们的意见，称为客观赋权法。

（1）德尔菲法。德尔菲法又称为专家法，其特点在于集中专家的经验与意见，确定各指标的权重值，并在不断的反馈和修改中得到比较满意的结果。

为了能在群组决策中得到更为客观和准确的决策结果，刘鹏等在把专家权重划分为静态权重和动态权重的基础上，研究了在交互式决策中专家动态权重的确定方法，给出了共识度的一个定义。在此基础上，研究了群组层次分析（AHP）交互式决策方法中的一致性和相容性检验，给出了基于专家动态权重的群组 AHP 交互式决策方法流程。王根杰研究如何利用动态权重集成 L－R 模糊数型专家意见为群体一致意见的问题，发现要解决模糊专家群体一致意见的集成，必须先解决下面两个问题：①L－R 模糊数的 α 截集是否能表示隶属度为 α 时专家的意见；②专家的权重和隶属度 α 之间的关系。

（2）层次分析法。同样通过专家，对同属一个因素集的指标使用 1～9 标度法，两两确定其重要性程度，以此计算出同一因素集下不同指标的主观权重。

蔡守华等根据层次分析（AHP）法和理想点（Technique for Order Preference by Similarity to Ideal Solution，TOPSIS）法，建立了小型水库除险加固优化排序数学模型。模型采用专家意见法确定排序决策指标，先通过 AHP 确定各指标权重，再用 TOPSIS 进行化优排序，最后以实例阐述模型的计算步骤，验证模型的可行性。王宁等针对应用 AHP 法评价病险水库除险加固效果时检验判断矩阵一致性较困难的问题，将判断矩阵的一致性检验问题归结为非线性组合优化问题，在验证判断矩阵一致性的同时确定各评价指标的层次单排序权值，提出了改进的 AHP 法即模拟退火层次分析法（SA－AHP）。在房山水库工程的应用结果表明，SA－AHP 法计算结果稳定、精度高，应用效果较好。鉴于病险水库渗流安全评价的影响因素较多，具有相互制约、模糊性强、难以定量化的特点，蒋浩等运用层次分析（AHP）法，建立了云南省小（2）型病险水库渗流安全评价指标体系，对其渗流安全进行评价。通过应用 AHP 法求解各层次上的权重系数，使评价结果更科学、合理。杨玲等采用 AHP 法确定评价因素指标的权重值，根据定量计算后的权重归一化排序，获得各指标对大坝病害影响的敏感程度，从而得出导致云南省小型水库产生病害和隐患的主要原因。

（3）统计方法。从搜集到的指标数据来看，首先要确定数据本身是否能够提供准确、有效的权重。常见的有用方差的倒数为权、变异系数为权和复相关系数的倒数为权等几种。

张佩等从洪灾风险出发，介绍了基于洪灾风险的排序方法，分析了溃坝后果综合评价函数的子因素：生命损失、经济损失、社会与环境影响的权重系数和严重程度系数，将该方法应用于工程并得到了与实际较为吻合的数据，为我国今后病险水库除险加固排序决策提供参考依据。

（4）专家权重确定。若有不只一个专家参与综合评价，则为了能够得到定性指标最终的评价值，需要确定专家自身的权重。目前，在对某一事物进行综合评价时，专家的权重系数基本都是组织者直接给出的，并没有太多的具体依据。

田林钢等采用多目标智能加权灰靶决策理论对某病险水库的防渗设计、上游坝坡、溢洪道消能改造的设计方案进行风险决策优化，使设计效果更优。优化中确定了 4 个重要的决策目标，即处理效果、与当地条件结合度、施工难度、投资成本，其中处理效果、与当地条件结合度、施工难度为定性目标，需通过专家打分法进行评价。经过优化，使设计决策更加科学，对风险的控制能力得以提高。

4. 综合评价方法

对病险水库除险加固效果评价的过程实质上是收集、分析和反馈除险加固工程本身信息的过程。病险水库除险加固治理效果综合评价体系包括评价指标体系和评价方法体系，评价指标体系解决的是通过哪些指标可以客观全面地反映治理效果的影响因素，评价方法体系则是解决如何找到一种合理有效的方法为评价指标求值、赋权。两者之间围绕病险水库除险加固效果综合评价相辅相成，缺一不可。

目前，国内外常用的评价方法主要有专家评价法、经济分析法、灰色聚类综合评价法、模糊综合评价法、AHP 法、加速遗传算法等。

专家评价法简单方便，易于使用，但主观性太强。因此，往往用于一些不太复杂的对象系统的评价与对比。

经济分析法含义明确，便于不同对象的对比，但是计算公式或模型不易建立，对于涉及较多因素的评价对象，很难给出一个统一于一种量纲的公式，多用于经济部门的评价与比较。

灰色聚类综合评价法能否成功应用主要取决于白化权函数的选取与指标权重的确定。目前灰色聚类主要分为指标变权聚类和指标定权聚类，两种方法在水质评价、空气质量评价、环境评价等各方面取得了一定的应用效果。闫滨等为使不确定事件评价中指标的筛选更加准确，借助数据挖掘的聚类思想来刻画两个指标间的相似程度，将相似程度归一化获得表现相互支持度的动态权重，再将静态权重和动态权重按比例系数分配，求得综合权重。

模糊综合评价法可对涉及模糊因素的对象系统进行综合评价，更加适用于评价因素多、结构层次多的对象系统，但是模糊综合评价过程本身并不能解决因评价指标相关造成的评价信息重复问题，隶属函数的确定还没有系统的方法，综合方法有待进一步探讨。

AHP 法是 T. L. Satty 于 1991 年提出的一种定性和定量相结合的工具，基本过程是把复杂问题分解成各个组成元素，按支配关系将这些元素分组、分层，形成有序的递阶层次结构。在此基础上通过两两比较方式判断各层次中诸元素的重要性，然后把判断矩阵与最大特征根相应的特征向量的分量作为相应的系数，最后综合这些判断计算单准则排序和层次总排序，从而确定诸元素在决策中的权重。这种方法可靠性高、误差小，但是遇到因素众多、规模较大问题（如某些因素子集的因素个数大于 9）时，该方法容易出现问题，如判断矩阵难以满足一致性要求，进一步对其分组往往难以进行（如新层次中的因素难以定义）等，因此其应用基本限于诸因素子集中因素不超过 9 个对象系统的评价中。在实际应用中，不同地区宜根据当地水库的特点，修正排序决策指标及权重。严祖文等在层次分析的基础上，利用灰色关系分析决策模型，提出了基于病险类型、病害程度及大坝风险的除险加固技术方案决策方法，使除险加固技术方案的决策更具客观性和科学性。

遗传算法是美国密执安大学的 John holland 教授提出的，是模拟生物在自然环境中的遗传和进化过程中优胜劣汰规则与群体内部染色体信息交换机制而形成的一种自适应全局优化概率搜索算法，其主要包括选择、交叉和变异等操作，利用在传统遗传算法运行过程中搜索到的优秀个体逐步调整优化变量的搜索区间，即可形成加速遗传算法。由于它利用简单的编码技术和算法机制来模拟复杂的优化过程，因此只要求优化问题是可计算的，而对目标函数和约束条件的具体形式、优化变量的类型和数目不作限制，在搜索空间中进行自适应全局并行搜索，运行过程简单而计算结果丰富。该法特别适合于处理常规优化方法棘手的复杂优化问题，已在诸如函数优化、组合优化、神经网络、程序设计、机器学习等众多领域中得到了广泛且成功的应用。

大坝渗流监测分析是大坝安全监控的重要内容，其预测分析的难点之一在于渗流监测数据往往具有复杂的非线性特点。大坝安全预警模型可以理解为根据特定的映射关系由影响因素域到大坝性态效应量域的计算求解问题。对于多因素综合影响下的大坝系统，这种映射关系一般为非线性的，可通过支持向量机（SVM）方法进行研究。高永刚等研究了采用支持向量机的数据挖掘方法，它基于统计学习理论的结构风险最小化原则，将最大分界面分类器思想和基于核的方法结合在一起，具有很强的泛化能力，能保证所得解是全局最优解。姜谙男等利用支持向量机的结构风险最小化与粒子群算法快速全局优化的特点，采用粒子群算法快速优化支持向量机的模型参数，通过该模型对非线性监测数据进行拟合，建立了基于 PSO - SVM 的大坝渗流监测的时间序列非线性预报模型，并应用于隔河岩水电站坝基渗流量的预测，计算结果与实际监测值吻合良好。宋志宇等介绍了基于统计学习理论的支持向量机和其拓展方法最小二乘支持向量机（LSSVM），并将 LSSVM 算法应用于混凝土大坝安全监控中的变形预测。根据实测数据，建立了基于 LSSVM 算法的大坝变形预测模型，同时与经典 SVM 预测模型进行分析比较。结果表明，LSSVM 和经典SVM 算法应用于大坝变形预测都具有较好的可行性、有效性及较高的预测精度；LSSVM在算法的学习训练效率上比 SVM 有较大的优势，更适合于解决大规模的数据建模。苏怀智等从机器学习的角度应用粗集理论和 SVM 理论进行了拟合。首先利用粗集理论智能数据分析方法，对大坝安全监测信息进行预处理，抽取关键成分作为映射关系的输入，从而确定映射关系的初始拓扑结构。在此基础上，应用最小二乘支持向量机算法，以训练误差作为优化问题的约束条件，以置信范围值最小化作为优化目标，从大坝安全原型观测数据中学习归纳出大坝系统运行规律，从而实现对大坝安全预警模型的构建。

应用融合理论也是目前研究的热点之一，已被广泛应用于大坝安全监测和评价中。汪树玉等探讨大坝监测资料的动态分析问题、贝叶斯线性动态模型的建立、递推解法以及初始先验估计和状态噪声的取值等。

集对分析理论是一种较新的软计算方法，可有效地分析和处理不确定信息。近年来，该理论日益受到学术界的重视，已经在决策、预测、数据融合、不确定性推理、产品设计、网络计划、综合评价等领域得到较为成功的应用。刘亚莲等用集对分析方法构建样本与评价标准等级间的相对差异度函数，在此基础上，计算样本隶属于模糊集评价等级的相对隶属度，按求得的相对隶属度评定级别，并计算级别特征变量值，据此确定大坝综合安全等级。应用该评价模型对广东省白礁水库进行了安全评价，得到了该工程属于"二类坝"的结论，与实际情况较为符合。何金平等以大坝安全监测资料为基础，将评价指标和评价目标的实质特性有序分割为多个内在属性，利用集对分析中的联系度概念，提出了一种确定大坝安全综合评价指标属性测度的方法，建立了适合于大坝安全评价的梯形分段属性测度函数，并给出了一个评价实例，为大坝安全综合评价中指标属性测度的确定方法提供一条新的途径。实例表明：将集对分析方法应用于大坝安全属性识别评价中，采用集对分析来确定指标属性测度是合理、可行的，具有信息利用充分、结构形式简单的特点，能较好地描述评价指标与属性子集之间的内在属性关系。

可以看出，目前国内外对病险水库除险加固效果评价的研究不多，其研究内容大多数也仅是针对除险加固具体一项或某几项指标，通过计算分析来对比除险加固前后该指标的变化情况，进而说明除险加固的治理效果，并没有建立一个规范完整的评价指标体系和方法体系，往往不能全面客观地反映整个除险加固工程的治理效果。而且这些方法多是针对某个典型工程，可复制性较差，难以推广到目前亟待处理的大量病险水库除险加固效果评价工作中。考虑到目前综合评价方法中理论体系最为成熟、应用最为广泛的仍是由指标体系、指标值、指标权重等构成的常规综合评价方法，且病险水库除险加固效果评价影响因素众多，任何单一或少量指标的评价都难以全面反映加固效果，本书仍选用常规综合评价方法对病险水库除险加固效果进行综合评价。由于病险水库除险加固是一个开放的复杂系统，治理效果综合评价指标体系也是多层次的复杂体系，既有定性指标，又有定量指标。此外，各下层指标对上层指标的相对重要性程度也不一样，因此给各评价指标求值、赋权是病险水库除险加固效果综合评价中最重要的一步，直接影响到除险加固效果最终评价值的真实有效性，而评价效果的计算也至关重要，需要综合采取现有研究成果进行进一步分析研究。

1.3.2　除险加固效果评价发展趋势及需求

水库大坝除险加固项目往往具有投资大、涉及领域广、影响地域范围大、时间长远等特点，因此对水库大坝除险加固效果的评价，对除险加固项目的实施目的、实施过程、加固后效果等进行系统客观的分析，进而对除险加固效果进行评价，是治理项目评价中一项重要的评价内容，此评价不仅是对除险加固技术的总结评价，更重要的是对除险加固项目实施后水库大坝功能指标康复程度与治理效应的分析和总结评价。通过对除险加固效果的分析评价，确定除险加固项目的预期目标是否达到、治理方案是否合理有效、加固治理的各项功能指标是否康复，可以及时反馈工程治理效果，找出成败的原因，总结经验教训，为以后的水库大坝除险加固设计、施工、监理和管理提供依据，为今后除险加固工作的决策和完善提出建议，具有重要的指导和借鉴作用。

水库除险加固效果评价是复杂的综合性评价，除工程技术安全方面的评价之外，还应包括工程经济评价、社会评价和可持续性评价等多方面内容，这更增加了病险水库除险加固效果评价的难度。目前，国内外对病险水库除险加固效果评价方法和指标体系的研究甚少，大多数研究也仅是针对除险加固中具体一项或某几项指标以评价除险加固效果，并未建立规范完整的评价指标体系，由此引起除险加固效果得不到准确完整的评价。因此，"病险水库除险加固效果评价"研究主要涉及以下问题：

（1）病险水库除险加固效果评价指标体系构建。病险水库大坝除险加固涉及安全鉴定、设计、施工、质检等环节，建立的评价指标体系如何全面反映病险水库除险加固各环节的实施状况和质量情况，需要在已有评价指标体系的理论、方法以及指标筛选准则的基础上，考虑病险水库除险加固特点，研究评价等级集的构建方法。

（2）病险水库除险加固效果评价指标量化评价。水库除险加固效果综合评价包括工程技术安全方面的评价、工程经济评价、社会评价和可持续性评价等多方面内容，其评价指标必然是时效与非时效、定性与非定性共存，如何对这些指标进行准确的量化评价，是综合评价的基础。另外，受指标时效性与非时效性的影响，指标权重也分为静态权重和动态权重，需要在综合考虑专家评价认识偏差的基础上分别确定。

（3）病险水库除险加固效果综合评价模型构建。病险水库除险加固效果综合评价模型需要综合反映水库病害特点、相应除险加固技术及施工效果等，信息含量丰富，且模型中融合了水库大坝除险加固指标体系、指标量化处理方法、专家权重及指标重要性赋权方法等的量化评价，如何构建评估信息模型是病险水库除险加固效果评价的重点和关键。

第 2 章

水库大坝病险成因及特征

全面系统地分析水库大坝的病险成因及病害特征是开展病险水库除险加固效果评价工作的基础，本章在对我国已溃坝和病险水库大坝病害资料统计分析基础上，研究分析水库大坝病险的机理及成因，区分防洪能力问题、渗流病害、结构病害、震害、金属结构病害、管理与监测问题等，对大坝存在的主要病害特征进行分项论述，为病险水库的风险排序及除险加固决策提供依据。

2.1 水库大坝病险成因

我国绝大多数水库修建于 20 世纪五六十年代，受当时财力、物力、技术等条件限制，且运行已达 50 年以上，部分大坝存在严重的病险隐患，制约着水库社会、经济效益的正常发挥，同时存在较高的失事风险，而一旦失事将会带来灾难性后果。据统计，全国 90％以上的水库大坝为土石坝，其次是砌石坝和混凝土坝。由于大量的土石坝采用"土法上马"施工，坝体填筑质量较差，碾压密实度及渗透系数达不到标准，或大坝清基及坝基防渗处理不彻底，致使大坝运行后，下游坝坡或坝后基础出现渗漏、沼泽化，甚至出现管涌、流土、接触冲刷等渗透破坏，坝体出现裂缝或滑坡等问题。对于砌石坝、混凝土坝以及溢洪道和输水隧洞等，由于施工质量差或基础处理不完善，且随着使用年限的增加，大量出现碳化、裂缝、露筋、剥蚀、渗漏等问题，影响建筑物的结构安全和防渗安全。下面综合我国已溃大坝原因统计资料和大坝安全鉴定（或定检）中掌握的病险隐患统计资料，系统分析我国水库大坝存在的主要病险成因。

2.1.1 大坝溃坝原因及病险统计

根据 1954—2007 年的统计资料，我国已溃坝 3503 座，其中大型水库 2 座、中型水库 126 座、小（1）型水库 678 座、小（2）型水库 2694 座。不同时期中型、小（1）型及小（2）型水库的溃坝率统计结果见表 2.1-1。可以看出，各类型水库的年平均溃坝率相近，变化在 $8.85 \times 10^{-4} \sim 9.78 \times 10^{-4}$ 范围内，平均 8.95×10^{-4}。"大跃进"和"文化大革命"期间，有两个修建水库大坝高潮，该期间因多种因素影响造成大坝质量差、管理不善，加之初期蓄水，引发两个溃坝高峰。1982 年后，我国加强了工程管理，并重视施工质量，年溃坝率明显降低，各类水库年溃坝率范围为 $1.02 \times 10^{-4} \sim 2.73 \times 10^{-4}$，平均 2.54×10^{-4}。另据统计，已溃坝中低坝（坝高小于 30m）占 96.5％，中坝（坝高大于 30m，小于 70m）占 3.4997％，高坝（坝高大于 70m）占 0.0003％；已溃坝中土石坝占 97.8％（其中均质土坝占 90.2%)，砌石坝占 1.4%，混凝土坝占 0.3%，其他坝型占 0.5%。

表 2.1-1　　　　　　　我国中小型水库在不同时期的平均年溃坝率　　　　　　单位：×10⁻⁴

典型时段及极值	中型水库	小（1）型水库	小（2）型水库	平　均
1954—2003 年平均年溃坝率	9.777	9.601	8.852	8.954
1959—1960 年平均年溃坝率	107.86	45.61	8.463	18.317
1973—1975 年平均年溃坝率	10.97	31.95	55.23	49.163
1982 年后平均年溃坝率	1.017	2.13	2.728	2.544
最高年溃坝率	110.7	51.79	72.46	66.132
最低年溃坝率	0	0	0.15	0.1179

注　计算时以中型水库 2762 座、小（1）型水库 15132 座、小（2）型水库 65584 座计。

根据溃坝资料分析，我国已溃坝的主要原因可概括为洪水漫顶、各种质量原因引起的溃坝、管理不当及其他。表 2.1-2 给出了各种主要溃坝原因及其所占比例和平均年溃坝率。可见，防洪标准低是最主要的溃坝模式，所占比例超过 50%，近年有所增加，已占 63.1%；其次是坝体坝基的异常渗流、溢洪道、坝下埋管、管理不善、地震和其他形式引起的溃坝。

表 2.1-2　　　　　　　我国溃坝原因及其所占比例和平均年溃坝率

溃坝原因		数量	比例 /%	平均溃坝率 /×10⁻⁴	备　注
漫顶	超标准洪水	437	12.6	1.0996	漫坝 1737 座，比例为 50.2%，年平均溃坝率为 4.391×10⁻⁴
	泄洪能力不足	1305	37.6	3.2912	
建筑物质量	坝体坝基渗流	702	20.2	1.7720	由质量问题引起的溃坝事故为 1205 座，占 34.8%，年平均溃坝率为 3.083×10⁻⁴
	坝体滑坡	111	3.2	0.2781	
	溢洪道	210	6.0	0.5258	
	泄洪洞	5	0.1	0.0126	
	涵洞	168	4.9	0.4247	
	坝体塌陷	15	0.4	0.0329	
管理不当		190	5.3	0.4676	包括无人管理，超蓄、维护运行不当，溢洪道筑堰等
其　他		220	6.1	0.5359	人工扒口、近坝库岸滑坡、溢洪道堵塞、工程布置不当等
总　计		3363		8.75	

除溃坝外，我国还有大量水库大坝发生过非溃坝事故。根据水利部建管总站对 241 座大型水库先后发生过的 1000 例工程事故的统计，按照事故出现的形式，分为 9 大类 16 小类，见表 2.1-3。

另据水利部和原国家电力公司对所属大坝的安全鉴定和定期检查发现，大坝的主要重大病害和缺陷有设计洪水标准偏低、坝基及库岸地质条件、施工质量、设计失误和运行管理等问题，尤其是 20 世纪六七十年代修建的大坝，由于多种原因，病害尤为严重，其中高混凝土坝主要存在裂缝、溶蚀、冻融、温度疲劳和日照碳化等病害，特别是裂缝。表

2.1-4列出了电力部门第一轮定期检查96座大中型水电站大坝出现的病害的统计结果。

表 2.1-3　　　　　　　　　我国 241 座大型水库大坝非溃坝事故统计

序号	原　因	比例/%	编号	原　因	比例/%
1	裂缝	25.3	4	滑坡塌坑	10.9
	1）大坝裂缝	12.9		1）大坝滑坡	5.3
	2）大坝铺盖裂缝	1.1		2）大坝塌坑	2.5
	3）其他建筑物裂缝	11.3		3）岸坡滑塌	3.1
2	渗漏	26.4	5	护坡破坏	6.5
	1）坝基渗漏	6.7	6	冲刷破坏	11.2
	2）坝体渗漏	7.0	7	气蚀破坏	3.0
	3）坝头绕渗	3.1	8	闸门启闭失控	4.8
	4）溢洪道和输水洞渗漏	9.6	9	白蚁打洞及其他事故	6.6
3	管涌	5.3			

表 2.1-4　　　　　　　　　　96 座大中型水电站大坝病害统计

序号	缺　陷　或　隐　患	数量/座	比例/%
1	防洪标准低，不满足现行规范的规定，有的大坝在运行中曾发生洪水漫顶事故，造成巨大损失	38	39.6
2	坝基存在重大隐患，断层、破碎带和软弱夹层未做处理或处理效果差，有的在运行中局部发生性态恶化，使大坝的抗滑安全度明显降低	14	14.6
3	坝体稳定安全系数偏低，不满足现行规范的规定	5	5.2
4	结构强度不满足要求，坝基、坝体在设计荷载组合下出现超过允许的拉、压应力	10	10.4
5	坝体裂缝破坏大坝的整体性和耐久性，有的裂缝贯穿上下游，渗漏严重，有的裂缝规模大且所在部位重要，已影响到大坝的强度和稳定	70	72.9
6	坝基扬压力或坝体浸润线偏高，坝基或坝体渗漏量偏大，有的坝体大量析出钙质	32	33.3
7	泄洪建筑物磨损、气蚀损坏严重，有的大坝的坝后冲刷坑已影响到坝体的稳定	23	24
8	混凝土低强，混凝土遭受冻融破坏严重，表层混凝土剥蚀或碳化较深，有的大坝在泄洪时溢流面发生大面积混凝土被冲毁事故	10	10.4
9	近坝区上下游边坡不稳定，有的曾发生较大规模的滑坡	10	10.4
10	水库淤积严重	10	10.4
11	水工闸门和启闭设备存在重大缺陷，有的已不能正常挡水和启闭运行，影响到安全度汛	27	28.1
12	大坝安全监测设施陈旧、损坏严重，测值精度低，可靠性差，部分大坝缺少必要的监测项目和设施	>80	83.2

2.1.2　大坝病险成因分析

1. 洪水病险成因分析

目前大多数水库大坝的设计洪水采用数理统计的方法确定。由于水文现象的随机性、水文系列的短缺或代表性不够、水文参数的不确定性等因素，对洪水叠加的可能性考虑不周，再加上追求工程项目的经济性，极有可能导致泄水建筑物设计标准偏低、启闭设施不能正常运用或在遭遇超标准洪水时泄流能力严重不足。由于实际流量大大超过设计流量而造成垮坝的事例很多，如印度马其胡Ⅱ坝，该坝于1972年建成，坝高60.0m，1979年大坝遭遇特大暴雨而漫顶，当时实际流量为14000m³/s，然而实际泄流能力只有6000m³/s。马其胡Ⅱ坝共有18个溢流孔，其中3孔因坝上启闭设备失灵，未能开闸放水，致使事故灾害加重，伤亡近2万人。同时造成漫顶溃坝的还有泄水建筑物的主要闸门机构失灵。我国板桥水库漫坝失事，校核洪水标准为1000年一遇加20％，而"75·8"洪水为650年一遇，可见原设计洪水过分偏小，造成洪水漫流，淹没农田1133万亩，受灾人口1190万，死亡2.6万人。一般而言，泄水建筑物泄流能力不足对混凝土坝的影响比较小，只要坝基能抵抗超标准洪水的冲刷，对损伤部位及时修复，不会造成挡水建筑物破坏。根据已溃大坝病害资料和洪水相关理论分析，导致洪水病险的成因分析逻辑图如图2.1-1所示。

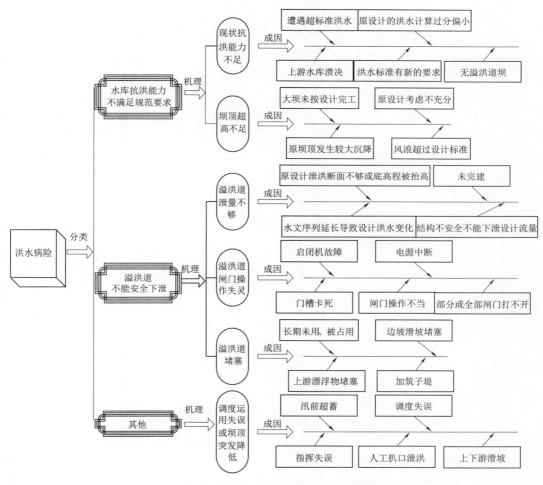

图2.1-1　洪水病险的成因分析逻辑图

2. 大坝渗流病险成因分析

　　水库蓄水后，在上游水压力作用下，通过坝体、坝基和两岸坝端岩体会产生渗流。随着库水位的抬高，坝体孔隙水压力和坝基扬压力逐渐增加，可以使土体发生管涌、流土、接触冲刷和接触流土破坏，引起坝基和坝体破坏。若土石坝碾压不密实，坝体内往往会形成裂隙及通道或透水层，导致坝体浸润面抬高，也将引起坝体破坏。对于含有石膏或其他可溶性物质的地基，渗流水将引起地基的侵蚀，使坝体产生不均匀沉降。软弱夹层或断层在渗透水压力的作用下，层面强度降低，引起坝基或坝体滑动。同时渗流水沿着坝体两岸岩体的裂隙、节理、断层或软弱夹层，发生岸坡绕渗，抬高岸坡部分坝体的浸润面和坝基扬压力，给水库蓄水或坝体安全带来影响。根据已溃大坝资料和相关渗流理论分析，导致大坝渗流病险的成因分析逻辑图如图2.1-2所示。

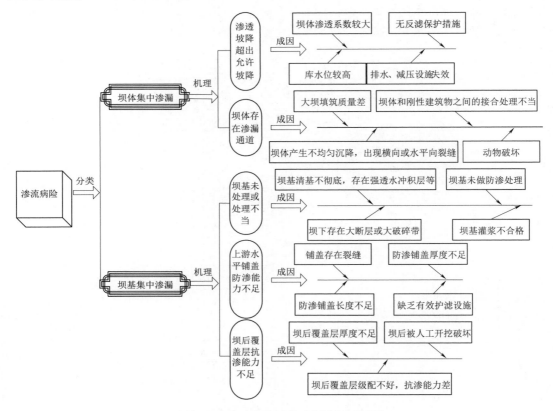

图2.1-2 渗流病险的成因分析逻辑图

3. 大坝结构病险成因分析

　　大坝坝体开裂破坏或失稳滑动是导致大坝溃决的另一个重要原因。2005年4月27日青海省英得尔水库大坝失事，其主要原因是由于右副坝处溢洪道底板和边墙与坝体接触部位存在裂缝，库水通过裂缝进入坝体产生坝体接触渗流，从而导致坝顶溢洪道局部滑动继而形成溃口。根据已溃大坝资料和相关结构理论分析，大坝结构病险的成因分析逻辑图如图2.1-3所示。

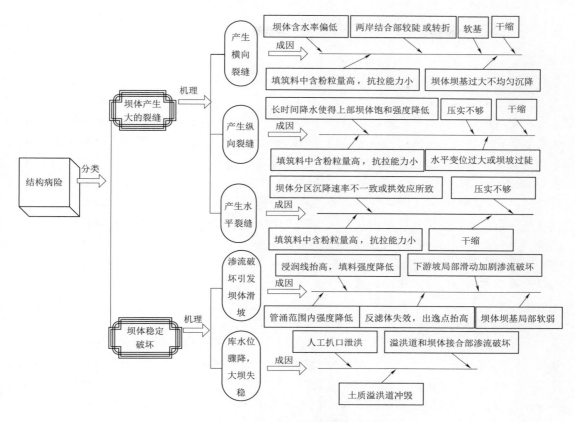

图 2.1-3　结构病险的成因分析逻辑图

4. 地震病险成因分析

地震波碰到建筑物后，会引起建筑物的振动，在结构中产生复杂的动应力，从而使建筑物受到破坏。研究表明，因地震而造成混凝土坝失事的事例很少，目前仅有 1999 年发生在台湾的里氏 7.8 级地震造成思康混凝土重力坝垮塌。地震对土坝造成的破坏表现为滑坡、裂缝以及较大的沉降变形，但造成溃坝失事的比较少，最为严重的是美国的下圣费南多坝，该坝为水力冲填坝，地基由软岩构成，软岩上覆约 10.56m 厚的砂和硬黏土，在 1971 年 2 月 9 日发生的圣费南多地震中，大坝上游面发生了大面积的滑坡，事后坝体残余部位离库水位仅 1.21m，若不是提前降低库水位或地震再延续几秒钟，造成的损失将不可估量。

5. 输泄水建筑物病险成因分析

溢洪道的护砌质量差或溢洪道和坝体、坝基的结合不好，接触冲刷导致溢洪道冲毁，或库水位上涨，溢洪道渗漏造成溢洪道边墙倾倒，洪水将其与坝体接合部冲成缺口，可造成溃坝。如二龙山水库就是因连续降雨，洪水将溢洪道右侧边墙接合处冲开，溢洪道全部冲毁造成决口溃坝。坝下埋管由于坝体不均匀沉降而多处开裂，或埋管周围填土不密实，或截水环做得不好，都可能造成埋管渗漏破坏而导致溃坝。而坝内埋管是 20 世纪六七十年代所建造的大坝普遍采用的取水形式，也是存在病险最多的建筑物。

2.1.3 环境条件的影响

水库大坝的工程质量和管理问题对大坝病险成因具有直接影响，除此之外，水库大坝所处的工程运行环境对大坝病险也有明显影响。

1. 气候环境的影响

在水循环过程中，水汽输送的时空分布决定了降雨的频度和强度，是影响水库防洪安全的主要外在条件。台风也是重要的雨量影响天气系统，由于其带有充沛的水汽和巨大的不稳定能量，所经之地都会造成大暴雨。台风每年生成大约为 30 个，其中在我国登陆的为 6～7 个。一般情况，台风在 30°～35°N 转向，移动的速度减慢，强度减弱逐渐变成低气压。但有时候台风进入内陆并不消失，且趋于停滞，引起的降雨具有强度大、历时短、笼罩范围小的特点，易在局部地区形成突发水灾，最具有代表性的为河南省"75·8"大洪水，导致 62 座水库溃坝，1 万多平方公里区域受灾。又如 1958 年 7 月，10 号台风在福建沿海登陆，进入湖南北部，致使在上海至郑州一线产生一支强劲的东南风，起着向雨区输送水汽和不稳定能量的作用，形成了黄河三门峡至花园口区间的特大暴雨洪水，水库大坝防洪压力巨大。

2. 地形环境的影响

迎风坡山区极易形成多发性的暴雨中心，水汽受到地形影响急剧上升，极易产生强烈暴雨，尤其是在地形起伏缺口或喇叭口的上前方，如"75·8"暴雨中心林庄的所在地就位于半坡喇叭地形附近。又如河南省暴雨中心经常会出现在太行山东麓、大别山北侧和伏牛山东麓，就是因为其南部山脉走向为东西向，若遇到势力较强的北方传来的冷空气时，南部山脉会呈迎风坡的势态。由于山丘区的坡度一般大于 1/500，这就造成了大暴雨来临时，山丘地区汇流快、洪峰大的特征，每 1000km² 的最大流量值可超过 6000m³/s，局部地区高达 9000m³/s，河南伏牛山区每 1000km² 的最大流量值可达到 15000m³/s，是我国大陆上最大洪水流量的高值区。山丘区特大洪水是造成区域洪水灾害的根源，我国中西部的广大平原都在山区洪水的威胁之下，由于山区到平原区的过渡地带很短，一旦山洪暴发，会迅速倾入平原地区。这也使得处在该区的水库大坝汛期洪水多呈洪峰流量大、汇流速度快的特点，对水库防洪调度影响很大。

3. 河道形态的影响

河道形态多存在着不利于排泄洪涝灾害的特性，如黄河、淮河、洪汝河、沙颍河、卫河、伊洛河、唐白河等进入平原后，基本上都是地上河或半地上河，主要靠堤防宣泄洪水和保障安全。洪水位一般高出两岸地面高程 2～3m，其中郑州花园口以下黄河干流河床全部在地面以上，河床与两岸地面高差一般为 6～7m，最小为 2～3m，最大达 20m，洪水全部行于地面以上，成为世界上著名的地上"悬河"。河道多具有"比降上陡下缓、泄量上大下小"的特点。对于山区河道而言，比降一般在几十分之一与几百分之一之间；对于平原地区河道而言，比降瞬间变缓。平原地区河道具有"集水面积大、泄水能力小"的现象，如淮河干流河道沿程泄洪能力呈递减状态，见表 2.1-5。这样的现象导致洪水流至平原地区时，河道的来水与泄洪能力极不匹配。

表 2.1-5	淮河干流河道沿程比降及泄量			
沿程河道	长台关至息县	息县至淮滨	淮滨至王家坝	王家坝至三河尖
比降	1/3000	1/7000	1/9000	1/80000
泄量/（m³/s）	7000	5000	5000	4500

从 20 世纪 50 年代至 21 世纪初，河道经多次不同程度的治理，但实测最大洪水都大于河道的现有泄洪能力，一般是河道泄洪能力的 2～4 倍，大的可达 6～7 倍。根据淮河淮滨站实测数据分析可知，1968 年 7 月流经此站点的流量 16600m³/s，但该河段现有的泄洪能力仅为该次流量的 1/3。平原地区的河流常具有"流域形态狭长、流程长、河床浅且小"的特点，严重滞涝，对排泄洪水极为不利。而山区河道则具有"支流众多、流域形态多呈扇形、集流快"的特点，致使山区河道的洪峰流量较大。河流的泄洪能力和泄流特点对水库大坝的泄洪安全影响很大，是水库调度必须关注的重要环节。

除气候环境、地形条件及河道形态对水库防洪安全及运行安全存在一定影响外，人类所涉及的经济、社会、环境等诸多不适当的活动也会对水库病险造成一定影响，如破坏植被、与河争地等恶化了库区汇流条件、降低了水库下游泄流能力等。

2.2 水库大坝病险特征

通过对全国水库大坝安全状况的调研以及病险水库加固实例分析，可以从防洪安全、渗流病险、结构病险、震害险情、金属结构病险、管理与监测等方面归纳总结病险水库的常见病险特征。

2.2.1 防洪安全

水库大坝的防洪安全是水库大坝的主要病险问题。据全国统计资料（未计入 1998 年前全国第一、第二批 26 座病险水库，下同），全国范围内的病险水库，防洪标准达不到规范要求的大型、重点中型、小型水库分别有 51 座、196 座、14000 余座。防洪安全问题突出，主要表现：①挡水安全问题，挡水建筑物挡水前沿高程不够；②泄水安全问题，泄水建筑物泄洪能力不足。

2.2.1.1 挡水安全问题

大坝不能安全挡水造成洪水漫顶在水库大坝失事中是常见问题。据统计，目前我国约 1/3 的大坝失事的原因为洪水漫坝，全国水库大坝的漫坝失事率见表 2.2-1。从表 2.2-1 中可以看出，我国大中型水库的实际漫顶失事率约在 0.46%；小型水库偏高些，达 1.42%；总的漫顶失事率达 1.38%。其中，运行期发生漫顶失事的共有 1147 座，约占总数的 46.6%。世界各国大坝的失事资料统计表明，同样约 1/3 因洪水漫顶导致失事。

可以类推，运行时间越长，挡水安全问题越严重，大坝的漫顶失事率也越高。大坝的挡水安全问题与水库整个调洪全过程密切相关，诸如入库水文条件、出库水力条件、水位库容边界条件和起调水位的初始条件等不确定性，导致了库水位的随机变化和挡水安全问题，主要包括以下几点：

表 2.2 - 1　　　　　　　　　　　全国水库大坝的漫顶失事统计

类 型	数 量	漫顶失事数量	漫顶失事率 R_p/% （$N=30\sim40a$）	漫顶失事率（预测） R_p/% （$N=50a$）
大型	358	2	—	—
中型	2480	11	0.46	0.66
小型	80010	1134	1.42	2.02
总计	82848	1147	1.38	1.97

（1）洪水标准偏低。其主要表现为设计洪水洪量、洪峰和洪水过程等随着水文资料系列的延长发生了较大的改变，致使原有的防洪标准无法达到现行规范要求。

（2）大坝坝顶高程（含土石坝防渗体顶高程）不满足现行规范要求。其主要表现为大坝坝顶高程不够，与坝体防渗体形成一体的防浪墙断裂或破坏，土质防渗体顶部在正常蓄水位或设计洪水位以上的超高不满足规范要求，土质防渗体顶部低于非常运用条件的静水位等。

（3）泄洪建筑物的挡水前沿顶部高程安全超高不满足现行规范要求。其主要表现为溢洪道控制段的闸顶高程及两侧连接建筑物顶高程超高不满足规范要求，闸墩、胸墙或岸墙的顶部高程不满足泄流条件下的安全超高要求。

（4）进水口建筑物进口工作平台高程，特别是泄洪洞等若采用岸塔式布置方式，进口闸门、启闭机和电气设备工作平台高程不满足汛期运用要求。

（5）闸门顶高程不满足挡水要求。其主要体现在部分水库大坝在修建时，水文资料缺乏或发生了变化，后期复核闸门高度时，难以满足现有规范的要求；或由于水库调度等原因，造成闸门高度不够。

2.2.1.2　泄水安全问题

泄洪建筑物本身的安全问题包括泄洪建筑物过水断面尺寸不符合设计，消能设施不完善，闸门启闭机质量和维护存在问题，在高水位期间不能安全操作和启用等。

（1）泄洪建筑物过水断面尺寸不满足过流要求。例如边墙高度不满足要求时，在泄流过程中发生翻水现象，如沙坪、刘家峡、黄龙滩及大伙房等水库溢流坝。水流翻墙后果严重，严重威胁到溢洪道本身及大坝的安全，此种情况应严禁发生。

（2）泄洪设施不能安全启用。泄洪建筑物一般包括溢流堰（孔）、正常溢洪道、非常溢洪道以及泄洪洞等，泄洪建筑物能否按原设计要求正常运行，直接关系到水库大坝安全。对于有闸门控制的泄洪建筑物，闸门运行应平稳，闸门在启闭过程中应无卡阻、跳动、异常响声和异常振动现象；启闭机应达到规定的预定能力，供电电源和备用电源可靠。有些水库设有深孔或底孔，设置高程较低，坝前淤积有可能影响闸门启闭，影响泄洪安全。

（3）非常溢洪道不满足启用标准。

1）非常溢洪道启用标准不满足规范要求。《溢洪道设计规范》（SL 253）要求：正常溢洪道的泄洪能力应不小于设计洪水标准下所需要的下泄流量；非常溢洪道应能按要求宣泄超过正常溢洪道泄流能力的洪水。目前一些水库存在非常溢洪道启用标准过低的问题，在遭遇远小于设计洪水时，即启用非常溢洪道。

2）非常溢洪道启用措施不落实。有些非常溢洪道采用爆破方式启用，但防汛道路不满足要求。在遭遇设计洪水以上标准的洪水时，对外交通已中断，无法进行爆破，启用措施无法落实。

2.2.2 渗流病险

据全国统计资料，46座大型病险均质坝水库中，渗流不安全的病险水库有10座，坝基严重渗漏的病险水库有17座，绕渗、接触渗漏的病险水库有8座，下游坝坡渗漏严重的病险水库有11座；44座大型病险心墙坝水库中，渗流不安全的水库有5座，坝基渗漏严重的水库有19座，绕渗、接触渗漏的水库有9座，存在心墙防渗质量问题的水库有11座；而小型水库多出现渗流安全问题，全国约有16000座小型水库出现此类问题。大坝的渗流安全至关重要，下面按照作用特点的不同，分土石坝和混凝土坝进行讨论。

2.2.2.1 土石坝渗流病险特征

土石坝坝型多样，按照防渗体类型可分为均质坝、土质防渗体分区坝及非土质防渗体分区坝3种基本形式，各类坝型渗流特点各异。根据调查统计，土石坝的渗流病险特征有以下几个方面：

（1）坝基渗漏。造成该病险的原因主要为在坝基条件较差的情况下，坝基清理难度较大，致使不能彻底对大坝进行清基，从而导致渗漏现象，该病险多出现在大坝下游或坝坡处。

（2）坝肩渗漏。由于山体节理及裂隙较为发育，或存在断层和岩溶，而又未对坝肩进行防渗处理或处理不完善，从而造成坝肩渗漏。

（3）坝体及防渗体渗漏。造成此种渗漏病险的原因包括以下几个方面：

1）施工质量差，导致压实度低，渗透性未能达到规范规定的允许值。

2）大坝坝体的变形较大，由于变形协调问题，防渗体发生开裂。

3）防渗体设计的合理性也是一种原因，若铺盖长度及厚度不够、防渗体无反滤保护或保护不够等对坝体的渗漏影响较为严重。

（4）排水体及反滤料淤堵。这可造成浸润面抬高，局部位势集中，渗流比降增大，不满足渗透稳定性要求。

（5）防渗体与刚性建筑物接触渗漏，坝坡局部出现塌陷。

（6）动物危害。主要体现在动物的建巢打洞，如白蚁、蛇和老鼠等，洞巢易成为渗流的通道，造成渗漏。

（7）涵管渗漏。涵管上、下游坝坡局部出现塌陷。

（8）岩溶渗漏。由于地质勘察、设计及施工等因素，库区及库底的岩溶没有进行防渗处理或防渗措施不合理，致使防渗处理不彻底，这将会造成大坝出现塌陷或水库蓄水困难。

（9）侵蚀性危害。受地下水侵蚀，含有可溶成分的坝基渗透性能发生劣化，致使坝基透水性增大。

2.2.2.2 混凝土坝渗流病险特点

混凝土坝与土石坝相比，其强度和刚度大大提高，大坝断面尺寸大大减小。混凝土坝有重力坝、拱坝及支墩坝等多种坝型。不管是哪种坝型，其安全主要由坝基、坝肩稳定性及坝体应力控制，其中坝体及坝基的渗透压力大小是其稳定和应力的主要影响因素，故坝体和坝基的渗流安全至关重要。

据统计，由于坝基问题造成混凝土坝失事的比例为 70％，而由于坝体原因导致大坝失事的比例为 30％。国际大坝委员会统计分析了 82 座混凝土坝的失事原因，结果表明：82 座失事的混凝土坝中有 62.2％的大坝是由于地基渗透或是扬压力升高造成的；而 37.8％的大坝则是由于坝体裂缝或坝体抗滑失稳造成的。对电力部门管理的 96 座大、中型混凝土坝的重大缺陷和隐患统计显示：有 32 座坝（占 33.3％）的坝基扬压力或坝体扬压力偏高，坝基和坝体渗漏量偏大，甚至局部大量钙质析出；有 70 座坝（占 72.9％）存在坝体裂缝，有的甚至贯穿上、下游，渗漏严重，破坏了大坝的整体性和耐久性，已影响到大坝的强度和稳定。

混凝土坝坝体一般不会发生渗流变形问题，但施工和运行过程中容易产生裂缝，并引起坝体渗漏。对于砌石坝，由于坝体砌筑施工质量差，坝体存在渗漏通道，坝体下游面渗水并有钙质析出物。坝体渗漏将会增大坝体内部孔隙水压力，进而引起坝体结构的工作性态无法满足规范要求。更重要的是渗漏水会使混凝土中的 $Ca(OH)_2$ 溶出带走，形成白色碳酸钙结晶，从而破坏水泥水化产物的平衡条件，引起其分解，导致力学性能下降。同时，渗漏问题往往是其他病害的起因，然而其不仅仅是简单的诱因，也可能会加剧其他病害的发展。当具有侵蚀性的环境水存在时，混凝土结构易发生劣化，渗漏问题严重，而渗漏则会促使环境水大量进入坝体内部，从而增加坝体侵蚀的破坏深度与广度；在寒冷地区，渗漏会使混凝土的含水量增大，促进混凝土的冻融破坏；对水工钢筋混凝土结构，渗漏还会加速钢筋锈蚀等。

根据混凝土坝的特点及病害情况，混凝土坝的渗流病险可分成以下 4 类。

（1）坝基及坝肩渗漏。由于基岩裂隙发育或存在顺河向断层穿过坝基，裂隙和断层未进行防渗处理或防渗处理不完善，致使下游坝脚或下游两坝肩岸坡不同高程出现渗漏点，或导致坝基扬压力较高。

（2）坝体渗漏。由于大坝施工质量差，混凝土出现蜂窝或冷缝，砌筑砂浆成为渗水通道。碾压混凝土透水或层面缝渗水，或坝体出现温度裂缝，或坝基及坝肩变形过大引起坝体开裂等，致使下游坝坡出现渗漏，如砌石的砌缝渗漏和裂缝渗漏、混凝土的裂缝渗漏、碾压混凝土的层面缝渗漏等。坝体渗漏会导致坝体扬压力升高。

（3）岩溶渗漏。水库周边及库底岩溶未进行防渗处理或处理不彻底，大坝出现岩溶渗漏，导致大坝坝基扬压力较高或水库蓄水困难。

（4）侵蚀性危害。坝基存在可溶成分，地下水侵蚀性使坝基透水性增大，并形成渗漏或者侵蚀性地下水对混凝土产生侵蚀性破坏。

2.2.2.3 溢洪道渗流病险特点

鉴于溢洪道的堰体、闸墩、底板、边墙等一般由混凝土或浆砌石建成，这些结构物经常出现裂缝直至整体性破坏渗水，故溢洪道存在以下渗流病险。

（1）堰体裂缝渗水。

（2）闸墩裂缝渗水。

（3）底板渗漏。

（4）边墙裂缝渗水及沿墙绕渗。

另外，因溢洪道地基软硬不均匀可引起不均匀沉降，使溢洪道整体破坏，出现渗漏与涌水。

2.2.3 结构病险

据全国统计资料，在46座存在病险问题的大型水库均质土坝中，存在坝体断面不足的有3座，具有坝坡稳定问题的有12座，而护坡有问题的病险坝有14座；在55座存在病险问题的大型心墙坝水库中，坝坡稳定不满足要求的有13座，护坡存在问题的病险坝有7座；另外，在调查统计的重力坝中，也有1座混凝土宽缝重力坝和1座浆砌石重力坝存在抗滑稳定问题。

2.2.3.1 土石坝结构病险特点

1. 土质防渗体土石坝

土质防渗体土石坝主要包括均质坝、心墙坝、斜墙坝等，其结构安全问题主要表现在坝坡稳定不满足规范要求，坝顶宽度不满足运行与防汛交通要求，坝顶防浪墙与防渗体连接，以及大坝变形导致不均匀沉降及裂缝等。

（1）坝坡稳定。

1）坝坡偏陡。大多数坝坡不稳定的原因就在于坝坡偏陡，有的土坝坝坡比仅为1：1.8，甚至为1：1.5。

2）大坝渗漏，浸润线较高，导致坝坡不稳。

3）填土质量不符合要求，表现为填筑体干密度较小，渗透性大，施工分段和分层之间碾压不实，或大坝加高时新老接合面处理不当。

（2）坝顶结构。

1）在一些中、小型水库土石坝中，坝顶宽度狭窄，高低不平，交通极为不便，大大影响运行及防汛抢险。

2）坝顶防浪墙墙底未与防渗体紧密连接；有的防浪墙存在裂缝甚至断裂的情况；分缝未设止水等。

（3）大坝与混凝土建筑物的连接。土石坝与各混凝土建筑物（混凝土坝、溢洪道、船闸、涵管等）的连接是薄弱环节，因为接触面渗径偏短，填筑不密实，容易产生渗漏和渗透破坏问题；而当垂直接触或接触面较陡时，因不均匀沉降容易导致脱开甚至贯穿性裂缝。

2. 非土质防渗体土石坝

非土质防渗体土石坝常见坝型主要为钢筋混凝土面板坝、混凝土心墙坝、沥青混凝土心墙坝和沥青混凝土面板坝等。

（1）钢筋混凝土面板坝。我国早期修建的一批混凝土面板堆石坝的特点主要体现在：下游坡坡角等于或小于堆石的自然休止角，以满足自然状态下的坝坡稳定要求；坝体上游迎水面铺设钢筋混凝土面板，并在面板的下部增设一定的干砌石体。此类钢筋混凝土面板堆石坝坝体的密实度相对较低，水库蓄水后，堆石体的沉降较大，致使面板脱空，进而导致混凝土面板出现裂缝问题，并且面板接缝处易发生张开现象，致使坝体产生严重的渗漏问题。因此，后来基本停止此类坝型的修建。

20世纪80年代中期，随着我国大型碾压设备的发展，分层碾压的钢筋混凝土面板堆石坝筑坝技术在我国得到迅速发展。据不完全统计，我国已建和在建的混凝土面板堆石坝已有150多座，其中坝高超过100m的达40座，已建成的最高面板堆石坝是高233m的水布垭水电站大坝。

从已建的混凝土面板堆石坝运行情况看，一些面板堆石坝出现了不同程度的渗漏和变形问题。常见的混凝土面板堆石坝结构安全病险主要有以下几点：

1）混凝土面板分缝止水、周边缝止水破坏。

2）坝体严重变形。

3）混凝土面板发生裂缝甚至破坏。

4）结构设计缺陷及坝料抗冲蚀性差，或坝料分区不符合反滤原则等。

（2）混凝土心墙坝。混凝土防渗墙一般为解决均质土坝或黏土心墙坝渗流安全问题而设置的，多为塑性低弹模混凝土，主要病险表现为混凝土防渗墙开裂，造成渗流隐患。

（3）沥青混凝土心墙坝及面板坝。我国应用沥青混凝土作为土石坝防渗体起步较晚，1974年首次采用沥青混凝土面板对土石坝渗漏进行修补处理；1976年建成的正岔水库沥青混凝土面板坝，是我国第一座完全采用沥青混凝土面板防渗的堆石坝；20世纪90年代后期，浙江省天荒坪抽水蓄能电站大坝采用沥青混凝土修建防渗面板，是我国第一个具有世界先进水平的、使用了大型专用施工设备、应用碾压摊铺工艺的沥青混凝土防渗面板工程。近年来，在适合修建土石坝的坝址，而黏性土料又缺乏时，常常修建沥青混凝土心墙堆石坝，如三峡茅坪溪防护坝、内蒙古大石门水库、霍林河水库等均为沥青混凝土心墙坝。

沥青混凝土心墙坝和面板坝的主要病险是沥青混凝土心墙或面板开裂产生渗漏，如重庆市某沥青混凝土心墙堆石坝完工后发现漏水严重，不得不进行渗漏处理。

2.2.3.2 混凝土坝结构病险特点

1. 重力坝结构病险特点

重力坝一般为混凝土或砌石结构，运行一定时间后容易出现以下结构病险现象：

（1）地基未做认真处理，或者地基条件恶化，导致大坝抗滑稳定不能满足要求，沿建基面发生滑动。

（2）坝基防渗帷幕不满足要求，渗漏严重，排水不畅，坝基扬压力超过设计采用值，降低坝体抗滑稳定安全性。

（3）坝体表面、廊道、泄水管道以及闸墩等部位出现危害性裂缝。

（4）坝体混凝土出现严重碳化现象。

（5）坝体混凝土强度严重降低。

（6）砌石坝砌筑砂浆或细石混凝土不密实，石料风化严重，大坝渗漏严重，坝体性能降低。

（7）坝体混凝土出现贯穿性裂缝，导致混凝土钙化物析出，坝体渗漏。

2. 拱坝结构病险特点

拱坝通常由混凝土或砌石构筑而成，在拱坝服役一定时间后，不仅存在与重力坝类似的病险现象，还会存在以下方面的结构病险：

（1）砌石拱坝防渗结构裂缝，坝体出现漏水。

（2）坝体比较薄或坝型的合理性存在问题。

（3）坝体某些部位的应力较大，并超过了材料强度，不能满足规范要求。

（4）坝体出现裂缝。

（5）拱座稳定及坝肩稳定存在问题。

2.2.3.3　溢洪道结构病险特点

溢洪道结构形式较多，溢洪道常见的结构病险问题包括以下几方面：

（1）溢洪道没有完建，有的只开挖了部分进水渠及控制段，泄槽及出口消能段没有施工，出口泄流没有通道。

（2）控制段结构单薄，不满足稳定、应力要求。

（3）没有衬砌或者衬砌不满足要求，冲刷严重。

（4）边墙高度不够，断面偏小，不满足抗滑、抗倾覆稳定要求。

（5）混凝土、砌石施工质量差，老化脱落、断裂、结构强度及抗冲耐磨不满足要求。

（6）与土坝的连接处不满足变形及防渗要求。

（7）没有消能防冲设施。

2.2.4　震害险情

据全国统计资料，全国大型病险水库中抗震未能达到规范要求的有 13 座，并且很多中、小型水库的抗震性能也不满足规范要求。

2.2.4.1　土石坝震害特点

通过国内外，尤其是我国"5.12"汶川强地震区的土石坝震害资料统计分析，在地震作用下，土石坝主要震害特点如下。

1. 坝体裂缝

土石坝的坝体裂缝为其主要震害之一，地震易诱发大坝及附属建筑物产生裂缝，严重的裂缝危及坝体安全。按照裂缝走向与分布，可分为纵向、横向和水平裂缝。坝体震害裂缝中，多出现纵缝，横缝相对较少。坝体震害引起的纵缝多于坝体顶部或与刚性结构相接触的部位较为发育，近平行于大坝轴线。纵缝一般为张开或者断续延伸，长度一般为坝体长度的 1/3～1/2，纵缝的发育与坝坡坡度、坝体填筑质量密切相关。横向裂缝多出现在两岸坝肩，少量在坝体中部，严重者贯穿坝体上下游，横缝多在填筑质量差、两侧坝肩岸坡地形陡、大坝长高比小的坝体之上，横缝对坝体渗流安全危害较大。若地震诱发坝体内土体发生液化现象，致使坝体的承载能力急剧下降，这会造成坝基坝体不均匀沉降，从而诱发坝体裂缝。

2. 坝体震陷

由于坝体填筑土料质量差，碾压不密实，则在强烈地震作用下，因土层加密、塑性区扩大或强度降低而导致震后坝体坝顶或坝面产生下沉、下陷，并伴随有裂缝、变形发生。坝体坝基液化或坝体滑坡等都会导致坝体发生塌陷。

3. 渗漏、漏水

就地震而言，其引起坝体下游渗漏量增大或出现新的漏水点的主要原因可分为以下几种：①地震导致坝体内部出现贯穿裂缝；②坝基坝肩基岩节理裂隙激活、张开或错动；③坝体泄放水设施四周与坝体出现裂缝等。大多表现为土石坝下游坝坡浸水，浸润线抬高或坝基坝肩漏水，严重的同时出现集中漏水点，甚至发生管涌、流土等现象。

4. 滑坡

地震时，既有附加地震惯性力的作用，也可因震动造成孔隙水压力上升引起土体抗剪强度降低。当坝坡土体滑动力大于土体抗滑力时，就会发生滑坡。滑坡包括坝体滑坡和坝面浅层滑坡，其一般性态是破坏前坝坡上部或顶部出现拉伸裂缝，上部下陷，并出现台阶、洼地；下部鼓胀或有较大的侧向移动，出现扇形拉伸裂缝。

同属土石坝的面板堆石坝通常抗震性能良好，由于堆石或砂卵石较为密实，因此坝体不会发生整体塌滑。但由于地震时，坝顶部位的加速度要比坝底大很多，其惯性力可导致上部坝坡局部失稳。研究表明，堆石坝遭强震破坏时，将首先从大坝顶部开始，坝体顶部堆石体最先产生松动、滑动乃至坍塌等现象。坝体的破坏形式主要为坝坡表层沿平面或近平面滑动，且位于坝顶区附近。2008 年"5·12"汶川大地震，紫坪铺面板堆石坝坝坡整体稳定，靠近坝顶附近的下游坡面砌石松动、翻起，并伴有向下滑移，仅个别滚落。

5. 液化

在地震作用下，饱和无黏性土孔隙水压力突然升高，土颗粒间的有效应力则随之降低，甚至趋近于零，这时砂土与黏滞液体类似，几乎完全丧失其抗剪强度，出现液化。土石坝坝体坝基含有饱和无黏性土（如砂和少量砾的砂）和少黏性土，或坝体防渗措施不当，正常运行时漏水使下游坝坡和坝基处于饱和状态，遭遇地震作用产生液化，坝基冒砂，坝体坝基发生沉陷，坝面出现严重的纵横向裂缝，坝体出现滑塌。

6. 坝体附属结构震损

坝体附属结构震损主要包括坝顶防浪墙和护坡震损坡坏。坝顶防浪墙出现断裂、破碎，少数出现局部倾覆或脱落；坝体上游护坡的破坏多出现在混凝土块或预制块护坡，其破坏形式主要为护坡挤压破碎、沉陷隆起及局部滑动等。面板堆石坝混凝土面板发生施工缝错台、挤压破坏，以及面板大面积脱空等。

2.2.4.2 重力坝震害特点

国内外重力坝（包括以重力维持稳定的大头坝），特别是高坝，遭受强震作用破坏较少。比较典型的是我国的新丰江大头坝、宝珠寺重力坝，以及印度柯依那重力坝，这些重力坝的坝高均超过 100m，遭受过 6 级及以上强震，坝址地震烈度在Ⅷ度以上，地震过后发现明显震害。

1. 新丰江大头坝

大坝位于广东东江支流新丰江上，坝基岩体为侏罗纪-白垩系花岗岩，其坝高 105m。大坝共 19 个支墩，每个坝段 18m，两岸连接为重力坝，中部河床为溢流坝。

水库蓄水后，频繁发生地震，震源深度一般为 3～6km。1962 年 3 月 19 日发生 6.1 级地震，震中烈度为Ⅷ度，位于坝址东北约 1.1km。震后坝体在右岸第 13 至第 18 坝段高程 108.00m 附近的坝体断面突变处，发现较为明显的水平裂缝，延伸约 82m，同时在左岸 2 号、5 号、10 号坝段的相同高程，也有上下游贯穿的较小不连续裂缝。

2. 宝珠寺重力坝

宝珠寺重力坝位于四川嘉陵江水系白龙江干流下游，总库容 25.5 亿 m³。大坝为折线形混凝土实体重力坝，最大坝高 132m，最大坝底宽 92m，正常蓄水位 588.00m。坝基岩体主要为强度高的厚层块状钙质粉砂岩，断层发育，并伴有多层泥质夹层，渗透性不均，经处理后有所改善。重力坝坝轴线在平面上表现为折线形，两侧向上游偏转，从右到左共 27 个坝段，1～10 号坝段、22～27 号坝段为挡水坝段，11～21 号坝段为厂房坝段和两侧泄洪坝段。大坝设计抗震烈度Ⅵ度，按设计烈度Ⅶ度进行了抗震安全复核。

2008 年 5 月 12 日汶川县发生里氏 8.0 级特大地震，坝址地震烈度核定为Ⅷ度，地震时库水位为 558.50m。震后初步震害检查表明：挤压现象较为明显的坝段主要在河床坝段横缝，在结构相差较大的坝段间甚为严重；坝体的横缝挤压更为显著，具体表现为结构在横缝处发生上翘及开裂现象，但各横缝间无明显错动迹象，如坝顶路面层、上游防浪墙及下游栏杆等。纵缝未见异常，坝体结构表面未见明显裂缝。大坝基础未发生变位，基础廊道、左岸、右岸灌浆排水隧洞等无明显损坏。少数横缝震后渗水量有所增大。排水管无大的渗水，表明上游面死水位以下部分未产生贯穿性裂缝。

宝珠寺重力坝在设计中未考虑地震作用，但经受住了Ⅷ度地震，可能与其各个坝段间横缝设有梯形键槽，而且进行了灌浆有关；并且地震时宝珠寺重力坝库水位接近死水位，这也是可承受Ⅷ度地震的另外一个原因。此外，此次地震分量主要沿坝轴线方向，这个因素对坝体抗震有利。

3. 柯依那重力坝

柯依那重力坝位于印度戈伊纳河上，为块石混凝土重力坝，1967 年建成。坝高 103m，坝顶高程 664.46m，坝址主要为块状玄武岩，但存在凝灰角砾岩和黏土夹层。水库蓄水后，地震频发，如 1967 年 12 月 10 日在大坝下游的 3km 处发生 6.3 级主震，在右岸 IA 坝段廊道内实测的地震峰值加速度为：横河向 0.66g，顺河向 0.51g，竖向 0.36g。

震后调查表明：多坝段下游面 627.89m 高程坝坡突变处出现水平裂缝，上游面更明显多于下游面。强震后渗漏量由 500L/min 一度增大到 1500L/min，其后渗漏量逐渐降低，至 1989 年恢复到初始渗漏量。扬压力变化不大，小于设计值，钻孔岩芯表明混凝土和基岩黏结良好，说明坝基未被强震剪切脱开。

2.2.5 金属结构病险

据统计，我国多数病险水库的金属结构和机电设备已运行 30～50 年，已超过或接近规范规定的折旧年限。金属结构和机电设备出现严重的老化、锈蚀现象，无法正常运用，严重影响水库运行安全，这是全国病险水库普遍存在的现象。

金属结构存在的主要问题归纳如下：

1. 腐蚀问题

主要分化学腐蚀和生物腐蚀两种。水中有害化学成分和潮湿等环境易引起金属结构发生化学腐蚀现象，近年来工业废水和生活污水中有害成分增加，加速了化学腐蚀的现象。同时，金属结构伴随着生物腐蚀，使得腐蚀程度大幅增加。腐蚀的后果是减少了结构构件有效截面面积，严重影响了结构强度、刚度等，最终造成结构的稳定性降低、承载力下降等问题，并最终导致其不满足规范或设计要求。

2. 磨损问题

其磨损的主要原因包括：①使用时需不断运动，有些结构或部件是在高速条件下工作，如启闭机齿轮、轴瓦等，在运行过程中必然产生磨损；②在高速水流中不可避免地存在如砂、石等杂物，对金属结构冲刷造成磨损；③为防止金属结构的腐蚀，需对金属结构进行防腐处理，在金属结构中常常采用油漆和喷涂金属防腐，在防腐处理之前，需进行除锈处理，在不断的防腐及除锈过程中各构件必然产生磨损，导致结构强度、刚度、稳定性降低，承载力下降，并致使其结构安全不满足规范或设计要求。

3. 焊接质量问题

焊接质量存在缺陷，不满足要求。或受技术和工艺水平的限制，或把关不严，造成焊缝质量缺陷，不满足设计要求，带来安全隐患。

4. 变形问题

外界荷载或长期或重复或间隙作用在金属结构的各构件上，不论其承受的荷载大小，由于制造结构材料的自身特性，因此长期使用时各构件产生冷作硬化或疲劳，引起变形。另外一种情况是实际承受的荷载超过了构件的允许承载能力，构件整体或局部产生较大的变形，导致金属结构无法正常安全运行。

5. 使用条件发生改变

如对水库部分建筑物进行改、扩建时忽视金属结构的改造，金属结构运行条件与原设计条件不同。

6. 部分活动部件锈死

金属结构运行多年后，部分部件可能发生锈死或不灵活现象，如闸门滑动行走轮、导向轮等金属结构。

7. 闸门高度不满足挡水要求

其原因为部分水库在建坝时，缺乏必要的规划，且未经设计，就进行施工，致使水库特征水位缺乏科学依据，随着水文资料不断延长，对水库水位进行复核，结果闸门的高度不满足要求。另一种原因为水库调度规程改变，造成闸门高度不够。

2.2.6 管理与监测问题

据统计，多数病险水库的水文测报、大坝观测系统不完善，特别是小型水库大部分没有水文测报及大坝观测设施；许多水库的管理设施陈旧落后，防汛道路标准低，甚至没有防汛道路。

管理设施与安全监测设备陈旧、落后或不完善。主要表现为：①水库没有相关的调度规程，或不按调度规程进行防洪和兴利调度；②管理制度不完善，运行机制不健全，事企不分；③库区水文测报、大坝安全监测系统不完善，或已有监测设施损坏严重，甚至没有相关监测设施；④运行管理人员的基本业务素质较低，技术水平较为落后，管理及监测手段落后；⑤因管理经费缺乏等原因，工程缺乏必要的维护更新。

2.3　病险水库风险排序及除险加固决策

病险水库除险加固排序是合理利用有限的除险加固资金，降低大坝运行风险的重要辅助决策手段，国内学者对此进行了有益的探讨，并取得相应的研究成果，为我国近期开展的病险水库除险加固排序决策提供了理论依据。在前人研究的基础上，作者对目前我国普遍采用的规范法判定大坝安全度的排序准则进行研究，然后采用风险分析法研究溃坝失事后果排序准则，在此基础上给出了病险水库除险加固排序决策标准，并应用于实例分析中。

2.3.1　大坝安全度排序准则

2.3.1.1　极值识别准则

我国 20 世纪 70 年代以前修建的大坝，由于服役时间长，一般都经历过各种危险工况，因此，可以选择监测项目的历史最大测值或最小值作为监测量的极值。当监测项目测值超过该值时，则认为此监测项目测值出现异常或者大坝出现险情，需要对服役大坝的安全状况做出重新分析；当监测资料数值未超过该值，则可认为监测资料正常，服役大坝的安全状况较好。

2.3.1.2　时空关联识别准则

时空关联识别准则又可以分为"效应量-效应量"关联识别和"效应量-环境量"关联识别。

1. "效应量-效应量"关联识别

这类识别又可以分为过程线关联识别和分布图关联识别。

（1）过程线关联识别。绘制荷载 x 与效应量 y 的过程线，统计各特征值（如年最大值 y_{max}、年最小值 y_{min}、年变幅 Δy 和均值 $\bar{y}$），通过测值 y_i 与相关特征值、前一次测值 y_{i-1} 及相同荷载条件下的前一次测值 y'_{i-1} 的对比，判断测值是否正常。

（2）分布图关联识别。绘制同一监测项目（变形、渗流等）某一横断面或某一纵断面各测值的分布图，通过分析各相关测点测值的大小及变化趋势，可判断是否出现测值异常。

2. "效应量-环境量"关联识别

对于正常运行的大坝，其监测效应量与环境量之间应该满足某种较为固定的线性或非线性映射关系，当效应量与环境量的映射关系出现突变时，则可认为荷载异常或大坝结构发生病变。

2.3.1.3　监控模型识别准则

根据监测资料序列可以建立相应的监控模型（包括统计模型、灰模型、神经网络模型等），应用上述模型计算出 $y(t)$ 及其分量 y_H、y_T、y_θ 的估计值 $\dot{y}(t)$、$\dot{y}_H(t)$、$\dot{y}_T(t)$、$\dot{y}_\theta(t)$，即预报模型为

$$\dot{y}(t) = \dot{y}_H(t) + \dot{y}_T(t) + \dot{y}_\theta(t) \tag{2.3-1}$$

$$S = \sqrt{\text{var}[y(t) - \dot{y}(t)]} \tag{2.3-2}$$

$$\Delta = iS \quad (i=2,3) \tag{2.3-3}$$

式中　S——模型的标准差；

　　　Δ——置信区。

当

$$2S < |y(t) - \dot{y}(t)| \leqslant 3S \tag{2.3-4}$$

则跟踪监测；若有趋势性变化，或检测发现有隐患病害，则为异常；否则为基本正常；若当

$$|y(t) - \dot{y}(t)| > 3S \tag{2.3-5}$$

则为异常。

2.3.1.4　时效识别准则

时效分量的变化规律在一定程度上反映了大坝的工作状态，如图 2.3-1 所示。图 2.3-1 中将测值的时效分量随时间变化的规律划分为五种形式：①时效分量基本无变化或在某一范围内小幅度变化，如曲线 A 所示，这是一种比较理想的情况，表明大坝运行状况最为理想；②时效分量在大坝建成投入运行的初期增长急剧，以后渐趋稳定，如曲线

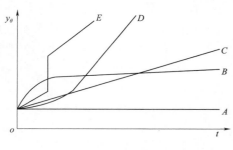

图 2.3-1　"时效-时间"关系图

B 所示，这种情况在实际工程中最为常见，表示大坝的运行情况正常；③时效分量以某一不变的速率持续增长，如曲线 C 所示，这种情况表明大坝存在某种危及安全的隐患；④时效分量以逐渐增大的速率持续增长，如曲线 D 所示，这是大坝或坝基病态工作的征兆，表明大坝的隐患正在向不利方向发展；⑤时效分量持续增长，并在变化过程中伴有突变现象，如曲线 E 所示，这是对大坝安全运行最为不利的情况，它表明隐患已经发生了恶化，并在继续朝恶化的方向发展。

当保持恒定速率增长，即

$$\frac{dy_\theta}{dt} > 0 \quad \text{且} \quad \frac{d^2 y_\theta}{dt^2} = 0 \tag{2.3-6}$$

该演变规律对应的时效分量以相同的速率持续增长，这表明该监测量反映大坝的隐患病险向不利方向发展。

当时效加速发展，即

$$\frac{d^2 y_\theta}{dt^2} > 0, \frac{d^3 y_\theta}{dt^3} < 0 \tag{2.3-7}$$

这表明该监测量时效分量加速增大，所反映的大坝的隐患病险已发生恶化，并继续向恶化的方向发展。

当时效快速发展，即

$$\frac{d^3 y_\theta}{dt^3} = 0 \tag{2.3-8}$$

这表明该监测量时效分量快速增大，所反映的大坝的隐患病险向不利方向发展。

由于确定的时效因子较为复杂，为便于分析，可采用改进的 MDV 方法，即将回归计

算得到最近时段的时效分量与残差合并，对合并后的值进行如下二次曲线拟合

$$f_\theta = a_0 + a_1 t + a_2 t^2 \qquad (2.3-9)$$

得到时效的逼近式为

$$\hat{f}_\theta = \hat{a}_0 + \hat{a}_1 t + \hat{a}_2 t^2 \qquad (2.3-10)$$

对式（2.3-10）分别求一阶导数、二阶导数，得

$$\frac{\mathrm{d}\hat{f}_\theta}{\mathrm{d}t} = \hat{a}_1 + \hat{a}_2 t \qquad (2.3-11)$$

$$\frac{\mathrm{d}^2 \hat{f}_\theta}{\mathrm{d}t^2} = \hat{a}_2 \qquad (2.3-12)$$

由式（2.3-12）可较容易地分析时效发展的趋势，进而判断大坝的安全状况，即当 $\hat{a}_2 < 0$ 为正常，$\hat{a}_2 = 0$ 为异常，$\hat{a}_2 > 0$ 为险情。以此来确定大坝的安全度，可作为除险加固缓急的依据。

2.3.1.5　监控指标识别准则

监控指标准则包括变形、渗流以及应力应变等，其中渗流监控指标准则及应力应变的监控指标准则可根据规范拟定。变形作为安全监控的最主要监测量，其影响因素十分复杂，因此变形监控指标准则的拟定不仅要对监测资料进行全面深入的分析和反分析，而且还需由应力场或变形场通过荷载作用进行复杂的耦合，最后通过强度、稳定和裂缝等约束条件拟定。

1. 变形控制指标

变形预测的最大值（δ_m）与变形监控指标（δ_{im}）比较，得到下列判断准则。

当

$$\delta_{1m} \leqslant \delta_m < \delta_{2m}, \ \frac{\mathrm{d}^2 \delta_\theta}{\mathrm{d}t^2} = 0 \qquad (2.3-13)$$

时，变形为异常，即大坝处于弹塑性或黏弹塑性阶段，并检测发现有结构的隐患病害，则结构为病态。

当

$$\delta_{2m} \leqslant \delta_m < \delta_{3m}, \ \frac{\mathrm{d}^2 \delta_\theta}{\mathrm{d}t^2} > 0, \ \frac{\mathrm{d}^3 \delta_\theta}{\mathrm{d}t^3} < 0 \qquad (2.3-14)$$

时，变形为险情，即大坝处塑性或黏塑性阶段，并检测发现有危及结构安全的隐患病害，则结构处于险情。

当

$$\delta_m = \delta_{3m}, \ \frac{\mathrm{d}^3 \delta_\theta}{\mathrm{d}t^3} = 0 \qquad (2.3-15)$$

时，大坝处于大变形的破坏阶段，则结构失事破坏。

上三式中　δ_m——重点和关键部位（或坝段）的坝顶或坝基变形的预测最大值；

δ_{1m}、δ_{2m}、δ_{3m}——相应的变形监控指标，其中 δ_{1m} 用黏弹性模型及其有限元法拟定，δ_{2m} 用黏弹塑性模型及其有限元法拟定，δ_{3m} 用大变形黏弹塑性模型及其有限元法拟定。

2. 渗流控制指标

用预测扬压力及其渗压系数的最大值与设计或规范允许值进行比较以及渗流量的变化规律，得到下列渗流判断准则。

当 $\qquad$ $\alpha_{1i} \geqslant [\alpha_1], \alpha_{2i} \leqslant [\alpha_2], U_m \approx [U_D], \dfrac{\mathrm{d}^2 Q}{\mathrm{d} t^2} = 0$ (2.3-16)

时，帷幕局部受损，则为异常。

若 $\qquad$ $\alpha_{2i} > [\alpha_2], \alpha_{1i} \leqslant [\alpha_1], U_m = [U_D], \dfrac{\mathrm{d}^2 H_{U\theta}}{\mathrm{d} t^2} = 0$ (2.3-17)

时，排水局部失效，则为异常。

若 $\qquad$ $\alpha_{1i} > [\alpha_1], \alpha_{2i} > [\alpha_2], U_m > [U_D], \dfrac{\mathrm{d}^2 H_{U\theta}}{\mathrm{d} t^2} > 0$ (2.3-18)

时，并发现渗流量骤增，又通过渗流检测发现有渗流隐患和病害，即为防渗帷幕严重受损和排水失效，则为险情。

上三式中 $\quad \alpha_{1i}$、$[\alpha_1]$——防渗帷幕后预测的最大渗压系数和设计或规范允许的渗压系数，

$\alpha_{1i} = \dfrac{H_1 - H_i}{H_1 - H_2}$，其中 H_1、H_2、H_i 分别为上游水位、下游水位和测压管处的水位，一般 $[\alpha_1]$ 取 0.50；

α_{2i}、$[\alpha_2]$——排水处预测的最大渗压系数和设计或规范允许的渗压系数，

$\alpha_{2i} = \dfrac{H_1 - H_{2i}}{H_1 - H_2}$，$H_{2i}$ 为排水处的测压管水位，一般 $[\alpha_2]$ 取 0.25；

U_m、$[U_D]$——坝基面上或抗滑稳定控制面上预测的最大总扬压力和设计允许的总扬压力；

Q——渗流量。

3. 应力控制指标

用控制部位的预测应力及其应力区与允许应力比较，或者预测裂缝的稳定性，得到下列强度判断准则。

当 $\qquad$ $[\sigma] < \sigma_m \leqslant \sigma_p$ 或 $k_i > 0, \dfrac{\mathrm{d}k}{\mathrm{d}t} \leqslant 0$ (2.3-19)

时，强度超过规范要求，处于弹塑性阶段，并在检测中发现有裂缝等隐患病害，则混凝土坝局部有病变。

当 $\qquad$ $\sigma_m > \sigma_p$ 或 $\dfrac{\mathrm{d}k_i}{\mathrm{d}t} > 0, \dfrac{\mathrm{d}^2 k_i}{\mathrm{d}t^2} \leqslant 0$ 或 $Q_i > 0, \dfrac{\mathrm{d}Q}{\mathrm{d}t} \geqslant 0, \dfrac{\mathrm{d}^2 Q}{\mathrm{d}t^2} < 0$ (2.3-20)

时，该控制点局部开裂，并出现漏水，则结构出现局部异常。

当 $\qquad$ $\sigma_m(\Omega) > \sigma_p, \dfrac{\mathrm{d}^2 k_i(\Omega)}{\mathrm{d}t^2} > 0, \dfrac{\mathrm{d}^2 Q}{\mathrm{d}t^2} \geqslant 0$ (2.3-21)

时，该部位区域内出现开裂破坏，并出现漏水量骤增，则结构出现局部险情。

上三式中 $\quad \sigma_m$、$\sigma_m(\Omega)$——预测的控制点或区域的最大应力；

$[\sigma]$——设计或规范的允许应力；

σ_p——混凝土的抗拉、抗压和抗剪强度；

k_i、$k_i(\Omega)$——i 裂缝或 i 区域内裂缝群的开度；

Q——渗流量。

4. 裂缝稳定性评价

首先依据混凝土温度实测资料，计算混凝土坝内的温度场，并求出最大温降的变温场；若无混凝土温度实测资料，则依据反演的混凝土热力学参数，在已知边界温度的条件下，用有限元法计算变温场。同时，考虑非荷载因素影响，包括干缩、自生体积变形、徐变、基岩错位等。然后用有限元法计算不利荷载组合工况以及非荷载因素共同作用下裂缝部位的应力。在此基础上，用断裂力学计算已知裂缝在不利荷载组合作用下（根据已知裂缝扩展的荷载组合，或者用反演的荷载组合作为计算工况）缝端的应力强度因子，以预测裂缝的稳定性。其过程如下：

$$\left.\begin{array}{r} T_i^0(x,y,z,t) \\ \text{TFEM} \end{array}\right\} \!\!\rightarrow\! \Delta T_i(x,y,z,t) = T_i(x,y,z,t) - T_{0i}(x,y,z,t) \quad (2.3-22)$$

$$\text{FEM} \xrightarrow[\Omega_m(H,T,k,\cdots)]{\Delta T_i(x,y,z,t)} \sigma_{Ti}(x,y,z,t) \quad (2.3-23)$$

$$\text{FFEM} \xrightarrow[G(t)+\varepsilon_n+C(t)+\Omega_m(H,T,k,\cdots)]{F(l,k,h)} k_{ci} \text{ 或 } \Omega(k_c) \quad (2.3-24)$$

若超过断裂韧度，则裂缝失稳，对结构强度和稳定不利；若未超过断裂韧度，则裂缝基本稳定。

若
$$\sigma_m > [\sigma_t] \quad (2.3-25)$$
则裂缝为不利荷载组合工况引起。

若
$$k_{cm} \geqslant [k_c] \quad (2.3-26)$$
则为裂缝失稳。

若
$$k_{cm} \leqslant [k_c] \quad (2.3-27)$$
则裂缝基本稳定。

上六式中　$T_i^0(x,y,z,t)$——混凝土温度计的实测温度场；

$T_i(x,y,z,t)$——计算或实测温度场；

$T_{0i}(x,y,z,t)$——初始温度场；

$\Delta T_i(x,y,z,t)$——变温场（温降）；

TFEM——有限元温度分析程序；

σ_m——不利荷载工况的应力；

$[\sigma_t]$——允许拉应力或压应力或压剪应力；

FFEM——断裂有限元分析程序；

$F(l,k,h)$——断裂的尺寸函数，其中 l，k，h 分别为裂缝的长度、开度和深度；

$G(t)$——自身体积变形；

ε_n——干缩应变；

$C(t)$——基岩徐变度；

$\Omega_m(H,T,k,\cdots)$——不利荷载组合工况，其中 H，T，k 分别为水位、变温值、地震烈度等；

k_{ci}——应力强度因子；

k_{cm}——最大应力强度因子；

$[k_c]$——断裂韧度；

——计算分析过程。

这里还需说明两点：一是也可以用损伤力学分析裂缝的失稳；二是在积累一定的资料后，也可以对上述分析过程中的一些待定条件进行反分析，如变温场、材料参数、断裂韧度和不利荷载组合等，然后，按上述过程和准则进行分析和预测。根据裂缝类型和严重程度来判别大坝安全度，作为加固的依据。

2.3.1.6 关键问题识别准则

关键问题（Key Problem，KP）指每个工程的薄弱部位，包括不良地质条件，如断层、节理密集带，以及工程建筑物的薄弱部位等。这些薄弱部位是威胁大坝运行安全的主要因素。监测所发现的结构异常通常是由薄弱部位的变形、渗流、强度或稳定不满足设计要求而引起的。基于 KP 的病险识别流程如下：

（1）由实测值发现异常后，首先判断异常类别，包括变形异常、渗流异常、应力应变异常等。

（2）根据异常类别，检索该类别的 KP，假设检索到可能导致该异常的 KP 有 N 个。

（3）对检索到的 N 个 KP 进行循环，并在每个循环内进行以下操作：

1）检索引起该异常类别所有测点。

2）判断各相关测点测值的同步性，若各测点测值同步异常变化，则异常很可能是由该 KP 引起的，记录该 KP 及相应的置信度。

（4）循环检索完毕后，找到相应的 KP。若没有找到 KP，则异常可能是由非 KP 之外的其他因素所引起的，例如观测误差等。若找到很多 KP，则按置信度排序。图 2.3-2 所示为关键问题识别流程。

2.3.2 溃坝失事后果

溃坝失事后果包括大坝失事生命损失、经济损失和社会与环境影响。各影响因素的取值可参阅相关文献。失事后果由下式计算：

$$L = \sum_{i=1}^{3} \omega_i F_i \tag{2.3-28}$$

式中 L——失事后果；

F_i——大坝失事引起的损失（包括生命损失、经济损失和社会与环境影响）；

ω_i——各损失的权重。

由式（2.3-28）可见，失事后果计算主要包括各失事损失确定和各损失权重的计算，前者可参阅相关文献，这里主要研究后者，因为 ω_i 的大小直接影响到病险水库大坝风险度的排序。对于权重的计算，目前国内专家较多采用 Saaty 提出的 1～9 标度法（即 AHP 法）确定各失事损失的权重系数，并得到了固定的生命损失、社会损失、经济损失和环境损失的权重系数。由于权重理应由决策部门会同专家会商后确定，仅采用固定的权重系数不能全面地评价失事引起的后果。

另外，由于每位专家所处的社会环境不同、个人的经历、经验、文化背景及个人的学术权威性、专业的熟悉程度均不尽相同，因此，对评价指标给出判断矩阵，并由其求出的

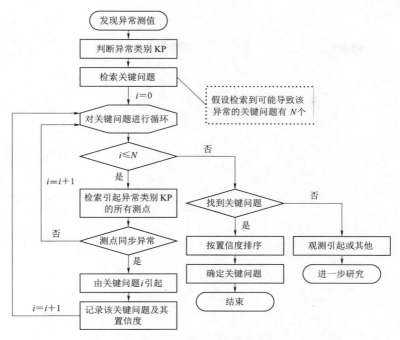

图 2.3-2　关键问题识别流程图

每组评价指标权重的合理程度也不会相同，故对 AHP 法所得的专家权重必须从专家组意见集中程度和各位专家权威性两方面进行修正。这里采用修正后的专家权重来计算失事后果。

1. 专家意见集中权

将模式识别的理论方法应用于专家意见集中权分析中，把专家对评价指标重要性判断意见看作识别对象，通过对其进行动态聚类分析（Iterative Self-organizing Data Analysis Technique Algorithm，ISODATA），根据聚类结果按照少数服从多数的原则给专家赋权。

模糊动态聚类分析作为模式识别的一种分类方法，用数学方法定量地确定样本之间的亲疏关系，从而客观地分型划类。可应用上述理论和方法编制专家意见集中权重模型程序，图 2.3-3 所示为专家意见集中权重模型流程。

2. 专家权威性权重

对于衡量大坝安全分析指标相对重要性的专家权威性的测定，应从两个方面考虑。一类是包括资历、知名度在内的实在又易直接测出的指标，统称为硬指标，这些指标宏观地反映了专家们的智力、能力、学术水平等综合素质；另一类是包括实践经验、对专业熟悉程度等在内的不易直接量化的指标，统称为软指标，这类指标明晰地反映了专家与确定指标相对重要性息息相关的各类素质情况。本书结合系统工程相关知识建立了溃坝后果评价中的专家权威性测定指标结构。专家权威权测评指标所涉及的数据，可视情况由鉴定组织部门根据该专家本人的情况确定或由专家实事求是填写。之后，根据测评标准，整理出各专家的各指标相应得分。基于以上分析，下面采用模糊综合评判理论来衡量各专家意见的权威性。

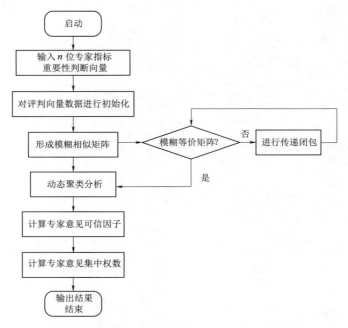

图 2.3-3 专家意见集中权重 ISODATA 模型流程图

若设参加评价的专家有 n 位，权威性测评指标为 m 个，则专家权威性评判矩阵为

$$X = [x_{ij}]_{m \times n} (i=1,2,\cdots,m;j=1,2,\cdots,n)$$ (2.3-29)

式中 x_{ij}——第 j 位专家第 i 个评测指标的评分值。

为了评价方便，可用下式进行规格化处理

$$r_{ij} = \frac{x_{ij}}{x_{i\max}}$$ (2.3-30)

式中 $x_{i\max}$——所有专家在第 i 个评测指标下的最大值；

r_{ij}——x_{ij} 的标准化值，$0 \leqslant r_{ij} \leqslant 1$。

将式（2.3-29）代入式（2.3-30）得到优属度矩阵为

$$R = [r_{ij}]_{m \times n}$$ (2.3-31)

将 n 位专家依据 m 个评测指标评价值按 c 类标准决策模式进行模糊识别，设

$$v = [u_{hj}]_{m \times n} (h=1,2,\cdots,c;j=1,2,\cdots,n)$$ (2.3-32)

式中 v——模糊评价识别矩阵；

u_{hj}——第 j 位专家隶属于标准评价模式 h 的相对隶属度。

式（2.3-32）应满足约束条件

$$\left. \begin{array}{l} 0 \leqslant u_{hj} \leqslant 1, (h=1,2,\cdots,c;j=1,2,\cdots,n) \\ \sum_{h=1}^{c} u_{hj} = 1, (j=1,2,\cdots,n) \\ \sum_{j=1}^{n} u_{hj} > 0, (h=1,2,\cdots,c) \end{array} \right\}$$ (2.3-33)

设已知 c 类标准评价模式 m 个标准评价特征值 p_{ih}，用标准评价模糊矩阵表示为

$$P = [p_{ih}]_{m \times c} \qquad (2.3-34)$$

根据综合评价的相对性，专家权威性最高和最低可由式（2.3-35）确定。

$$\left.\begin{array}{l} P_1 = (p_{11}, p_{21}, \cdots, p_{m1})^T = (\bigvee\limits_{j=1}^{n} r_{1j}, \bigvee\limits_{j=1}^{n} r_{2j}, \cdots, \bigvee\limits_{j=1}^{n} r_{mj})^T \\[4mm] P_C = (p_{1c}, s_{2c}, \cdots, p_{mc})^T = (\bigwedge\limits_{j=1}^{n} r_{1j}, \bigwedge\limits_{j=1}^{n} r_{2j}, \cdots, \bigwedge\limits_{j=1}^{n} r_{mj})^T \end{array}\right\} \qquad (2.3-35)$$

第 h 级标准评价模式可通过第 1 级与第 c 级的目标非线性内插确定，即

$$p_{ih} = p_{ic} + \frac{c-h}{c-1}(p_{i1} - p_{ic}) \qquad (2.3-36)$$

由式（2.3-35）和式（2.3-36）可得

$$p_h = (p_{1h}, p_{2h}, \cdots, p_{mh})^T \qquad (2.3-37)$$

依据系统工程综合评判中"权广义优距离平方与权广义劣距离平方之总和最小"的优化准则，构造如下目标函数

$$\left.\begin{array}{l} F(u_{hj}) = \sum\limits_{j=1}^{n} \sum\limits_{h=1}^{c} \left[D^2(r_{hj}, P_1) + D^2(r_{hj}, P_C) \right] \\[4mm] = \sum\limits_{j=1}^{n} \sum\limits_{h=1}^{c} \left[u_{hj}^2 \| w \times (r_{hj} - P_1) \|^2 + (1-u_{hj})^2 \| w \times (r_{hj} - P_C) \|^2 \right] \\[4mm] F(u_{hj}^*) = \min\limits_{u_{hj} \in [0,1]} \{ F(u_{hj}) \} \end{array}\right\} \qquad (2.3-38)$$

令 $\dfrac{\mathrm{d}F(u_{hj})}{\mathrm{d}u_{hj}} = 0$ 得

$$u_{hj} \| w \times (r_{hj} - P_1) \|^2 - (1-u_{hj})^2 \| w \times (r_{hj} - P_C) \|^2 = 0 \qquad (2.3-39)$$

进一步可得：

$$u_{hj} = \frac{1}{\sum\limits_{k=1}^{c} \left| \dfrac{\sum\limits_{i=1}^{m} (w_i | r_{ij} - p_{ih} |)^l}{\sum\limits_{i=1}^{m} (w_i | r_{ij} - p_{ik} |)^l} \right|^{\frac{2}{l}}} \qquad (2.3-40)$$

$$D(r_j, P_1) = u_{1j} \| w \times (r_j - P_1) \|$$

$$D(r_j, P_C) = u_{2j} \| w \times (r_j - P_C) \|$$

式中 P_1——第 j 位专家的权广义优距离；

     P_C——第 j 位专家的权广义劣距离；

     l——一般取为 2（$k=1, 2, \cdots, c; i=1, 2, \cdots, m; j=1, 2, \cdots, n; h=1,$
          $2, \cdots, c$）；

     w_i——评测指标（软指标、硬指标）对专家权威性评价时的效应，一般认为软、
          硬指标重要性相等，软、硬指标各自子指标的重要性也相同。

因此，各位专家的权威性综合评判值可由下式计算

$$H = (H_1, H_2, \cdots, H_n)$$

$$= (1, 2, \cdots, c) \cdot \begin{vmatrix} u_{11} & u_{12} & \cdots & u_{1n} \\ u_{21} & u_{22} & \cdots & u_{1n} \\ \vdots & \vdots & & \vdots \\ u_{c1} & u_{c2} & \cdots & u_{cn} \end{vmatrix} \qquad (2.3-41)$$

式中　　H_j——第 j 位专家意见权威性综合评判值，其值越小，表明该专家权威性越高，

　　　　　$j = 1$、2、3、$\cdots$、n。

根据式（2.3-41）求出所参加评价的 n 位专家各自的意见权威性综合评判值为

$$H = (H_1, H_2, \cdots, H_n) \qquad (2.3-42)$$

由于专家意见权威评判值越大，表明专家的权威性越高，相应该专家的指标重要性判断越可靠，则该专家的权重越大。因此，将专家权威性综合评判值归一化便可得专家的权威性权重：

$$W_i = (\sum_{i=1}^{n} H_i - H_i) / \sum_{i=1}^{n} H_i \qquad (2.3-43)$$

式中　　W_i——第 i 位专家权威性权数。

3. 专家客观权重的确定

设专家意见集中权为：$W^{(0)} = \{w_1^{(0)}, w_2^{(0)}, \cdots, w_n^{(0)}\}$；设专家权威权为：$W^{(1)} = \{w_1^{(1)}, w_2^{(1)}, \cdots, w_n^{(1)}\}$。

专家客观权重即综合考虑专家意见集中权和专家权威权，这两种权具有同等重要性，故专家客观权重为

$$W'' = \{\frac{w_1^{(0)} + w_1^{(1)}}{2}, \frac{w_2^{(0)} + w_2^{(1)}}{2}, \cdots, \frac{w_n^{(0)} + w_n^{(1)}}{2}\} \qquad (2.3-44)$$

4. 专家权重

若所邀请的专家有 n 位，对某一评价指标集有 m 个评价指标 $U = \{u_1, u_2, \cdots, u_m\}$，第 i 位专家对该评价指标之间的相对重要性进行判断，得出该专家主观权重 W^i 为

$$W^i = \{w_1^i, w_2^i, \cdots, w_m^i\} \qquad (2.3-45)$$

则 n 位专家对该评价指标的主观权重 W 为下列矩阵：

$$W' = \begin{bmatrix} w_1^1 & w_2^1 & \cdots & w_m^1 \\ w_1^2 & w_2^2 & \cdots & w_m^2 \\ \vdots & \vdots & & \vdots \\ w_1^n & w_2^n & \cdots & w_m^n \end{bmatrix} \qquad (2.3-46)$$

n 位专家的客观权重 W'' 则为

$$W'' = \{w_1'', w_2'', \cdots, w_n''\} \qquad (2.3-47)$$

由于第 i 位专家在专家组中的权重 w_i 越小，那么该专家所给出的指标重要性评价的可信度就越低；相反，第 j 位专家在专家组中的权重 w_j 越大，那么该专家在知识层次、专业经验等各方面都较好，所给出的指标重要性判断比较确切、合理，即该专家意见可信度较高。因此，由专家客观权重对主观权重进行调整修正，得专家综合权重 W 为

$$W = [w_1, w_2, \cdots, w_m] = [w''_1, w''_2, \cdots, w''_n] \cdot \begin{bmatrix} w_1^1 & w_2^1 & \cdots & w_m^1 \\ w_1^2 & w_2^2 & \cdots & w_m^2 \\ \vdots & \vdots & & \vdots \\ w_1^n & w_2^n & \cdots & w_m^n \end{bmatrix} \quad (2.3-48)$$

将专家权重值代入式（2.3-28）中就可以求得较为符合客观实际的大坝失事后果，以此可以作为水库除险加固排序决策依据。

2.3.3 病险水库除险加固排序决策技术

2.3.3.1 溃坝损失的"严重度"指标

目前普遍认为，大坝溃坝损失主要包括三个方面：生命损失、经济损失与非经济损失（社会与环境影响）。充分考虑社会各行业对"损失"评价的共识和相关领域的专家经验，以"严重度"来统一度量溃坝损失，使溃坝损失的度量更加客观、合理。

1. 生命损失严重度赋值

将生命损失严重度划分为五级，分别为：轻微、一般、较严重（中等）、严重和极其严重。据我国溃坝风险标准初步分析可知，可接受单个生命损失风险标准为 $1.0 \times 10^{-5}/a$，可容忍单个生命损失风险标准为 $2.0 \times 10^{-4}/a$，其生命损失上限为 $1.3 \times 10^4 \sim 2.6 \times 10^5$ 人（按国民人口 13 亿计），考虑到我国历史上溃坝生命损失最大约为 2.6 万人（板桥水库，1975 年），综合考虑暂定生命损失上限为 10 万人。生命损失严重度赋值见表 2.3-1。

表 2.3-1　　　　　　　　　　生命损失严重度赋值

生命损失/人	生命损失严重度		生命损失/人	生命损失严重度	
	严重度赋值	说明		严重度赋值	说明
1～9	[0.01, 0.2)	轻微	1000～9999	[0.6, 0.8)	严重
10～99	[0.2, 0.4)	一般	10000～100000	[0.8, 1.0)	极其严重
100～999	[0.4, 0.6)	较严重			

2. 经济损失严重度赋值

我国通常将 1000 亿元量级的灾害损失称为巨灾，大型水库溃坝损失是有可能达到此数量级的。据相关资料统计，1975 年板桥溃坝事故的直接经济损失高达 100 亿，故经济损失上限暂定为 1000 亿元人民币。经济损失严重度赋值见表 2.3-2。

表 2.3-2　　　　　　　　　　经济损失严重度赋值

经济损失/亿元	生命损失严重度		经济损失/亿元	生命损失严重度	
	严重度赋值	说明		严重度赋值	说明
0.01～0.09	[0.01, 0.2)	轻微	10～99	[0.6, 0.8)	严重
0.1～0.9	[0.2, 0.4)	一般	100～999	[0.8, 1.0)	极其严重
1～9	[0.4, 0.6)	较严重			

3. 非经济损失严重度赋值

非经济损失主要指社会及环境影响,即对国家、社会安定的不利影响;给人们造成的精神痛苦及心理创伤,以及日常生活水平和生活质量的下降等;人文景观的破坏,无法补救的文物古迹、艺术珍品等的损失。非经济损失严重度赋值见表 2.3-3。

表 2.3-3 非经济损失严重度赋值

主要社会影响举例	主要环境影响举例	损失严重度	
		严重度赋值	说明
人烟稀少,无文物古迹	河道轻微破坏,自然景观轻微破坏,一般动植物栖息地丧失	[0.01, 0.2)	轻微
影响到村庄和一般文物古迹	一般河流河道受到一定破坏,市级人文景观遭到破坏,较珍贵动植物栖息地丧失	[0.2, 0.4)	一般
影响到乡镇政府所在地,市级重点保护文物	一般河流河道遭受严重破坏,省级人文景观受破坏,较珍贵动植物栖息地丧失	[0.4, 0.6)	较严重
影响到县城以上政府所在地或城区,省级重点保护文物古迹,老少边地区	大江大河遭受严重破坏,一般河流改道,国家级人文景观遭受破坏,稀有动植物栖息地丧失	[0.6, 0.8)	严重
影响首都、省会城市,世界文化遗产,国家重点保护文物古迹,少数民族集居地	大江大河改道,世界级人文景观遭受破坏,(世界级)濒危动植物栖息地丧失	[0.8, 1.0)	极其严重

环境影响主要包括河流河道形态的影响,生物(尤其是稀有动植物)及其生长栖息地的丧失等。按严重程度将非经济损失初步划分为 5 级,并附有相应的影响程度说明,供决策智囊团赋值参考。

2.3.3.2 基于 FAHP 的溃坝损失综合评价

对溃坝的生命损失、经济损失以及社会环境影响分别进行严重度赋值之后,要进行溃坝损失的综合评价,便涉及各影响因素的权重问题。从理论上说,该权重应该由决策智囊团会商决定,这里采用模糊层次分析法(FAHP)建立溃坝后果综合度量模型。

总目标层溃坝损失的各影响层(子目标层)包括生命损失(以 S_1 表示)、经济损失(以 S_2 表示)和非经济损失(以 S_3 表示)。考虑到不同专家对损失认识的不同,所以会导致生命损失、经济损失及非经济损失之间相对权重的不确定性。具体表现在各专家对判断矩阵进行赋值时的主观性和差异性。为尽量消除这种不确定性,这里重点研究 5 种不同的赋值情形(表 2.3-4),综合分析比较,力求客观合理。

由 5 种赋值方式的计算结果来看,第二种和第四种方案较为合理,相应的生命损失、经济损失及社会环境影响的权重系数分别为 [0.74, 0.10, 0.16]、[0.7, 0.1, 0.20]。如果要全部考虑 5 种不同判断赋值的贡献,也可以对各权重进行平均取值为 [0.681, 0.107, 0.212]。

表 2.3 - 4　　　　　　　　　　　　溃坝损失判断矩阵赋值

相对权重	情形 1			情形 2			情形 3		
	S_1	S_2	S_3	S_1	S_2	S_3	S_1	S_2	S_3
S_1	1	8/1	8/3	1	7	14/3	1	7	7/3
S_2	1/8	1	1/3	1/7	1	2/3	1/7	1	1/3
S_3	3/8	3/1	1	3/14	3/2	1	3/7	3/1	1
权重	0.67	0.08	0.25	0.74	0.10	0.16	0.64	0.09	0.27

相对权重	情形 4			情形 5					
	S_1	S_2	S_3	S_1	S_2	S_3			
S_1	1	7/1	7/2	1	9	6/1			
S_2	1/7	1	1/2	1/9	1	2/3			
S_3	2/7	2/1	1	1/6	3/2	1			
权重	0.7	0.1	0.2	0.78	0.09	0.13			

综上所述，溃坝损失可以用综合损失（指标）L 来表示，其中 L 由式（2.3 - 28）得出。

2.3.3.3　病险水库风险指数及除险加固排序

根据目前各国大坝风险管理普遍采用的风险分析技术，定义病险坝风险指数如下

$$RD = P_f L \tag{2.3 - 49}$$

式中　RD——病险大坝服役风险指数；

　　　P_f——大坝失事的概率；

　　　L——大坝失事所造成的综合损失（包括生命损失、经济损失以及社会环境影响等）。

由于溃坝概率往往是比较小的数，数量级在 10^{-4} 左右，而 L 是处于 $0.1 \sim 1$ 之间的数，两者的乘积会很小，为直观起见，可将其乘积放大 10000 倍，则式（2.3 - 49）变为

$$RD = 10000 P_f L \tag{2.3 - 50}$$

按式（2.3 - 50）计算出各病险坝的风险指数，风险指数越大，表明大坝越危险，应优先得到除险加固。依照风险指数的大小进行排序，决定除险加固的顺序，从而实现病险坝除险加固风险排序的目的。例如有 N 座大坝的风险指数分别计算为 $RD(1)$、$RD(2)$、$\cdots$、$RD(N)$，且有

$$RD(1) > RD(2) > \cdots > RD(i) > \cdots > RD(N) \tag{2.3 - 51}$$

则记 N 座病险坝的除险加固优先次序为

$$\text{大坝}(1) > \text{大坝}(2) > \cdots > \text{大坝}(i) > \cdots > \text{大坝}(N)$$

其中"＞"表示前一座大坝的除险加固等级优先于后一座大坝。

2.3.3.4　除险加固排序决策标准的敏感性分析

由上述分析可知，在推求大坝风险指数过程中各基本环节都掺杂着主观臆断或存在一定的不确定性。通过大量实测信息和众多专家的经验知识能在一定程度上消除这种不确定

性，但是针对那些影响最终决策方案的不确定性因素应进行专门的敏感性分析。病险水库除险加固排序决策标准敏感性分析的基本步骤如下：

（1）确定敏感性分析的对象。病险水库除险加固排序决策标准敏感性分析是研究对排序结果有影响的各级指标对象。包括风险指数计算过程中的失事途径识别、失事概率估算、失事后果确定，以及风险指数等指标层的相对权重等。

（2）选择需要分析的不确定因素。在除险加固排序中，不同阶段有不同的不确定性因素，要同时考虑是很复杂的，也不可行。因此要针对不同阶段，选择不同的分析对象。例如在下文实例分析中，就选择了指标层的大坝运行风险指数对于目标层除险加固优选的权重不确定性进行敏感性分析。

（3）绘制敏感性曲线，并对敏感因素的趋势变化进行说明。

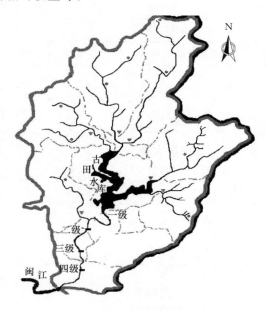

图 2.3-4　古田溪流域分布图

2.3.4　实例分析

2.3.4.1　工程概况

古田溪梯级大坝坐落在福建省闽江支流古田溪上，共有四级，分别为：古田溪一级大坝（古田水电站）、龙亭二级大坝（龙亭水电站）、高洋三级大坝（高洋水电站）和宝湖四级大坝（宝湖水电站），其分布位置如图 2.3-4 所示。其中，除了古田溪一级水库具有年调节性能以外，其余水库均为日调节，各水库及大坝的特性参数见表 2.3-5。

表 2.3-5　　　　　　　　　　古田溪梯级水电站情况一览表

电站名称 项目	古田水电站	龙亭水电站	高洋水电站	宝湖水电站
控制流域面积/km²	1325	1551	1697	1722
坝型	宽缝重力坝	平板坝	平板坝	宽缝重力坝
建筑物等级	Ⅱ	Ⅲ	Ⅲ	Ⅲ
最大坝高/m	71	42	43	43
多年平均流量/（m³/s）	44	52	56	56
正常蓄水位/死水位/m	382/354	254/245	131/122	100/89
总库容/调节库容/（×10⁸ m³）	6.417	0.189/0.069	0.095/0.041	0.065/0.045
装机容量/（×10⁴ kW）	6.2	13	3.3	3.4

续表

电站名称 项目	古田水电站	龙亭水电站	高洋水电站	宝湖水电站
机组台数/台	6	2	2	2
保证出力/($\times 10^4$ kW)	2.85	3.3	1.18	0.89
年发电量/($\times 10^8$ kW·h)	3.47	4.47	1.3	1.24
静态总投资/亿元	0.861	0.687	0.233	0.281
单位千瓦投资/元	1388	528	726	829
建设情况	1950 年 10 月开工， 1956 年 3 月发电	1958 年 7 月开工， 1969 年 4 月发电	1958 年 9 月开工， 1965 年发电	1958 年 11 月开工， 1971 年 5 月发电

2.3.4.2　古田溪大坝群除险加固排序决策模型

古田溪大坝群除险加固排序决策模型如图 2.3-5 所示，设由各大坝组成的决策对象集为

$$D = \{古田水电站，龙亭水电站，高洋水电站，宝湖水电站\} = \{d_1, d_2, d_3, d_4\}$$

在建立该运行风险评价模型时，除了主要考虑各级大坝风险指数以外，为增加决策的全面性，另外增加两个决策指标为水电站的总投资与水库的综合经济效益，即构造决策集 D 的指标层评价集 $X = \{x_1, x_2, x_3\}$。相应于 X 中的各评价因素特征值分别取为：大坝运行风险指数、电站静态总投资以及电站总装机容量。

由于缺少古田溪梯级电站的相关地理信息、人口分布信息和经济结构分布信息，进行大坝失事后果估计时受到限制。通过各水库大坝的一些特征参数也可以在一定程度上反映出大坝失事后果的严重度。因此，本例中选择各水库的库容、控制流域面积和各大坝的工程等级来确定失事综合损失系数，见表 2.3-6。

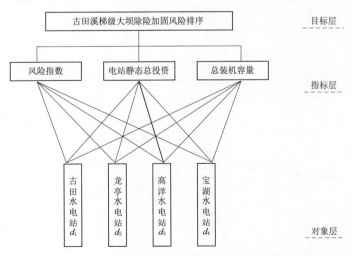

图 2.3-5　古田溪梯级大坝优化除险加固排序决策模型

表 2.3-6 古田溪梯级大坝风险指数表

对象	古田水电站	龙亭水电站	高洋水电站	宝湖水电站
风险概率	1.85×10^{-5}	5.12×10^{-5}	7.06×10^{-5}	4.85×10^{-5}
综合损失系数	0.85	0.43	0.41	0.31
风险指数	0.157	0.220	0.289	0.150

表 2.3-7 为考虑大坝风险指数、电站静态总投资和总装机容量的综合决策参数表。

表 2.3-7 古田溪梯级大坝优化改造评价主要决策参数表

指标层 对象层	大坝风险指数	电站静态总投资 /亿元	总装机容量 /($\times 10^4$kW)
古田水电站	0.157	0.861	6.2
龙亭水电站	0.220	0.687	13
高洋水电站	0.289	0.233	3.3
宝湖水电站	0.150	0.281	3.4

基于层次分析法原理，分别向多位大坝专家以及熟悉古田溪梯级水电站各级大坝运行情况的管理人员征询意见，首先确定指标层对应于目标层的权重系数有两种可能，即大坝运行风险指数、电站静态总投资以及电站总装机容量对于除险加固优先排序的影响权重分别取为 [0.80 0.10 0.10] 与 [0.70 0.15 0.15]。根据表 2.3-4 各指标层特征参数，并结合专家经验，应用层次分析法，计算得到各对象相对每一指标的权重系数见表 2.3-8。

表 2.3-8 主要决策参数的重要性权系数表

指标层 对象层	大坝风险指数	电站静态总投资 /亿元	总装机容量 /($\times 10^4$kW)
古田水电站	0.20	0.42	0.24
龙亭水电站	0.27	0.33	0.5
高洋水电站	0.35	0.11	0.13
宝湖水电站	0.18	0.14	0.13

根据式（2.3-50）和式（2.3-51）可以确定各大坝进行除险加固的优先等级，见表 2.3-9。

表 2.3-9 古田溪梯级大坝运行风险评价初步决策方案

大坝名称	古田水电站	龙亭水电站	高洋水电站	宝湖水电站
大坝风险指数	0.157	0.220	0.289	0.150
优先等级[1]	Ⅲ	Ⅱ	Ⅰ	Ⅳ
综合权重[1]	0.226	0.304	0.299	0.171
优先等级[21]	Ⅲ	Ⅰ	Ⅱ	Ⅳ

大坝名称	古田水电站	龙亭水电站	高洋水电站	宝湖水电站
综合权重[2]	0.239	0.321	0.281	0.167
优先等级[22]	Ⅲ	Ⅰ	Ⅱ	Ⅳ

注 表中"优先等级[1]"是按风险指数为标准的优先改造排序;"综合权重[1]"为对应第一种权重赋值下的综合权重;"优先等级[21]"为对应"综合权重[1]"的优先改造排序;"综合权重[2]"为对应第二种权重赋值下的综合权重;"优先等级[22]"为对应"综合权重[2]"的优先改造排序。

2.3.4.3 决策成果及敏感性分析

由表2.3-9初步决策方案分析可知,当指标层对应目标层的权重赋值不同时,决策结果会有所不同。即对应赋值矩阵[0.8 0.10 0.10]时,决策方案为:

高洋水电站>龙亭水电站>古田水电站>宝湖水电站

决策方案中应用符号">"表示前一座大坝的除险加固等级优先于后一座大坝。

当对应赋值矩阵[0.7 0.15 0.15]时,决策方案变为:

龙亭水电站>高洋水电站>古田水电站>宝湖水电站

所以龙亭水电站与高洋水电站的排序对赋值矩阵较为敏感。其两者优先排序对应矩阵赋值变化过程如图2.3-6所示。

由图2.3-6分析可知,龙亭水电站与高洋水电站风险排序与指标层相对目标层的赋值有很大的关系。龙亭水电站的综合权重系数(排序位置)随风险指数相对目标层的重要性的增加而减小,即越强调风险指数的重要性的话,则龙亭水电站就越不优先进行除险加固;高洋水电站的综合权重系数随风险指数相对目标层重要性的增加而增加,当风险指数相对目标层的权重系数为0.787时,两电站综合权重相等,除险加固排序的优先性一样。此时指标层对目标层的权重矩阵为[0.7870 0.1065 0.1065],在此平衡点之后,高洋水电站除险加固的优先性随风险指数重要性的增加而越发突出。

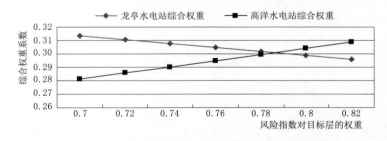

图2.3-6 龙亭水电站与高洋水电站排序敏感性分析图

此外,由决策结果还可以看出:尽管古田水电站的风险指数与宝湖水电站相差无几,分别为0.157与0.150。但是考虑到其库容较大,在校核洪水期间要同时承担龙亭水电站、高洋水电站、宝湖水电站水库的调洪任务,故其综合权重系数明显优于宝湖水电站,分别为0.226、0.171和0.239、0.167。

综上所述,古田溪四级电站大坝加固顺序为:高洋水电站>古田水电站>龙亭水电站>宝湖水电站。

第 3 章

病险水库除险加固技术及优化方法

对病险水库除险加固技术，区分防洪安全、渗流及结构安全、抗震安全、金属结构安全等主要方面进行论述和适应性分析。

3.1 病险水库除险加固常用技术方法

3.1.1 防洪安全除险加固技术

为提高水库大坝的抗洪能力，使其满足防洪标准，一般采取的工程措施主要有 3 种：①适当加高培厚大坝，增加水库调蓄能力；②加大泄水建筑物规模，扩大泄洪能力；③适当加高大坝与扩大泄水设施并举。

3.1.1.1 土石坝

土石坝加高培厚一般主要有以下几种方式。

1. 下游培厚加高

下游培厚加高即为在原大坝下游培厚，并加高坝顶，在加高培厚前，应对大坝下游坝基及下游坡面进行清基处理。这种加高方式不受水库蓄水限制，也不影响水库蓄水，在下游地形条件容许的条件下宜优先采用。

2. 上游培厚加高

上游培厚加高即在原大坝上游面培厚大坝坝体，并加高坝顶。在加高培厚前，应视大坝上游坝基地质条件进行变形和稳定分析，必要时采取适当的处理措施。这种加高方式往往是在大坝上游坝坡抗滑稳定不满足规范要求，或者是下游坝坡地形、地物不容许培厚加高的条件下采用。采用该方式培厚加高时，如在水库的淤积物上加高，应根据淤积物固结情况，进行变形和稳定分析，必要时采取相应的清淤处理措施。

3. 戴帽加高

在土石坝坝体加高高度不大，且原坝体的填筑质量、坝坡抗滑稳定安全裕度以及抗震安全等情况进行论证均满足规范要求时，可采用在坝顶戴帽加高的方式。

4. 加设防浪墙

针对未设置防浪墙的大坝，若坝体结构满足规范要求，并且可以保证水库正常运用的，此时可在坝顶上游增设适当高度的防浪墙，以满足坝体防洪的要求，但防浪墙尺寸应满足规范要求，防浪墙高一般为 1.0~1.2m。

3.1.1.2　混凝土坝

混凝土坝坝体加高方式大体可分为后帮式、前帮式、外包式、戴帽式和预应力锚索加高等。

1. 后帮式加高

后帮式加高是在老坝体的下游面增加坝体厚度，同时加高坝顶到设计所需高度。坝体厚度增加幅度大小主要由加高后大坝的稳定、坝体应力和施工要求决定。根据新、老坝结合情况，后帮式加高又可分为整体式、分离式和半整体式。

（1）后帮整体式加高。后帮整体式加高是在老坝体顶部浇筑混凝土至新坝体顶部高程，同时在老坝体下游面浇筑后帮加厚混凝土，以满足新坝体的稳定、应力等要求。此方式要求大坝加高后新、老混凝土始终牢固结合，在荷载及温度作用下协调变形，结合面处新、老坝体不出现任何脱开和滑移现象。

（2）后帮分离式加高。后帮分离式加高是在老坝体顶部加高、下游面后帮坝体起支撑作用，但将新、老坝体分离开来，减少老坝体对新坝体的约束作用，使这两部分各自独立工作。新、老坝体在结合面采用其他材料使之分隔，简化了新、老坝体结合面的处理和加厚部分施工的温控要求，外帮部分有一定自由变形空间，使破坏性的内应力作用效果减到最小。

（3）后帮半整体式加高。后帮半整体式加高是在老坝体顶部浇筑混凝土至新坝体顶部高程，同时在老坝体下游面浇筑后帮加厚混凝土，为提高坝体刚度，增加新、老坝体整体性，将老坝体坝顶以下的新、老坝体结合面按分离式处理，允许其部分脱开，老坝体坝顶需对结合面并缝处理，老坝顶以上按坝体整体设计，对结合面采取一定的构造措施和工程措施，大坝刚度在整体式加高与分离式加高方案之间。

2. 前帮式加高

前帮式加高是在老坝体的上游面浇筑前帮混凝土，扩大坝体断面，增加坝体厚度，并加高坝体到设计所需的高度。大坝上游面加厚的幅度根据大坝的稳定和应力分析确定，但最小厚度应满足施工和防渗等要求。

3. 外包式加高

外包式加高是后帮式加高与前帮式加高的一种组合方式，它同时沿老坝体的上、下游面扩大坝体断面，增加坝体厚度，并加高到设计的高度。坝体厚度增加的大小由加高后大坝的稳定、应力以及施工要求确定。

4. 戴帽式加高

戴帽式加高适用于坝顶直接加高，不需要后帮混凝土，加高前须将老坝坝顶拆除一部分，拆除后的老坝顶部应留键槽，以增加新老混凝土接合面的抗滑抗渗性及坝体的整体性。坝顶直接加高适用于老坝体原有应力和稳定有一定安全裕度的情况，直接加高后可以满足规范要求。

5. 预应力锚索加高

预应力锚索加高法是首先将老坝顶部采用混凝土加高，然后从新坝顶向下钻孔至坝基岩石，并安装预应力锚索和施加预应力，使其能抵抗因库水位升高所引起的静水压力、扬压力和倾覆力矩。

3.1.1.3 增加泄洪能力

除挖掘已有泄洪建筑物潜力外，可将原溢洪道扩宽或加深，也可新建溢洪道。如北京市密云水库增加了一个新溢洪道。工程加固投资太大的，可增建简易的非常溢洪道，在其上建自溃坝挡水。如安徽卢村水库后期增加了东、西两座自溃坝非常溢洪道，大大增加了水库的防洪能力。

3.1.2 渗流安全除险加固技术

3.1.2.1 土石坝

渗漏问题是土石坝主要病害之一，我国在这方面积累了丰富的工程经验，主要处理方法有混凝土防渗墙技术、灌浆技术（包括了高压喷射灌浆、劈裂灌浆及膏状稳定浆液灌浆等）及土工膜防渗技术等。

1. 混凝土防渗墙

混凝土防渗墙主要用于截断坝体的渗漏通道，阻止坝体产生渗流，其沿坝体轴线方向修建，一般深入基岩以下一定深度，但视渗流情况亦可建在部分坝体内部。其优点是适应性好，满足各种复杂地质条件；施工方便，可不放空水库；施工质量容易监控，耐久性好，可靠性高。

根据抗压强度和弹性模量，防渗墙墙体材料可分为刚性和柔性两大类：前者包括钢筋混凝土、素混凝土、黏土混凝土；后者包括塑性混凝土、自凝灰浆及固化灰浆。

我国最早使用混凝土防渗墙对大坝进行防渗加固的是江西柘林水库黏土心墙坝，之后又在丹江口水库土坝加固中得到应用。早期防渗墙主要采用乌卡斯钻机施工，施工速度较慢，费用较高。随着施工技术的发展，特别是液压抓斗的使用，使成墙速度得以提高，费用得以降低。目前，混凝土防渗墙已广泛应用于病险水库加固中，如江西老营盘水库、芦围水库、油罗口水库，湖北陆水水库、青山水库、夏家寺水库，安徽卢村水库、钓鱼台水库、长春水库、张家湾水库、龙须水库，湖南六都寨水库等均采用这一技术加固。

2. 高压喷射灌浆

先用钻机钻孔，然后将喷射管置于孔内（内含水管、水泥浆管和风管），由喷射出的高压射流冲切破坏土体，同时随喷射流导入水泥浆液与被冲切土体掺搅，喷嘴上提，浆液凝固。土石坝的高压喷射灌浆防渗加固，就是沿坝轴线方向布设钻孔，逐孔进行高压喷射灌浆，各钻孔高压喷射灌浆的凝结体相互搭接，形成连续的防渗墙，从而达到防渗加固的目的。

高压喷射灌浆的高压射流与速度和压力有关，流速愈大，动压力愈高，则破坏力愈大，冲切掺搅地层的范围也越大。浆液随高压射流在低压条件下掺搅进入地层，其主要作用机理包括冲切掺搅作用、升场置换作用、充填挤压作用、渗透凝结作用及位移袱裹作用。

高压喷射灌浆优点是不需要降低大坝高度形成大的工作平台，施工速度较快。缺点是不同地层条件选用的施工技术参数不同，并需要经过现场试验确定，对施工队伍的素质要求较高；防渗体的整体性能上不如混凝土防渗墙，且不能入岩，在黏土地层中防渗体强度较低，耐久性差；深度超过 40m 后，防渗体容易开叉。

高压喷射灌浆最初主要用于粉土层和砂土层的防渗，近年来在砂砾石层中也有许多成功应用。如河南弓上水库，土石坝填筑质量差，坝体变形、开裂，坝下 30m 厚的砂卵石强透水层未清基，加固前坝后渗漏出浑水，渗漏量 90L/s，1999 年采用深达 83m 的高喷灌浆后，坝后渗漏消失。高压喷射灌浆的优点是施工速度较快，如三峡三期围堰防渗面积 20000m²，仅用 45d 就完成施工。

3. 劈裂灌浆

劈裂灌浆是在土坝沿坝轴线布置竖向钻孔，采取一定压力灌浆将坝体沿坝轴线方向（小主应力面）劈开，灌注泥浆，最后形成 5～20cm 厚的连续泥墙，从而达到防渗加固的目的。同时，泥浆使坝体湿化，增加坝体的密实度。劈裂灌浆不仅起到防渗加固作用，也加固了坝体。该加固方法的优点是施工简便，投资省。缺点是一般只适用于坝高 50m 以下的均质坝和宽心墙坝，并要求在低水位进行；灌浆压力不易控制，可能导致灌浆过程中坝体出现失稳、滑坡；有时灌入坝体中的泥浆固结时间较长，耐久性较差；劈裂灌浆与基岩和刚性建筑物接触处防止接触冲刷存在难度；对施工队伍的素质要求较高，目前已很少使用。

4. 膏状稳定浆液灌浆

膏状稳定浆液灌浆是在水泥浆中掺入一定比例的黏土或膨润土等，形成具有较大黏度和稳定性的膏状浆液，并采用螺旋泵灌浆的防渗帷幕灌浆技术。该灌浆技术能在孔隙率较大和有一定地下水流速的堆石体或砂卵石中形成防渗体。

我国贵州红枫水电站，大坝为木面板堆石坝，最大坝高 52.5m，坝顶长 416m，堆石体孔隙率高达 38%。因面板木材腐烂，漏水严重，如放空水库处理，工农业损失达 3.5 亿元，故采用膏状稳定浆液帷幕灌浆方案。在现场开展系统灌浆试验的基础上，坝体中采用 4 排孔膏状稳定浆液灌浆形成坝体防渗帷幕，帷幕上部厚度 4m，下部厚度 14m，加固效果较好。

近年来，膏状稳定浆液灌浆应用于砂卵石地基及石渣料填筑体的防渗取得较大进展。如重庆市彭水水电站和开县调节坝工程的围堰采用该技术防渗均获得良好效果。

5. 土工膜

土工膜防渗加固是在上游坝坡铺设土工膜，使坝体达到防渗要求。土工膜加固的优点是柔性好，能适应坝体变形；施工方便，速度快，造价省。缺点是施工时需要放空水库；抗老化性能不如混凝土等材料；对于低坝效果较好，对于高坝则需要对其适用性进行专门论证。

1987 年，云南省李家箐水库（中型），坝高 35m，由于坝体渗漏较为严重，在上游坝面铺设土工膜加固，取得良好效果。1988 年，福建省犁壁桥水库（中型），坝高 38.3m，下游坡存在大面积渗水。采用复合土工膜在土石坝上游坡作防渗层，防渗效果显著。陕西石砭峪水库定向爆破堆石坝，坝高 85m，采用沥青混凝土斜墙防渗，1981 年蓄水后最大漏水量达 3.96m³/s。2004 年采用带逆止阀的复合土工膜在坝上游坡做防渗层后，取得良好防渗效果。国外西班牙的波扎捷洛斯拉莫斯堆石坝，坝高 97m，也采用了土工膜防渗，获得成功。

3.1.2.2 混凝土坝

就混凝土坝而言，产生渗漏的主要原因包括以下几个方面：①帷幕失效，其主要是由于冲蚀或者帷幕灌浆的质量得不到良好的保证等原因造成的；②坝体裂缝，其主要是由于坝体温控等出现问题，导致温差过大，最终使得坝体产生温度裂缝，或者是由于地基处理不当，造成不均匀沉降，使得坝体产生沉陷裂缝；③局部裂隙，这主要是由于混凝土浇筑时的密实度不能满足施工要求造成的。大坝渗漏一般有以下几种情况：①贯穿性裂缝形成的集中渗水；②结构止水损坏形成的渗漏；③帷幕失效形成的基础渗漏和绕坝渗漏。

1. 点渗漏

点渗漏也可称为孔眼渗漏或集中渗漏，根据渗漏水压力的大小，可以采用以下4种不同的渗漏处理办法。

（1）直接堵漏法。当水压不大（小于1m水头）、漏水孔较小时可用此法。先将漏水孔凿毛，并把孔壁凿成与混凝土表面接近垂直的形状或内大外小燕尾槽，不宜凿成上大下小的楔形槽。用水冲净槽壁，随即将快凝止水灰浆捻成与槽直径相近的圆锥体，待灰浆开始凝固时，迅速用力堵塞于槽内，并向孔壁四周挤压使灰浆与孔壁紧密结合，封住漏水。外面再涂抹防水砂浆保护层（防水水泥砂浆、环氧砂浆、丙乳砂浆等）。

（2）下管堵漏法。适用于水压较大（1～4m水头），且漏水孔洞较大的情况。首先清除漏水孔壁的松动混凝土，凿成适于下管的孔洞（深度视漏水情况而定）。然后将塑料管或胶管插入孔中，使水顺管导出。用快凝灰浆把管子的四周紧密封闭，待凝固后，拔出导水管，按直接堵漏法把孔洞封死。

（3）木楔堵塞法。适用于水压大（大于4m水头），且漏水孔大的情况。先把漏水处凿成孔洞，再将一根比孔洞深度短的铁管插入孔中，使水顺管子排出。用快凝灰浆封堵铁管四周，待快凝灰浆凝固后，将一根外径和铁管内径相当且裹有棉丝的木楔打入铁管，将水堵住。最后用防水砂浆层覆盖保护。

（4）灌浆堵漏法。灌浆堵漏法对于水压较大、孔洞较大且漏水量大孔洞的封堵很合适，也可用于密实性差、内部蜂窝孔隙较大的混凝土的渗漏处理和回填。灌浆材料可以用水泥、水玻璃、丙凝、丙烯盐酸以及水泥和水玻璃、丙烯酰胺、丙烯酸盐的混合灌浆材料。

2. 大面积散渗处理方法

处理大面积散渗有以下几种常用方法。

（1）表面涂抹覆盖。表面覆盖法即以防渗、耐久性及美观等为目的，选用合适的修补材料把渗水混凝土表面覆盖封闭起来。

（2）增加混凝土或钢筋混凝土防渗板。适用于大面积散渗情况的修补处理（由混凝土内部密实性差或裂缝非常发育引起），同时还可起到补强加固的作用。

（3）灌浆处理。适用于因混凝土含浆量不足、搅拌不均匀、离析、漏振或冬季浇筑混凝土时出现冰冻引起的结构物混凝土密实性差的渗漏处理。

3.1.3 结构安全除险加固技术

3.1.3.1 土石坝

土石坝结构上要求上游、下游坝坡的抗滑稳定满足规范要求。导致坝坡稳定不满足规范要求的主要原因是：坝坡较陡；筑坝材料不合适，或填筑质量差，填筑密实度未达到要求；坝体严重裂缝；坝体坝基长期渗漏，造成坝体浸润线偏高；护坡破损及坝顶破坏等。

土石坝结构安全加固主要内容及措施主要包括上、下游坝坡稳定加固；坝体填土性能提高；坝体裂缝处理；大坝护坡加固与改造；白蚁防治技术等。加固措施的选择主要根据其存在的问题，经过方案比选和论证确定。

1. 坝坡稳定加固技术

土石坝结构安全主要控制要素是坝坡稳定，坝坡在重力和渗透压力的作用下存在向下和坡外滑动的趋势。土石坝坝坡稳定加固前，应根据坝坡不稳定的原因，针对不同情况，采取相应的措施，其原则是设法减少滑动力和增加阻滑力。主要措施有坝坡培厚放缓、削坡放缓、局部衬护加固、增设防渗和排水设施等。

（1）上游坝坡培厚放缓加固。当上游坝坡抗滑稳定不满足要求时，可采取培土放缓坝坡方法加固。该法主要适用于有放空条件的水库，可干地分层碾压填筑施工，以保证加固坝坡填筑的密实性。有的水库加固时不能放空，也应尽量降低上游库水位，水下培厚部分无法碾压密实，可采用抛石压脚放缓坝坡的方法。

上游坝坡培厚与回填的部分土体，采用比原坝坡透水性大的材料，以利于库水降落时排水，如采用块石料、石渣料、砂砾料及砂土等。当上游坝坡已发生滑坡时，应清除滑坡体，采用培坡料重新回填碾压密实。如安徽卢村水库上游坝坡抗滑稳定不满足规范要求，采用上游坝坡水下部分抛填块石料，水上部分碾压填筑中、粗砂的培厚方案。加固后经过近3年的运行观测，坝坡稳定。

（2）下游坝坡培厚放缓加固。对于下游坝坡，由于具备干地施工条件，因此下游坝坡稳定加固一般采用培厚放缓加固法。坝坡培厚部分土体，也采用比原坝坡透水性大的材料，以利于排水并降低坝体浸润线，如采用块石料、石渣料、砂砾料及砂土等。如果当地没有透水性较好的材料，也可采用黏土填筑，并分层设置排水层（如砂砾层或碎石层）的方法进行培坡。

（3）削坡放缓。坝体局部坝坡抗滑稳定不满足要求，且坝顶较宽，可适当削坡放缓坝坡。该法施工简便、经济。

（4）局部衬护加固。对上部局部坝坡偏陡、表层局部坝坡稳定不满足要求、而整体坝坡是稳定的土石坝，可采用表面格构护坡或浆砌石衬护加固的措施。

（5）增设防渗、排水设施。水库蓄水后，在高水头作用下，因坝体渗漏导致下游坝坡出逸点较高，引起下游坝坡不稳，可结合坝体防渗加固处理措施，降低坝体浸润线，修复或增设坝脚排水设施，提高坝坡稳定性。湖北青山水库主坝采用混凝土防渗墙加固大坝，既解决了坝体渗漏问题，又解决了下游坝坡抗滑稳定性不足问题。

2. 坝体填土性能提高技术

（1）置换筑坝材料加固技术。当原坝体填筑材料性能较差，造成坝坡抗滑稳定不满足要求或坝坡排水性能较差时，可挖除原坝坡筑坝材料，重新填筑性能较好、透水性大的筑坝材料，从而提高坝坡稳定性或排水性能。该技术比培厚多了挖方施工工序，增加了施工期，一般在不具备培坡条件时才使用。

（2）坝体振冲法加密技术。我国《水电水利工程振冲法地基处理技术规范》（DL/T

5214）规定，振冲法的适用范围如下：适用于碎石土、砂土、粉土、黏性土、人工填土及湿陷性土等地基的加固处理；各类可液化土的加密和抗液化处理。

3．坝体裂缝处理技术

土石坝发生裂缝后，应通过坝面观测、开挖探槽和探井，及时查明裂缝情况，其中包括裂缝形状、宽度、长度、深度、错距、走向及其发展。根据裂缝观测资料，针对不同性质的裂缝，采取不同的加固处理措施。

（1）挖除回填。挖除回填处理裂缝是一种即简单易行，又比较彻底和可靠的方法，对纵向或横向裂缝都可以使用。

（2）灌浆处理。灌浆处理适用于裂缝较深或处于内部的情况，一般常用黏土浆或黏土水泥浆。

（3）挖除回填和灌浆处理相结合。在很深的非滑坡表面裂缝进行加固处理时，可采用表层挖除回填和深层灌浆相结合的办法。

4．大坝护坡加固与改造技术

土石坝护坡可根据其损坏情况，确定采取维修、加固与重做等措施。上游护坡可采用块石护坡、现浇混凝土护坡及预制混凝土块护坡；下游护坡可采用草皮护坡、格构草皮护坡、块石护坡、现浇混凝土护坡及预制混凝土块护坡等。

（1）局部翻砌。适用于原有护坡设计比较合理，只是由于土坝施工质量差，护坡产生不均匀沉陷，或由于风浪冲击，局部遭到破坏，可按原设计恢复。

（2）细石混凝土或砂浆灌注。对于护坡垫层厚度和级配符合要求，但块石普遍偏小；或护坡块石大小符合要求，但垫层厚度和级配不合规定的土石坝护坡，经常遭遇风浪或冰冻，产生破坏，如果更换块石或垫层，工程量很大，可考虑采用细石混凝土或砂浆灌注加固护坡。

（3）浆砌块石。对于上游护坡破坏较为严重时，可将原块石护坡改为浆砌石护坡。

（4）混凝土护坡。对吹程较远，风浪较大，经常发生破坏的护坡，可采用预制或现浇混凝土板加固处理护坡。

5．白蚁防治技术

（1）喷施灭蚁灵粉剂。当坝的泥被、泥线分布较密且白蚁数量多时，可挑开泥被泥线或分飞孔，用喷粉球直接向白蚁身上喷施灭蚁灵粉剂，利用白蚁传递信息时相互接触及生活习性上的交哺吮舐特性，可使药剂在群体内迅速传播，达到消灭白蚁群体的目的。

（2）投放白蚁诱饵剂。即以白蚁喜食物为主要组分，配以适量化学药剂，引诱白蚁取食后中毒死亡。

（3）灌毒浆防治。采用灌毒浆法加固土坝时可在每立方米泥浆中加入 100g 50%氯丹乳剂，具有预防和灭治的双重功效。

3.1.3.2 混凝土坝

混凝土坝因各种原因造成的结构安全问题可归纳为以下几种：①裂缝渗漏问题；②混凝土质量差、强度低；③整体性差；④抗滑稳定及结构强度裕度偏低；⑤混凝土骨料碱活性反应。其中，渗漏包括坝体和坝基渗漏，坝体与坝基的渗漏会导致建基面和坝体扬压力升高，改变大坝受力条件，造成抗滑稳定和坝体应力不满足要求。长期渗漏还会侵蚀混凝土结构和基岩，特别是破坏基岩中的软弱构造，影响坝体稳定。上述五大类问题可采取的加固处理措施及组合方案见表 3.1－1、表 3.1－2。

表 3.1－1　　　　　　　　　混凝土坝主要病害及处理措施简表

类别	病 险 或 缺 陷		治理措施类别	预 期 目 的
1	渗漏问题	渗漏	A 或 B	（1）提高大坝防渗能力。 （2）降低坝体渗压力。 （3）抵御水的有害物理化学作用
		溶蚀		
		冻融		
		冻胀		
2	混凝土质量差，强度低		A 或 B	防止混凝土继续老化，包括碳化、冻融破坏
3	整体性差	未灌浆的纵缝	C	（1）纵缝处理根本目的是传递荷载，提高大坝整体性。 （2）封闭裂缝，提高大坝整体性。 （3）提高大坝抗震能力
		水平施工层缝		
		裂缝		
4	大坝抗滑稳定及结构安全裕度偏低		C、E	（1）增加大坝断面，增加坝体自重，改善坝体应力状态和抗冻融能力。 （2）减少坝基扬压力
5	骨料碱活性反应		D	锯缝释放挤压应力

表 3.1－2　　　　　　　　　混凝土坝加固方案及措施代号

加 固 措 施 类 别		加固方案及措施
A 上游面防渗方案	A1	上游面混凝土叠合层防渗
	A2	上游面混凝土面板与 PVC 复合柔性材料联合防渗
	A3	上游面混凝土面板防渗
	A4	上游面沥青混凝土防渗
	A5	上游面 PVC 复合柔性材料防渗
	A6	上游面挂钢筋网喷混凝土防渗
B 坝体防渗加固 技术方案	B1	坝体开槽防渗墙加固
	B2	坝体置换混凝土加固
	B3	坝体灌浆防渗
C 坝体加固技术方案	C1	纵缝补强加固——混凝土塞＋水平预应力锚索加固
	C2	预应力锚索加固
	C3	下游加固治理——下游面外包高性能混凝土
	C4	坝体局部灌浆
D 锯缝措施	D	锯缝措施
E 其他加固措施	E1	坝基帷幕补强处理
	E2	坝基、坝体排水
	E3	坝顶防渗处理
	E4	坝顶加高

根据混凝土坝结构存在的实际问题，可依据现有的加固技术或加固措施，选取适当的混凝土坝结构安全加固方案。有些方案的临时工程费用较高，如上游要求无水施工的情况；有些方案还应结合其他加固要求，如增加防渗层、加高大坝或提高抗震性能一并考虑。因此，加固方案应经过方案比选综合确定。

3.1.3.3 坝下涵管及隧洞

（1）改涵管为隧洞。我国过去修建的许多水库，其灌溉、发电及供水用的输水建筑物采用坝下涵管，由于坝体变形、涵管质量差及结构不完善等原因，大量涵管出现漏水，发生接触冲刷破坏，危及大坝安全。有些涵管经过补强加固后，由于坝体仍存在变形或水流冲刷等原因，重新产生裂缝。因此，涵管出现渗漏缺陷后最好废弃封堵，并在岸坡内新建隧洞替代。

（2）加钢筋混凝土衬砌。在原隧洞内增加钢筋混凝土衬砌，使其达到结构安全或防渗要求。但该加固方法需要减小隧洞断面，对输水量有一定影响。该方法应用中应注意新、老混凝土接合面的处理；且加固隧洞洞径不宜小于 2.5m，否则施工困难。

（3）加钢内衬。在原涵洞或隧洞中增加钢衬使其达到结构安全和防渗要求。钢衬与洞壁之间的空隙灌注水泥砂浆使钢衬与原洞壁形成整体。由于钢衬糙率减小，增加钢衬后一般不会减少输水流量。该方法应注意防止钢衬受外水压力失稳；且洞径不宜小于 1m，否则施工困难。

（4）加贴高强碳纤维布内衬。碳纤维布是一种柔性较好的高强抗拉材料，极限抗拉强度达 3790～4825MPa，弹性模量达 220～235GPa，延伸率大于 1.4%，厚度有 0.111mm 和 0.167mm 等规格。对于承受较大内水压力时抗裂性能不满足要求或混凝土衬砌存在裂缝、空蚀等问题的隧洞混凝土衬砌，在其洞壁粘贴 1～3 层高强碳纤维布内衬，可以达到对隧洞混凝土衬砌进行强度和防渗加固的目的。

3.1.4 抗震安全除险加固技术

3.1.4.1 土石坝

土石坝抗震加固主要分为坝体震害裂缝处理、渗漏处理、滑坡处理和液化处理等内容。其中坝体震害裂缝和渗漏加固处理技术前文已详细介绍。

1. 滑坡抗震加固技术

滑坡抗震加固技术的原则是设法减小滑动力与增加抗滑力，提高坝体材料的抗剪强度。

（1）放缓坝坡。地震导致坝体滑坡的主要原因是由于坝体边坡过陡所引起时，可采取放缓坝坡加固处理。将滑动土体全部或下部被挤出隆起部分挖除，适当加大未滑动面坝体断面。坝坡放缓后，坝脚必须做好排水设施。

（2）压重固脚。地震时坝体滑坡体底部滑出坝趾以外，可在滑坡段下部采取压重固脚的抗震加固措施，以增加抗滑力，提高抗震稳定安全性。

（3）导渗排水措施。地震时因坝体下游坡脚排水体失效以致坝体浸润线抬高，导致坝坡土体饱和引起滑坡，可采取开沟导渗沟或更换排水体等措施加固。

（4）置换筑坝材料或加筋。若地震时坝体滑坡主要是由于坝体填筑材料性能较差，局部边坡抗震稳定不满足要求，可采取清除滑动松散体边坡后，重新选用填筑性能较好，透水性大的筑坝材料填筑。同时也可在筑坝材料中采用加筋的方法恢复坝坡处理，将滑动松散体开挖清除后，在坝体内一定高度和宽度内加入土工格栅，然后回填与原土或性质相近土料，并碾压密实。加入土工格栅提高坝坡的抗震稳定安全性应进行专门的分析计算，从而确定土工格栅的分层厚度和水平宽度。

（5）加密坝体。对于心墙砂壳坝，坝壳砂料和砂砾石料碾压不密实，相对密度低，在遭遇地震时，上游坝壳或保护层的水下部分抗震稳定安全性不满足要求，易发生滑坡事故。对碾压不密实、相对密度低的心墙砂壳坝坝壳采用人工加密技术加固处理。

2. 液化抗震加固技术

地震时，对于可能发生液化破坏的土层和坝基，查明其分布范围和危害程度，根据工程的类型和具体实际情况，采取加固技术进行处理。

（1）置换法。置换法是将可液化土层挖除，采用非液化土层进行置换。改变原有液化土的性质，使其不具备发生液化的条件。当坝体或坝基可能液化土层厚度不大时，可全部挖除回填砂砾石或石渣料等抗液化性能较好的材料，并碾压密实。

（2）振冲加密法。振冲法是振动水冲法的简称，采用振冲法加固液化砂土层时，利用振冲器使砂土先期振动液化，丧失抗剪强度而压密，以提高其密实度。

（3）强夯法。强夯法的原理是用很重的锤（国内一般为 8～25t），从高处自由落下（国内落距一般为 8～25m），给地基以冲击和振动使地基土层加密。

（4）抛石压重法。在坝脚地基可能液化的土层上抛石压重，提高覆盖压力，可增大地基中的垂直向有效压应力，改善砂土的应力状态。

（5）砾石或碎石排水井法。土石坝上、下游坝基可能液化砂土层采用砾石或碎石排水井加固也是行之有效的方法，砂土层内设置砾石或碎石排水井，可随时消散由于地震往复随机荷载而产生的超静孔隙水压力，减少孔隙水压力的峰值，有利于地震时土体的抗震稳定，同时还可以加强排水，降低浸润线，减轻震害。

（6）其他。地震时可能发生液化破坏的土层和坝基还可采用围封等方法，这样可以大大减少建筑物下面砂层液化的可能性。对于土石坝坝脚处的砂层，采取压盖和围封或者两者相结合的措施，可以稳定坝脚和防止液化砂土外流。上游围封可结合防渗处理采用截水槽或混凝土截渗墙、高压喷射截渗板墙等穿过可液化砂层；下游围封可结合排水采用反滤透水料（砂、砾石），修筑围封井、围封墙等。

1977 年密云水库白河土坝抗震加固，在放空水库情况下，清除坝上游面可液化砂砾层，用石渣料回填，同时加厚了坝前铺盖层及部分斜墙。1998 年密云水库潮河土坝抗震加固，在水库不放空的情况下进行，水下部分采用抛石压坡，水上部分用石渣料替换现有的斜墙上游保护层砂砾料。抛石压坡体增加了保护层砂砾料的有效应力，提高砂砾料抗液化能力。同时，压坡体放缓了坝坡，增加了滑弧路径长度，从而提高了坝坡稳定安全系数。

3.1.4.2 混凝土坝

混凝土坝遭遇强震破坏的实例较少，除为数较少的几个坝高 100m 以上大坝遭遇强震产生震害的实例外，其他大坝遭遇地震作用的震害轻微。从汶川大地震中大坝抗震的安全性看，在如此强震作用下，无一溃坝，尤其是 100m 以上的宝珠寺重力坝和沙牌拱坝经受住了超过其设防标准的强震，保持了结构的整体稳定，表明按规范进行抗震设计且施工质量合格的大坝具有较好的抗震性能。由于地震作用本身和大坝结构的复杂性，坝高超过200m 甚至 300m，其抗震性能可能与其有本质差别，迄今为止还没有 300m 高坝遭受强震的实例。我国现行的水工建筑物抗震设计规范主要反映我国水工抗震设计经验和较为成熟的科研成果，主要是针对 200m 及以下的大坝。对于高坝，尤其是拱坝，在地震动输入、坝-库水-地基系统动力相互作用、混凝土材料动弹特性及本构关系等方面的抗震安全综合评价体系还有待深入研究。因此，从理论到工程实践经验，重力坝和拱坝的抗震加固技术还不成熟，有待进一步研究和经受实践的检验。

3.1.5　金属结构安全除险加固技术

金属结构包括闸门、启闭机、埋件等，是水利工程建设与加固的重要组成部分和不可或缺的内容，当它们出现病险时，需对其进行除险加固处理。

1. 加焊钢结构加固法

加焊钢结构加固法因其加固工艺方法简便，是门叶加固中较为常用的方法。对于门叶刚度和强度不够问题，可采用在面板背面加焊梁格或支臂增加加劲筋板的方法进行加固；对局部面板破坏，可采用加焊面板的方法进行加固；对面板局部锈蚀减薄较严重的部位，可补焊新钢板加固，注意新钢板的焊接缝应在梁格部位。

2. 粘钢加固法

粘钢加固法是采用黏结剂把钢板粘贴在构件外部的一种加固方法。粘钢加固法在混凝土结构加固中，如混凝土桥梁结构加固和混凝土房屋结构加固，应用较为广泛，我国已将此法收录《混凝土结构加固技术规范》（CECS25：90）中。近几年来该技术逐渐应用于钢结构加固工程中，已经有成功的工程实例。

粘钢加固法具有工艺简单、施工方便的特点，可以在无需焊接的情况下达到对金属结构件加固的目的，克服了焊接高温使构件产生变形的不利影响。粘钢加固采用高强度的结构胶，粘胶硬化时间快，工期短，受现场条件影响小，尤其适用于大型金属结构的加固。粘钢加固施工工艺流程包括粘贴面表面处理、被粘构件卸载、涂结构胶、黏结、固定加压、固化、卸载检验、防腐等。结构胶在常温下固化 24h 即可拆除夹具或支撑，3d 后即可受力使用。

3. 埋件加固

水工闸门金属结构埋件，经常会出现磨损、接头错位、锈蚀等问题，当上述问题已影响到闸门的正常运行时，必须进行加固处理。对于损坏较为严重的，一般采取拆除重新埋设的措施；对于仅有轻微锈蚀或磨损，可采取重新做防腐的处理方法；或在重新做防腐的基础上加焊（粘贴）不锈钢面板的加固方法。

4. 启闭设备加固

启闭设备一般为工厂制造，主要靠日常维护管理保证其正常运用，一旦出现问题加固比较困难，主要采取修理、更换部件或更新改造。这里不再赘述。

5. 金属结构防腐处理

水工金属结构是水利工程重要的组成部分，由于其所处环境恶劣，长期受气候变化、日光照射、干湿交替、高速水流冲击或海水侵蚀等因素影响，很容易产生腐蚀。此外，由于闸门设计的某些缺陷，以及防腐意识不强，使得闸门的一些部位防护困难，加速了锈蚀的损害。由于腐蚀的作用，使钢闸门承载能力显著降低，严重影响水利工程的安全，在维修防护上消耗大量的人力、物力和财力，因此，有效地控制水工金属结构的腐蚀，延长其使用寿命具有很大的现实意义。

水工钢闸门防腐应以防为主，防治结合，其关键就是要消除形成原电池腐蚀的各种要素。

（1）涂料保护。涂料防腐法是用环氧类、树脂类或者氯化橡胶类等高性能涂料涂敷在钢件表面，使闸门表面与水或其他引起腐蚀的介质隔离，达到防腐的目的。涂料保护法是传统的防腐措施，此方法工艺简单，施工费用低廉，但保护年限相对较短，目前，中国腐蚀学会论证结论为 5～10 年（一般不超过 10 年）。因此，对于运行环境好、检修方便、保护年限要求不高的水工金属结构应优先考虑涂料保护法。另外，具备检修条件的金属结构设备也可选择这种防腐措施。

（2）金属热喷涂保护。金属热喷涂保护系统包括金属喷涂层和涂料封闭层。金属热喷涂和涂料的复合保护系统还应在涂料封闭后，涂覆面漆。金属热喷涂防腐工艺相对涂料防腐稍显复杂，一次投资较大，但其运行管理费用相对较低，并可延长设备使用年限，推迟设备更新改造资金的投入。金属热喷涂和涂料的复合保护系统（即涂料封闭后再涂覆面漆）能发挥最佳协同效应，防护寿命可达 20 年以上。该方法适合应用于经常处于水下或干湿交替等环境恶劣，且不易检修或检修对发电、泄洪、航运等有较大影响的水工金属结构。

（3）阴极保护。阴极保护的原理是给金属补充大量的电子，使被保护金属整体处于电子过剩的状态，使金属表面各点达到同一负电位，金属原子不容易失去电子变成离子溶入溶液。有两种办法可以实现这一目的，即牺牲阳极的阴极保护法和外加电流阴极保护法。

1）牺牲阳极的阴极保护。将电位更低的金属与被保护金属连接，并处于同一电解质中，使该金属上的电子转移到被保护金属上去，使整个被保护金属处于一个较低的相同的电位下，低电位金属变成离子而"牺牲"。

2）外加电流阴极保护。利用外加直流电，负极接在被保护金属上成为阴极，正极接辅助阳极，由于水工金属结构受条件限制，日常运行维护存在极大困难，因此，该法使用较少。

（4）在冶炼钢铁时加入某些合金元素，改变合金内部组织结构，增强其抗腐蚀性能。该方法一般运用在没有检修条件或者难于检修维护的特殊工程部位。

3.2 除险加固技术应用案例

3.2.1 白沙水库

3.2.1.1 概况

白沙水库位于淮河支流沙颍河流域颍河上游，坝址地理位置为东经 $113°15'$，北纬 $34°20'$，控制流域面积 985km^2，总库容 2.95 亿 m^3，兴利库容 1.15 亿 m^3。

水库位于温带地区，流域多年平均气温 14.4℃，多年平均风速 2.7m/s，多年平均霜期 59.4d，多年平均降雨量 650mm，并集中于 6—9 月，大约为全年降雨量的 65％，实测年最大降水量为多年平均的 1.6 倍。

大坝工程区自然坡度一般小于 30°，冲沟切割较浅，属构造剥蚀地貌，除局部有小型溶洞发育外，岩溶现象轻微。库区出露下古生界寒武系奥陶系、上古生界石炭系二叠系及新生界第四系地层。库区大地构造位于中朝准地台华北断拗西南端。断层主要发育有东西-北西向和北北东-北东向两组。坝基和坝肩岩以弱风化为主，坝基砂卵石为强透水层。溢洪道的位置在水库大坝左岸，其控制段基岩为石千峰组石英砂岩，断层较发育，岩石破碎，透水性较强。

3.2.1.2 水库的主要病险

白沙水库除险加固前主要病害如下。

1. 水库防洪标准不足

水库防洪标准略大于 1000 年一遇，不足 2000 年一遇，达不到设计防洪标准，一旦失事，给国家政治、经济等方面造成严重后果。

2. 坝基渗漏问题

坝基采用黏土截渗槽将砂卵石层截断，但坝基处向斜轴部，有多条顺河向断层通过，坝基基岩透水性较强，施工时截渗槽基础未作处理，存在坝基渗漏问题。另外两岸岩体破碎，断层较多，节理裂隙发育的岩体透水性太大，高水位时存在坝肩渗漏的可能。

3. 坝体沉陷问题

1975 年大坝坝顶最大沉陷 0.925m，低于原设计高程，"75·8"大水后，在原坝顶路面上填土将坝顶补到原设计高程 235.80m，加高部分和原路面不具备挡水条件。

4. 溢洪道问题

1956 年水工模型试验结果证明泄洪闸上下游水流形态不良，闸室地基为强风化的石英砂岩，且存在断层破碎带，溢洪道没有尾水渠。

3.2.1.3 除险加固技术分析

针对白沙水库当时情况和存在的病害问题，采用整体性除险加固技术，从源头上治理这些病害问题，确保水库正常发挥效益。

1. 上游坝坡

根据白沙水库的实际情况，对高程 218.00m 以上护坡翻修，将原砌石护坡及反滤层拆除，重新铺筑反滤层和干砌石护坡。

2. 下游坝坡

对下游排水沟拆除扩建，对坝脚进行保护性养护，对原坝体观测设施进行更新改造。

3. 坝顶

坝顶防浪墙拆除重建。原基础开挖处理后，浇筑垫层、防浪墙，加高大坝 0.5m。清理和平整坝顶的道路，然后根据规范的高程进行找平，浇筑混凝土路面。

4. 溢洪道除险加固

白沙水库的溢洪道设计宽度为 60m，进口底高程为 222.00m，需要先计算溢洪道的出流流量，并绘出水库水位和下泄流量的关系曲线图，计算调节水库库容和水位。

根据白沙水库水位、库容、面积的关系，分别按照 $P=0.5\%$、$P=0.05\%$，计算校核洪水、设计洪水过程线和调洪下泄流量。为改善水流形态，挖除溢洪道进口右岸阻水山包，增建进口左岸导水墙，改善下游导水堤布置，从根本上改变溢洪道的水流条件。同时在溢洪道左侧新建堵坝。

5. 大坝防渗处理

白沙水库兴建时主坝为均质土坝，为截断两坝肩基岩的渗流通道，提高两坝肩的稳定性，在左右坝肩采用帷幕灌浆技术进行加固处理，方法是自上而下循环式灌浆。

6. 提升管理水平

白沙水库建于 20 世纪 50 年代，硬件差、管理落后，对其工程电气设备进行更新改造，新建水库通信、水文及其他管理设施。

3.2.2 陆浑水库

3.2.2.1 概述

陆浑水库位于黄河流域伊河中游的河南省嵩县境内，控制伊河流域面积 3492km²，总库容为 13.2 亿 m³，是一座以防洪为主，结合灌溉、发电、供水和水产养殖等综合利用的大（1）型水库。陆浑水库枢纽工程主要由大坝、泄洪洞、溢洪道、输水洞、灌溉洞以及 2 个小型电站组成。

水库建成于 1965 年 8 月，建设期间由于受当时条件限制，前期工作准备不足，因此工程在边勘探、边设计、边施工的条件下进行建设，致使工程遗留下一些影响工程安全运行的问题。黄河水利委员会勘测规划设计研究院对大坝进行了安全评价，经水利部大坝安全管理中心核查，水库大坝为三类坝。水利部 2003 年 6 月正式批准对陆浑水库进行除险加固。

3.2.2.2 除险加固前存在的主要问题

1. 大坝

（1）左岸分水岭砂砾石层的渗透及渗流稳定问题。距左岸坝肩 200.00m 左右以西为一走向与坝轴线一致的单薄分水岭，上部为黄土类砂质黏土，中部为厚约 30.0m 的含泥砂砾石层，在分水岭两侧均有出露，其渗透系数为 $k=0.30\sim6.34$m/d，具中等透水性，其下部第三系黏土岩为相对不透水层，水库蓄水后，单薄分水岭背水坡砂卵石层中多处出现集中渗流，渗流量远大于原设计值，并出现坍塌现象；经观测，库水位 318.57m 时，下游出逸点高程与万年一遇库水位 331.80m 时设计推算的出逸点高程 308.00～309.50m 相当；应采取防渗措施。

（2）坝基渗透及渗流稳定问题。大坝截水槽在桩号 0+640.00～0+680.00 为一巨大断层破碎带，且截水槽开挖后未做混凝土底板和帷幕灌浆，为坝基渗漏及渗透稳定留下隐患。但经过近 30 年的运行，坝前、坝后和坝体未发现任何明显变形破坏现象。

（3）陆浑水库大坝历经 1976 年、1978 年 2 次垂直加高，共加高 3.0m，坝顶高程 333.00m（上游路缘顶高程），实际坝顶高程 332.40m。低于坝顶设计高程 60cm，形成两头高、中间低的状态。另外，经过 20 多年的运用，坝顶混凝土路面已老化，出现坑洼、断裂现象；下游挡墙开裂并外倾变形；上游混凝土防浪墙也存在裂缝问题。

2. 泄洪洞

（1）泄洪洞线经过地基主要为震旦系玄武扮岩、灰页岩、后期侵入的煌斑岩脉及第四系黄土类亚黏土。泄洪洞洞身所经过地层全为震旦纪第 4 层玄武扮岩，厚 80.00～104.00m，产状基本与第 1 层灰页岩相同。开挖中发现较大夹层 4 条，煌斑岩脉 14 条，大小断层 35 条，较大裂隙 87 条。煌斑岩脉顺层或沿断裂带侵入，厚度一般 2.0m，最厚达 3.0m，其走向与洞轴线方向基本一致或有较小夹角，对隧洞的受载变形条件十分不利。35 条断层中，除 F_{11}、F_{17}、F_{31} 三条断层破碎带宽 2.0～5.0m 规模较大外，其他断层破碎带宽度在 1.00m 以下。

（2）泄洪洞建成于 1965 年 8 月，1972 年前水库为空库运行，1974 年 10 月灌溉发电洞竣工，水库开始蓄水运行。1974 年检查，泄洪洞左右竖墙裂缝总数为 121 条，其中水平缝 116 条，竖缝 5 条；1984 年第二次检查，裂缝总数增至 729 条，其中主要为水平缝，竖缝没有大的变化；1991 年第三次检查，裂缝总数达 1256 条，其中水平缝 1135 条，竖缝 121 条。

3. 溢洪道

（1）溢洪道工程地质问题。

1）闸基不均匀沉陷问题。闸室设计为 3 孔 U 形结构、墩中分缝，每孔底板与闸墩相连形成整体，左孔底板位于坚硬岩石上，局部置于 F_{46} 断层下盘，中孔底板大部分置于 F_{46} 断层带上，右边孔小部分置于 F_{46} 断层上盘，其变形模量仅相当于坚硬岩石的 1/10～1/20，存在不均匀沉陷问题。

2）闸基渗透稳定问题。闸基断层较多，断层带物质组成复杂，影响带透水性强，闸门挡水后，存在闸基集中渗漏和管涌破坏的条件。

3）闸基抗滑稳定问题。F_{46} 断层带内有一组倾向 35°～65°、倾角 40°～65°的裂隙，第 3 层页岩顶面有软弱夹层，所以中孔底板有顺 F_{46} 断层带产生浅层滑动和沿倾向下游的一组裂隙产生深层滑动的可能，中孔和右边孔还有顺页岩软弱面滑动面滑动的可能，后经稳定分析，滑动安全系数大于规范规定的值。

（2）1965 年 2 月，闸墩建成拆模时，即发现墩的中部出现竖向裂缝，初期发展速度很快，裂缝最严重的部位是闸墩中部 0+160 处，呈现出纵贯边墩和中墩的通缝。虽经1969 年、1972 年两次处理，裂缝仍然发展很快。

4. 输水洞

（1）输水洞通过地段系右岸三级侵蚀堆积阶地的基岩底座，顶面高程 294.00m，上覆有 2m 左右的砾石层及 34m 厚的红色黏土层，沿洞线分布的基岩为震旦系玄武岩和安山岩，进口至桩号 0+255.00 为灰绿色玄武岩，致密坚硬，厚层状、块状，风化后呈黄绿色，桩号 0+255.00 至出口为紫红色安山岩，岩石致密坚硬，块状构造。岩层产状多倾向NE120°，倾角 20°左右。在隧洞穿越地段没有较大断裂，仅有数处构造破碎带，其位置及产状均不利于结构稳定。

（2）输水洞运用过程中多处发生磨损、气蚀和裂缝问题，并进行了多次检查、修复和加固处理。

5. 灌溉发电洞

(1) 沿洞轴线基岩为震旦系玄武岩和同期沉积的灰页岩,基岩面高程 302.00～320.00m,上覆第四系上更新统黏土和砂卵石,厚度 7～30m。

(2) 洞身 0+210～0+283.235 桩号段,洞顶岩石厚度仅一倍洞径,且岩体破碎,设计衬砌厚度 1.2m,实际衬砌厚度大部分为 0.8m;有些洞段由于塌方,本应增加衬砌厚度(一般情况下设计厚度 0.75m),但限于施工条件,只能采用了 0.5m 的衬砌厚度。

(3) 机电、金属结构及其他。机电及金属结构存在的主要问题是闸门锈蚀较严重,强度和刚度已难以达到规范要求;启闭机老化,超年限运行,金属结构及相关设备存在较多安全隐患;管理设施陈旧落后。

3.2.2.3 除险加固措施

(1) 大坝。西坝头采取后坡压重、下游贴坡反滤加高的处理措施,解决滑坡和防渗的问题。后坝坡将原卵石护坡翻修改为浆砌石网格加卵石护坡;在坝脚下游洼地设置排水沟,穿滩渠将积水排至下游河槽。坝顶除险加固将原坝顶路面高程加高 60cm,达到设计坝顶高程,将坝顶下游上部挡墙拆除重建,路面翻修,并将上游防浪墙贴仿石外墙砖,下游设钢栏杆。

(2) 溢洪道。鉴于溢洪道闸室段闸墩出现裂缝的情况,保留底板,对闸墩拆除重建。进口段除险加固对进口引渠按设计要求进行整治、护砌处理。两岸边坡清坡后以 40cm 厚浆砌块石进行护砌;引渠底部采用 30cm 厚干砌块石进行护砌。

(3) 灌溉洞。洞身洞身 0+210～0+283.235 桩号段(典型断面 0+230),洞顶岩石厚度仅 1 倍洞径,岩体破碎,采用钢筋混凝土衬砌;围岩进行固结灌浆处理;裂缝处理先采用化学灌浆方法;洞身渗水砂眼也进行化学灌浆,进口段底板冲蚀及洞身气蚀部分凿毛后补浇环氧砂浆处理。进口边坡和下游渠道灌溉洞进口左岸,对岩石上部黄土和施工弃渣进行平整,回填碎石垫层后进行干砌石护坡;出口渠道漏水严重,对原浆砌石进行混凝土护砌。

(4) 输水洞。对洞身进行固结灌浆,灌浆孔沿洞轴线方向每 2m 布置 1 个断面,每个断面 6 孔,相邻两个断面孔位错开,灌浆孔深度 4.5m;裂缝采用化学灌浆(灌浆材料环氧树脂)处理,裂缝表面涂 1 层环氧砂浆;进口渐变段四周洞壁各布置 3 排 ϕ28 长 3.5m 的锚杆,锚杆间距 1.5m;洞内冲蚀部位,将老混凝土凿除,新浇 C25 混凝土,表面涂 1 层环氧砂浆。出口部分边墙,经分析其倾斜主要是不均匀沉陷造成的,拆除上部倾斜部分墙体,然后重新恢复原墙体至原设计高程;出口海漫段:尾水渠护砌长度为 100m,渠底宽度 25m,坡降 1:100;底部采用 30cm 厚干砌块石护砌,下设 15cm 厚碎石垫层;左岸边坡坡度为 1:1.5,采用 30cm 厚浆砌块石护坡,并预留排水孔。

(5) 泄洪洞。根据多次裂缝成因分析,针对裂缝产生的原因,对原没有灌浆的洞段进行固结灌浆,灌浆孔呈梅花形布置,排距 2～3m,孔距 2.5～3.5m;在两侧墙中部加预应力锚杆,锚索结合灌浆孔布置,长度 6m 和 7m 共 2 种,交叉安设;洞壁凿毛环氧砂浆抹面;疏通排水管。

(6) 机电、金属结构及其他针对金属结构存在的问题,将闸门和启闭机全部更换,部分电气设备进行更换。

3.2.2.4 加固效果

陆浑水库经过除险加固以后，取得了显著的效果。

（1）水库的病险问题得到了彻底的解决。根据大坝安全鉴定结论，水库工程存在的西坝头稳定、泄洪洞洞身裂缝、溢洪道闸墩裂缝、金属结构老化病险问题得到了彻底的解决。

（2）水库的科学管理水平得到提高。此次加固共建立大坝监测自动化系统、闸门控制自动化系统、防汛办公自动化系统，加上之前建成的防洪自动化系统，陆浑水库已经形成了比较完整的自动化管理系统。

（3）水库除险加固后，汛限水位、兴利水位等都能按设计标准正常运行，为黄河防汛、豫西农业、经济社会发展提供了水利支撑和保障。

（4）水库的面貌焕然一新。陆浑水库经过加固，大坝坝坡翻新，溢洪道顶部结构如鸿雁腾飞，各建筑物设计独具匠心，各具特色，2007年被水利部授予"国家水利风景区"。

3.2.3 青天河水库

3.2.3.1 概况

青天河水库位于河南省焦作市博爱县县城西北30km处的黄河流域丹河中游上，是一座集防洪、灌溉、工业供水、发电、旅游于一体的综合利用中型水库。工程始建于1966年8月，竣工于1981年12月。大坝原防洪标准为50年一遇洪水设计，500年一遇洪水校核，"75·8"大水后，按1000年一遇洪水标准重新复核后将大坝垂直加高4m，坝顶高程由362.00m增至366.00m，水库防洪标准变更为1000年一遇洪水校核。

坝型为浆砌石溢流重力坝，坝长159m，中间溢流坝堰顶高程350.00m，安装6扇弧形钢闸门（单扇10m×9m），坝后设两级水力发电站。水库控制流域面积2513km²，兴利库容1680万m³，总库容2070万m³，年调节水量1.3亿m³。1981年工程竣工验收时，由于右坝肩坝基扬压力系数超过设计值0.5，观测值最大达0.7，经水利专家核定为"病库"，要求"控制管理运用"，控制运用水位为355.00m。

由于工程施工于"文革"时期，建设程序不完善，又经历了30多年运行，安全隐患相继暴露，加固前工程主要存在的问题有：①大坝基础帷幕灌浆未完成，致使坝基扬压力长期超过设计值；②"75·8"大水后，大坝挡水坝段虽按1000年一遇防洪标准垂直加高4m，但坝后坡未加固，稳定性只达到500年一遇洪水标准；③溢流坝两侧导水墙按500年一遇泄洪设计，高度不能满足1000年一遇泄洪要求，严重危及大坝和一级电站安全；④坝体多处裂缝，渗漏严重。

3.2.3.2 大坝安全情况评价

鉴于青天河水库存在大坝稳定性不能满足1000年一遇防洪标准要求的问题；坝基帷幕灌浆未完成，致使扬压力过高，长期超过设计值，扬压力观测设施大部分报废；溢流坝导水墙高度不能满足1000年一遇泄洪要求；坝体渗漏和坝肩绕渗严重；坝体抗滑稳定安全系数小于规范要求；金属结构陈旧老化，锈蚀严重；坝体防渗面板和溢流坝面裂缝较多，影响坝体强度和泄洪安全等隐患，河南省水利厅鉴定和水利部大坝安全管理中心核查意见为：该库为三类坝。

3.2.3.3　主要除险加固措施

根据河南省水利厅批复意见和青天河水库安全鉴定中发现的问题，采取的除险加固措施有：①坝基帷幕灌浆及排水；②挡水坝段坝后坡贴坡加固；③溢流坝段导水墙加高；④坝体裂缝处理；⑤钢闸门喷锌铝防腐。另外，沥青井更新沥青项目为除险加固工程原批复项目之一，但由于施工中发现大坝沥青井中预埋电极已全部报废而无法施工，报请河南省水利勘测设计院现场查勘后，未找到合适的处理办法，在工程竣工时，与会专家一致认为：该工程项目对大坝整体运行并不构成很大影响，目前又没有较好的处理办法，决定不再进行此项工程。

3.2.3.4　除险加固效果分析

青天河水库除险加固工程于 2001 年 6 月开工，2002 年 8 月主体工程完工，2005 年 6 月竣工。工程历经 2002—2005 年 4 个汛期，从工程运行至今的运行观测资料可以看出：①坝基扬压力明显下降，加固前坝基扬压力系数长期超过设计值 0.5，最高值达 0.7，加固后廊道内新设置的扬压力观测孔、排水孔运行良好，各排水孔排水通畅，坝基扬压力观测值均为零；②坝体水平位移、垂直位移观测值均在正常范围内，随水位变化而正常波动，基本趋于稳定；③廊道内、两坝肩绕渗情况明显改善。

为进一步了解此次除险加固效果，青天河水库水电管理处与除险加固工程建管局结合工程实际，分别于 2003 年、2004 年及 2005 年，对青天河水库进行了 3 次高水位运行试验，结果表明：除险加固效果显著。

以 2005 年 9 月试验记录为例，分析如下。试验时最高水位达 358.57m（加固前控制运用水位最高为 355.00m），其中 358.00m 以上水位从 2005 年 9 月 10 日 21 时至 9 月 12 日 13 时，共历时 41h，此后一直保持在 357.50m，从高水位运行资料看出：①坝基扬压力观测值始终为 0；②水平位移、垂直位移观测值均符合重力坝随水位升高而正常波动的规律，水平位移值最大值为 0.03mm，垂直位移值最大为 0.02mm；③渗流量随水位由 351.50m 渐升至 358.00m，渗流量也渐呈上升趋势。水位趋于稳定时，渗流量也基本趋于稳定，与往年同水位时的渗流量相比，略呈下降，坝肩绕情况良好。坝体安全隐患消失，基本上达到了此次除险加固的目的。

3.2.4　东方红水库

3.2.4.1　工程概况

东方红水库位于浙江省东阳市虎鹿镇溪口村之北 1km 处，地处钱塘江流域金华江水系东阳江支流白溪上游河段，坝址以上控制集雨面积 59.3km²，水库总库容 1445 万 m³，是一座以灌溉为主，结合防洪、供水、发电、养殖等综合利用的中型水库，设计灌溉面积 1.8 万亩，保护坝址下游 75 个村庄、9.5 万人口和 2 万余亩农田的防洪安全，总装机容量 1645kW。

水库工程于 1958 年 9 月动工兴建，1960 年春因发现心墙施工质量存在问题且劳力不够而停工，1962 年冬改在心墙上加设斜墙重建，1979 年 12 月竣工。

水库枢纽主要由大坝、溢洪道、发电输水隧洞、电站等建筑物组成。

1. 大坝

大坝坝顶高程 201.90m，坝高 40.1m，钢筋混凝土防浪墙顶高程 203.10m，坝顶长 180.0m，坝顶宽 7.0m。上游坝坡高程 190.00m 以上坡比为 1∶2，以下为 1∶2.75；高程 177.00m 以下为抛石衬砌护坡，以上为粗料石护坡。下游坝坡坡比均为 1∶2，采用粗料石护坡，在高程 178.00m、190.00m 处分别设 0.8m 和 2.8m 宽的马道。坝体、坝基设有厚 0.8m 混凝土防渗墙，两岸坝肩采用帷幕灌浆防渗。

2. 溢洪道

溢洪道位于右坝头，为正槽溢洪道，由引渠、泄洪闸、泄槽、消力池等组成。引渠段总长 37.0m，底板顶面高程 189.00m，左岸悬臂式钢筋混凝土挡墙和右岸衡重式混凝土挡墙均成圆弧形，右岸通过扭面与山坡平顺连接，闸前宽 18.0m。泄洪闸布置为 3 孔，每孔净宽 5.0m，闸室长 20.0m，驼峰堰顶高程 191.00m，堰后底板高程 189.0m，闸墩宽 1.5m，闸顶兼做交通桥，顶高程 201.90m。设置弧形工作钢闸门，孔口尺寸为（宽×高）5.0m×7.5m，采用 QHLY－2×160kN 液压启闭机启闭。弧形钢闸门前设 1 扇平面检修钢闸门，3 孔共用，孔口尺寸（宽×高）5.0m×8.8m，采用 2 台电动葫芦静水启闭。泄槽长 173.4m，起始段 32.0m，底宽由 17.4m 渐变为 11.0m，两岸为混凝土重力式挡墙，后接原泄槽、消力池。消力池长 34.22m，宽 19.8m，池底高程 156.10m，消力池后护坦长 60.0m，下接二级消力池。

3. 发电输水隧洞

发电输水隧洞位于左坝头，进口底板高程 167.67m，出口底板高程 167.31m，洞长 234.0m，洞径 2.2m。检修平台高程 188.60m。进口设置固定的拦污栅，安装 2.74m× 2.3m（宽×高）检修平面钢闸门一扇，底槛高程 169.40m，用双吊 QPQ－2X25 卷扬启闭机启闭。

3.2.4.2 除险加固前存在的主要问题

东方红水库于 2008—2009 年进行了除险加固，加固前工程存在的主要问题如下：

（1）大坝宽心墙填土质量较差，坝体填筑土料压实度、渗透系数不满足规范要求，在施工中坝体曾多次发现裂缝；大坝上游侧斜墙防渗齿槽地基局部处理质量较差，存在渗漏隐患。

（2）大坝心墙土水平向渗透系数大，坝体总渗漏量较大，约为 1000m³/d；大坝两侧坝基接触面也存在接触渗漏问题；坝基截水齿槽填土渗透系数较大，不满足防渗体的防渗要求，观测资料分析表明坝基存在局部渗透变形迹象。

（3）大坝下游一级马道至坝顶的坡面局部稳定安全裕度偏小；左右坝肩山体岩石稳定性较差。

（4）溢洪道有弯道 4 段，泄洪时流态较差，泄槽左侧挡墙振动，挡墙及泄槽均存在结构问题。

（5）发电输水隧洞进水口平板钢闸门锈蚀严重，门槽止水不严，闸门老化，运行 26 年，存在安全隐患。

（6）大坝左岸山体地形陡峻，岩基裸露，岩性为紫红、棕红色流纹质玻屑凝灰岩，岩体破碎，卸荷裂隙极为发育，且岩体蚀变严重，曾发生数次崩塌，塌落的碎块石堆积于左坝头及左坝脚，崩塌的岩块直接威胁大坝和电站厂房的安全。

（7）大坝右侧山体地形陡峻，岩基裸露，岩性为紫红、棕红色流纹质玻屑凝灰岩，岩体内部存在易滑动的泥斑岩夹层及软弱结构面，溢洪道工程开挖时曾发生塌方。

3.2.4.3　除险加固技术分析

1. 大坝

大坝采取的除险加固措施包括增设混凝土防渗墙，墙体厚 0.8m，墙顶通过头墙与防浪墙连接，墙底伸入弱风化基岩 1.0m。防渗墙左侧设混凝土岸墙与岸坡连接，防渗墙右侧与溢洪道泄洪闸边墙连接。两岸坝肩采用帷幕灌浆处理，帷幕伸入相对不透水层（$q \leqslant$ 5Lu） 5m，基本控制在基岩 15m 深范围内。拆除原干砌石防浪墙，重建钢筋混凝土防浪墙。坝体下游坝坡高程 190.00m 以上进行削坡处理，坝坡由原来的 1：1.75 放缓到 1：2，直至坝顶。大坝上游护坡一级马道 177.00m 高程以上及下游坝坡全部拆除重建粗料石护坡。坝顶路面采用 15cm 混凝土预制块铺设。

从地质条件来看，原坝体填筑质量差，防渗性能不满足要求，坝基存在中等透水层，对坝体与坝基进行防渗处理，并深入到相对隔水层，形成较完整的防渗体系是必要的。

从加固设计及实施来看，除险加固采取由混凝土防渗墙、左岸墙、右刺墙、坝基和两坝肩帷幕灌浆组成大坝防渗体系，消除坝体和坝基的渗漏隐患，加固措施合适。结合大坝防渗墙施工，放缓下游坝坡，拆除重建防浪墙和上下游护坡的结构布置合适，坝顶高程能满足各种工况条件下的坝顶超高要求。类比国内工程经验，采用厚 0.8m 的 C10 混凝土防渗墙，设计控制指标基本合理。防渗墙缺陷段采用帷幕灌浆处理，处理措施基本合适，但尚无渗流监测数据验证，需经受高水位考验。

2. 溢洪道

采取的除险加固措施包括拆除原侧槽溢洪道，改建为有闸控制的正槽溢洪道。原泄槽首端的溢流堰拆除，改建为引渠段。原泄槽底板至桩号溢 0+52.00 拆除重建，下游部分进行修补并局部作固结灌浆处理。配置 100kW 柴油发电机组作为备用电源。

从地质条件来看，泄洪闸闸室基础为弱风化岩体，对断层进行了深挖回填混凝土处理，承载力满足设计要求。对泄槽段岩土地基局部采取灌浆处理是必要的。

从加固设计及实施来看，侧槽溢洪道改造为正槽溢洪道、进口段设泄洪闸、修补原泄洪渠和消力池的加固方案合适，溢洪道总体布置和结构设计合理。溢洪道防渗、基础固结灌浆、开挖边坡加固处理设计措施合适，布置合理。水工模型试验成果表明，泄洪闸泄流能力、泄洪渠水流流态、消力池水力特性等满足设计要求。

3. 发电输水隧洞进水口

发电输水隧洞进水口进水塔混凝土基本完好，本次加固仅为凿除门槽处原二期混凝土，更换埋件，更换进口检修闸门及启闭机。发电输水隧洞进水口经安全鉴定，结构安全，土建工程未作加固处理。

4. 左岸山体

开挖清除坝顶以上不稳定岩体，坡面进行喷锚支护。

从加固设计及实施来看，左坝头发育 F_{04}、F_{05} 和 F_{06} 等 3 条断裂构造，受其影响节理裂隙发育并相互切割，加上地下水活动和坡面地形较陡，是产生崩塌的主要原因。加固的措施为开挖削坡、锚喷、布设排水孔等是合适的，可满足安全运行要求。分层开挖削坡，清除不稳定岩块和坡积土，开挖边坡基本维持原地形坡度，每隔约 10m 高差设一级马道等设计是合适的。锚喷支护设计合理，施工技术要求符合规范。排水孔孔位布置是合适的。

5. 大坝右侧山体

坡面进行喷锚支护，同时为降低右岸山体的地下水位，增加山体的稳定性，在山体中开挖排水洞，洞壁布置排水孔。在滑坡体顶面设浆砌石截水沟拦截坡面雨水。结合坝址段公路改线，排水洞和交通洞结合为一条隧洞，为城门洞形断面，洞身净宽 8.0m，直墙段高 2m，上拱半圆半径 4.0m，洞内路面宽 6.0m，两侧设 1.0m 宽人行道。

从加固设计及实施来看，右坝头山体存在已滑区和潜在滑动区，已滑区的软弱结构面上盘在原侧槽式溢洪道施工时已作了清理，本次边坡不作处理是合适的。

6. 安全监测

坝体表面变形监测共设 3 排，计 15 个测点；坝体与坝基渗流监测布置 3 个断面，每断面布置 9 支渗压计。绕坝渗流监测左、右岸共布置 11 支渗压计。大坝下游设置渗流量水堰。建立自动化监测系统。

从加固设计及实施来看，工程观测项目基本齐全，设备选型合适。监测仪器设备的埋设方法和施工工艺基本符合设计和规范的要求。

3.2.5 南江水库

3.2.5.1 工程概况

南江水库工程位于浙江省东阳市境内，距东阳市县城约 36km，坝址位于湖溪镇岭脚村上游 500m 处，所在河流南江系钱塘江流域金华江上游支流。坝址以上集雨面积 210 km²，水库总库容 1.194 亿 m³，是一座以防洪、灌溉、供水为主，结合发电、养殖等综合利用的大（2）型水库。电站装机容量 7.83MW，灌溉面积 15 万 hm²。

工程于 1969 年 12 月动工兴建，1971 年竣工，原规模为中型水库，1990 年 9 月实施加固扩建工程，1993 年初完工，1995 年 10 月加固扩建工程竣工。

水库枢纽主要建筑物有拦河坝、溢洪道、灌溉发电引水放空洞、发电厂等。

1. 拦河坝

拦河坝为细骨料混凝土砌块石重力坝。坝顶高程 211.24m，坝顶长 202.07m，坝顶宽度 8.0m，最大坝高为 57.0m。大坝共分为 9 个坝段，其中 4 号、5 号、6 号坝段为溢流坝段，其余为非溢流坝段。大坝混凝土面板上游表面设有混凝土防渗面板钢丝网水泥喷浆，高程 189.50～201.50m 有赛柏斯涂层防渗，赛柏斯表面用 PUA－75 聚脲弹性涂层防护。上游坝面在高程 178.24m 以上为铅直，高程 178.24m 以下坝坡为 1∶0.1；非溢流坝段下游坝坡在高程 198.24m 以上为铅直，高程 198.24m 以下坝坡自河床 1∶0.75 向两岸渐变至 1∶0.7。大坝坝基布置有帷幕灌浆，其中河床部位高程 171.00m 廊道范围内布置 2 排帷幕，两坝肩为一排帷幕，河床部位帷幕后设有排水孔。

大坝安全监测布置有坝顶位移观测、裂缝观测、扬压力观测、渗流量、绕坝渗流观测等。位移观测共 11 个测点，裂缝观测在廊道内布置测缝计 9 只，扬压力观测设置扬压力计 6 支，大坝廊道内设有 2 座渗流量三角堰，绕坝渗流监测左右岸各布置 6 根测压管、共 12 根测压管，建有水情测报系统和大坝安全监测自动化系统。

2. 溢洪道

溢流坝段位于河床中间部位，全长 60.0m。溢流堰顶高程为 200.24m，设置为 6 孔泄洪闸，闸门尺寸 8.0m×5.9m（宽×高），为露顶式弧形钢闸门，分别配 6 台 QXQ2×150kN 卷扬式启闭机进行操作，启闭平台顶高程 212.08m。闸墩和溢流面均采用钢筋混凝土结构，闸墩包括中墩、缝墩和边墩，中墩和缝墩的墩厚均为 2.0m，边墩厚 1.0m。溢流堰顶曲线采用 WES 型，直线段坡度为 1:0.85，反弧半径 14.0m，挑流鼻坎高程 172.12m，挑射角 30°。泄洪闸设工作桥（即启闭平台）、交通桥，工作桥顶高程 212.08m，交通桥顶高程 211.24m。

3. 灌溉发电引水放空洞

布置在大坝右岸，由进水口、渐变段、压力隧洞及岔管、支管和出口消力池等组成。进水口采用竖井式，底高程 172.24m，进口设 3m×6m（净宽×净垂直高）60°倾斜滑动式钢结构拦污栅，采用 QPL－150kN－40m 型斜拉式高扬程启闭机操作，闸门井设 3m×3.5m 平面滚轮事故钢闸门一扇，采用型号 QPQ800kN－13 启闭机，检修平台高程 202.74m，启闭平台高程为 210.54m。隧洞全长 390m，钢筋混凝土衬砌，衬后洞径 2.9～2.3m。

4. 发电厂

发电厂位于右岸离坝脚约 100m 处，为引水式地面厂房，总装机容量 7.83MW。升压站位于厂房下游侧，设一台 4200kV·A 主变压器。

3.2.5.2 除险加固前存在的主要问题

（1）大坝为细骨料混凝土砌块石重力坝，在正常蓄水位条件下，5 号、7 号测压管扬压力系数略超过设计要求，防渗面板局部开裂，廊道左、右侧进口下部坝坡渗水，大坝溢流面闸墩底部 194.24m 高程左右有局部明显渗水，廊道伸缩缝在低温季节渗漏。缺少绕坝渗流观测设施，内部监测设施大部分已损坏。

（2）溢洪道泄洪闸工作桥（即启闭平台）、交通桥及闸墩局部混凝土构件配筋不满足规范要求。泄洪闸闸墩局部受拉钢筋截面面积不能满足规范要求。大坝溢流面闸墩底部 194.24m 高程左右有局部明显渗水。

（3）发电引水放空洞事故闸门检修平台梁板结构的配筋不满足规范要求。

（4）金属结构使用年限已超过 30 年，泄洪闸闸门主梁弯应力略超过容许应力，构件不满足规范要求，面板安全裕度偏小等。

3.2.5.3 除险加固技术分析

1. 拦河坝

拦河坝上游防渗面板裂缝采用赛柏斯涂层进行防渗处理，在赛柏斯表面用 PUA－75 聚脲弹性涂层进行保护。大坝廊道伸缩缝和施工缝采用聚氨酯化学灌浆进行处理。对左、右廊道进口底部坝体底部进行防渗补强水泥灌浆。左、右岸坝头进行帷幕灌浆处理，桩号为坝 0＋011.50～0－021.50 及坝 0＋160.50～0－202.50。大坝 5 号、7 号测压管处，对此范围（坝 0＋086.00～0＋116.00）在原灌浆廊道内进行基础帷幕灌浆。对右坝头断层

F_{33}开挖断层破碎带，用混凝土塞加固。同时在F_{33}断层范围帷幕灌浆孔进行加深处理。坝顶路面进行整修，凿除原坝顶路面混凝土铺装层，新建C20混凝土路面。坝顶上、下游栏杆进行整修。下游坝面杂物进行清理和冲洗。

从地质条件来看，坝基5号、7号测压管处扬压力系数偏高，右岸底部廊道进口右侧渗水，对坝体与坝基原防渗薄弱部位进行补强处理是必要的。左坝肩高程196.00m以上存在相对透水层，右坝头F_{33}断层通过，对两岸坝头进行帷幕灌浆及断层开挖回填混凝土等防渗处理措施，是合适的。

从加固设计及实施来看，分布在上游混凝土防渗面板高程189.50~201.50m范围内的浅层裂缝采用赛柏斯涂层防渗加固，并用聚脲涂层保护，设计合理。大坝溢流面裂缝采用聚氨酯化学灌浆，方案合理，设计符合规范要求。扬压力超设计值坝段采用基础加强帷幕灌浆、重新设置排水孔及扬压力观测孔，方案合理，设计符合规范要求。对大坝廊道内裂缝、伸缩缝、施工缝采用聚氨酯化学灌浆处理，方案合理，设计符合规范要求。对左右岸廊道进口下部坝体进行水泥灌浆处理，方案合理。对左、右坝头进行帷幕灌浆，右坝头F_{33}断层采用开挖浇筑混凝土塞和加深帷幕灌浆等措施处理，设计合理。

2. 溢洪道

新建C30混凝土启闭平台，启闭平台顶高程212.08m，重建启闭机房。泄洪闸闸墩和牛腿采用碳纤维布加固补强，碳纤维布表面涂抹防护砂浆以提高耐久性。溢流面裂缝采用聚氨酯化学灌浆的方法进行处理。对溢流坝段右侧挡墙贯穿裂缝进行修补。

从加固设计及实施来看，泄洪闸启闭平台和启闭机室拆除重建、交通桥梁板碳纤维加固结构布置、设计合理。闸墩局部受拉区不满足规范要求部位，采用按扇形受拉钢筋的配置方向在混凝土表面粘贴碳纤布维、并在碳纤维表面涂抹防护砂浆进行加固，方案合适，设计合理，强度满足规范要求。

3. 灌溉发电引水放空洞

改建启闭机平台，拆除重建启闭机室，结构布置、设计合理。

4. 泄洪渠整治

下游泄洪渠为灌砌块石挡墙、干砌块石挡墙，其中泄洪渠左岸需加固改造段长300m，需新建段长500m，泄洪渠右岸需加固改造段长400m，需新建段长300m。泄洪渠挡墙采用重力式M7.5浆砌块石挡墙及M7.5浆砌块石斜坡式挡墙。

5. 防汛公路改造、新建防汛桥

防汛公路加固改造长1.2km，在原防汛桥上游新建一座防汛桥。

6. 金属结构及供电

更新泄洪闸弧形工作闸门门叶、门槽埋件及启闭设备。共6孔6扇弧形工作闸门，闸门尺寸8m×5.9m（宽×高），采用6台QXQ 2×150kN-18m型固定卷扬式启闭机对闸门进行操作。更新灌溉发电引水放空洞进水口拦污栅栅叶、启闭设备，保留原栅槽埋件。拦污栅孔口尺寸为3m×6m（净宽×净垂直高）60°斜栅，采用QPL-150kN-40m型斜拉式高扬程启闭机。更新灌溉发电引水放空洞进水口事故检修闸门门叶、启闭设备，保留门槽埋件。事故检修闸门为平面滚轮钢闸门，尺寸3.0m×3.5m（宽×高），采用QPQ800kN-13m型高扬程固定卷扬式启闭机启闭。坝区供电方式确定为由电站10kV母线经降压变压器供电，再设一套 90kW 柴油发电机组作为备用电源。

从加固设计及实施来看，泄洪闸金属结构设计合理，工作闸门面板厚度，主梁、支臂、支铰的结构应力计算结果满足规范要求，启闭机容量满足运行要求。灌溉发电引水放空洞金属结构设计合理，事故检修闸门主梁、水平次梁、边梁应力及挠度计算结果满足规范要求，启闭力满足运行要求。拦污栅、事故检修闸门及启闭机制造质量满足设计及规范要求。泄洪闸、灌溉发电引水放空洞闸门启闭由二路供电，正常供电引自坝区变压器，另采用 90kW 柴油发电机作为备用电源，供电方式、控制方式、建筑物防雷接地及电气设备保护设计合理，供电安全可靠。

7. 安全监测和自动化控制

主坝布置 1 条视准线，设 11 个位移观测点。绕坝渗流监测设施左右岸各布置 6 根测压管，共 12 根测压管。重建 5 号、7 号测压管的排水孔及扬压力观测孔，共设扬压力计 6 只。在廊道内设置差动电阻式测缝计共 9 支，渗流量水堰 2 座。拆除重建自记水位台及观测室。更新水情测报系统，增设大坝安全监测自动化系统、闸门自动控制系统和视频监视系统。

从加固设计及实施来看，工程布置有大坝表面变形、横缝开度、坝基扬压力、坝基渗漏量、绕坝渗流、水位、雨量等监测项目，监测项目基本齐全，测点布置基本合理，监测仪器设备选型合适，能对大坝安全起到监测作用。监测仪器埋设方法和施工工艺基本符合设计和规范要求。

3.2.6 安阳小型水库

3.2.6.1 病险小水库存在的突出问题

新中国成立以来，安阳市在西部山丘区累计修建小型水库 110 座，其中：小（1）型 16 座，小（2）型 94 座。总库容达到 6284.6 万 m^3，总兴利库容 3635.3 万 m^3，总设计灌溉面积 1.40 万 hm^2。这些小水库运行以来，在防洪、灌溉、养殖、旅游、改善生态环境等方面发挥了重要的作用。然而，由于多数水库建于 20 世纪 60、70 年代，工程本身质量较差，经过几十年的运行，不少水库都不同程度地存在病险问题。据统计，全市目前有 60 座小型水库存在病险隐患，其中位置重要、存在严重病险问题的有 27 座。病险问题主要有以下几种：①多数防洪标准偏低，达不到国家防洪标准要求，有的甚至不足 5 年一遇；②坝基或坝体（含坝头、山坡）渗漏严重，有的大坝出现纵横裂缝；③溢洪道标准不够，甚至有部分水库无溢洪道；④输水洞漏水严重，部分水库输水洞无闸门，多数下游无消能防冲设施；⑤大坝无变形、渗流等监测设备和管理设施。这些问题不仅造成水库不能正常运行，难以发挥其效益，而且还严重威胁到下游人民生命财产的安全，亟待进行除险加固。

3.2.6.2 小型水库的除险加固措施

1. 提高防洪标准的技术措施

（1）适当加高大坝，增加库容，提高防洪标准。它的优点是削减洪峰作用较大，对水库下游危害影响较小。一般加高大坝的高度 1~2m，不大于 3m。如果加的太高，必须加宽坝身，放缓坝坡，才能保证坝坡稳定。

（2）加大泄洪能力，增加泄洪流量。除挖掘已有泄洪建筑物潜力外，可在原溢洪道上扩宽或加深。如有困难，而且又有条件时，也可新建溢洪道，增加泄洪能力。但扩大泄洪设施，增加泄量，不应超过天然来水量，并对溢洪道及水库下游可能发生的危害情况，做出统一安排，尽量减少损失。

（3）加高大坝与扩大溢洪道泄量相结合，提高防洪标准。在单独采用上述两种措施中的一种都存在一定困难时，则采取两种措施相结合的办法提高防洪标准。这一措施，既可以减小增加大坝的高程，又可增加泄量，水库上下游兼顾，在实践中也较多采用。

2. 处理大坝渗漏的技术措施

（1）混凝土防渗墙。使用专用机具（如乌卡斯钻机），在已建成的坝体或覆盖层透水地基中建造槽型孔，以泥浆固壁。并利用高压泵将泥浆压入孔底，携带岩渣，再从孔底回流到地面，然后采用直升导管，向槽孔内浇筑混凝土，形成连续的混凝土墙，起到防渗目的。这种防渗墙可以适应各种不同材料的坝体和复杂的地基水文和工程地质条件。

（2）高压喷射灌浆防渗。按设计布孔，利用钻机钻孔，将喷射管置于孔内（内含水管、水泥管和风管），由喷射出高压射流冲切破坏土体，同时随喷射流导入水泥浆液与被冲切土体掺搅，喷嘴上提，浆液凝固，在地基中按设计的方向、深度、厚度及结构形式与地基结合成紧密的凝结体，起到防渗作用。

（3）劈裂灌浆防渗。在土坝中采取劈裂灌浆，使用一定压力，将坝体沿坝轴线小主应力面劈开，灌注泥浆，并使浆坝互压，最后形成厚 10～50cm 的连续泥墙，可以起到防渗目的。同时，泥浆使坝体湿化，增加坝体的密实度。实践证明，该方法防渗效果不好，已很少采用。

（4）冲抓套井黏土回填防渗墙。利用充抓式打井机具，在坝渗漏范围内的防渗体中钻孔，用黏土分层回填（层厚 25～30cm），由钻机的动力和卷扬设备带动夯锤加以夯实，形成一道连续垂直的黏土防渗墙。同时，在回填夯击时，对井壁土层挤压，使其并孔周围土体密实，提高坝体密实度，从而达到防渗加固的目的。

（5）土工合成材料防渗。土工合成材料从水力特性可分为不透水的土工膜或土工复合膜和透水的土工织物。前者可以代替防渗体，起到截渗隔水作用，后者可以代替砂砾石反滤料，起到排水和反滤作用。优点在于重量轻，运输量小，铺设方便，重叠部位可以粘接或焊接，比黏土防渗和砂砾石料排渗节省造价，缩短工期，容易保证施工质量。

（6）大坝培坡。对由于下游坡过陡导致坝体渗径不能满足要求而造成坝体渗流出逸点过高的，必须对下游坡进行加厚培坡。因为下游坡过陡，不但可造成坝体渗漏，也存在坝坡稳定问题，这个问题在小型水库中较多，必须处理。

（7）振动水冲法加固坝基。采用振动水冲器，产生水平振动力，作用于周围土体，同时从其端部及侧面进行射水及补给水，振动器随之在孔中不断下降至设计加固深度，使土体处于饱和状态，并从地面向孔中逐段添加填料，每段填料都在机器振动作用下被振挤密实，待达到要求密实度后，提升振动器，逐段上提直至地面，从而形成具有相当直径且密实的砂石料桩柱。振冲器振动力对不同土质起到不同的作用。对砂性土坝基振动器振动力向饱和砂土传播振动加速度，使其周围一定范围内砂土产生振动液化。液化后的土粒在重力、上部土压力以及外填料的挤压力作用下重新排列密实，孔隙比减小，承载力提高，同时振制的石料桩柱还是排水较好的通道，可以降低地震时产生的超静孔隙水压力，提高砂基的抗震能力，保证坝基稳定。

3.2.6.3　除险加固后的效益分析

1. 社会效益

这些小型病险水库大都分布在西部山丘区，而较多水库属于上下游串联运行，如出现险情后果不堪设想，尤其到汛期，小型水库防汛就成为防汛工作的重中之重。据调查统计，全市16座小（1）型水库中达不到规范要求的有9座，占56%；94座小（2）型水库中有28座达不到部颁标准，占30%。通过除险加固后，工程防洪能力得到了普遍提高，达到规范要求，保护下游耕地275hm^{2}和7.47万人的生产生活，承担起拦截、调蓄洪水，保障下游人民群众生命财产安全的重任。

2. 经济效益

随着对小型水库除险加固处理，水库渗漏情况得以解决。防洪、蓄水能力增强，农田灌溉效益扩大，农田灌溉面积增加6433hm^2，灌溉效益增加约391万元，发电、养鱼等方面的效益也有所提高。以汤阴县部落水库为例，该水库下游3km是京广铁路、107国道和汤阴县城，6km为京珠高速公路。该水库地理位置非常重要，交通便利。综合考虑多种因素，年均防洪效益约25万元。除险加固后灌溉面积可保证533.3hm^2，根据汤南灌区的灌溉试验，灌溉后的农田每亩折合增产小麦60kg，小麦价格按1.5元/kg算，灌溉效益分摊系数取0.45，则工程的灌溉效益为32.4万元；水库除险加固后，通过蓄水可保证养殖水面1.07hm^2，以每公顷产量2250kg、每公斤鱼扣除成本以净利3.0元计，年养殖效益为0.72万元。部落水库除险加固后产生的直接经济效益为58.12万元。

3. 生态效益

安阳市病险小水库除险加固工程实施后，工程效益得到了进一步发挥，能够确保水库安全运行，正常蓄水，全市小型水库总蓄水量增加1650万 m^3，合理调配地表水资源，减少下游地下水开采，补充地下水量约100万 m^3，有利于保护深层地下水环境，大大改善农田生态条件，有利于调节种植结构，提高土地复种指数和农作物产量，发挥其应有的效益，有效改善水库周边的生态环境。

3.3　除险加固技术优化方法

3.3.1　水库大坝病险程度评价

水库大坝病险程度综合评价是为了评价水库的病险到底严重到何种程度，为是否除险加固、除险加固排序、除险加固技术的决策提供支撑。考虑除险加固经费和加固设计施工等条件，水库除险加固是一个长期和艰巨的系统工程。而现有水库大坝安全鉴定办法，只能判定水库是否是病险水库，而对于病险水库的严重程度却没有一种科学合理的判别方法进行认定，难以全面判定病险水库的严重程度。

随着我国病险水库除险加固的不断深入和法规体系的不断完善，病险严重程度评价技术的需求将会越来越迫切，不同程度的病险将会和不同的处置方案相联系。但是，水库大坝病险严重程度评价技术显然不能脱离已经成功应用多年的大坝安全评价方法，应该在原有研究的基础上进一步完善。下面将大坝安全评价方法和专家经验相结合，通过定性-定量-定性体系的转换，提出一种大坝病险严重程度的评价方法。

3.3.1.1 病险严重性评价指标体系

1. 基于大坝安全鉴定的评价指标

病险严重程度评定技术包含了两个方面的研究，一方面是需要研究水库大坝是否存在病险，症状如何；另一方面是研究病险严重程度的判定技术。在大坝病险鉴定方面主要采用《水库大坝安全评价导则》（SL 258）中规定的方法，已经获得了较多的实践经验，但在病险严重程度判定技术方面，相关的研究才刚刚起步。

这里结合规范要求和现场安全检查等工程实际情况，给出大坝安全鉴定的九大指标体系，即水库大坝的防洪能力、抗震能力、整体稳定、变形裂缝、渗流稳定、金属结构安全、工程质量、运行管理和现场安全检查等。

九大评价指标可以分为以下两类：

（1）一类是和水库大坝某一方面的病险特征相联系的，包括现状防洪能力、抗震能力、整体稳定、变形裂缝、渗流稳定和金属结构安全6个方面。这一类可称为工程性态特征指标，可用以评价该方面病险的严重程度。

（2）另一类是大坝宏观特征指标，包括大坝工程质量、运行管理和现场安全检查3个方面。该类指标并不代表工程性态特征的某一方面，但对工程性态特征起到重要的影响。如大坝现场安全检查是通过专家现场检查，结合他们的经验对大坝是否存在危险性隐患、是否需要做进一步检查作出评价，它的结论可能对危险程度的判断起到重要作用。工程质量是通过现场勘探和历史施工数据（如果有的话）的评价，获得大坝坝体、坝基工程质量情况。运行管理指标虽然对病险的性态没有直接影响，但是有明显的间接影响。一个工程好的管理，能够及时发现病险是否存在，并及时采取措施，阻止病险进一步恶化，有助于控制病险的发展，对病险的严重性起到间接控制的作用。

2. 基于专家经验的病险严重程度分级以及分级标准

大坝安全评价体系中仅以A、B、C将大坝分为安全、基本安全和不安全3种状态，该划分难以用于病险严重程度的判别。事实上，水库大坝工程性态从安全到危险是一个连续的发展的过程，在"不安全"这个状态，病险严重程度也是不断发展的。因此，必须对病险的严重程度进行重新分级。

这里将水库大坝的病险严重程度分为无病险、一般性病险、较重大病险、严重病险和极严重病险五级，不同的分级以及定性定量描述如表3.3-1所示。

表3.3-1　　　　　　　　　　病险严重性分级及其定性定量描述

分级	病险严重程度分级	定性描述	定量描述	安全状态
A	无病险	各项安全系数大大超过规范要求；历史和现状条件下未出现过工程性态异常；安全保障体系落实	[0.0, 2.0)	安全
B	一般性病险	各项安全系数满足规范要求。但富裕度不大；历史和现状应用中未出现过重大的工程性态异常；安全保障体系较落实；工程有可能出现一些局部的小事故，能够很快处置	[2.0, 4.0)	基本安全

续表

分级	病险严重程度分级	定 性 描 述	定量描述	安全状态
C	较重大病险	安全系数不满足规范要求；工程存在明显的缺陷，可能导致较严重但不会导致溃坝的较大事故，可以较快控制	[4.0，6.0)	不安全
	严重病险	安全系数严重不满足规范要求；工程存在严重缺陷和隐患；曾出现过严重险情，又未曾彻底处理；可能出现严重事故，存在溃坝的可能性	[6.0，8.0)	很不安全
	极严重病险	安全系数严重不满足规范要求；工程存在极为严重缺陷和隐患；曾发生过极严重事故，又未曾彻底处理；有迹象表明非常有可能发生溃坝事故	[8.0，10.0)	极不安全

为了能够对状态给予较为准确的判断，将 5 种状态用 0~10 的数字来表示，每种状态的变化范围为 [0，2]，以便将定性判断转化为定量度量，更准确地分析大坝的危险性程度。

3. 水库大坝病险严重程度评价体系

综上所述，水库大坝病险严重程度评价体系如图 3.3-1 所示。

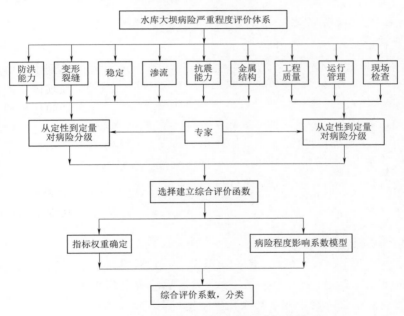

图 3.3-1　水库大坝病险严重程度评价体系

3.3.1.2　综合评价方法

1. 线性加权和法

采用线性加权和法进行病险严重程度综合评价。设水库大坝病险严重程度综合评价函数为 L，其体现上述 9 个评价指标方面综合影响的线性加权和法如下式所示：

$$L = \sum_{1}^{9} S_i F_I = S_1 F_1 + S_2 F_2 + \cdots + S_9 F_9 \qquad (3.3-1)$$

式中　S_1、S_2、$\cdots$、S_9 和 F_1、F_2、$\cdots$、F_9——9 个评价指标的权重系数和病险程度影响系数。

2. 病险程度影响系数模型

(1) 病险程度影响系数特征分析。病险程度影响系数反映了病险程度的重要性，采用的病险程度五级分级的方法中，第一级、第二级对应工程性态分别为安全和基本安全，第三级、第四级、第五级对应的工程性态分别是不安全、很不安全和极不安全。大坝性态对工程危险性的影响系数并非是线性发展的，对应不同的性态，危险性系数发展有以下特点：

1) 在安全阶段，病险程度影响系数变化缓慢。当大坝性态为安全时，对大坝危险性的影响基本是零，不会对大坝安全产生影响。

2) 在基本安全阶段，有两层含意：一方面可以认为虽然局部有些问题，但不会影响到大坝的安全，在加强监控条件下可以正常运用；另一方面说明了大坝性态已经发生了局部的不正常，对大坝危险性的影响已经在加大了。病险程度影响系数发展虽有所加快，但总体上还是较小的。

3) 在不安全阶段，危险性发展很快。即使只有一处发生了明显的严重问题，大坝已不能正常使用，在洪水或其他条件下可能发生较大的事故。此时大坝危险性快速增大，即病险程度系数很快增加。

4) 在很不安全阶段，危险性很大。很不安全性态说明多处发生了明显的问题，病险程度影响系数迅速上升。

5) 极不安全阶段，大洪水下随时可能出现严重险情，影响系数很大。但是由于整个阶段的影响系数都很大，因此在该范围内还是一条平缓的上升曲线。

(2) 大坝病险程度影响系数评价模型。基于上述分析，大坝病险程度影响系数和大坝性态之间的关系类似于一条 S 形曲线，第一和第五阶段缓慢增大，在第三阶段快速上升。这里尝试采用 Logistic 曲线研究大坝病险程度影响系数和大坝性态之间的函数关系。

设大坝性态为 x，大坝危险性为 F，考虑大坝性态取值与病险严重程度定量描述取值的一致性，其函数关系取为如下形式：

$$f(x) = \frac{1}{1 + e^5 e^{-x}}, x \in [0, 10] \qquad (3.3-2)$$

根据选用的 Logistic 曲线。X 轴的 [0，10] 区间可以分为 [0，2)、[2，4)、[4，6)、[6，8)、[8，10] 5 个区间，分别与无病险、一般性病险、较重大病险、严重病险和极严重病险的五级病险状态相对应。F 轴为大坝病险程度影响系数，在 [0，1] 区间变化，曲线所代表的病险程度影响系数变化的基本特点见表 3.3-2。

表 3.3-2　　　　　　　　　　　　Logistic 曲线的分解值表

病险程度	无	一般性	较重大	严重	极严重
专家评价均值	[0，2)	[2，4)	[4，6)	[6，8)	[8，10]
x	[−10，−6)	[−6，−2)	[−2，2)	[2，6)	[6，10]
影响系数 F	[0.0067，0.0474)	[0.0474，0.2689)	[0.2689，0.7311)	[0.7311，0.9526)	[0.9526，0.9933]

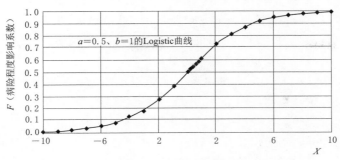

图 3.3-2　采用的 Logistic 曲线

从图 3.3-2、表 3.3-2 可以看出，在一般性病险阶段，影响系数开始上升，在较重大病险阶段急剧上升至 0.7311，危险程度增加了 0.4622，充分表明了对该阶段的重视。严重和极严重阶段，影响系数已经很大，区别不是十分明显。上述特点和工程病害、险情处理的实际状况较为吻合。因此，选用的 Logistic 曲线可以用于描述病险程度影响系数的变化特点，可作为大坝病险程度评价模型。

3. 指标的权重确定

权重系数反映了每个指标对大坝病险程度的重要性。事实上每个指标的重要程度是不一样的。权重系数确定是否准确，是否符合实际情况，关系到该模型的评价是否符合实际，是否具有实用性。在确定各指标的重要程度时，一方面要考虑到该指标在已发生过的事故中的实际重要性，也即要根据历史资料，判断其是否属于多发病、常见病。另一方面往往还需要专家经验，让专家根据自己多年积累的经验判断其严重性。因此，在确定各指标权重时，要考虑两个层次：一是出现该指标的可能性，可能性越大，重要性越明显；二是已经严重到何种程度，越严重，其重要性越明显。两者结合，才可能较为合理地确定其权重。

（1）历史事故资料分析。根据评价导则要求，从 840 例大坝安全鉴定报告中统计的水库大坝存在的问题见表 3.3-3。

表 3.3-3　　　　　　　　　水库大坝安全鉴定反映的存在问题统计表

问题	类型	座数	比例/%	问题	类型	座数	比例/%
防洪能力	洪水标准不满足	447	53.21	渗流问题	接触渗流异常	242	28.81
	洪水不能安全下泄	450	53.57		其他	67	7.98
	其他	10	1.19	抗震能力	大坝稳定安全系数不足	105	12.5
结构安全	结构安全系数不满足	359	42.74		存在液化可能性	19	2.26
	变形异常	102	12.14		强度不满足	1	0.12
	强度不满足	18	2.14	金属结构	闸门不满足要求	244	29.05
渗流安全	坝基渗漏	299	35.6		启闭机不满足要求	205	24.4
	坝体渗漏	324	38.57		压力钢管不满足要求	4	0.48
	扬压力异常	4	0.48		其他	39	4.64
	绕坝渗流异常	187	22.26	其他	管理不满足要求	239	28.45

从表 3.3-3 可以看出，根据大坝安全鉴定的全面判断，防洪标准、洪水下泄能力、结构安全、渗流安全、闸门安全、启闭机安全等是主要的常见病、多发病。该统计包含的内容较为全面，是指标权重确定的重要参考数据。

（2）层次分析法（AHP 法）权重分配。确定权重的方法一般有层次分析法、因素分析法、均值法、组合赋权法和熵权法等。因素分析法在赋予层权重和层内权重时进行了简化权重处理，采用了层间排队和层内排队，运用倒序计算的方法来衡量具体的权重水平，因此对各圈层之间差异距离的识别并不理想（基本上认为各层等距差异）。均值法虽容易操作，但由于是同一层次指数权重取平均值，不足以反映指数间的相对重要性，因此该方法在应用到有相当差异性质的评估指标体系时科学性不强。组合赋权法、熵权法一般需要大量的实测数据，虽方法相对客观，但所需要的信息量和计算量相对庞大。鉴于以上分析，采用 AHP 法进行权重分配。

AHP 法是一种相对主观的权重确定方法，它是采用专家赋值，由专家比较两两指标之间的重要性，根据给定标度（如 1~9 标度）构造判断矩阵，然后计算判断矩阵的最大特征根及其对应的特征向量，特征向量归一化后即为权重向量。

AHP 法的思想就是通过预警指标体系建立一个递阶层次优化模型，给出对于上一层某因素而言，本层次与之有联系因素的重要性标度，从而建立表 3.3-4 所示的判断矩阵。

表 3.3-4 比 较 判 断 矩 阵

U	U_1	U_2	...	U_n
U_1	u_{11}	u_{12}	—	u_{1n}
U_2	u_{21}	u_{22}	—	u_{21}
⋮	⋮	⋮	⋮	⋮
U_n	u_{n1}	u_{n2}	...	u_{nn}

表中 u_{ij} 表示相对于 U 而言，指标 U_i 相对于指标 U_j 的重要性，很显然 u_{ij} 具有 $u_{ij} > 0$，$u_{ij} = 1/u_{ji}$，$u_{ii} = 1$ 的性质。其度量标准采用 1~9 的比较方法，见表 3.3-5。

表 3.3-5 1~9 标 度 的 意 义

标 度	意 义	标 度	意 义
1	两个指标同样重要	7	一个指标比另一个指标强烈重要
3	一个指标比另一个指标稍重要	9	一个指标比另一个指标极端重要
5	一个指标比另一个指标明显重要	2、4、6、8	上述相邻重要指标的中间值

由此可见，指标权重的计算可以归结为计算判断矩阵的特征根和特征向量问题，即对判断矩阵 U，计算满足 $U\omega = \lambda_{\max}\omega$ 的特征根和特征向量，并将特征向量正规化，将正规化后所得到的特征向量 $\omega = [\omega_1, \omega_1, \cdots, \omega_n]$ 作为本层次元素 U_1、U_2、……、U_n 对于其隶属元素 U 的排序权值。ω_i 和 $\lambda_{\max}$（判断矩阵的最大特征值）的计算公式为

$$\omega_i = \left(\prod_{j=1}^{n} u_{ij}\right)^{1/n}, \quad \omega_i^0 = \frac{\omega_i}{\sum\limits_{i=1}^{n} \omega_i}, \quad \lambda_{\max} = \sum_{i=1}^{n} \frac{(U\omega)_i}{n\omega_i} \tag{3.3-3}$$

（3）指标重要性分析。对于 9 个病险程度评价指标的重要性，采用群决策方法，征求 n 个有关专家的意见，根据专家意见，重要性排序见表 3.3-6。根据其重要性赋分，采用 AHP 法获得的权重为

$$\omega = (0.3070, 0.2182, 0.1543, 0.1089, 0.0764, 0.0533, 0.0370, 0.0260, 0.0189)$$

表 3.3-6　　　　　　　　　　　　　　评价指标重要性排序

评价指标	重要性排序	重要性赋分	评价指标	重要性排序	重要性赋分
防洪能力	1	9	金属结构	6	4
变形裂缝	2	6	工程质量	8	2
稳定	3	7	运行管理	9	1
渗流	4	8	现场检查	7	3
抗震	5	5			

3.3.2　除险加固方案与病险因子关联分析

病险水库除险加固技术方案与病险类型、病险程度、风险大小、经济要求、环境要求、可持续发展等众多因素之间的关系错综复杂，且这些关系表现形式是"灰色"的，难以厘清。但这些因素又决定了加固技术方案的选取，如果分不清主次，就难以选取最优的加固技术方案。这里利用灰色关系分析模型，提出了基于病险类型、病险程度及大坝风险的除险加固技术方案优化决策方法，使除险加固过程中技术方案的优化更具客观性和科学性。

加固技术方案与病险水库的病险类型、病险程度及风险大小的关联分析是个递进过程。首先通过加固技术方案与病险类型的关联分析，利用关联度判别选取能够治理水库病险的可能方案；再利用选取的加固技术方案与病险程度、风险及其他因素进行关联分析，对加固技术方案进一步筛选，最终得到唯一的加固技术方案。这样选取的加固技术方案既能消除工程病险，又具有合理性、经济性和适用性。

3.3.2.1　关联分析方法

关联度是灰色关联分析方法中用于度量系统之间或因素之间关联性大小的尺度，它可以定量地比较或描述系统之间或系统中各因素之间在发展过程中相对变化的情况，即用它们变化的大小、方向及速度等的接近程度来衡量它们之间的关联性大小。如果两个比较因素的变化态势基本一致或相似，其同步变化程度较高，即可以认为两者关联程度较大；反之两者关联程度较小。

加固技术方案与病险因子的关联分析与决策过程具体如下：

（1）参考序列 X_0 是依据大坝安全评估结果和病险因子集形式确立的大坝病险因子，是选取加固技术方案的指标：

$$X_0 = \{x_{01}, x_{02}, \cdots, x_{0m}\} \qquad (3.3-4)$$

式中，参考序列 X_0 中元素的个数与病险因子集 A 中元素的个数相同，且同一下标对应的病险因子为同一种。

（2）比较序列即关联集 X_i（$i = 1, 2, \cdots, n$）代表了可供选取的加固技术方案，下标 i

表示加固技术方案的系列号。

（3）关联系数集 E 为比较序列 $X_i(i=1,2,\cdots,n)$ 中各序列与参考序列 X_0 关联系数集合，具体表示为

$$E=\begin{bmatrix} \zeta_{11} & \zeta_{12} & \cdots & \zeta_{1m} \\ \zeta_{21} & \zeta_{22} & \cdots & \zeta_{2m} \\ \vdots & \vdots & & \vdots \\ \zeta_{n1} & \zeta_{n2} & \cdots & \zeta_{nm} \end{bmatrix} \qquad (3.3-5)$$

式中　ξ_{ij}——第 i 项加固技术方案第 j 项病险因子的关联程度。

（4）在加固技术方案与病险因子的关联分析中，决策权重是体现决策因素相对重要程度的一个定量表达方式，一般用权重数据集 W 表示：

$$W=\{w_1,w_2,\cdots,w_m\}$$
$$\sum_{j=1}^{m} w_j=1 \qquad (3.3-6)$$

（5）关联分析是在综合考虑加固技术方案与决策影响因素的关联程度及其权重后，选取最佳的加固技术方案。加权关联度集的计算公式为

$$R=WE^T=\{r_1,r_2,\cdots,r_n\} \qquad (3.3-7)$$

式中　$1,2,\cdots,n$——参考加固方案的系列号；

　　　　r_i——第 i 种加固技术与参考目标的关联程度，是选取适应病险因子的加固技术方案的定量标准，$i=1、2、3、\cdots、n$。

（6）通过关联分析选取 r 值最大的加固技术方案即为关联分析决策出的最佳加固技术方案。

3.3.2.2 除险加固技术方案与病险因子的关联分析

对加固技术方案与病险类型建立适用的灰色关联分析矩阵，并在此基础上利用灰色关联分析方法确定加固技术方案与病险类型的关联程度，为加固技术方案选取提供依据。

1. 病险类型集

大坝的病险类型集用集合 A 表示为

$$A=\{a_1,a_2,\cdots,a_m\}=\{a_j\} \qquad (j=1,2,\cdots,m) \qquad (3.3-8)$$

式中　a_j——第 j 种病险。

依据大坝主要病险分类及病险评价指标划分，选用其中的 6 个工程性态特征指标，建立大坝病险类型集 $A=\{a_1=$防洪；$a_2=$抗震；$a_3=$稳定；$a_4=$变形；$a_5=$渗流；$a_6=$金结$\}$，即集合 $A=\{a_1,a_2,a_3,a_4,a_5,a_6\}$ 代表大坝的病险类型。

2. 加固技术方案集

加固技术方案集用集合 B 表示为

$$B=\{b_1,b_2,\cdots,b_n\}=\{b_i\} \qquad (i=1,2,\cdots,n) \qquad (3.3-9)$$

式中　b_i——第 i 种加固技术方案。

大坝的加固技术方案集 $B=\{b_1=$防洪加固；$b_2=$抗震加固；$b_3=$稳定加固；$b_4=$变

形加固；b_5＝渗流加固；b_6＝金结加固}。

3. 关联矩阵

由病险类型集 A 和加固技术方案集 B 的关系可以得到两因素集的关联矩阵 X，它表明了加固方案与病险类型间的对应关联关系及其紧密程度，即关联集：

$$X_i = B^T A = \begin{pmatrix} x_{11} & x_{12} & \cdots & x_{1m} \\ x_{21} & x_{22} & \cdots & x_{2m} \\ \vdots & \vdots & & \vdots \\ x_{n1} & x_{n2} & \cdots & x_{nm} \end{pmatrix} = \{x_{ij} = (b_i, a_i) \mid b_i \in B, a_j \in A\} \quad (3.3-10)$$

$$(i = 1, 2, \cdots, n; j = 1, 2, \cdots, m)$$

式中　x_{ij}——第 i 种加固技术方案 b_i 与第 j 种病险类型 a_j 的关联程度。

为定量评价构成关联矩阵的因素在系统中的关联程度，需要通过给矩阵元素赋一定的数值（即权重）来定量反映关联矩阵中的各种关联作用，仍然采用 AHP 法。

在病险类型与加固技术方案的关联分析中，相互之间的关联程度及其赋值应视对关联矩阵中各因素的认识及关联分析的目的而定。借鉴 Hudson 提出的"专家-半定量取值方法"来定量评价确定关联集中的元素，见表 3.3-7。

表 3.3-7 关联矩阵的专家半定量取值

相互关联程度	无	弱	中等	强烈	极强
取值	[0, 0.2)	[0.2, 0.4)	[0.4, 0.6)	[0.6, 0.8)	[0.8, 1.0]

利用大坝病险类型集和加固技术方案集，可以生成式（3.3-11）所示的关联矩阵，所表达的具体关系见表 3.3-8。

$$X_i(i = 1, 2, \cdots, 6) = B^T A = \begin{pmatrix} x_{11} & x_{12} & \cdots & x_{16} \\ x_{21} & x_{22} & \cdots & x_{26} \\ \vdots & \vdots & & \vdots \\ x_{61} & x_{62} & \cdots & x_{66} \end{pmatrix}$$

$$= \begin{pmatrix} 1.0 & 0.0 & 0.0 & 0.0 & 0.0 & 0.0 \\ 0.0 & 1.0 & 0.0\sim1.0 & 0.0\sim1.0 & 0.0\sim0.2 & 0.0 \\ 0.0 & 0.5\sim0.8 & 1.0 & 0.0\sim1.0 & 0.0\sim0.3 & 0.0 \\ 0.0 & 0.0\sim0.5 & 0.0\sim1.0 & 1.0 & 0.0\sim0.3 & 0.0 \\ 0.0 & 0.0\sim0.4 & 0.0\sim0.6 & 0.0\sim0.4 & 1.0 & 0.0 \\ 0.0 & 0.0 & 0.0 & 0.0 & 0.0 & 1.0 \end{pmatrix}$$

$$(3.3-11)$$

表 3.3-8 大坝加固方案与病险类型模糊关联分析

加固方案	病　险　类　型					
	防洪	抗震	稳定	变形	渗流	金结
防洪加固	1.0	0.0	0.0	0.0	0.0	0.0
抗震加固	0.0	1.0	[0, 1.0]	[0, 1.0]	[0, 0.2]	0.0

加固方案	病 险 类 型					
	防洪	抗震	稳定	变形	渗流	金结
稳定加固	0.0	[0.5, 0.8]	1.0	[0, 1.0]	[0, 0.3]	0.0
变形加固	0.0	[0, 0.5]	[0, 1.0]	1.0	[0, 0.3]	0.0
渗流加固	0.0	[0, 0.4]	[0, 0.6]	[0, 0.4]	1.0	0.0
金结加固	0.0	0.0	0.0	0.0	0.0	1.0

4. 关联分析

除险加固技术方案与病害程度的关联分析过程见本书第3.3.2.1节。采用群决策方法确定的大坝9个病险类型评价指标的重要性排序见表3.3-6。

在前述病险类型分类及加固方案分类框架下,防洪、抗震、稳定、变形、渗流及金结6类病险类型的决策权重按照表3.3-6进行重要性赋分,并进行归一化处理取为

$$W = (0.3344, 0.2377, 0.1681, 0.1186, 0.0832, 0.0581) \qquad (3.3-12)$$

大坝病害可能是多种共存,需根据病害类型选取或判定关联特征表,确定与病害类型最近似的一种或多种子特征值,从而做出选择。

通过关联分析选取的比较序列即为选出的加固技术方案。需要注意的是,依据加固技术方案与病险类型关联分析仅是舍去难以满足病险类型需求的加固方案,选出的加固技术方案不具有唯一性。

3.3.3 基于风险的除险加固技术优化

关联分析从病险处理角度对技术方案进行了决策分析,但未考虑经济性及综合效益等。病险水库大坝由于其工程情形复杂,机具、材料等条件多变,并且各项具体的除险加固方法很多都有其特定的适用范围和局限性,因此对每一具体工程病害都应进行仔细分析,应从工程病害情况、除险加固要求(包括加固后工程应达到的各项指标、加固范围、加固进度等)、工程费用以及材料机具来源、施工便利性等各方面进行综合考虑。确定大坝加固方法时,应根据工程病害的具体情况对几种加固方法进行技术、经济、施工比较,选择技术上可靠、经济上合理,且能满足施工要求的除险加固方法。

基于风险的除险加固技术优化是以最大程度降低大坝风险为目标,既考虑有针对性的工程加固措施,也考虑下游实际情况以减少溃坝后可能造成的严重后果的工程治理措施。参考国外病险水库大坝安全和除险加固风险分析理论的最新进展,结合我国病险水库大坝和除险加固技术的特点,在除险加固方案与大坝风险关联分析的基础上,进行基于风险分析的除险加固方案优化技术的研究,提出了基于风险的病险水库除险加固方案的评价、分析和优化方法,为病险水库除险加固设计方案优化决策开拓了一条新思路。

3.3.3.1 除险加固方案与大坝风险的关联分析与决策

仍然采用上节的关联分析方法,根据分析内容不同,对因素集和方案集作如下调整:

(1)决策因素集。加固方案决策的影响因素可用集合 C 表示为

$$C = \{c_1 = 大坝风险, c_2, \cdots, c_m\} = c_j \qquad (j = 1, 2, \cdots, m) \qquad (3.3-13)$$

式中 j ——影响因素的个数。

其中，第一个影响因素 c_1 为病险水库的大坝风险，是必须考虑的；$c_2 \sim c_m$ 为其他影响因素，除加固规模、加固效果和大坝安全程度外，决策者还可以依据实际情况确定。

（2）加固方案集。加固方案集是将病险水库的加固方案集合在一起，用集合 $\overline{B}$ 表示：

$$\overline{B} = \{b_1, b_2, \cdots, b_n\} = \{b_i\} \qquad (i = 1, 2, \cdots, n) \qquad (3.3-14)$$

式中 b_i ——第 i 种加固方案。

$\overline{B}$ 与前述加固方案集 B 不同，它是通过加固技术方案与病险类型关联分析后筛选出的加固技术方案集，$\overline{B}$ 是 B 的一部分，两者关系如下：

$$\overline{B} \subseteq B$$

由决策因素集 C 和加固技术方案集 $\overline{B}$ 的关系可以得到两因素集的关联矩阵 X，它表明了加固方案与决策因素集间的对应关联关系及其紧密程度，即关联集 $X_i = \overline{B}^T C$。

关联分析与决策见本书 3.3.2.1 节。通过关联分析选取 r 值最大的为最佳加固技术方案。这其中，大坝风险的定量描述可依表 3.3-9 确定，大坝安全程度的定量描述可依表 3.3-1 确定，加固效果的定量描述可依表 3.3-10 确定；其他影响因素的定量描述可基于层次分析法对比确定。

表 3.3-9　　　　　　　　大坝风险标准划分及其定量划分

风险标准等级	评价值	定量划分	风险标准等级	评价值	定量划分
极其严重	$[0.8, 1.0)$	$(+\infty, 50 \times a)$	一般	$[0.2, 0.4)$	$[0.05 \times a, 0.005 \times a)$
严重	$[0.6, 0.8)$	$[50 \times a, 5 \times a)$	轻微	$(0.01, 0.2]$	$(0.005 \times a, 0)$
较严重	$[0.4, 0.6)$	$[5 \times a, 0.05 \times a)$			

注　a 为区域适应性因子，由专家确定，一般是 1 左右的数据。

表 3.3-10　　　　　　　除险加固效果等级划分及其涵义

效果等级	评价值	涵　　义
完全成功	$[0.9, 1.0]$	除险加固各项目标都已全面实现或超过；相对成本而言，项目取得了巨大的效益和影响
基本成功	$[0.8, 0.9)$	除险加固的大部分目标已经实现；相对成本而言，项目达到了预期的效益和影响。大部分病险部位通过加固改造，基本上能发挥原有的工程效益
部分成功	$[0.7, 0.8)$	除险加固实现了原定的部分目标，相对成本而言，项目只取得了一定的效益和影响，但加固标准不高、科研深度不够、加固不彻底，给工程安全运用带来隐患
不成功	$[0.6, 0.7)$	病险水库除险加固实现的目标非常有限，相对成本而言，项目几乎没有产生什么效益和影响
失败	$[0, 0.6)$	病险水库除险加固的目标是不现实的，无法实现，相对成本而言，项目不得不终止。必须经过深入探讨总结，吸取教训，重新制定除险加固方案，实施加固

3.3.3.2 基于事件树的除险加固方案优化

从风险估计的定义来看，其包括两部分内容：风险估算和损失分析。但是，由于进行损失分析时，收集全部所需资料要花费大量的时间以及人力和物力，使得这种意义上的风险分析在短期内无法实现。本书对水库大坝加固方案筛选进行风险分析，旨在明确其加固前后的风险程度，分析比较加固前后的风险大小，以找出加固工作的薄弱环节，为进一步加固工作提供依据。因此，基于事件树分析的风险估计方法初步遴选出加固方案，主要是针对大坝在加固前后的溃坝概率进行估算，基本思路如下：

（1）针对除险加固设计方案，进行水库大坝加固前和加固后的溃坝模式分析，筛选出加固前后大坝的主要溃坝模式和可能溃坝路径。

（2）估算水库大坝的溃坝风险率。依据之前识别出的溃坝路径，构建溃坝事件树，运用基于事件树法的风险估算方法对水库加固前后的溃坝风险进行估算。

（3）通过对加固前后溃坝风险率进行比较，分析除险加固设计方案的薄弱环节，指出加固后水库大坝的主要风险所在区域，优先考虑加固后风险明显降低的方案，而加固后风险仍比较大的加固方案应调整优化，筛选出在可接受风险允许范围内的加固方案，可将有限的时间、资金投入到对主要风险事件的处理上，以求得最好的资金效益。

3.3.3.3 基于层次分析法的除险加固方案优选

基于风险的病险水库除险加固方案优选，核心思想是建立除险加固方案优选评价指标体系（图 3.3-3），通过对不同除险加固方案的风险分析，综合考虑安全、经济、技术、

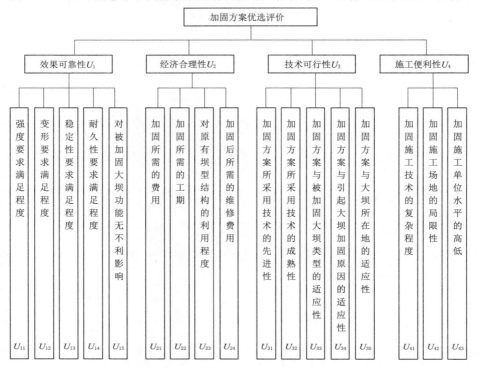

图 3.3-3 除险加固方案优选评价指标体系

工期、施工便利等因素，得到最优的除险加固方案，其一般流程如图 3.3-4 所示，基本步骤如下。

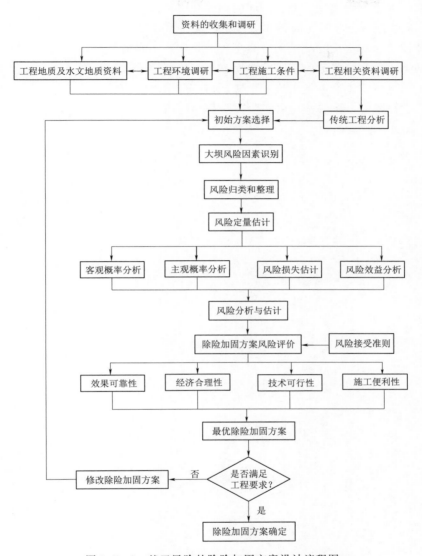

图 3.3-4 基于风险的除险加固方案设计流程图

（1）方案概念设计。根据场地的工程地质及水文地质报告以及相关的安全鉴定调查资料，明确除险加固工程目的，初步选出几种可供考虑的除险加固方案。

（2）大坝风险因素识别。通过分析、归纳和整理各种统计资料，对病险水库除险加固工程施工过程中的风险类型及其生成原因、可能影响后果做定性估计、感性认识和经验判断。

（3）风险估计。在识别病险水库除险加固工程施工过程中可能出现的风险基础上，利用概率统计理论、专家调查等方法，估计和预测风险发生的可能性和相应损失大小。

（4）除险加固方案风险评价。根据风险接受准则，从效果（安全）可靠性、经济合理性、技术可行性、施工便利性等方面对初选的病险水库除险加固方案进行风险评价。采用层次分析法，根据不同大坝类型、不同的加固技术、病险类型和加固效果，对上述建立的4项评价指标进行综合分析，从而选出最优除险加固方案。

（5）评估选取的最优除险加固方案是否满足实际工程需要。如果满足，则除险加固方案确定；如果不满足，修改完善除险加固方案，重新进行选择，直至确定除险加固方案。

除险加固方案确定后，施工过程中应严格按照风险分析的施工工艺和施工参数来进行风险管理，把风险降低到最小或者控制在目标范围以内。

第 4 章

病险水库除险加固效果
多尺度评价方法

随着对病险水库治理工作的深入，一些学者注意到不仅病险水库本身具有复杂性和隐蔽性，除险加固施工过程也会对大坝造成一定程度的扰动，甚至有一些加固工程存在因赶工期、抢进度造成的加固效果不佳的现象。为了确保现状水库加固质量合格以及指导后期水库加固工作，必须深入研究水库加固效果评价方法。除险加固效果评价是对实施除险加固工作的水库进行综合评价，并将其与除险加固前安全评价结果进行对比分析，属于工程后评价。通过加固效果分析，一方面可以综合评价除险加固工程对水库病险程度改善的效果；另一方面可以反馈勘测、设计以及施工的合理性，为今后除险加固工程提供参考。此外，还可以结合安全监测数据，发现加固缺陷，预测除险加固工程的安全运行期。

目前，国内外的水库除险加固效果量化评价方法处于起步阶段，研究内容大多仅针对除险加固中具体某一项或者某几项指标，主要方法为利用地勘或者安全监测数据进行常规分析或者数值模拟，对比除险加固前后该指标的变化情况来说明加固效果。根据地勘和安全监测数据的分析法可操作性强，结论明确，但存在以下几个问题：①地勘和安全监测数据均采用断面法选取典型数据，数据缺乏连续性；②依赖性强，仪器故障或者测值不合理将导致分析模拟结果偏差，甚至出错；③许多处理措施具有隐蔽性，短期的监测数据无法显示施工等的薄弱环节，可能导致不符合实际的结论。

显而易见，水库除险加固效果评价是复杂的综合评价过程，内部各种因素相互作用、相互影响，除了工程技术安全外，还有施工、经济、社会影响、环境评价等多方面内容，涉及范围广、难度大，探索一个行之有效的病险水库除险加固效果综合评价方法已经成为迫切需要深入研究的新课题。

4.1 病险水库除险加固效果分项评价

病险水库除险加固效果的影响因素十分复杂，相互交错，相互影响，对病险水库除险加固效果的分项评价总体上从除险加固方案、加固治理后病险水库各项功能康复情况、除险加固经济和社会影响情况等三个方面来分析。

4.1.1 除险加固方案合理性评价

病险水库除险加固的目的是改善原有病险水库的整体使用效能和延长使用年限，提高病险水库的防洪、抗震能力，以及渗流、结构及金属结构的安全程度。在病险水库除险加固工程中，每座病险水库的情况互不相同，具有各自不同的特点，在选择除险加固方案时需结合具体病险水库现有的技术条件、病险状况、改善目标以及今后任务的特殊性，必须根据病险水库对除险加固的必要性和可行性作出判断，对各种可行的除险加固方案的技术经济效果进行分析比较，尽可能采用最先进的技术、材料和设备，选择切实可行的技术方案，才能有效地改善病险水库的服务性能，继续发挥病险水库固有的服务功能，延长病险水库的使用寿命，让它继续更好地为当地社会与经济服务。

除险加固方案评价就是对病险水库实际采用的除险加固方案的要求重新进行分析，并根据工程实施的实际情况与可行性研究的方案选择情况进行对比分析，评价加固方案是否满足技术可行性、经济合理性、方案适用性等预期要求。

据此，除险加固方案合理性评价应包括已使用的除险加固技术、除险加固施工两大评价要素，其中除险加固技术又包括加固技术的先进性、适用性、经济性、安全性；除险加固施工包括施工设备和施工工艺等。

4.1.1.1 除险加固技术评价

对照除险加固项目立项的预期水平，用实际达到水平进行对比，通过对比开展调查和分析除险加固技术的先进性、适用性、经济性、安全性。

1. 加固技术的先进性

从设计规范、工程标准、施工工艺、工程质量等方面分析项目所采用的除险加固技术可以达到的水平，包括国际水平、国内先进水平、国内一般水平等。

2. 加固技术的适用性

从技术难度、施工技术水平、加固技术使用条件、人员素质和技术掌握程度分析项目所采用技术的适用性，特别是除险加固技术对不同地区不同病险水库条件的适用性。

3. 加固技术的经济性

根据主要经济技术指标，如工程投资、运行及维修养护成本、环境等说明所采用的加固技术是否在费用较小的情况下取得相对较大的加固效果。

4. 加固技术的安全性

通过加固施工过程中施工人员、工程机械设备、病险水库本身的风险分析，分析所采用加固技术的安全可靠性。

4.1.1.2 除险加固施工评价

除险加固施工主要包括施工设备和施工工艺等影响因素。

1. 施工设备

施工设备选型的标准和水平、设备的工作性能可靠程度等，均有可能影响整个除险加固工程的治理效果。

2. 施工工艺

施工工艺流程、施工组织设计的好坏对除险加固效果也有一定的影响。

4.1.2 功能指标康复程度评价

功能指标康复程度主要是病险水库除险加固后，原病险水库各项功能指标康复情况以及新增功能情况。影响病险水库除险加固功能指标康复程度的因素很多，在进行除险加固后的功能指标康复程度评价时，应以本次除险加固治理目标为依据，重点分析除险加固所产生的正面或负面影响，从而评价除险加固治理的功能指标康复效果。

全面完整的功能指标康复程度评价可从以下七大方面来考虑，但各病险水库除险加固治理目标不同，应根据各自实际情况筛选出与治理目标相适应的治理效果影响因素。

4.1.2.1　工程质量康复评价

复查加固治理工程的实际施工质量是否符合国家规范；检查加固完成投入运用以来在质量方面的实际情况和变化，判断能否确保工程今后的安全运行。

（1）坝基和岸坡加固治理质量。包括坝基的渗漏处理、防渗体基础及岸坡的开挖、坝基及岸坡特殊地质问题如软弱层、岩溶、涌泉等的加固治理的质量。

（2）坝体工程加固治理质量。包括坝顶加高，防浪墙改造，防渗体加固处理，上、下游坝坡及反滤排水体等的加固治理质量。

4.1.2.2　水库运行管理康复评价

水库运行管理影响因素应包括水库运行环境、维修环境、安全监测三个方面。

（1）水库运行环境。水库运行环境是指水库大坝控制运用时管理人员的方便性、安全性，设备的可靠性，工作场所的舒适性。通过加固改造是否减轻了工作人员的劳动强度，自动化检测实现的程度及其有效性，各病险水库是否根据实际情况制定了应急预案，防汛公路畅通是否得到保证，管理设备是否先进等。

（2）维修环境。维修环境是指加固改造后维修的方便程度、维修空间、场所是否足够、拆卸吊装方案是否更简便易行且安全可靠。水库大坝的维修环境，应能得到明显改善。

（3）安全监测。对大坝和附属建筑物，以及水库安全所必需的相关设备（包括安全监测仪器设备），在尽量保留原有监测设备的基础上，应按要求新增监测设备并使其处于安全完整的工作状态。对于那些因为除险加固而必须拆除的原有监测设备，比如对于防洪标准不够而需要加高的大坝，必将有一些测点（如坝顶）遭到破坏，从而导致多年监测资料中断，应在被破坏之前，安装过渡性测点，延续监测资料。

水库大坝一般包括以下安全监测项目：表面变形、渗压及渗流量、库水位、降雨量、泄流量等。

4.1.2.3　防洪能力康复评价

大多数病险水库的一个重要病险问题就是防洪能力偏低，严重制约病险水库综合效益的发挥，提高病险水库的蓄水能力与泄流能力是大多数病险水库除险加固工作的重中之重。

（1）蓄水位。病险水库由于各种原因致使不能正常蓄水，导致空库或低水位运行，严重影响病险水库综合效益的发挥。在除险加固工作中，按照防洪标准校核各种工况的洪水位，恢复原有正常蓄水能力、提高防洪库容是非常有必要的。

（2）泄流量。水库泄流能力不够，将导致洪水漫顶和下游坝基被掏空等事故的发生，并通过变形、渗流、冲刷等形式表现出来，影响水库安全，需根据最新的国家标准重新复核水库泄洪能力，加固改造溢洪道、泄洪闸，增大各种泄洪建筑物的泄流量，使之能满足实际应用及新的规范要求。

4.1.2.4 结构安全康复评价

结构安全主要包括应力、变形及稳定分析。对于土石坝，重点是变形及稳定分析；对于混凝土坝及泄水、输水建筑物，重点是强度及稳定分析。

(1) 稳定性。坝体的不稳定主要包括整体的不稳定（相对建基面整体滑动）和部分坝段、坝体（从整个坝体上分离）的失稳。对于混凝土坝稳定进行加固的方法包括预应力锚索、增加坝体自重、减小坝基扬压力（如帷幕灌浆，增加排水设施）等；对于土石坝稳定进行加固的方法主要包括压实、增设防渗排水设施和使坝坡变缓等。除险加固后要进行抗滑稳定安全系数计算复核，稳定计算所得到的抗滑稳定安全系数应不小于规范规定的值。

(2) 大坝变形。大坝变形包括沉降（竖向位移）、水平位移、裂缝等，应包括以下几个方面的加固康复：大坝总体变形性状及坝体沉降是否稳定并得到康复；新建的防渗体是否产生危及大坝安全的裂缝。

(3) 大坝应力。对大坝应力进行计算分析，校核是否满足规范要求并与除险加固前的特殊部位进行比较，分析其康复程度。

4.1.2.5 抗震安全康复评价

我国目前很多水库的抗震标准低。地震液化严重影响土石坝安全，对土石坝造成了严重的破坏，按现行地震动参数区划图确定工程区基本烈度并按水工建筑物抗震设计规范复核，校核除险加固后水库抗震能否满足规范要求并评估抗震安全康复程度。因此，抗震安全能力提高应包括大坝抗震安全和附属建筑物抗震能力的提高。

(1) 大坝抗震安全。大坝抗震安全必须得到重视，在除险加固过程中应严格按照所在区域烈度和抗震规范，对大坝进行抗震加固，使之符合规范要求。

(2) 附属建筑物抗震安全。附属建筑物包括输、泄水建筑物，是病险水库的组成部分，也应进行必要的抗震加固，以提高病险水库整体抗震能力。

4.1.2.6 渗流安全康复评价

大多数病险水库特别是土石坝都存在坝基渗漏、绕坝渗漏、散浸、流土、管涌等渗流问题，是严重影响水库大坝安全的危险因素，可从以下三个可量化因素来综合反映病险水库加固后渗流安全的康复程度。

(1) 浸润线。通过监测资料和计算分析对比除险加固后浸润线的位置变化情况，判断除险加固渗流安全康复程度。

(2) 渗透比降。校核除险加固后渗透比降是否小于规范要求，并通过监测资料对比除险加固前后渗透比降的变化情况，判断除险加固渗流安全康复程度。

(3) 渗流量。对比分析除险加固前后渗流量的相对变化、渗漏水的水质和析出物含量及其与库水相比的变化情况，判断除险加固渗流安全康复程度。

4.1.2.7 金属结构安全康复评价

金属结构和机电设备存在超过使用年限、锈蚀严重、止水失效、运转非常困难等问题，严重影响水库安全。

(1) 安全隐患消除程度。检查金属结构的强度、刚度及稳定性能否满足规范要求，消除各种安全隐患。

(2) 运行质量康复程度。金属结构运行质量得到一定程度的康复，是判断除险加固后金属结构安全康复程度的重要指标。

4.1.3 治理效果评价

4.1.3.1 经济效果评价

（1）工程投资。评估加固工程是否在有限的工程投资上，取得较大的加固效益。

（2）经济效益。评价除险加固后水库给当地带来的经济效益，也是治理效果评价的重要指标。

4.1.3.2 社会效果评价

（1）评估本次除险加固产生的社会影响，带来的社会效益。

（2）评估除险加固后，水库对当地社会可持续发展的影响，也是判断本次除险加固是否成功的重要指标之一。

4.2 病险水库除险加固效果综合评价

4.2.1 现有系统状态评估方法分析

现有的系统状态的综合评价方法很多，可以从不同角度予以划分。按状态参数的选择划分，可分为：

（1）单项评价，主要针对某一项目进行评价。

（2）多项综合评价，将单项指标用不同的方法综合成各种各样的指数，根据指数大小，对系统安全状态进行分级。

（3）选项综合评价，根据具体的研究对象和范围的特征，确定主要评价参数，建立计算评价过程。

按数学手段划分，评估方法可分为：

（1）比值法。选定若干评价参数，将各参数的实际值（C_i）和其相应的评价标准值（S_i）相比，求出各参数的相对指数（C_i/S_i），然后按评价公式 $WQL = \sum (C_i/S_i)$ 计算。WQL 数值大小表示安全状态的优劣，对参数相对质量指数的综合方法除相加外，还可以采用相乘等其他方法。

（2）评分法。根据各种状态指标的监测值及其对系统产生的实际影响进行评分，利用分数来表征安全状态。

（3）数理统计法。把每个状态监测值都作为一个随机变量，将一定数量的监测值由概率方法进行统计处理，推求出概率与测值的关系，将系统状态监测值的随机系列转变为用各种概率值或各种测值出现的概率来表示。

（4）模糊数学法。用隶属函数描述安全状态分级界线，计算权重，进行模糊矩阵复合运算，取隶属度最大者所对应的安全（或不安全）级数，作为评价系统的安全级数。另外按指数繁简划分的方法，也可以把所有的 C_i/S_i 为基本单元进行加、减、乘、除、开方运算的指数归为简单指数类；把通过评分方法获得指数的方法列为分级指数类；评价过程中含有函数运算的，归为函数运算类；将其他采用较高级数学手段的评价法，统归入高级指数类。

结合上述不同方法的特点，考虑大坝除险加固效果综合评价是一个包含多项目、多层次多尺度的递推综合分析问题，宜采用模糊评判的方法。考虑大坝除险加固效果评价分析因素众多且各因素间还有不同的影响关系，这里采用多层次多尺度模糊综合评判法，建立大坝除险加固效果的模糊综合评价模型。

多层次多尺度模糊综合评价模型针对具有多种属性的事物或其总体优劣受多种因素影响的事物，应用模糊变换原理和最大隶属度原则，考虑并合理地综合被评价事物相关的各个因素，对其做出评价。该评价模型已在金融、人事管理、电力系统等多个领域得到了广泛应用。由于其融合了层次分析法与模糊评判的优势，能够较好地处理多因素、模糊性及主观判断等问题，是一种十分有效的多尺度决策方法，适宜于大坝除险加固效果的综合评价。

4.2.2 评估路线

结合综合评价的需要，拟采用自下而上、"两分一总"的评估思路，即在分类评价与单项评价（"两分"）的基础上，进行除险加固效果的总体分析评价（"一总"），这样可以既综合各分类评价结果，又兼顾各单项内容，形成评估路线及方法，如图 4.2-1 所示。

（1）分类评价。对于大坝除险加固，分类评价是指稳定、变形、渗流等分类项目的状况，分类评价是在单项评估的基础上，依据各单项评价结果计算得到分类指标的评价分值。

（2）分项评价。分项评价是指除险加固合理性、功能指标康复程度、治理效果等三项的总体状况，单项指标评价由分类指标分值计算得到。

（3）综合评价。除险加固效果综合评价值是对水库大坝除险加固效果的综合表征，不仅由大坝的状态反映，要综合考虑大坝分项及其各分类评价状况，以全面反映大坝除险加固效果。

4.2.3 主要程序及方法

由以上大坝除险加固效果综合评价的总体设想分析及多层次多尺度综合模糊评判的需要，大坝除险加固效果综合评价主要涉及指标归一化、权重确定、指数归并、除险加固效果等级划分及计算等步骤及方法，下面分别进行说明。

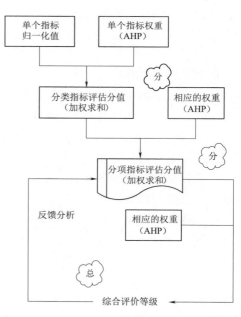

图 4.2-1 大坝除险加固效果综合
评估路线及方法图

1. 指标归一化

由于各个不同的指标没有统一的量纲，不能直接用于比较。为了对不同的具体指标进行比较，需要对各项指标进行归一化处理。目前常用的指标归一化方法为：

对于越大越有利的指标

$$x'_{ij} = \frac{x_{ij} - \min\{x_{ij}\}}{\max\{x_{ij}\} - \min\{x_{ij}\}} \tag{4.2-1}$$

对于越小越有利的指标

$$x'_{ij} = \frac{\min\{x_{ij}\} - x_{ij}}{\max\{x_{ij}\} - \min\{x_{ij}\}} \tag{4.2-2}$$

式中 x'_{ij} ——归一化后指标数据；

  x_{ij} ——原始指标数据。

2. 权重确定

权重的大小可以衡量指标的相对重要性。指标权重的确定在评估的求解过程中具有举足轻重的地位，如何科学、合理地确定指标的权重，直接关系到诊断结果的可靠性与准确性。确定各层指数的权重，才能对指标体系中各项指标进行合并。

确定权重的方法一般有层次分析法、因素分析法、均值法、组合赋权法和熵权法等。层次分析法是在专家打分的基础上，进行相应的计算得到。因素分析法在赋予层权重和层内权重时进行了简化权重处理，采用了层间排队和层内排队，运用倒序计算的方法来衡量具体的权重水平，因此对各圈层之间差异距离的识别并不理想（基本上认为各层等距差异）。均值法虽容易操作，但由于是同一层次指数权重取平均值，不足以反映指数间的相对重要性，因此该方法在应用到有相当差异性质的评估指标体系时科学性不强。组合赋权法、熵权法一般需要大量的实测数据，虽方法相对客观，但所需要的信息量和计算量相对庞大。

鉴于以上说明，综合评价中指标权重的确定采用层次分析法较为合适。层次分析法是一种相对主观的权重确定方法，它是采用专家赋值，由专家比较两两指标之间的重要性，根据给定标度（如1～9标度）构造判断矩阵，然后计算判断矩阵的最大特征根及其对应的特征向量，特征向量归一化后即为权重向量（详见本书 3.3.1.2 节）。

3. 指标体系各层合并

指标体系各层合并是通过下层指标归一化数值与各项指标的权重，进行对应的上层指标的评估分值计算。一般采用加权求和和制约因子两种方法。

根据大坝除险加固效果评价的总体思路与评价需求，结合以上两种方法在实际应用中的具体表现，在从底层到上一层的指标合并时，采用加权求和方法。考虑到各分项指标的相互关联，但又相对独立的特性，即任何一分项指标发生问题，都会对大坝除险加固效果造成重大影响，因此，在最终进行计算时，采用制约因子法，对分项指标取其制约性因子（即分值最低的因子）的效果程度，作为除险加固效果的评估值，体现大坝除险加固效果评价系统的"短板效应"。

4. 大坝除险加固效果等级划分

为了直观地判断大坝除险加固效果的好与差，需要将大坝除险加固效果的总评价分值转换为具体的等级值。这里将大坝除险加固效果等级划分为五级，按照效果由优到劣，分别对应于完全成功、基本成功、部分成功、不成功、失败等，具体内容见表4.2-1。

表 4.2-1　　　　　　　　　　　　　大坝除险加固效果等级划分

效果等级	评价数	涵　　义
完全成功	[0.9，1.0]	除险加固各项目都已全面实现或超过；相对成本而言，项目取得了巨大的效益和影响
基本成功	[0.8，0.9]	除险加固的大部分目标已经实现；相对成本而言，项目达到了预期的效益和影响。大部分病险部位通过加固改造，基本上能发挥原有的工程效益
部分成功	[0.7，0.8]	除险加固实现了原定的部分目标，相对成本而言，项目只取得了一定的效益和影响。但加固标准不高、科研深度不够、加固不彻底，给工程安全运用带来隐患
不成功	[0.6，0.7]	病险水库除险加固实现的目标非常有限，相对成本而言，项目几乎没有产生什么效益和影响
失败	[0，0.6)	病险水库除险加固的目标是不现实的，无法实现，相对成本而言，项目不得不终止。必须经过深入探讨总结，吸取教训，重新制定病险加固方案，实施加固

4.2.4　多层次模糊综合评价

由以上分析并结合模糊评判的一般步骤，大坝除险加固效果多层次多尺度模糊综合评判包括以下5个步骤。

1. 确定评价指标因素集

根据大坝病险指标体系划分，将因素集 U 按其属性作如下划分：

$$U = \bigcup_{i=1}^{n} U_i, U_i = \bigcup_{i=1}^{n_j} U_{ij} \qquad (4.2-3)$$

式中　U_i、U_{ij}——一级（系统层）、二级（变量层）评判因素集合；

　　　　n、n_j——同一层次上评判因素的个数（如对于本例，则 $n=3$），n_j 根据变量层因子个数决定。

通过此步骤，评判因素集 U 便具有了不同的层次，以此类推，将 U_{ij} 进行细分，得到三级以上的评判因素集。

2. 建立评价指标的评价集

根据表4.2-1对大坝除险加固效果等级进行划分，建立评价集

$$V = \{V_1, V_2, \cdots, V_m\} \qquad (4.2-4)$$

式中　V_i——评价集的第 i 个划分，对应精度为第 i 级（如对于本例，则 $m=5$），$i=1$、2、3、$\cdots$、m。

3. 建立模糊评判矩阵

模糊评判矩阵 R 为因素集 U 到评语集 V 的一个模糊映射，对最低层评价指标（以第二层为例）U_{ij} 进行单指标评价，确定 U_{ij} 中各因素对应于 V_j 的隶属度 r_{ij}，由此可得到模糊评价矩阵

$$R_i = \begin{bmatrix} r_{11} & r_{12} & r_{1m} \\ r_{21} & r_{22} & r_{2m} \\ \vdots & \vdots & \vdots \\ r_{nj1} & r_{nj2} & r_{njm} \end{bmatrix} \qquad (4.2-5)$$

4. 确定各级指标权重集

各因素类和每个因素项的重要程度不一样，由专家小组采用层次分析法对各因素类间、各因素项间的重要性排序，从而确定权重集

$$W = \{w_1, w_2, \cdots, w_n\}, \quad w_i = \{w_{i1}, \cdots, w_{in_j}\} \qquad (4.2-6)$$

式中　w_i——第 i 个评价因素集在评判中的权重。

$$\sum w_i = 1 \quad (0 < w_i < 1) \qquad (4.2-7)$$

$$\sum w_{ij} = w_i \quad (0 < w_{ij} < w_i) \qquad (4.2-8)$$

式中　w_{ij}——评价因素 U_{ij} 在评判中的权重。

5. 计算评价结果

对每个 U_i（或 U_{ij}）计算模糊综合隶属度值集 B_i，得出最终评价结果。

$$B_i = w_i \cdot R_{in_j} = \begin{bmatrix} w_{i1} & w_{i2} & \cdots & w_{in_j} \end{bmatrix} \begin{bmatrix} r_{11} & r_{12} & \cdots & r_{1m} \\ r_{21} & r_{22} & \cdots & r_{2m} \\ \vdots & \vdots & & \vdots \\ r_{nj_1} & r_{nj_2} & \cdots & r_{nj_m} \end{bmatrix} = (b_{i1}, b_{i2}, \cdots, b_{in})$$

$$(4.2-9)$$

综合评价模型通常有以下 4 种：

模型 1：取大取小运算，记作 $M(\wedge, \vee)$，即

$$B_i = \bigvee_{j=1}^{n_j} (w_i \wedge r_{in_j}) \qquad (4.2-10)$$

模型 2：实数相乘取大运算，记作 $M(\cdot, \vee)$，即

$$B_i = \bigvee_{j=1}^{n_j} (w_i \cdot r_{in_j}) \qquad (4.2-11)$$

模型 3：取小相加运算，记作 $M(\wedge, U)$，即

$$B_i = \bigcup_{j=1}^{n_j} (w_i \wedge r_{in_j}) \qquad (4.2-12)$$

模型 4：加权平均运算，记作 $M(\cdot, +)$，即

$$B_i = \sum_{j=1}^{n_j} (w_i \cdot r_{in_j}) \qquad (4.2-13)$$

根据指标体系各层合并分析中的加权求和和制约因子两种处理方法，大坝除险加固效果最终评价结果应采用加权平均和取小两种模型的结合，即对每个 U_i 的综合隶属度值集 B_i，采用 $M(\cdot, +)$ 计算，对于总的隶属度值 B，采用 $M(\wedge, \vee)$ 计算，即

$$B = \bigwedge_{i=1}^{n} (B_i) \bigwedge_{i=1}^{n} \left[\sum_{j=1}^{n_j} (w_i \cdot r_{in_j}) \right] \qquad (4.2-14)$$

4.3 病险水库除险加固效果监控分析

大坝实施除险加固后，由于加固措施的实施和监测系统的更新改造，原型监测资料会因此呈现序列短、信息量少的特点，从而造成了从监测资料中分析找规律，进而进行加固效果评价相比正常情况困难得多。事实上经过除险加固的大坝，由于工程措施的实施会引起大坝工作性态出现不确定的改变，因此若仍采用传统的安全监控模型进行分析，忽略这些变化对监测数据的影响，所得出的结果可能会偏离实际情况。针对上述问题，有必要研究大坝除险加固效应监控模型，以反映大坝加固措施实施和外界环境荷载作用对大坝工作性态的影响，拟合影响因素和大坝效应量的本质联系，构建多源信息融合监控模型，实现监控和预测大坝的除险加固效果。

4.3.1 加固过程实时监控

目前，对运行期的大坝进行安全分析，通常采用的是传统的统计模型，此统计模型基于数理统计理论，利用随机性的方法对监测资料序列进行建模和预测，对于一般的大坝监测资料分析能获得较好的效果。由于随机性是以概率论为基础的，因此要求数据是"大样本"，而且传统的统计模型假定大坝在荷载、气温和时效等因素作用的动态响应是线性关系。但事实上，大坝在除险加固的过程中，由于工程措施或者监测设施的更新改造，可用于大坝安全分析建模的数据序列短，信息量少；在荷载作用、工程措施等因素作用下的动态响应是极其复杂的，效应量和影响量之间的关系在内外因素的耦合作用下表现出很强的非线性特征。因此，此时如果仍采用传统的统计模型进行分析，势必会出现拟合预测精度不高的情况，影响除险加固过程的监控分析。以统计学习理论为基础的支持向量机以其处理小样本、非线性等问题的优越性，有望克服传统统计模型的这些不足。

为了实现大坝加固措施实施和外界环境荷载作用对大坝工作性态的影响分析，针对加固过程中监测资料的不确定、小样本、短序列等特点，采用网格搜索法、遗传算法、粒子群算法进行支持向量机的参数优化，解决模型参数选择的主观随意性问题；应用属性重要度概念，构建优化的加权支持向量机模型，由此建立大坝除险加固过程中安全监测的实时监控模型，实现加固措施实施及外界环境荷载作用对大坝工作性态的影响分析。

4.3.1.1 基本理论

1. 统计学习理论

支持向量机是基于统计学习理论的结构风险最小化原则的机器学习新方法。机器学习的目的是求出对一个系统输入输出之间关系的估计，使之能够对未知的输出作出准确预测。假定样本集 (x_i, y_i) 存在一定的未知依赖关系，用 $F(x, y)$ 表示其联合概率，通过训练出待预测函数集 $f(x, w)$ 中的最优依赖关系，使期望风险 $R(w)$ 最小。

$$R(w) = \int L[y, f(x, w)] \mathrm{d}F(x, y) \qquad (4.3-1)$$

式中 $L[y, f(x, w)]$——损失函数。

经验风险最小化（Empirical Risk Minimization，ERM）准则是根据概率论中的大数定理思想，等价于最大似然方法，用均值来代替数学期望。经验风险最小化在机器学习中多年来占主导地位，但期望风险最小化用 ERM 表示并没有充分的根据，训练误差虽小，预测效果未必好。其不成功的典型例子就是神经网络的"过学习"现象。

经验风险为

$$R_{emp}(w) = \frac{1}{n}\sum_{i=1}^{n} L\big[y_i, f(x_i,w)\big] \qquad (4.3-2)$$

式中　n——样本集个数。

统计学习理论（Statistical Learning Theory，SLT）就是研究小样本估计和预测的理论，基本概念有 VC 维、结构风险最小化准则。

VC 维（Vapink-Chervonenkis dimension）是指一个指示函数集能被打散的最大样本数目 h。VC 维越大学习能力越强，机器学习越复杂。

机器学习的实际风险是由经验风险 $R_{emp}(w)$ 和置信范围 $\Phi(n/h)$ 两部分组成。

$$R(w) \leqslant R_{emp}(w) + \Phi(n/h) \qquad (4.3-3)$$

结构风险最小化（Structural Risk Minimization，SRM）原则是指为实现实际风险最小，在样本数一定时，不仅要实现经验风险最小，也要尽量让 VC 维尽量小。结构风险最小化示意图如图 4.3-1 所示。

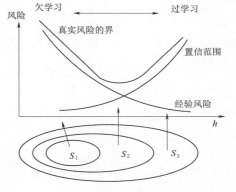

图 4.3-1　结构风险最小化示意图

2. 支持向量机的基本原理

按照用途的不同，SVM 主要可分为支持向量回归机（SVR）和支持向量分类机（SVC）。在大坝安全监控中主要是研究监测资料的拟合和预测，故这里主要研究支持向量回归机。

假设训练样本集，$S = \{(x_1, y_1), \cdots, (x_l, y_l)\} \subset R^m \times R$，其中 x_i 为自变量，y_i 为因变量，支持向量机回归需要解决的问题就是通过训练学习，找到一个最优的函数关系 $y = f(x)$ 来拟合自变量和因变量之间的依赖关系。若 $y = f(x)$ 是一个线性函数，那么就是线性支持向量机回归；反之，则为非线性支持向量机回归。

先考虑线性情况，假设训练数据在 ε 的精度下无误差地以 $f(x) = \langle w \cdot x \rangle + b$ 进行拟合，考虑到允许误差，引入松弛因子 $\xi \geqslant 0$ 和 ξ^*，则有

线性函数为

$$f(x) = \langle w \cdot x \rangle + b \qquad (4.3-4)$$

优化问题即最小化为

$$R(\omega,\xi,\xi^*) = \frac{1}{2}\omega \cdot \omega + c\sum_{i=1}^{l}(\xi + \xi^*) \qquad (4.3-5)$$

约束条件为

$$f(x_i) - y_i \leqslant \varepsilon + \xi_i^* \quad (i=1,\cdots,l) \qquad (4.3-6)$$

$$f(x_i) - y_i \leqslant \varepsilon + \xi_i \quad (i=1,\cdots,l) \qquad (4.3-7)$$

$$\xi_i^* \text{、}\xi_i\text{,}\geqslant 0(i=1,\cdots,l) \qquad (4.3-8)$$

为解决该凸二次优化问题，引入拉格朗日函数：

$$L(\omega,b,\xi,\xi^*,\alpha,\alpha^*,\gamma,\gamma^*)$$
$$=\frac{1}{2}\omega\cdot\omega+C\sum_{i=1}^{l}(\xi+\xi^*)-\sum_{i=1}^{l}\alpha_i[\xi_i+\varepsilon-y_i+f(x_i)]$$
$$-\sum_{i=1}^{l}\alpha_i^*[\xi_i+\varepsilon+y_i-f(x_i)]-\sum_{i=1}^{l}(\xi_i\gamma_i-\xi_i^*\gamma_i^*) \qquad (4.3-9)$$

式中的 α、$\alpha^*\geqslant 0$；γ、$\gamma^*\geqslant 0$；$i=1$，$\cdots$，l。

函数 L 应对 α、α^*、γ、γ^* 最大化，对 ω、b、ξ、ξ^* 最小化。根据 KKT 最优条件，函数 L 的极值应满足条件：

$$\frac{\partial}{\partial\omega}L=0,\frac{\partial}{\partial b}L=0,\frac{\partial}{\partial\xi_i}L=0,\frac{\partial}{\partial\xi_i^*}L=0 \qquad (4.3-10)$$

可得

$$C-\alpha_i-\gamma_i=0(i=1,\cdots,l) \qquad (4.3-11)$$
$$C-\alpha_i^*-\gamma_i^*=0(i=1,\cdots,l) \qquad (4.3-12)$$

计算可得优化问题的对偶形式，最大优化函数为

$$W(\alpha,\alpha^*)=\frac{1}{2}\sum_{i,j=1}^{l}(\alpha_i-\alpha_i^*)(\alpha_j-\alpha_j^*)(x_i\cdot x_j^*)+\sum_{i=1}^{l}(\alpha_i-\alpha_i^*)y_i$$
$$-\sum_{i}^{l}(\alpha_i+\alpha_i^*)\varepsilon \qquad (4.3-13)$$

其约束条件为

$$\omega=\sum_{i}^{l}(\alpha_i-\alpha_i^*)x_i,0\leqslant\alpha_i,\alpha_i^*\leqslant C(i=1,\cdots,l)$$

当 $(\alpha_i-\alpha_i^*)\neq 0$ 时所对应的 x_i 就是支持向量。

由此可以得到线性支持向量机的拟合函数为

$$f(x)=\langle\omega\cdot x\rangle+b=\sum_{i}^{l}(\alpha_i-\alpha_i^*)(x,x_i)+b \qquad (4.3-14)$$

对于非线性问题，首先将输入空间 x 通过内积函数定义的非线性变换 ϕ 映射到一个高维的特征空间，以此可以将低维空间的非线性问题转化为高维空间的线性问题来进行求解，即用核函数来代替线性问题中的内积运算：

$$K(x_i,x_j)=\phi(x_i)\phi(x_j) \qquad (4.3-15)$$

由此，优化问题就转化为如下所示最大优化函数：

$$W(\alpha,\alpha^*)=-\frac{1}{2}\sum_{i,j=1}^{l}(\alpha_i-\alpha_i^*)(\alpha_j-\alpha_j^*)K(x_i\cdot x_j)$$
$$+\sum_{i=1}^{l}(\alpha_i-\alpha_i^*)y_i-\sum_{i}^{l}(\alpha_i+\alpha_i^*)\varepsilon \qquad (4.3-16)$$

根据 KKT 定理有

$$\alpha_i[\varepsilon+\xi_i-y_i+f(x_i)]=0,\alpha_i[\varepsilon+\xi_i^*-y_i+f(x_i)]=0$$
$$\xi_i\gamma_i=0,\xi_i^*\gamma_i^*=0(i=1,\cdots,l) \qquad (4.3-17)$$

由此，可以得到非线性支持向量机的拟合函数为

$$f(x) = \langle \omega \cdot x \rangle + b = \sum_{i}^{l} (\alpha_i - \alpha_i^*) K(x, x_i) + b \tag{4.3-18}$$

SVM 回规估计非线性模型结构如图 4.3-2 所示。

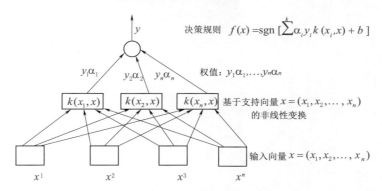

图 4.3-2　SVM 回归估计非线性模型结构图

4.3.1.2　参数选择与优化

1. 常用的核函数及损失函数

支持向量机通过选择合适的核函数，将非线性问题映射到高维空间中构建线性函数判别，决策函数 $f(x)$ 仅依赖于 $K(x, x_i)$，故核函数的选择尤为重要。

根据 Hilbert-Schsmit 定理，只要 $K(x, x_i)$ 满足 Mercer 定理，它就对应某一个变换空间中的内积，即满足

$$k(x, x_i) = \sum_{i=1}^{l} \alpha_i \varphi(x) \varphi(x_i)$$

$$\iint k(x, x_i) g(x) g(x_i) \mathrm{d}x \mathrm{d}x_i > 0 \tag{4.3-19}$$

则 $K(x, x_i)$ 对应于某一空间的内积。

不同的核函数将形成不同的支持向量机算法，目前常用的核函数如下：

（1）q 阶多项式核函数为

$$K(x, x_i) = (x \cdot x_i + 1)^q \tag{4.3-20}$$

（2）径向基函数（RBF）为

$$K(x, x_i) = \exp\{-\gamma \parallel x - x_i \parallel^2\} \tag{4.3-21}$$

其中 γ 是形状参数，这里每个基函数中心对应一个支持向量机，它们及输出权值是由算法自动确定的，这是与传统 RBF 的最大区别。

（3）Sigmoid 函数为

$$K(x, x_i) = S[v(x \cdot x_i) + 1] \tag{4.3-22}$$

式中的 $S(\cdot)$ 是 Sigmoid 函数，这时 SVM 实现的是包含一个隐层的多层感知器，隐层节点数是由算法自动确定的，而且算法不存在困扰神经网络的局部极小点问题。

（4）B 样条函数为

$$K(x, x_i) = B_{2p+1}(x_i - x) \tag{4.3-23}$$

其他形式的核函数有邻域核函数、小波核函数等。

损失函数是评价预测准确程度的度量，常用的损失函数如下。

(1) ε – insensitive 损失函数为

$$L_\varepsilon(y) = \begin{cases} 0 & (|y - f(x)| \leqslant \varepsilon) \\ |y - f(x)| - \varepsilon & \text{（其他）} \end{cases} \tag{4.3-24}$$

(2) 二次 ε – insensitive 损失函数为

$$L_\varepsilon[y, f(x, \alpha)] = |y - f(x, \alpha)|_\varepsilon^2 \tag{4.3-25}$$

(3) Huber 损失函数为

$$f(x, \alpha) = \begin{cases} C|y - f(x, \alpha)| - C^2/2 & (|y - f(x, \alpha)| > C) \\ \dfrac{1}{2}|y - f(x, \alpha)|^2 & (|y - f(x, \alpha)| \leqslant C) \end{cases} \tag{4.3-26}$$

2. 参数优化

在支持向量回归机应用于实际问题中，参数的选取对支持向量机的性能有重大的影响，只有选择合适的参数，才能在应用中表现出好的性能。目前较多研究的是支持向量机的分类问题，这里将主要探讨支持向量回归机的参数选择与优化问题。主要参数有惩罚因子 C、所选用的核函数及其参数 γ 和损失函数参数 ε。

对于核函数的选择没有确定的准则，但是很多研究结果发现选择径向基核函数（RBF）效果较好，因此这里选择 RBF 核函数。对于损失函数支持向量机应用最为广泛的就是 ε-insensitive 损失函数。这样，需要选择的只有惩罚参数 C、核参数 γ 及损失函数参数 ε。

惩罚因子 C 的取值一般取决于具体问题中样本的噪声数量，在给定的特征空间中，若 C 过大则会出现过学习的现象，即是训练集的拟合精度较高，但是预测集的精度低的情况；若 C 过小即对经验误差的惩罚较小，则会出现欠学习，那么训练集和预测集的精度可能都会偏低。因此需要选出最合适的 C，使得 SVM 具有较好的推广能力。对于核参数 γ 的改变会间接地改变映射函数，从而影响结构风险的大小。损失函数参数 ε 影响了支持向量的个数和训练的泛化能力，控制了回归拟合的效果。ε 越小，回归预测精度高，但是支持向量的个数会增加，泛化能力就可能变差；ε 越大，支持向量的个数少，但是拟合预测的精度会低。

因此，需要选择最佳的参数，使得支持向量机的推广能力和学习能保持在一个平衡状态，避免出现过学习和欠学习的状况。这里采用网格搜索法对参数进行优化选择。

在 SVM 训练的过程中使用由台湾大学林智仁教授开发的 LIBSVM 工具箱，径向基核函数为 $K(x, x_i) = \exp\{-\gamma\|x - x_i\|^2\}$，则待优化的支持向量回归机中的参数 C、核函数参数 γ 和损失函数 ε 在工具箱中分别是由 $-c$、$-g$、$-p$ 来设定的。

使用网格搜索（Grid-Search）的方式对参数 c 和 g 进行交叉验证，其实质就是尝试对参数 (c, g) 的各种组合进行搜索。一般情况是将数据分成训练集（train set），一部分作为验证集（validation set）两部分，训练集对 SVM 的回归函数进行训练，然后再用验证集来测试训练得到的模型（model），以达到回归模型的拟合预测值可以最大精度地接近实测值，这个过程即是交叉验证（CV，Cross Validation），然后挑选出具有最高交叉验证精度的参数对最终参数进行训练。

在交叉验证意义下，网格搜索虽然能找到最优的 c 和 g，但是如果寻找的范围很大，遍历所有网格进行搜索太费时，采用启发式算法（如遗传算法和粒子群优化算法）可以不用遍历网格内的所有参数点，也能得到全局最优解。

4.3.1.3　基于支持向量机的大坝加固过程变形实时监控模型

大坝的监测物理量大致可以分为两类：一类是荷载集，主要有水压力、温度（水温、气温、坝体和坝基的温度）、泥沙压力和地震荷载等；另一类是荷载效应集，主要有变形、应力、应变、裂缝开合度、扬压力、渗流量等；荷载集通常被称作自变量，用 $(x_1, \cdots, x_n)$ 表示，荷载效应集一般称作因变量，用 y 表示。

在实际坝工问题中，影响一个事物的因素是复杂的。如坝体位移，除了受库水位影响，还受温度、时效、渗流、施工、地基及周围环境等的影响，自变量和因变量之间表现出很强的非线性。坝工实践证明，脱离理论分析，很难解析工程里存在的力学机制，但仅靠理论分析又很难得到与实测值相吻合的结果。合理的方法需要两方面的相辅相成。

根据上述原理建立的基于支持向量机的实时监控模型为

$$y = f(x) = \sum_{i}^{l} (\alpha_i - \alpha_i^*) K(x, x_i) + b \qquad (4.3-27)$$

式中　$K(x, x_i)$——核函数；

　　　α_i、α_i^*——拉格朗日（Lagrange）乘子。

支持向量机回归建模流程如图 4.3-3 所示。

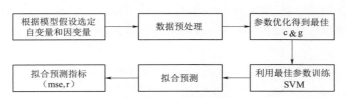

图 4.3-3　支持向量机回归建模流程

4.3.1.4　基于属性重要度的加权支持向量机（RS-SVM）模型

支持向量机改变了传统的经验风险最小化原则，其遵循结构风险最小化原则，通过最小泛化误差的上界，而非最小化训练误差，使得其具有良好的泛化能力。通过求解一个凸二次规划问题得到全局最优解，其训练误差相对其他方法要小。在标准的支持向量机中，对影响因素集的重要程度没有加以区分，即认为样本中各个属性的重要性是相同的，但在实际问题中，影响大坝安全性态的影响因素的作用是不相同的，如果不加以区分就不能准确反映数据中所蕴含的客观规律，不能很好地对大坝进行实时监控和预测，因此需要引入加权支持向量机。

对于影响因素 $c_i \in C$，假定其相对于效应量 D 的属性重要性度量指标为 R_i，所有因素的重要度 R_i 构成重要性度量序列 $\{R_1, \cdots, R_n\}$，然后对每个度量指标进行归一化，即可得到各因素在效应量中占的比例为

$$r_i = \frac{R_i}{\sum_{i=1}^{n} R_i} \qquad (4.3-28)$$

对于大坝性态影响因素集 $X = \{x_1, \cdots, x_n\}$，假定各指标权重为 $\langle r_1, \cdots, r_n \rangle$，则最优化问题为 $\min \dfrac{1}{2} \parallel w \parallel^2 + c \displaystyle\sum_{i=1}^{l} \xi_i$，约束条件为 $y_i \langle r_i w \cdot x + b \rangle \geqslant 1 - \xi_i$。

构造拉格朗日函数，再根据 KKT 最优条件，可得上式的对偶问题为

$$\min \frac{1}{2} \sum_{i=1}^{l} \sum_{j=1}^{l} \alpha_i \alpha_j y_i y_j (r_i x_i \cdot r_i x_i) - \sum_{i=1}^{l} \alpha_i \qquad (4.3-29)$$

$$\text{s. t.} \sum_{i=1}^{l} \alpha_i y_i = 0 (0 \leqslant \alpha_i \leqslant C) \qquad (4.3-30)$$

其中 $r_i x_i$ 是一个 n 维向量，求得决策超平面，由此即建立大坝除险加固过程中的基于属性重要性的加权支持向量机模型为

$$f(x) = \langle r_i w \cdot x + b \rangle = \sum_{i}^{l} (\alpha_i - \alpha_i^*) K(x, r_i x_i) + b \qquad (4.3-31)$$

4.3.2　加固效果长效性时变监控

大坝工作性态的时变性，主要体现在材料属性的变化、荷载作用及工程措施引起的大坝（坝体、坝基以及库盘）工作性态的变化。

在坝工实际问题中影响一个事物的因素往往是复杂的。大坝安全监测系统所观测的各种效应量（如变形、应力应变、渗流等）不仅与相应的环境量（如水位、降雨、温度、时间等）及大坝自身结构（如坝体材料的物理参数、坝体的几何参数等）有关，还不可避免地会受到施工、周围环境等的影响。目前常采用的监控模型主要有统计模型、灰色模型、神经网络模型等，但它们基本上都是静态模型，仅揭示系统的静态工作性态。当大坝进行除险加固，考虑到荷载作用、材料属性、变化以及工程措施的影响，坝体本身的状态必然会发生变化，此时即便环境量不变，也可能会导致监测数据发生变化。另外，在对病险坝的除险加固过程中，监测系统的更新改造也造成一定的干扰，而这些影响因素大多是不确定的，传统的静态模型难以反映。

针对大坝除险加固期间的诸多时变不确定性，如何能够综合考虑因素，构建时变监控模型合理监控和反映大坝的时变工作性态，是坝工界亟待解决的问题。贝叶斯（Bayes）理论以概率论为基础，主张利用一切能够获得的信息，包括基于样本的实测信息和基于工程实践经验积累的人的主观能动性的先验分布信息，充分利用通过仪器监测、模型实验、建模分析、现场巡视检查、经验知识等关于大坝结构和环境的各种数据、资料和信息，对问题进行全面综合分析，由先验分布和似然函数求得后验分布并形成递推格式进行动态预测。

鉴于此，引入贝叶斯方法，以改善确定性模型的静态局限性，构建能够自适应工作性态不确定性改变的加固效应长效性监控模型，基于大坝原型监测资料构建基本的 SVM 模型，并利用 ARMA（Auto Regression Moving Average）模型表示贝叶斯的先验分布和似然函数，考虑到大坝的时变特性，模型的参数也随时间发生变化，采用可变遗忘因子递推最小二乘（IWRLS）算法对模型参数进行自适应估计。此时的模型参数更能反映出大坝系统的动态变化，尽可能地减少以后阶段的拟合预测的误差，能够更加准确合理地反映影

响量和效应量之间的内在联系，反映和监控大坝的时变工作性态。

4.3.2.1　贝叶斯实时更新方法

（1）根据待求大坝效应量的以往观测数据，建立数学模型，来确定效应量 y 的先验分布 $\pi(y)$。

（2）由观测数据的所有有效信息 D，当已知效应量实测数据 y_1，…，y_n 时，可确定最大似然函数 $P(D|y_1,\cdots,y_n)$，记为 $P(D|y)$。

（3）根据贝叶斯理论，后验分布 $g(A|B)\propto P(B|A_i)\pi(A_i)$，其中 A 表示待求分布的事件，B 代表已知的所有自然信息，$\pi(A_i)$ 代表先验分布，$P(B|A_i)$ 为似然函数。则此处待求大坝效应量 y 的后验分布为

$$g(y\mid D)=\frac{P(D\mid y)\pi(y)}{\int_{-\infty}^{+\infty}P(D\mid y)\pi(y)\mathrm{d}y} \tag{4.3-32}$$

这样后验分布 $g(y\mid D)$ 就综合了该待求大坝效应量 y 的以往的数据、经验信息以及已知的实测有效信息 D 的所有信息，包括已建立模型求得的拟合预测值和现有的效应量及其对应的环境量信息，此刻的后验分布又可以作为下一刻的先验分布，如此便可以更加全面客观地实时更新待求效应量的值。

4.3.2.2　大坝安全监测的 ARMA 模型

ARMA 模型，即自回归滑动平均模型，是时间序列的重要方法，是在 AR（Auto Regression）自回归模型和 MA（Moving Average）滑动平均模型的基础上建立的。

（1）AR（p）自回归模型为

$$\begin{cases} y_t=c+\sum_{i=1}^{p}\varphi_i y_{t-i}+\varepsilon_t \\ \varphi_i\neq 0 \\ E(\varepsilon_t)=0,\mathrm{var}(\varepsilon_t)=\sigma_\varepsilon^2,E(\varepsilon_t\varepsilon_s)=0,s\neq t \\ Ey_s\varepsilon_t=0,\forall s<t \end{cases} \tag{4.3-33}$$

式（4.3-33）反映了当前值与历史值之间的关系，式中 ε_t 为零均值白噪声序列，为了方便表示，引入滞后算子 B，使

$$By_t=y_{t-1},\quad B^m y_t=y_{t-m} \tag{4.3-34}$$

则式（4.3-33）可表示为

$$\Phi(B)y_t=\varepsilon_t \tag{4.3-35}$$

式中的 $\Phi(B)$ 是滞后算子多项式，若其 p 个特征根在单位圆外，则称该回归模型为平稳的 AR 模型。因 $\Phi(B)=1-\varphi_1 B-\varphi_2 B^2-\cdots-\varphi_p B^p$，则 φ_i，（$i=1,\cdots,p$）决定了自回归模型是否平稳。

（2）MA（q）滑动平均模型为

$$\begin{cases} y_t=\varepsilon_t-\theta_1\varepsilon_{t-1}-\theta_2\varepsilon_{t-2}-\cdots-\theta_q\varepsilon_{t-q} \\ \theta_q\neq 0 \\ E(\varepsilon_t)=0,\mathrm{var}(\varepsilon_t)=\sigma_\varepsilon^2,E(\varepsilon_t\varepsilon_s)=0,s\neq t \end{cases} \tag{4.3-36}$$

与上述 AR 模型类似，简记为

$$y_t = \Theta(B)\varepsilon_t \tag{4.3-37}$$

$\Theta(B)=1-\theta_1 B^1-\cdots-\theta_q B^q=0$ 的 q 个特征根若在单位圆之外，则该序列 y_t 可称为可逆 MA(q)，即 $\Theta(B)$ 的参数决定了 MA(q) 模型是否可逆。

（3） ARMA(p,q) 自回归滑动平均模型为

$$\begin{cases} y_t = \varphi_1 y_{t-1} - \cdots - \varphi_p y_{t-p} + \varepsilon_t - \theta_1 \varepsilon_{t-1} - \cdots - \theta_q \varepsilon_{t-q} \\ \varphi_p \neq 0, \theta_q \neq 0 \\ E(\varepsilon_t)=0, \text{var}(\varepsilon_t)=\sigma_\varepsilon^2, E(\varepsilon_t \varepsilon_s)=0, s \neq t \\ E y_s \varepsilon_t = 0, \forall s < t \end{cases} \tag{4.3-38}$$

一般情况下 ARMA 可以表示为

$$y_t = \varphi_t y_{t-1} - \cdots - \varphi_p y_{t-p} + \varepsilon_t - \theta_1 \varepsilon_{t-1} - \cdots - \theta_q \varepsilon_{t-q} \tag{4.3-39}$$

式中的 $\Phi(B)$、$\Theta(B)$ 分别表示的是 p 阶自回归系数和 q 阶滑动平均系数；参数 $\varphi_1, \cdots,$ $\varphi_p, \theta_1, \cdots, \theta_q$ 决定了 ARMA 模型是否平稳和可逆。

4.3.2.3 贝叶斯实时更新模型

假定 $Y=\{y_1, y_2, \cdots, y_t,\}$ 表示在预报时刻 t 已知的实测流量过程；令 $S=\{s_1, \cdots, s_k\}$ 表示在预报时刻 t 待预报的流量过程，K 为预见期时段数；令 $\hat{Y}=\{\hat{y}_1, \hat{y}_2, \cdots, \hat{y}_t\}$ 为 Y 的拟合值，$\hat{S}=\{\hat{s}_1, \cdots, \hat{s}_k\}$ 为 S 的预测值。

贝叶斯方法利用先验分布和似然函数描述了大坝在运行状态中的客观不确定性（材料物理力学参数的变化、属性的变化）和主观不确定性（模型的选择、因子及参数的确定等），得到的后验密度函数为

$$\varphi_k(s_k \mid \dot{s}_k, Y, R) = \frac{f_k(\dot{s}_k \mid s_k, R) g_k(s_k \mid Y)}{\displaystyle\int_{-\infty}^{\infty} f_k(\dot{s}_k \mid s_k, R) g_k(s_k \mid Y) ds_k} \tag{4.3-40}$$

式中 φ_k——s_k 的后验密度；

       g_k——先验密度；

       f_k——似然函数；

       R——实测值 Y 与模型拟合值 Y 的残差序列，$R=\{(\hat{y}_1-y_1), \cdots, (\hat{y}_t-y_t)\}$。

1. 先验分布

大坝是一个稳定的系统，一般变化比较缓慢。根据学者 Krzysztofowicz 的理论，可以将大坝监测资料的先验分布看成是 $N(0, \delta^2)$，即残差均值为 0、方差为 δ^2 的正态分布，因此可采用 ARMA(p, q) 模型来先验分布函数。

$$s_k = \mu + C_k \Delta Y^T - O_k \Xi_K^T + \xi_k \tag{4.3-41}$$

式中的 μ 为大坝监测效应量实测值 Y 的均值；$\Delta Y=\{(y_{t-n+1}-\mu), \cdots, (y_t-\mu)\}$，表示实测值的矩平序列；$C_k=\{c_{k,n}, \cdots, c_{k,1}\}$ 和 $O_k=\{o_{k,m}, \cdots, o_{k,1}\}$ 分别为 ΔY 和 Ξ_k 的系数；$\Xi_k=\{\xi_{k,t-m+1}, \cdots, \xi_{k,t}\}$ 为 t 到 k 的残差序列；假设残差 ξ_k 服从 $N(0, \chi_k^2)$ 分布，则服从以 ΔY 和 Ξ_k 为条件的正态分布。

2. 似然函数

借鉴水文预报中实时矫正的似然函数的确定方法，假定大坝监测效应量实测值与模型拟合预测值的残差服从 $N(0, \delta^2)$ 正态分布，建立 $\hat{s}_k$、s_k，实测值 Y 建立如下 AR(l) 模型：

$$\hat{s}_k = s_k + \Theta_k R^T + \varepsilon_k \qquad (4.3-42)$$

式中的 $R = \{r_{t-l+1}, \cdots, r_t\}$，$\Theta_k = \{\theta_{k,l}, \cdots, \theta_{k,1}\}$ 是模型参数，l 为模型阶数；ε_k 为残差序列，不依赖于 s_k 和 R。

3. 后验分布

确定了实时更新模型的先验分布和似然函数，即可求出后验密度为

$$\varphi_k(s_k | \hat{s}_k, Y, R) = \frac{1}{T_k} h\left(\frac{s_k - A_k \hat{s}_k - D_k}{T_k}\right) \qquad (4.3-43)$$

$A_k = \dfrac{\chi_k^2}{\chi_k^2 + \delta_k^2}$，$D_k = \dfrac{\delta_k^2 (\mu + C_k \Delta Y^T - O_k \Xi_k^T) - \chi_k^2 \Theta_k R^T}{\chi_k^2 + \delta_k^2}$，$T_k^2 = \dfrac{\chi_k^2 \delta_k^2}{\chi_k^2 + \delta_k^2}$。

4.3.2.4　参数自适应算法

模型参数估计常用的方法有最小二乘（Least Squares，LS）法、极大似然估计法、矩估计法。由于后两者的应用数据不够充分，一般情况下最小二乘法的应用较为广泛，在此基础上延伸出来逐步回归分析方法、递推最小二乘分析方法等，但是这些方法基本上没有考虑大坝在特殊时期由于荷载工程措施的实施等造成的时变不确定性，以及大坝在运行状态下本身所具有的时变特征，所选的模型不可能适应各个时间段。在最小二乘的基础上引入可变遗忘因子，并采用递推算法，对以往监测数据采用不同的遗忘因子，体现出新旧时间段对该时刻的监测值影响的不同，突出显示近期资料的影响，逐渐淡忘相距较远的时间段的资料信息的影响，这符合一般的认知和事物发展变化的规律。

1. 基于最小二乘算法的参数估计

t 时刻的自变量和因变量组成的监测资料序列如下所示：

$$\begin{bmatrix} x_{11} & x_{12} & \cdots & x_{1k} & y_1 \\ x_{21} & x_{22} & \cdots & x_{2k} & y_2 \\ & & \vdots & & \\ x_{t1} & x_{t2} & \cdots & x_{tk} & y_t \end{bmatrix}$$

由此建立回归方程

$$y(i) = \varphi^T(i)\theta \qquad (4.3-44)$$

其中 $\theta = [b_0, b_1, \cdots, b_k]^T$，表示的是模型的参数，$\varphi(i) = [1, x_{i1}, x_{i2}, \cdots, x_{ik}]^T$，代表的是模型的影响因素。按照最小二乘法的原理，参数 θ 的估计值 $\theta(t)$ 的残差平方和 $J(\theta)$ 为

$$J(\theta) = \sum_{i=1}^{t} \varepsilon^2(i) = \sum_{i=1}^{t} [y(i) - \varphi^T(i)\theta]^2 \qquad (4.3-45)$$

令

$$\Phi(t) = \begin{bmatrix} \varphi^T(1) \\ \cdots \\ \varphi^T(t) \end{bmatrix}, \ Y(t) = \begin{bmatrix} y(1) \\ \cdots \\ y(t) \end{bmatrix}, \ E(t) = \begin{bmatrix} \varepsilon(1) \\ \cdots \\ \varepsilon(t) \end{bmatrix} \qquad (4.3-46)$$

则残差平方和 $J(\theta)$ 可以表示为

$$J(\theta) = [Y(t) - \Phi(t)\theta]^T [Y(t) - \Phi(t)\theta] \qquad (4.3-47)$$

令 $\partial J(\theta)/\partial \theta = 0$，由此可得到参数 θ 基于 t 时刻监测序列资料的最小二乘估计值为

$$\theta(t) = [\Phi^T(t)\Phi(t)]^{-1}\Phi^T(t)Y(t) \qquad (4.3-48)$$

2. 可变遗忘因子最小二乘递推算法

对于上述贝叶斯实时更新模型中先验分布和似然函数中的参数 B_n、Π_n、θ_n，Krzysztofowicz R 等学者认为可以根据历史资料进行优选参数，一般情况下将这些参数作为固定值来处理，但是在实际大坝安全监测过程中，对效应量（变形、应力应变、渗流等）的监控若依赖于确定性模型，无法反应大坝在运行过程中，由于荷载作用、材料属性变化以及工程措施等引起的工作性态的时变特征，因此在参数的拟定过程中要根据不断加入的实测信息等及时更新模型参数。

确定模型为

$$\hat{y}(t) = \Phi^T(t)\theta(t-1) \qquad (4.3-49)$$

参数估计为

$$\hat{\theta}(t) = \theta(t-1) + g(t)[y(t) - \Phi^T(t)\hat{\theta}(t-1)] \qquad (4.3-50)$$

增益因子为

$$g(t) = p(t-1)\Phi(t)/[\lambda(t) + \Phi^T(t)p(t-1)\Phi(t)] \qquad (4.3-51)$$

协方差阵为

$$p(t) = [I - g(t)\Phi^T(t)]p(t-1)/\lambda(t) \qquad (4.3-52)$$

遗忘因子为

$$\lambda(t) = 1 - \frac{[\hat{y}(t) - \Phi^T(t)\hat{\theta}(t-1)]^2}{[1 + \Phi^T(t)p(t-1)y(t)]R} \qquad (4.3-53)$$

上五式中　　$\hat{y}(t)$ ——t 时刻 $y(t)$ 的确定模型的拟合预测值；

　　　　　　$\Phi(t)$ ——t 时刻模型的影响因素集；

　　　　　　$\hat{\theta}(t)$ ——参数 $\theta(t)$ 的估计值；

　　　　　　I ——单位矩阵；

　　　　　　R ——模型中的参数，一般情况下去取足够多的正数，也可以通过试算进行优化选取。

4.3.3　监测信息融合分析

在坝工实际问题中，影响一个事物的因素往往是复杂的，为全面监控大坝的安全状况，需要在大坝及坝基中埋设大量监测仪器，以观测水位、位移、渗流、应力等。各类传感器信息具有不同的特性，精确的或模糊的、实时的或非实时的、快变的或缓慢的、互斥的或互补的、确定的或随机的等。为了充分利用来自各类传感器的多源信息，要对被监测对象进行准确的判断和定位，以便及时了解大坝的安全状况并作出正确决策。

大坝安全监测多源信息融合是指综合分析处在不同监测位置的多个同类或异类（水位、温度、位移、渗流等）传感器提供的观测量，通过信息互补集成，消除多传感器信息之间可能的矛盾和冗余，降低其不确定性，改善不确定环境中的决策过程，形成一致性感知描述，从而提高信息的正确性和准确性。此处的"传感器"信息不仅包括各类设备的监测信息，还包括专家经验、建模信息、人工记录信息等。

在分析大坝原型监测资料的基础上，综合时空多源监测数据及特征分析结果，研究多源信息融合准则，通过分批估计算法对多传感器的同类监测数据进行融合，增加了采集数

据的可信度；依据准确合理的监测资料，采用 D-S 证据理论对大坝异类监测数进行决策级融合，并依据集对分析理论的同异反思想在处理确定问题的优势，对大坝的安全性态进行趋势性预估，为大坝工作性态判别提供有力支持。

4.3.3.1 大坝安全监测的多源信息融合原理

大坝是一个开放的复杂巨型系统，大坝监测系统的多源性主要包括多层次、多传感器、多元性等主要特征。

(1) 从整体结构上看，大坝系统由种类繁多的子系统组成，主要包括坝基、坝体、近坝库区等部位，每个部位都可以看作是一个子系统，而每个部位子系统又由不同的监测类别（如渗流、变形、应力应变），不同的监测类别又有多个监测项目（如变形的垂直位移、水平位移、裂缝、挠度等），不同监测项目又有不同的监测仪器（测水平位移的仪器有引张线、激光准直、视准线等），不同的监测仪器又组成了不同的监测测点，这样就有了不同的监测层次，即多层次特征。

(2) 在大坝及坝基中埋设了成千上万的监测仪器和传感器，即多传感器特征。

(3) 大坝具有荷载作用的随机性、性态的渐变性（如材料流变性、弹性参数时变）、结构的不确定性（不均匀、非线性）、认知的局限性（模型的设计、选择不确定）等，即多元性特征。这样就形成了测点→监测仪器→监测项目→监测类别→监测部位→大坝监测多源信息系统，以全方位多角度地对大坝进行及时监测，如图 4.3-4 所示。

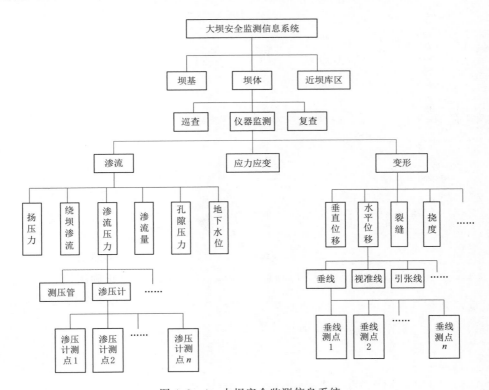

图 4.3-4　大坝安全监测信息系统

考虑到大坝系统的复杂性，应用信息融合理论可建立图4.3-5所示的大坝工作性态多源信息融合模型。

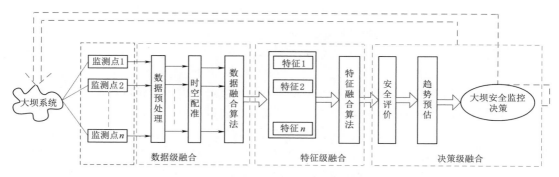

图4.3-5 大坝工作性态的多源信息融合体系

大坝安全的多源信息融合主要有三个单元：信息获取、信息融合及信息存储。信息获取单元主要包括大坝系统的原型监测信息、模型信息和专家知识；模型信息单元是指通过不同的融合准则对大坝信息进行提取；专家知识单元主要是对专家知识，相关理论和经验等进行融合。按照融合系统中数据抽象的层次，信息融合单元可以划分为三个层次，即数据层融合、特征层融合及决策层融合，如图4.3-6所示。

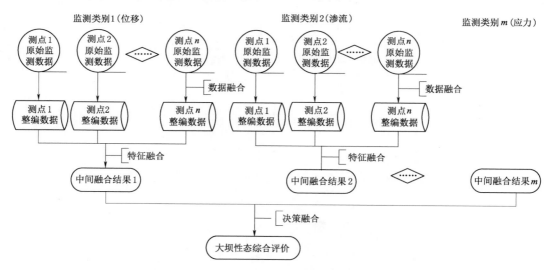

图4.3-6 大坝安全监测多源信息融合的三个层次

数据层融合是直接对大坝原始监测数据进行的分析处理，主要包括实时判断并处理上传时出现的非法、错误或不合理数据，以及监测数据的粗差初步识别等，尽可能多地保持了监测的原始信息，能够提供细微信息，其处理数据量很大。由于在最低层进行数值融合对原始信息的不确定性、不完全性和不稳定性缺少较为全面的认识，因此，在融合过程中对复杂原因引起的数据变化难以把握，纠错处理能力不强，仅能处理一些单一的粗大误差数据。常用的方法有绘图法、特征值统计法、算术平均值法、分批估计算法等。

特征层融合主要是对同类型测点借助特征值分析、相关性分析等方法进行的融合分析。在大坝工作性态多源信息融合中，一般先对单测点数据进行特征值统计和建模分析（如卡尔曼滤波法、支持向量机、人工神经网络法等）并融合同类测点信息，构建空间模型，从时空角度量化大坝的工作性态。

决策层融合是对整个信息系统的综合调用，是最高级别的融合分析。通过对不同监测类型数据的特征融合结果，应用模糊评判、模式识别等方法，综合推求所有监测信息对大坝综合性态决策的支持程度，将定性分析和定量分析结合起来，实现大坝监测信息的集成互补。常用的方法有 Bayes 推理、D-S证据理论、模糊集理论、专家系统等方法，如图4.3-7 所示。

4.3.3.2　大坝同类监测信息融合

在大坝安全监测系统的大量传感器网络中，单个传感器节点所进行的监测范围和可信度都是有限的，需要传感器网络的部署达到一定的密度，甚至多节点交叉，为防止节点时效及外界干扰，经常采用两个或更多的传感器对某个点进行监测，以增强节点间的相互印证和整个网络系统的鲁棒性。在大坝监测系统中，一般同一类型的监测点多采用等精度的传感器，因此监测参数和噪声可以认为是正态分布的。监测数据融合就可以采用分批估计融合算法。

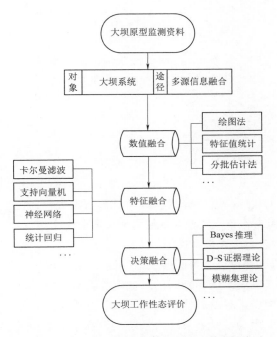

图4.3-7　大坝安全监测多源信息融合常用方法

在对同一对象进行监测的传感器中，每个传感器在一个时刻都得到一组一致性监测数据。对每两组监测数据的平均值进行分批估计，以此可以得出更接近实际值的融合结果，进而消除监测过程中大坝系统的多元性、节点失效等引起的不确定性。

下面以两组传感器为例进行分析。假设 $X_1 = \{x_{11}, x_{12}, \cdots, x_{1n}\}$ 是第一个传感器节点的一致性监测数据，$X_2 = \{x_{21}, x_{22}, \cdots, x_{2n}\}$ 是第二个传感器节点的一致性监测数据，则第一组监测数据的算术平均值为

$$\overline{X}_1 = \frac{1}{n} \sum_{i=1}^{n} x_{1i} \tag{4.3-54}$$

对应的均方差为

$$\sigma_1 = \sqrt{\frac{1}{n-1} \sum_{i=1}^{n} (x_{1i} - \overline{X}_1)^2} \tag{4.3-55}$$

第二个传感器节点的相关数据同理可得。若监测实际值为 X_T，则监测数据的方程为 $X = H X_T + V$，其中 X 为传感器的监测值，H 为监测数据方程的系数矩阵，且 $H = [1 \quad 1]^T$，V 为监测噪声。

根据分批估计算法，传感器的监测数据方程变为

$$X = \left\{ \frac{\overline{X_1}}{\overline{X_2}} \right\} = \binom{1}{1} X_T + \left\{ \begin{matrix} V_1 \\ V_2 \end{matrix} \right\} \qquad (4.3-56)$$

式中的 V_1、V_2 分别是 X_1，X_2 的噪声误差。其协方差计算公式如下：

$$R = E(VV^T) = \begin{bmatrix} E(V_1{}^2) & E(V_1 V_2) \\ E(V_1 V_2) & E(V_2{}^2) \end{bmatrix} = \begin{bmatrix} \sigma_1^2 & \\ & \sigma_2^2 \end{bmatrix} \qquad (4.3-57)$$

对于以上两组监测数据，根据上述理论，假定在本次监测之前没有该传感器节点的监测数据资料，即本次之前的监测数据结果 $K^- = \infty$，忽略上次监测结果对本次的影响，使该方法可以推广。可得：

$$K^+ = [(K^-)^{-1} + H^T R^{-1} H]^{-1} \qquad (4.3-58)$$

$$X^+ = [K(K^-)^{-1} X^- + K R^{-1} H^T] X \qquad (4.3-59)$$

式中　K^+——本次监测之后的数据结果；

　　　X^-——本次之前的分批估算结果。

将 $K^- = \infty$，即 $(K^-)^{-1} = 0$ 代入式中，可得

$$K^+ = \left[(1 \quad 1) \begin{pmatrix} 1/\sigma_1^2 & 0 \\ 0 & 1/\sigma_2^2 \end{pmatrix} \binom{1}{1} \right]^{-1} = \frac{\sigma_1^2 \sigma_2^2}{\sigma_1^2 + \sigma_2^2} \qquad (4.3-60)$$

将 $(K^-)^{-1} = 0$ 带入可得

$$X^+ = K^+ H^T R^{-1} X \qquad (4.3-61)$$

上式即为基于分批参数估计算法的大坝监测数据融合结果。

4.3.3.3　大坝异类监测信息融合

1. 基本原理

（1）D-S 证据理论。Dempster-Shafer（简称 D-S）证据理论是一种利用多个对问题的模糊描述和判断的不确定性推理方法，通过一定方法对描述和判断中的一致性信息进行聚焦，对矛盾信息进行排除整合以实现信息融合，它是对概率论的进一步扩充，适合于人工智能、专家系统、系统决策和模式识别等领域。

以证据的方式，运用融合算法来表征和处理不确定性，从不精确模糊信息中得到可能性最大的结论。这是 D-S 证据理论与传统的信息融合方式相比所具有的最大的优势。它区别于 Bayes 理论依赖先验分布，而是基于可以从统计数据中得到的基本概率分布，它不仅可以表达数据信息，还可以表达语言描述等其他形式的信息，从而进行特征和决策信息的融合。这些体现出 D-S 证据理论在实际应用中的优越性。

在 D-S 证据理论中，识别框架是整个判断的依据，基本概率分布是融合的基础，合成规则是融合的过程，似然函数和信任函数用来表达融合理论对某一假设的支持力度区间的上下限。

1）基本概率分配函数。设 U 是一个识别框架，则函数 M：$2^U \rightarrow [0,1]$，且满足

$$M(\varphi) = 0, \sum_{A \subseteq U} M(A) = 1 \qquad (4.3-62)$$

则称 M 是 2^U 上的概率分配函数，$M(A)$ 称为 A 的基本概率赋值，$M(A)$ 表示了对 A 精确信任程度。

2) 信任函数。设 U 为一识别框架，则函数 M：$2^U \to [0,1]$ 是 U 上的基本概率赋值，定义函数 Bel：$2^U \to [0,1]$，且 $Bel(A) = \sum_{B \subseteq A} M(B)$ 对所有的 $A \subseteq U$ 称为 U 上的信任函数。

$Bel(A) = \sum_{B \subseteq A} M(B)$ 表示 A 的所有子集的可能性度量之和（对 A 的子集的信任也是对 A 的信任），即表示对 A 的总信任。由概率分配函数的定义容易得到：

$$Bel(\Phi) = M(\Phi) = 0, Bel(U) = \sum_{B \subseteq A} M(B) = 1 \tag{4.3-63}$$

3) 似然函数。似然函数 Pl（Plausibility function）在 D-S 证据理论中是融合结论区间的上限。

设 U 为一识别框架，则定义函数 Pl：$2^U \to [0,1]$，且 $Pl(A) = 1 - Bel(\overline{A})$，对所有的 $A \subseteq B$，Pl 也称为似然函数，表示对 A 的非假的信任程度。容易证明信任函数和似然函数有如下关系：

$$Pl(A) \geqslant Bel(A) \tag{4.3-64}$$

对所有的 $A \subseteq U$，A 的不确定性由 $u(A) = Pl(A) - Bel(A)$ 表示，对偶 $[Bel(A), Pl(A)]$ 称为信任区间，它反映了关于 A 的许多重要信息。

4) D-S 证据理论的组合准则。假设 m_i 和 m_j 是相互独立的两个证据概率分配函数，如何将两个基本概率分配值进行组合，主要牵涉 D-S 证据理论的合成规则问题。D-S 合成规则（Dempster's combinational rule）提供了两个或多个证据合成的规则，通过以下公式进行表达：

$$m(C) = m_i(X) \oplus m_j(Y)$$

$$= \begin{cases} 0 & X \cap Y = \Phi \\ \dfrac{\sum_{X \cap Y - C, \forall X, Y \subseteq \Theta} m_i(X) \times m_i(Y)}{1 - \sum_{X \cap Y - \Phi, \forall X, Y \subseteq \Theta} m_i(X) \times m_i(Y)} & X \cap Y \neq \Phi \end{cases} \quad (i, j = 1, 2, \cdots, m)$$

$$\tag{4.3-65}$$

式（4.3-65）是对两个证据进行合成的规则，若证据数目超过两个，可以将该公式进行扩展，按照上述方法两两合成，进行递推。

$$m_i \oplus m_j = m_j \oplus m_i$$
$$(m_i \oplus m_j) \oplus m_k = m_i \oplus (m_j \oplus m_k) \tag{4.3-66}$$

（2）集对分析。集对分析是一种处理模糊、随机以及不确定性问题的理论和方法，其用"联系度"来描述两个对应集合之间所具有的同、反、异特性，通过同一度、差异度和对立度三方面定量地研究大坝工作性态评价指标和评价目标间集对的确定性与不确定性。

所谓集对，就是具有一定联系的两个集合所组成的对子，对集合 A 和集合 B 所构成的集对，通常用 $H = (A, B)$ 表示。集对分析理论的基本思路是：在具体的问题背景下，集对 H 的特性展开分析，共得到 T 个特性，找出这两个集合所共有的特性 S、对立的特性 P 和既非共有又非对立的特性 F，并由此建立两个集合在指定问题背景下的联系度 μ：

$$\mu = a + bi + cj = \frac{S}{T} + \frac{F}{T}i + \frac{P}{T}j \tag{4.3-67}$$

$$T=S+F+P \qquad\qquad (4.3-68)$$

式中
$\dfrac{S}{T}$——集合 A、B 的同一度；

$\dfrac{F}{T}$——集合 A、B 的差异度；

$\dfrac{P}{T}$——集合 A、B 的对立度；

i——差异度标记符号或差异度系数，取值区间为 $[-1, 1]$，随具体研究背景而取不同的值，i 也可仅起标记作用；

j——对立度标记符号或对立度系数，其值为 -1，j 同样也可仅起标记作用。

多元联系数是根据同异反联系数 $\mu=a+bi+cj$，在 bi 项上的展开，可分别记为四元联系数 $\mu=a+bi_1+ci_2+dj$，五元联系数 $\mu=a+bi_1+ci_2+di_3+ej$，……。以五元联系数为例，其中 $a+b+c+d+e=1$，$i_1\in[0, 1]$，i_2 为中性标记，$i_2=0$，$i_3\in[-1, 0]$，$j=-1$。上述多元联系数和同异反联系数（即三元联系数）根据可以需要随时转换，而且由于多元联系数在处理多因素多层次问题中有很大优势，在实际研究中得到了广泛的应用。

2. 基于集对分析的 D-S 证据理论概率赋值确定方法

D-S 证据理论里证据是通过数据进行表示的，即基本可信度概率赋值，它表示监测数据对目标的支持程度。传统的方法是通过模糊隶属函数确定隶属函数值，然后对每组证据赋予对应的基本概率值，这样就可以完成证据理论中的基本概率赋值。但是一般的模糊隶属函数需要考虑专家意见，过于依赖主观经验，这里尝试引入一种新的方法，使其能较为客观地表示 D-S 证据理论的基本概率赋值。浙江大学智能研究所的蒋云良等学者在集对分析理论及其应用上进行了大量研究，指出 D-S 证据理论与不确定关系相结合的研究，特别是与集对分析在决策方面的应用上，将两者的融合决策结果进行对比，值得深入研究，为此本书探索性地进行两者之间的融合对比研究，以期得到两者在决策融合方面的异同点。这里将 D-S 证据理论与基于不确定性理论的集对分析相结合，由于证据理论中的基本可信度分配值表示的是监测对象对目标的支持程度，而集对分析中的指标联系数，是表示监测指标与各等级目标的关系程度，并按照关联程度的大小，从大到小依次是 $[1, 0]$，即关联程度（相当于 D-S 证据中的支持程度）越大，则指标联系数（基本概率赋值）越大，即两者存在相通的地方，可用集对分析的指标联系数来表示 D-S 证据中的基本概率赋值。

（1）单指标联系数。设一评价系统有 N 个评价指标，记为属性集 $C=\{C_1, L, C_N\}$，每个属性被划分为 K 个等级，$V=\{V_1,\cdots,V_K\}$，不同的区间对应于不同等级，如优、良、中、差等。若评价指标的度量值位于某个待评价区间，则在该等级上其联系数 $\mu=1$，在相邻等级上的联系数，采用线性函数插补来确定，其范围为 $[-1, 1]$；如果指标度量值距待评价等级超过一个等级，则它们是对立的，联系数取为 -1。

根据大坝工作性态评价体系，其评价指标定距类型，并根据级别将区间分割成对应的等级，可得到大坝工作性态评价指标的联系数，计算公式如下式所示：

$$\mu_{nk} = \begin{cases} 1 & x \in [v_{k-1}^n, v_k^n) \\ 1 + \dfrac{2(x - v_{k-1}^n)}{v_{k-1}^n - v_{k-2}^n} & x \in [v_{k-2}^n, v_{k-1}^n) \\ 1 + \dfrac{2(x - v_k^n)}{v_k^n - v_{k+1}^n} & x \in [v_k^n, v_{k+1}^n) \\ -1 & \text{其他} \end{cases} \tag{4.3-69}$$

式中　　μ_{nk}——第 n 指标对第 k 个等级的联系数;

$[v_k^n, v_{k+1}^n)$——第 n 指标的第 k 个等级对应的区间。

如此便可由大坝原型监测数据,确定该监测指标的第 k 各等级的基本概率赋值 $m_i'(k)$。

(2) 加权基本概率赋值。在大坝安全监测信息融合中,下层各监测信息对目标层或相应上层的相对重要性不同。本章采用熵权法确定指标权重,这样由底层监测信息的权重和通过集对分析确定的基本概率赋值,就可以得到一种改进的 D-S 证据理论的加权基本概率赋值,由此通过证据融合准则即可进行大坝工作性态的决策评价分析。

1) 熵值法确定指标权重。在信息论中,熵是系统无序度的度量。熵权反映了各指标所提供的有用信息量,信息熵越大,表示信息的无序程度越高,其信息的效用值越小,则权重越小;反之亦然。利用熵值法对大坝工作性态(变形、渗流等)评价指标进行赋权的基本步骤如下:

步骤 1:设有 M 个样本, N 项评价指标,形成原始数据矩阵:

$$X = (x_{mn})_{M \times N}, (m = 1, \cdots, M; n = 1, \cdots, N) \tag{4.3-70}$$

式中　　x_{mn}——第 m 样本的第 n 个评价指标的实测值。

步骤 2:将各指标数据归一化处理得到矩阵 z_{mn}:

$$z_{mn} = (x_{mn} - x_{\min}) / (x_{\max} - x_{\min}) \tag{4.3-71}$$

式中　　$x_{\max}$、$x_{\min}$——统一评价指标下,不同事物的最满意值和最不满意值。

步骤 3:第 n 个评价指标的熵为

$$e_n = -r \sum_{m=1}^{M} p_{mn} \ln p_{mn} \tag{4.3-72}$$

式中的 $r = 1/\ln M$, r 为常数; $p_{mn} = z_{mn} / \sum_{m=1}^{M} z_{mn}$。当 $p_{mn} = 0$ 时, $\ln p_{mn}$ 没有意义,对 p_{mn} 的计算修正为 $p_{mn} = (1 + z_{mn}) / \sum_{m=1}^{M} (1 + z_{mn})$。

步骤 4:各评价指标的权重为

$$w_n = (1 - e_n) / (N - \sum_{n=1}^{N} e_n) \tag{4.3-73}$$

2) 合成指标联系数。按照上述方法确定各项指标的权重之后,即可依据单项指标的联系度和各项指标的权重来合成联系度,即

$$\mu = a + b i_1 + c i_2 + d i_3 + e j$$

$$= \sum_{n=1}^{N} w_n a_n + i_1 \sum_{n=1}^{N} w_n b_n + i_2 \sum_{n=1}^{N} w_n c_n + i_3 \sum_{n=1}^{N} w_n d_n + j \sum_{n=1}^{N} w_n e_n \tag{4.3-74}$$

3）加权基本概率赋值。由熵值法确定的底层监测信息权重集 w_i 以及底层监测信息基本概率赋值 $m_i'(k)$，就可以定出该指标的加权基本概率赋值 $m_i(k)$：

$$m_i(k) = w_i m_i'(k) \tag{4.3-75}$$

由改进后的合成法则确定上一层监测信息的基本概率赋值，把最底层记为第一层，其基本概率赋值为 m^1，第二层监测信息基本概率赋值为 m^2，则第 i 层的监测信息基本概率赋值为 m^i，则有

$$m^2 = m_1^1 \oplus m_2^1 \oplus m_3^1 \oplus \cdots$$
$$m^{i+1} = m_1^i \oplus m_2^i \oplus m_3^i \oplus \cdots \tag{4.3-76}$$

式中 $\oplus$ 表示直和，即 D-S 证据理论的信息融合与融合的顺序无关。根据上述方法，已知大坝原型监测数据 x_i，就可以确定出该评价系统的单指标联系数，从而对每组证据赋予对应的基本概率值，可实现基于集对分析和熵值法赋权相结合的改进的加权 D-S 证据理论基本概率赋值。

4.3.3.4 基于多源信息融合的大坝性态综合评价与趋势预估

为了保障大坝安全，需要在对大坝稳定、变形、渗流等进行单一分析的基础上，合理、科学地完成大坝性态的多源信息融合的综合评价。目前一些学者应用层次分析法、模糊数学法、人工神经网络法和灰色聚类法等数学和智能理论和方法，结合坝工专业知识，从指标体系构建、指标度量方法、指标权重确定、综合评价数学模型等方面对大坝性态综合评价中涉及的关键科学问题开展了研究，取得了较多有意义的成果。但影响大坝性态的因素很多，且具有随机性、模糊性、不完整性等多种不确定性，给综合评价和预估带来了较大的困难。综合考量确定性与不确定性属性，将定性与定量评价相结合，实现大坝性态现状评价的基础上，给出性态趋势性预估等，是目前亟待加强的研究方向。

为了提高评价方法的精度，减小主观随意性，克服传统评价模型在同时考虑多重因素的确定性和不确定性方面的不足，采用集对分析方法从同异反三方面进行综合分析，并用熵值法实现 D-S 证据理论的加权基本概率赋值，构建 D-S 证据理论与集对分析相结合的监测信息融合模型，探讨模型的构建原理、算法及流程，并用集对分析方法实现大坝渗流性态的趋势预估。

1. 大坝性态评价指标度量

评价指标度量是指采取某种方法，按照一定的标准，根据评价指标的定性描述和定量数据，结合评价等级的划分，将难以相互比较的评价指标的原始资料转化为可相互比较的一般是在 [0，1] 上的数值。参考已有研究成果，将大坝评价指标和评价等级的区间有序地分割成 5 级。各个评价等级及其对应的区间值为

$$V = \{V_1, \cdots, V_K\} = \{[v_1, v_2], \cdots, [v_K, v_{K+1}]\}$$
$$= \{V_1, \cdots, V_5\} = \{正常, 基本正常, 轻度异常, 重度异常, 恶性失常\}$$
$$= \{[0.8, 1], [0.6, 0.8), [0.4, 0.6), [0.2, 0.4), [0, 0.2)\} \tag{4.3-77}$$

评价指标体系中的底层评价指标（即监测测点）是具有大量实测资料的定量指标，其指标度量主要是从监测效应的数值表现和趋势表现两个方面来进行考虑。基于实测资料，建立效应量与影响因素（上下游水位、温度、降雨、时效）之间的数学模型，将实测值与模型拟合值进行比较，并考察效应量特征值是否在正常范围内，从而得出数值评分值区

间，见表 4.3-1，再采用线性插值法得出最终的数值评分值；趋势表现是指大坝实测效应量随时间推移而出现的时效分量的趋势性变化过程，效应量的时效分量可通过建立的数学模型分离得到，趋势评分值主要是通过分析时效分量的变化特征和变化规律得到。

表 4.3-1 评价指标的度量

等 级	度 量 标 准	数 值 区 间
正常	$y \leqslant y_{max}$，且 $y \leqslant \hat{y} + 2S$	$[0.8, 1]$
基本正常	$y \leqslant y_{max}$，且 $\hat{y} + 2S < y \leqslant \hat{y} + 3S$	$[0.6, 0.8)$
轻度异常	$y \leqslant y_{max}$，且 $y > \hat{y} + 3S$	$[0.4, 0.6)$
重度异常	$y > y_{max}$，且 $y \leqslant \hat{y} + 3S$	$[0.2, 0.4)$
恶性失常	$y > y_{max}$，且 $y > \hat{y} + 3S$	$[0, 0.2)$

注 y—实测效应量；$\hat{y}$—监控模型预测值；y_{max}—效应量最大值；S—监控模型均方差。

2．D-S证据理论信息融合分析模型

用证据理论组合证据以后如何进行决策是与实际应用密切相关的问题。D-S证据理论合成规则有交换性和结合性两个重要特征，为我们进行证据组合是提供了方便。当证据数目超过两个时，不需要考虑两两合成的顺序问题。如果该证据相互之间存在矛盾的差异或一致性，则可以先将相似的证据进行组合，然后再进行多个分组之间的合成结论的组合，由此就可以得到D-S证据融合的分析模型，如图 4.3-8 所示。

3．基于集对分析的大坝性态综合评价与趋势预估

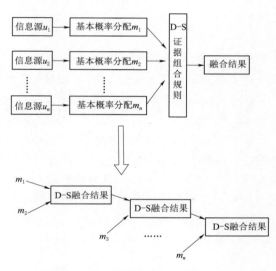

图 4.3-8 D-S证据理论信息融合

大坝性态综合评价是一个多层次多指标相融合的系统分析问题，且处在不断的发展变化过程中。在大坝性态的评价过程中，不仅要知道现状，也要利用大坝实测资料，构建人为参与少、可操作性强的大坝性态预估评价方法。集对分析方法中多元联系数及其偏联系数的概念，为客观描述和分析处在不同层次上的多因素间相互联系、相互影响和相互渗透提供了很好的数学工具。鉴于此，利用集对分析中偏联系数的相关性质，从整体上进一步揭示出多层次多指标相互作用下大坝性态的发展趋势。

偏联系数分析是根据多元联系数联系分量层次关系而展开的一种系统分析技术，偏联系数是联系数的一种伴随函数，可以根据联系数联系分量的系统层次关系导出。这里以五元联系数为例，首先将五元联系数 $\mu = a + bi_1 + ci_2 + di_3 + ej$ 看成是一个系统，根据系统科学理论，系统是一个演化着的有机体，为了定量地研究联系数中处于较高层次的联系分量向处于较低层次联系分量的演化发展趋势，可借用偏导数，得 1 阶偏导数为

$$\partial u = \partial a + \partial b i_1 + \partial c i_2 + \partial d i_3 \tag{4.3-78}$$

从发展的观点看，假定原联系数中 b 原本也是处于 a 层次上的，是从 a 中发展而来的，所以可以用 $(a+b)$ 作分母，b 作分子，用 $\partial a = b/(a+b)$ 表示原本处于 a 层次上的事物发展到 b 层次上的比例，同理可得其他层次的相应比例。这体现的是从高层次向低层次发展的趋势，例如对于大坝性态，"基本正常"是从"正常"发展演化而来的，即负向发展趋势。从辩证的观点看，一个系统的安全与不安全是一对矛盾，这对矛盾在发展的过程中既存在正向发展趋势，也存在负向发展趋势。故偏联系数可以分为偏正联系数、偏负联系数和全偏联系数等类型。

（1）偏正联系数为

$$\partial u^+ = \partial a^+ + \partial b^+ i_1 + \partial c^+ i_2 + \partial d^+ i_3 \tag{4.3-79}$$

式中的 $\partial a^+ = a/(a+b)$；$\partial b^+ = b/(b+c)$；$\partial c^+ = c/(c+d)$；$\partial d^+ = d/(d+e)$。其值的大小反映了原联系数所描述的事物朝正方向发展趋势的强弱程度。

（2）偏负联系数为

$$\partial u^- = \partial a^- + \partial b^- i_1 + \partial c^- i_2 + \partial d^- i_3 \tag{4.3-80}$$

式中的 $\partial a^- = b/(a+b)$；$\partial b^- = c/(b+c)$；$\partial c^- = d/(c+d)$；$\partial d^- = e/(d+e)$。其值的大小反映了原联系数所描述的事物朝负方向发展趋势的强弱程度。

（3）全偏联系数为

$$\partial u = \partial u^+ - \partial u^- \tag{4.3-81}$$

显然联系数所描述的事物的实际发展趋势应当是正向发展趋势与负向发展趋势矛盾运动的综合结果。当 $\partial u = 0$ 时，表明趋势预估对象处于非负非正的临界趋势，需要求出更高阶偏导，进一步分析判断其发展趋势；$\partial u < 0$ 时，表明趋势预估对象朝负向发展，存在恶化的风险，需及时采取有效措施来扭转这一趋势；反之亦然。

式（4.3-78）称为五元联系数的 1 阶偏导数。如果对式（4.3-78）再次求偏联系数可得 2 阶偏联系数：$\partial^2 u = \partial^2 a + \partial^2 b i + \partial^2 c j$，其中 $\partial^2 a = \partial a/(\partial a + \partial b)$，$\partial^2 b = \partial b/(\partial b + \partial c)$，$\partial^2 c = \partial c/(\partial c + \partial d)$。

同理依次可以得到五元联系数的 1 阶、2 阶、3 阶、4 阶偏联系数，它们分别表示一个具体的五元联系数在当前状态所含的 1 阶、2 阶、3 阶、4 阶潜在发展趋势。偏联系数是对多元联系数所刻画状态之发展趋势的一种刻画，一个多元联系数的一种偏联系数是对状态的一种刻画，多阶偏联系数是对状态在不同层次上的刻画。式（4.3-78）可以看做是集对分析的一种四元联系数，所表示的趋势可从四元联系数趋势排序表中直接查得。五元联系数可通过转化成四元联系数，四元联系数逐次得到二元联系数，这样就得到了发展趋势的联系数，实现了多元联系间的关联分析及预测。从发展的角度看，对于大坝性态，"基本正常"是从"正常"演化而来的，各种状态之间存在相互影响和相互渗透，符合偏联系数应用的要求。

根据所评对象性态演化趋势的联系数，由式（4.3-79）～式（4.3-81）可计算得到性态演化发展的相应趋势，这样就实现了多元联系间的关联分析，从而可以看出联系度的发展趋势，继而实现对系统的动态评价，完成大坝性态的发展趋势评估。

第 5 章

病险水库除险加固效果
评价指标体系

水库大坝除险加固效果评价是一个立体交错的系统性体系，具有多时间、多空间的特点，其不仅涉及除险加固方案，还涉及除险加固前后水库大坝的安全状况和除险加固的效益。同时，其还与工程施工具有不可分割的联系。本章在系统分析影响水库大坝除险加固效果评价因素和建立评价指标体系基本原则的基础之上，深入研究并构建水库大坝除险加固效果评价指标体系，并建立对各评价指标进行调查的方法体系。对于土石坝和混凝土坝而言，其除险加固效果评价的库区影响因素大部分是相同的，只有在对坝体除险加固效果评价时，由于两种坝型各自的特性、关注的重点及涉及的内容才会有所差异，其评价的指标也有所不同，因此将分开叙述。

5.1 评价指标体系建立的理论基础

5.1.1 评价指标体系建立的原则

水库大坝除险加固效果评价的影响因素复杂，具有"多学科交叉、专业性强"的特点，是一个复杂的系统工程。在建立水库大坝除险加固效果评价体系时，应遵循以下六大基本原则。

1. 全面性原则

充分反映水库大坝除险加固效果的各个侧面是建立合理的水库大坝除险加固效果评价指标体系的必要条件。全面性原则要求充分体现除险加固中的不足之处，以确保评价结论的公平性。全面是保证"无偏"的前提。但是全面性绝不能理解为"指标越多越好"，而需理解为所涉及的指标体系应能够反映除险加固的各个方面或侧面。

2. 科学性原则

科学性原则的基本特点是"合理、科学、准确"，真实客观反映事物的本质特征，其涉及计算方法、组成元素、指标内容及评价体系的整体架构，应始终贯彻整个水库大坝除险加固效果评价体系。根据科学性原则研究影响评价事物安全状况的主要因素，主要考察的对象应涉及水库防洪需求、渗流安全性态和坝体结构安全性态等。同时，对与工程施工、管理、效益等经济特征也应着重分析。科学性原则是信息可靠性和客观性的基本保障，是评价体系有效性的保证。

3. 可行性原则

以往建立的除险加固评价指标体系具有较强的理论性，内涵反映较好，但应用于实际工程的可行性不强。因此，在选择指标时，不仅要定义精准，便于数据搜集，还需结合基本国情以及现有技术水平。保证评价指标体系的可行性，使评价得以顺利实施。

4. 可比性原则

可比性原则的基本特征是"公平、可比"，其要求每个评价对象及基于评价对象的评价指标体系具有公平性与可比性。为保证评价结果合理、可靠且方便比较，评价指标应当量化，在对指标进行量化的基础上，事物的真实面目才能被准确地揭示开来。因此，在设计评价指标体系时，需考虑到在量化时能够获得这些指标准则的测度标准。

5. 针对性原则

一般而言，不同的系统具有不同的效果评价指标体系，尽管它们具有相似性，体系的某些子指标可能相同，但具体细节仍会存在差别，如混凝土坝、土石坝的结构安全评价中，坝体稳定都是一个重要的评价指标，但两者的含义是大不相同的。因此，在建立水库大坝除险加固效果评价指标体系时，需对具体问题作出具体分析。

6. 可操作性原则

水库大坝除险加固效果评价体系需具备清晰、明确的结构，每一个子指标体系具有相互独立的特性，以便使用者可以依据工程实际情况，生成相应的子指标体系。

5.1.2 评价指标体系的建立方法

5.1.2.1 评价指标体系构造的基本内容

水库大坝除险加固效果综合评价指标体系是一个信息系统，系统的构造一般需包括系统元素的配置和系统结构的安排两个方面。为了进行水库大坝除险加固效果评价的系统性分析，可以将以实现除险加固效果评价为目标的水库大坝除险加固效果综合评价系统（Effect Comprehensive Evaluation System of Reinforced Dams，ECES - RD）定义如下。

水库大坝除险加固效果综合评价系统（ECES - RD）是由不同属性的效果综合影响因素、组成成分（子系统、外部环境影响因子）相互交织、相互作用、相互渗透而构成的具有特定结构和功能的复杂系统。其内涵可表示为

$$ECES-RD \in \{S_1, S_2, \cdots, S_m, R_{ei}, O, R_{si}, T, L\}, (S_i \in \{E_i, C_i, F_i\}) \quad (5.1-1)$$

式中　　　S_i——第 i 个子系统；

E_i、C_i、F_i——子系统 S_i 的要素、结构和功能；

R_{ei}——系统关联集合，是 ECES - RD 中的相关关系集，既包括子系统间的关联关系，又有子系统内部各要素间的关联关系；

R_{si}——系统限制或约束集；

O——ECES - RD 的系统目标集；

T、L——时间、空间变量；

m——子系统和影响因素集的数目。

在加固效果评价指标体系中，系统元素为每个指标，系统结构则在各指标间的相互关系中体现，如坝体渗流系数、渗透坡降是评价水库大坝渗流康复程度的两个相互并列、相互补充的指标，同时也是大坝渗流康复程度评价指标下的两个子指标。

鉴于此，除险加固效果评价指标体系的构造应包括单项评价指标的构造及指标体系结构的构造两个方面的内容。从构造程序来看，一般是先建立结构而后设计元素。

1. 构造指标体系结构

评价指标体系中各指标间的相互关系在指标体系构造的结构中得以体现，故构造指标体系结构具有十分重要的意义。现有的水库大坝除险加固评价指标体系基本上都是最简单的三层结构的形式，分别为总目标层、子目标层、指标层。然而水库大坝除险加固效果往往受加固方案选取、水库大坝康复程度、加固效益等因素的影响，每个因素下又包含了许多不同的影响指标，是一个复杂的系统评价过程。三层结构显然不能满足这样的系统评价过程。因此，需要将指标体系构造的结构进一步扩展，将水库大坝除险加固效果评价指标体系用四层结构进行构造，如图 5.1-1 所示。

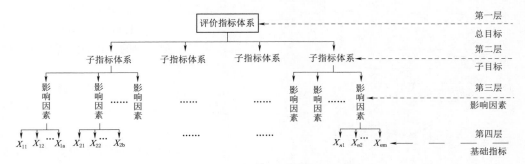

图 5.1-1　四层指标体系结构图

2. 单项评价指标的构造

对于水库大坝除险加固效果综合评价而言，单项指标的构造主要包含该指标体系的具体组成，即每个指标的概念、单位、范围、计算方法等，同时计算方法则又涵盖了计算的标志内容界定、时空范围界定、总体范围界定等，如图 5.1-2 所示。根据统计指标理论，单项指标构造的基本步骤可包括四个方面：①明确指标测量目的并给出评价结

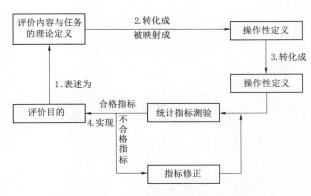

图 5.1-2　单项评价指标构造流程

论理论定义；②选取待构建指标并给出操作性定义；③设计指标计算内容和方法；④实施统计指标测验。由于水库大坝除险加固效果综合评价问题本身的特殊性和复杂性，有时需要考虑对指标进行某种变换。

5.1.2.2　评价指标体系构造过程

评价指标体系的构造是一个从"具体-抽象-具体"的辩证逻辑思维过程，这个过程包括以下四个步骤：理论准备、指标体系初选、指标体系完善、指标体系试用。指标体系构造的流程图如图 5.1-3 所示。

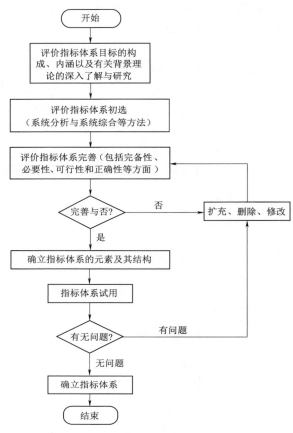

图 5.1-3 综合评价指标体系构造流程图

1. 理论准备

水库大坝除险加固效果评价指标体系构造过程中的理论准备包括两个方面：一是要求设计者对水库大坝除险加固相关领域的有关基础及实践有一定深度和广度的了解，并尽量全面掌握现已有描述性指标体系的概况；二是应具备有一定的统计理论与方法素养，特别是对统计指标基本理论应该有较多的了解，否则设计出的指标公式就有可能出现各种各样的错误。

通过理论分析，综合评价者需要在充分了解并准确把握评价对象外延的基础之上，构造一个合理的理论模型。理论模型的任务是阐释评价对象或者评价目标各构成部分之间的相互关系。一般来说，如果一个评价对象的外延包括 N 个构成部分，则各部分之间的基本逻辑关系大致有以下几种：主次关系、支撑关系、平行关系、补充关系、先后关系。

主次关系是指若干个模块中，一个是"主要模块"或者"核心模块"，其他模块则是次要模块或者辅助模块。支撑关系是指两个模块中的一个模块是靠另一个模块的支持而得以发展的状况。平行关系是指两个模块在逻辑上是并列的、对等的，无先后与主次之分的关系。补充关系是指两个模块中一个模块是另一个模块功能的一种补充。先后关系是指一个模块的发生先于另一个模块。

一个综合评价体系通常是上述多个或者多种模块的集合体。综合评价指标体系设计者需根据具体评价对象的实际情况，判断其各构成要素之间的逻辑关系，从而构造指标体系理论模型。

下面选择几种常见的框架模型进行分析。

（1）第一种：同心圆模型。即构成评价内容的各侧面存在一个"核心模块"，其他模块只是这个核心模块的一种展开或深化，越是外围的侧面，其与评价目标之间的关联程度越弱，如图 5.1-4 所示。

（2）第二种：多边形模型。当构成综合评价指标体系之各侧面之间没有明显之先后与主次，而是呈"平

图 5.1-4 同心圆模型

等"关系时，则就可以得到如图5.1-5所示的"多边形模型"。可以用一个顶点或者一条边来代表一个模块，若是三个模块，即为"三角模型"；若是四个模块，即为"菱形模型"；若是五个模块，即为"五星模型"；若是六个模块，即为"钻石模型"。

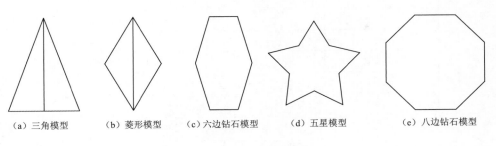

| (a) 三角模型 | (b) 菱形模型 | (c) 六边钻石模型 | (d) 五星模型 | (e) 八边钻石模型 |

图 5.1-5　多边形模型

（3）第三种：多向支撑模型与指环模型。当构成评价体系之各模块存在一个基本模块（核心模块）。其他模块只是这个模块的一种"附庸"或者支撑点，则就可以获得如图5.1-6所示的"多向支撑模型"（"跳马模型"）。若有两个辅助输出目标，便可形象地称为"鞍马模型"或"指环模型"。

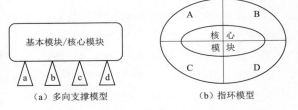

(a) 多向支撑模型　　　(b) 指环模型

图 5.1-6　多向支撑模型与指环模型

（4）第四种：复杂关系模型。上述模型都只包含了一种或两种简单的关系，在实际的综合而评价过程中，有些评价理论模型往往是比较复杂的，这种理论模型又常常是构成综合评价方法选择的重要依据。

对于病险水库除险加固评价指标体系而言，由于其含有总目标层、子目标层、影响因素层和基础指标层四层结构，同一层次之间的指标相互之间呈"平等"关系，即构成了多边形模型。其下一层次的指标对上一层次指标具有"支撑"作用，即符合多向支撑模型。如病险水库除险加固解决了水库大坝的防洪、渗流与结构、金属结构等安全问题以及运行管理等方面的问题，这些安全评价指标之间构成了多边形模型，而这些指标与其上一层次的除险加固康复程度子目标又构成了多向支撑模型。结合对病险水库除险加固评价指标体系结构的分析，考虑水库加固过程中影响最终效果评价的主要影响因素，结合多个单一模型特点综合建立如图5.1-7所示的"积木"模型，以全面反映病险水库除险加固评价指标之间的结构关系。

2. 评价指标初选

在具备了一定的理论与方法素养之后，评价指标体系设计者可以采用一定的方法来构造评价指标体系的框架，并逐步深入、逐步求精。此时只强调评价指标体系的效度而不考虑指标体系中有关数据的可获得性或者说评价的可信度。评价指标体系构造过程中比较有效地方法是系统分析法。下面以水库大坝除险加固为例，对系统分析法进行简要说明。

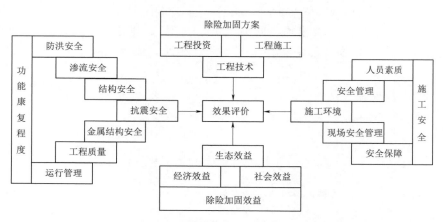

图 5.1-7 水库大坝除险加固效果评价的"积木"模型

就系统分析法在综合评价指标体系中的应用而言，系统分析法首先将目标与度量对象分割为各个子系统；其次，进一步深入并再次划分子系统，呈现出各级子系统及功能模块；最终，采用具体统计指标真实客观地描述每一个子系统。因此，系统分析法包括以下几个步骤：

第一步：对评价问题的内涵与外延做出合理解释，划分概念的侧面结构，明确评价的总目标和子目标。就设计加固效果评价体系而言，明确"什么是水库大坝除险加固？影响水库大坝除险加固的主要影响因素有哪些?"是十分有必要的。一般来说，除险加固是指为使水库大坝使用功能恢复而采取的工程、非工程措施，而一般影响除险加固效果的影响因素涉及了除险加固方案、功能指标康复程度、工程施工及除险加固效益等方面。上述分析是便于对基本概念进行理解，同时也间接地分解了评价目标。

第二步：进一步剖析划分各个子目标或概念侧面。对于水库大坝除险加固效果综合评价指标体系的影响因素，其中的"功能指标康复程度"模块，进一步对其进行剖分和解释时，该影响因素又可以继续分为七个子指标，分别为"金属结构安全康复程度""防洪安全康复程度""抗震安全康复程度""运行管理康复程度""结构安全康复程度""工程质量"及"渗流安全康复程度"。

第三步：重复第二步，其目的是各个子目标或侧面都可以直接采用确切的指标进行反映。

第四步：设计每一子层次的指标，即对各个子层次指标进行设计。这里的"指标"涵盖了"可量化指标"和"定性指标"。

3. 评价指标体系筛选完善

初选只是给出了评价指标体系的"指标可能全集"，这是对目标的选取及概念的划分，但是这没有涉及各指标的关联性与相似性，故初选的结果可能会具有重复性，也可能有遗漏甚至错误。因此，必须对初选的指标体系进行筛选、完善处理，其处理的方法可采用下面几种方法：

（1）条件广义方差极小。若 n 个样本中，给定 p 个指标 x_1，x_2，…，x_p，则全部数据可表示为下面的矩阵形式：

$$X = \begin{bmatrix} x_{11} & x_{12} & \cdots & x_{1p} \\ x_{21} & x_{22} & \cdots & x_{2p} \\ \vdots & \vdots & & \vdots \\ x_{n1} & x_{n2} & \cdots & x_{np} \end{bmatrix} \begin{matrix} \leftarrow 第一个样本 \\ \leftarrow 第二个样本 \\ \vdots \\ \leftarrow 第 n 个样本 \end{matrix} \qquad (5.1-2)$$

矩阵的第 i 行数据对应于第 i 个样本的观察值。通过式（5.1-2），可以得出变量 x_i 的均值、方差与 x_i、x_j 之间的协方差，计算表达式为

$$均值 \ \overline{x}_i = \frac{1}{n}\sum_{a=1}^{n} x_{ai} \ (i=1, 2, \cdots p) \qquad (5.1-3)$$

$$方差 \ s_{ii} = \frac{1}{n}\sum_{a=1}^{n} (x_{ai}-\overline{x}_i)^2 \ (i=1, 2, \cdots p) \qquad (5.1-4)$$

$$协方差 \ s_{ij} = \frac{1}{n}\sum_{a=1}^{n} (x_{ai}-\overline{x}_i)(x_{aj}-\overline{x}_j), \ (i \neq j, \ i、j=1, 2, \cdots p) \ (5.1-5)$$

由 s_{ii}、s_{ij} 构成 S，即

$$S = (s_{ij})_{p \times p} \qquad (5.1-6)$$

S 称为 x_1，x_2，$\cdots$，x_p 这些指标的样本协差阵。$|S|$ 反映这 p 个指标变化，称其为广义方差，因为 $p=1$ 时 $|S|=|S_{11}|=$ 变量 x_1 的方差，所以它可看成是方差的推广。可以证明 $|S|$ 达到最大值的条件是 x_1，x_2，$\cdots$，x_p 之间相互独立；$|S|$ 等于 0 的条件 x_1，x_2，$\cdots$，x_p 之间具有线性相关。因此，当 x_1，x_2，$\cdots$，x_p 之间既不相互独立，又不存在线性相关关系时，$|S|$ 大小代表了指标内部相关性。

x_1，x_2，$\cdots$，x_p 可分成 $(x_1, \cdots, x_{p1})$ 和 $(x_{p1+1}, \cdots, x_p)$ 两个部分，依次记为 $x_{(1)}$ 和 $x_{(2)}$，即

$$x = \begin{Bmatrix} x_1 \\ x_2 \\ \vdots \\ x_p \end{Bmatrix} = \begin{bmatrix} x_{(1)} \\ x_{(2)} \end{bmatrix} \begin{matrix} p_1 \times 1 \\ p_2 \times 1 \end{matrix}, \ p_1+p_2=p \qquad (5.1-7)$$

$$S = \begin{bmatrix} s_{11} & s_{12} \\ s_{21} & s_{22} \end{bmatrix} \qquad (5.1-8)$$

此时，s_{11}、s_{22} 分别表示 $x_{(1)}$ 和 $x_{(2)}$ 的协差阵。给定 $x_{(1)}$ 后，$x_{(2)}$ 对 $x_{(1)}$ 的条件协差阵为

$$S(x_{(2)}|x_{(1)}) = s_{22} - s_{21}s_{12}s_{11}^{-1} \qquad (5.1-9)$$

由式（5.1-9）可知，若已知 $x_{(1)}$，则可知 $x_{(2)}$ 的变化情况，当 $x_{(2)}$ 变化不大时，$x_{(2)}$ 指标可忽略，表示 $x_{(2)}$ 中所含内容，在 $x_{(1)}$ 中基本皆可得到，因此具体方法如下：

将 x_1，x_2，$\cdots$，x_p 分成 $(x_1, \cdots x_{p-1})$ 和 x_p 两部分，即 $x_{(1)}$ 和 $x_{(2)}$，根据式（5.1-9）可知 $S(x_{(2)}|x_{(1)})$，其值是判定 x_p 是否可以忽略的量，进而删除，记为 t_p。类似地，将 x_i 看成是 $x_{(2)}$，其余看成 $x_{(1)}$，用式（5.1-8）算得 t_i。从而得到 t_1，t_2，$\cdots$，t_p 这 p 个值，比较大小，可考虑删除最小的一个，这与所选的临界值 C 有关，可依据经验选取。对删去后留下的变量，重复上述步骤，直至无变量可删为止，从而保证选得的指标集既具代表性，又不重复。

（2）极大不相关。如果 x_1 与其他的 x_2，…，x_p 是独立的，即 x_1 无法由其他指标表示，删选出的指标相关性越小越好。因此，可导出极大不相关方法。首先求出相关阵 R：

$$R = (r_{ij}) \tag{5.1-10}$$

$$r_{ij} = \frac{s_{ij}}{\sqrt{s_{ii} \cdot s_{jj}}} \tag{5.1-11}$$

r_{ij} 称为 x_i 与 x_j 的相关系数，表示 x_i 与 x_j 的线性相关程度。现考虑复相关系数，即其中一个变量 x_i 与余下 $(p-1)$ 个变量之间的线性相关程度，记为 $\rho_{x_i \mid x_1, x_2, \cdots, x_{i-1}, x_{i+1}, \cdots, x_p}$，简化为 ρ_i。

$$R = \begin{bmatrix} R_{-i} & r_i \\ r_p^T & 1 \end{bmatrix}_1^{p-1} \tag{5.1-12}$$

$$\rho_i^2 = r_p^T \cdot R_{-i}^{-1} \cdot r_i \quad (i=1,2,\cdots p) \tag{5.1-13}$$

由式（5.1-13）可以计算得到第 i 个指标的复相关系数，表示它与其余变量相关性的大小，确定临界值 D 后，若 $\rho_i^2 > D$ 则可以删去 x_i。

4. 评价指标体系结构优化

评价结论的合理性与准确性很大程度上取决于指标体系结构的优化程度，故指标体系结构优化具有十分重要的作用，其涉及的优化方法及优化内容如下：

（1）指标体系结构完备性分析。从整个指标体系结构看，完备性分析主要是检查综合评价目标的分解是否出现遗漏，有无出现目标交叉而导致结构混乱的情况。重点是对平行的结点（子目标或者子子目标）进行重叠性与独立性的分析，检查是否存在平行的某一个子目标包含了另一个或几个子目标的部分或全部内容。若出现这种包含关系，则有两种办法：或进行归并处理，即将有重叠的子目标合并成一个共同的子目标；或进行分离处理，将重叠部分从中剥离出来。指标体系结构完备性分析一般采用定性分析的方法进行优化。

（2）评价指标体系层次"深度"与"出度"分析。评价指标体系的层次数（层次深度）与指标总个数、每一上层直接控制的下层个数有关。采用图论中的术语，则每一上层控制下属段位个数称为"出度"；控制该下层的直接上层个数称为该下层的"入度"。评价对象概念的复杂程度较高，则层次数可以多一些，但层次数过多则每一层内部指标个数就会减少。显然层次的深度与出度之间是相互制约的关系。

根据经验，一般的评价指标体系层次深度（包括最低层的指标层）在 3～5 层是比较合理的。层次过多反而会使评价问题的因素分析（即从不同侧面变动对总变动影响构成的角度进行因素分析）变得复杂化。另外，根据心理学研究结论，对于九项以上的项目进行两两比较时，极容易导致不一致的情况。由于综合评价指标体系层次结构图还要用于构权，因此指标层次结构图的"出度"不能超过 9，最理想的层次"出度"为 4～6。一般情况下，"出度"应该大于 1。

（3）指标体系结构的聚合情况。从系统结构看，评价指标体系中各子体系的指标是一个类，因此必须有合理的或科学的依据保证它们可以"聚合在一起"。在评价指标体系中可以使用的两种聚合方式为：功能聚合与相关性聚合。

功能聚合是指将评价同一侧面或同一目标的单项指标放在一个模块内，而将不同的指标放入不同的模块之中。这是综合评价指标体系结构的最基本要求。所有指标体系都必须以此进行聚合。

相关性聚合是指将彼此相关程度或相似程度高的评价指标聚在一个模块之中，而将不太相似的指标放入其他类。采用效用函数法、模糊综合评价法进行综合评价时，相关性聚合是没有意义的、不必要的。但对于多元统计分析法，相关性聚合是必不可少的。因为主成分分析、因子分析法都与相关系数矩阵有关，若不进行相关性聚合，就有可能导致综合评价结果不合理。相关性聚合只适用于对最低层——指标层的再分类，且只能对层内指标进行这种相关性聚类，而不能对所有指标进行一次性聚类，因为相关性聚类的结果很可能与功能聚类相矛盾。

5. 评价指标体系试用

试用评价指标体系在水库大坝除险加固效果评价中是一个尝试性的实践过程。除险加固效果评价指标体系需在病险坝除险加固效果评价的实践中逐步地进行修正，并在实践中不断地进行完善。根据实际情况讨论结果的合理性，逆向分析评价结论不合理或不准确的原因所在。在实际工程中，存在着诸多因素会对评价结论产生影响，而且评价指标体系本身的科学性也会对评价结论产生重要的影响。指标体系的结构和指标选择在影响着评价方法选择的同时，也受评价方法的影响。

上述五个环节，是建立水库大坝除险加固效果评价体系的构建周期或全过程，可用如图 5.1-8 所示的流程图进行表示。

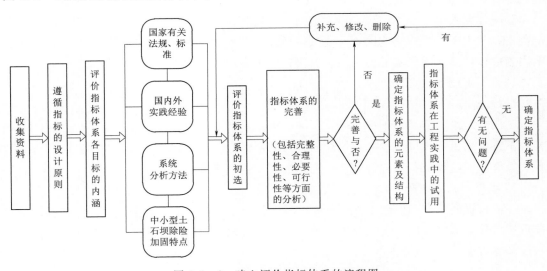

图 5.1-8　建立评价指标体系的流程图

5.2　除险加固效果影响因素

要建立合理有效的水库大坝除险加固效果评价指标体系，需对水库大坝除险加固效果评价中的各种影响因素进行全面深入的分析。

根据《水库大坝安全评价导则》（SL 258），现有最全面的大坝安全评价也只针对某特定时刻的水库大坝，仅就其防洪安全、渗流安全、结构安全、抗震安全、金属结构安全、工程质量、运行管理等七个方面进行评价，这七个方面被称为大坝功能指标。与之相比，水库大坝除险加固效果评价系统不论在涵盖范围还是时间跨度上均较为复杂。首先，土石坝除险加固效果评价不仅涉及上述七个大水库大坝功能指标，还应涉及除险加固方案合理性、施工工艺可靠性、除险加固效益等多个因素；其次，对于七个水库大坝功能指标而言，除险加固效果评价不仅仅是对某个特定时刻大坝状态的评价，它涉及除险加固工程实施前、后大坝状态的对比，即大坝功能指标康复的程度；再次，若在除险加固工程实施过程中发生安全事故，不仅对加固工程进度产生影响，也必将对工程的形象（特别是有旅游功能的水库）造成不良影响。因此，水库大坝除险加固效果评价指标体系还应该包括除险加固方案的选取、工程施工、加固效益等因素。综上所述，水库大坝除险加固效果评价的影响因素是极为复杂的，它涉及经济、技术、社会、人文等多个方面。

5.2.1　除险加固方案

根据病险水库的实际情况对除险加固的必要性和可行性做出判断，对各种可行的除险加固方案的技术经济效果进行分析比较，选择切实可行的加固方案，才能有效地改善病险水库的服务性能，继续发挥病险水库固有的使用功能，延长病险水库大坝使用寿命，让它继续更好地为当地社会与经济服务。

除险加固方案评价应该包括该方案的工程投资、加固工程技术、加固工程施工三大影响因素，其中工程投资影响因素又应该包括投资利用的合理性、充分性；除险加固技术影响因素应该包括加固技术的适用性、安全性、可靠性，加固工程施工包括施工设备、施工工艺、施工工期等。

5.2.1.1　加固工程投资

不同病险水库的病害不尽相同，其加固措施、加固工程量、工程造价等也存在较大差异，不宜单用工程投资多少来评价加固方案的合理性。根据病险水库不同加固工程方案的投资概算，通过投资利用的合理性、充分性对其进行评价。

1. 投资利用合理性

评价投资利用合理性在于分析研究工程的投资款是否得到了合理利用，其依据为病害严重性及病害危害程度；同时投资合理性也应该表现，相同的投资其效果应该尽可能使除险效果尽可能好。

2. 投资利用充分性

评价投资利用充分性是为了考察工程投资是否达到预期效果或者其应达到的效果，保证除险加固工程的每一笔投资款均应发挥其应有作用。

5.2.1.2　加固工程技术

对照除险加固项目立项的预期水平，用实际达到水平进行对比（对于除险加固前后方案比选，则采用专家调查法等对实际水平进行预判），通过对比展开调查和分析除险加固技术的适用性、安全性、可靠性，从而评价所采取的除险加固方案与实际除险加固的匹配程度。

1. 加固技术适用性

不同的大坝坝型、工程等别、工程地质条件等，其使用的除险加固工程技术是不同的。因此，在除险加固工程方案比选时应充分认识各工程技术的适用条件。如一般的土石坝防渗加固可以采用混凝土截渗墙、高压喷射灌浆、劈裂灌浆、土工膜铺设等技术，混凝土截渗墙可以适应除粉细砂以外的各种地层、深度可达上百米而可在水库不放空时施工，施工质量易于监控，但其造价较高且要求施工场地开阔；高压喷射灌浆适用于地层粒径在10cm以内的各种地层，尤其适用于各种土层，目前最大深度已达80m，对地下障碍物多和施工场地高差大等情况都具有良好的适应能力，但造价偏高，对施工队伍素质要求高，对环境有一定污染，孔深时质量难以控制和检查；深层搅拌方法只能适用于粉细砂以下颗粒，施工速度快且造价低，但是搅拌深度一般在30m以内。

由此可见，现实中不同的除险加固技术往往能达到相同的除险加固目的，但加固技术本身的适用条件、优缺点各异。因此，针对任意一个水库大坝，应结合其自身的病险特点、所处地质环境以及相应的投资规模，选定最实用的除险加固技术方案，切勿盲目选取而造成不良后果。

2. 加固技术安全性

安全性是指所运用的水库大坝除险加固技术不发生事故的能力，是判断除险加固技术运用的一个重要指标。它表明除险加固技术在规定的条件下，在规定的时间内不发生事故的情况下，完成既定工作的性能。其中，事故指的是使一项正常进行的活动中断，并造成人员伤亡、职业病、财产损失或损害环境的意外事件。

除险加固前进行方案比选时，应该查阅以往其他水库大坝采取相同加固技术时的安全性，综合比较分析不同加固技术的安全性；而在加固后评价时，应回顾整个除险加固过程，综合评判加固技术的安全性。

3. 加固技术可靠性

除险加固技术最终应能够解决水库大坝的病险问题使之按要求工作运行，故需评价所采取加固技术的可靠性，即达到预定除险加固目的的能力。除险加固技术的可靠性越强，则表明其完成既定工作性能的可能性越大，发生故障的可能性越小。当加固技术很容易发生故障时，其可靠性不高。

除险加固前进行方案比选时，应该查阅以往其他水库大坝采取相同加固技术时的可靠性，综合比较分析不同加固技术的可靠性；而在加固后评价时，应回顾整个除险加固过程，综合评判加固技术的可靠性。

5.2.1.3　加固工程施工

从宏观的角度讨论加固工程的施工状况是论证或评价除险加固方案的一个重要组成部分，主要包括施工设备、施工工艺、施工工期等影响因素。

施工设备选型的标准、对施工场地的适应能力、工作可靠性，施工工艺流程、施工组织设计的好坏等都会在整体上影响除险加固工程的治理效果，且会延长整个除险加固的施工工期。

需要注意的是，既不能盲目而不切实际地随意缩短工期，也不能无限制地延长工期，而应与实际采用的除险加固相关联。在保证施工质量的前提下，尽可能缩短工期，以尽早发挥水库大坝的功能，产生实际生产效益而避免过分浪费人力、物力、财力。

5.2.2 水库大坝功能康复程度

"水库大坝功能康复程度"是水库大坝除险加固效果评价的影响因素中最关键的因素，同时也是对除险加固效果评价影响最大的因素，水库大坝功能指标参数的大小，直接影响着水库大坝的安全状态。根据《水库大坝安全评价导则》（SL 258）的规定，将水库大坝功能康复程度分为七个子项分别进行评价：防洪能力、渗流安全、结构安全、抗震安全、金属结构安全、工程质量、运行管理。这七个分项是影响大坝工程安全的主要方面，而每个分项下面还包括很多具体内容，即分项下还有若干个子指标。根据规范，不同的坝型其评价的内容、侧重点也是不一样的。如对于混凝土坝而言，评价渗流安全的主要指标有混凝土抗渗等级、排水设施有效性、防渗帷幕作用、渗流析出物、渗漏量等；而对于土石坝而言，主要指标有防渗体渗透性、出逸点位置、出逸坡降、最大渗透坡降、渗流量、反滤体排水设施布置等。另外，对于结构安全、抗震安全等，不同的坝型评价时也有所差别。在对水库大坝功能康复程度评价过程中主要用到的规范如下所示：《防洪标准》（GB 50201）、《水库大坝安全评价导则》（SL 258）、《混凝土重力坝设计规范》（SL 319）、《碾压式土石坝设计规范》（SL 274）、《水利水电工程等级划分及洪水标准》（SL 252）、《水工建筑物抗震设计规范》（SL 203）、《小型水利水电工程碾压式土石坝设计导则》（SL 189）、《土石坝安全监测技术规范》（SL 551）、《混凝土坝安全监测技术规范》（SL 601）、《水利水电工程边坡设计规范》（SL 386）、《混凝土拱坝设计规范》（SL 282）、《土坝坝体灌浆技术规范》（SD 266）、《水工建筑物岩石基础开挖工程施工技术规范》（SL 47）、《水工混凝土施工规范》（DL/T 5144）、《水利水电工程钢闸门制造安装及验收规范》（DL/T 5018）、《水利水电工程启闭机制造、安装及验收规范》（DL/T 5019）。除此以外，也用到的其他规范这里不再一一列举。

5.2.2.1 防洪能力

1. 防洪高程

由于各种原因大坝坝顶高程（土石坝还包含防渗体顶高程）并不满足规范要求；与防渗体形成一体的防浪墙断裂或破坏；防渗体顶部在正常蓄水位或设计洪水位以上的超高程度不满足规范要求；防渗体顶部低于非常运用条件下的静水位等，都严重危害着水库大坝的安全性以及下游人民的财产安全。因此防洪高程的复核至关重要，也是除险加固效果评价的一个重要方面。

2. 防洪库容

利用特征水位，复核水库大坝的防洪库容是评价其是否满足既定的防洪标准的重要依据。

3. 泄流能力

根据《碾压式土石坝设计规范》（SL 274）、《混凝土重力坝设计规范》（SL 319）等设计规范的规定，需要复核并确定水库安全度汛的设计和校核水位及其相应的最大下泄流量。由此确定的设计和校核洪水位所相应的设计洪水频率和校核洪水频率，即为水库大坝现状的抗洪能力。

4. 防洪标准

防洪标准的大小直接影响到水库大坝抵御洪水的能力。病险水库通过除险加固提高其防洪标准，对于该水库区域的生命财产安全以及效益都具有重要意义。

5.2.2.2 渗流安全

1. 土石坝

大多数病险土石坝都存在坝体和坝基渗漏、绕坝渗漏、散浸、流土、管涌等渗流问题，是严重影响水库大坝安全的重要因素。存在渗流安全问题的病险水库往往表现出坝体浸润线和坝坡出逸点过高、渗透坡降过大、渗流量过大等方面，因此对这些因素进行除险加固前后的分析对比，可以反映病险水库除险加固后渗流安全的康复程度。

（1）防渗体渗透系数。土石坝防渗体渗透系数的大小是影响土石坝防渗性能的重要因素。若防渗体渗透系数过大则会造成水库渗漏量过大、坝体浸润线过高等，从而危及大坝安全。《碾压式土石坝设计规范》（SL 274）规定，均质坝坝体黏土、心墙和斜墙防渗体黏土、铺盖黏土渗透系数应分别不大于 $1\times10^{-4}\,\mathrm{cm/s}$、$1\times10^{-5}\,\mathrm{cm/s}$、$1\times10^{-6}\,\mathrm{cm/s}$。

（2）出逸点位置。土石坝渗流出逸点渗透坡降往往较大，容易发生渗透破坏。在实际工程中，在渗流出逸点处一般设置反滤层加以保护，若病险水库出逸点高于原反滤层或排水体，则容易发生渗透破坏。因此，渗流出逸点位置是判断大坝渗流安全的重要影响因素。通过监测资料分析和渗流计算，可以得到除险加固前后出逸点位置，对其进行比较以判断除险加固前后大坝渗流安全的康复程度。

（3）出逸坡降。土石坝渗流出逸处，极其容易发生渗透破坏，诸如管涌、流土等现象，从而可能将导致坝体内部逐渐掏空，最终使坝体发生破坏。因此，必须严格控制渗流出逸坡降小于出逸处土料的临界坡降。

（4）渗透坡降。若坝体、坝基各料区渗透坡降超过其允许渗透坡降，则会发生渗透破坏。因此，渗透坡降是判断土石坝渗流安全的重要因素之一。通过监测资料分析和计算，得到除险加固前后坝体、坝基材料分区的渗透坡降并进行比较，判断除险加固前后大坝渗流安全的康复程度。

（5）渗漏量。渗漏量大小是影响水库发挥工程效益的重要因素。对比分析水库除险加固前后渗流量的变化、渗漏水的水质和析出物变化情况，可以判断除险加固渗流安全的康复程度。

（6）反滤体、排水设施布置。设置反滤结构、排水设施的地方，可以有效增加该处土体抵抗渗透变形的能力，是提高土体抗渗透破坏能力的一项有效措施。通过相关监测资料分析，对比分析反滤结构、排水设施设置前后，坝体渗流性态的变化情况，判断除险加固渗流安全的康复程度。

2. 混凝土坝

常规混凝土重力坝和拱坝为连续浇筑的大体积混凝土，防渗能力一般都不会存在问题，其防渗要求未做特别要求。砌石坝和碾压混凝土坝因坝体材料的防渗存在不足，一般要求在上游设防渗板、防渗心墙或防渗层等。

（1）混凝土抗渗等级。在混凝土坝中，主要起防渗作用的混凝土应该满足抗渗要求，如砌石坝坝体防渗面板与心墙的混凝土。

（2）排水设施。为减小渗水对坝体的有害影响，降低坝体中的渗透压力，在靠近上游坝面处应设置排水管，将坝体渗水由排水管排入廊道，再由廊道汇集于集水井，用水泵排向下游；另外，为减小坝基扬压力的影响，应在坝体底部设置排水孔或排水廊道，及时将地基渗水排除从而减少扬压力的危害。因此，在除险加固过程中，通过检查排水设施有效性，以评价渗流安全康复程度。

（3）防渗帷幕。防渗帷幕对于减小坝基扬压力有着不可忽视的作用，防渗帷幕质量不合格甚至已经破坏，将使扬压力大大增加，从而可能会危及坝体的抗滑稳定性能。

（4）渗流析出物。混凝土坝块将随着混凝土坝的持续服役而逐渐老化。若混凝土质量不高，则其可能会逐步在渗流水中溶解，然后再被渗流水带出，并在坝体表面沉积。这样将严重影响混凝土坝的渗流安全。因此有必要长期观测渗流出口处的水流状况，从而确保大坝的渗流安全。

（5）渗漏量。同土石坝一样，有效存储水库蓄水是发挥水库大坝效益的重要影响因素。对比分析除险加固前后渗流量的相对变化、渗漏水的水质和析出物含量及其与库水相比的变化情况，判断除险加固渗流安全的康复程度。

5.2.2.3　结构安全

结构安全是水库大坝安全的基本要求，结构安全加固应在结构安全评价或结构安全复核的基础上，根据评价和复核结论，采取适当的加固措施，使其结构稳定性、应力及变形满足国家及行业规范要求。其中土石坝的结构安全加固主要为坝坡稳定加固、坝体密实性加固及坝体、坝坡裂缝处理等；混凝土坝及泄水、输水建筑物的结构安全加固主要是结构应力计稳定加固、耐久性处理及裂缝处理等。

1. 结构稳定

坝体的不稳定包括整体的不稳定（相对建基面整体滑动）和部分坝段、坝体（从整个坝体上分离）的失稳，对于土石坝主要是坝坡稳定性；对于混凝土坝而言主要为沿建基面抗滑稳定性，当坝基存在软弱结构面、缓倾角裂隙时，还要考虑坝基深层抗滑稳定。

复核除坝体以外建筑物，如近坝库岸、进水塔、溢洪道等的结构稳定性同样非常重要。除险加固后，各建筑物均要进行抗滑稳定安全系数计算复核，要求计算所得到的抗滑稳定安全系数不小于规范规定的值。

2. 结构变形

大坝变形包括竖向位移（沉降）、水平位移，大坝变形加固康复是指大坝总体变形形状及坝体沉降是否满足稳定并得到康复，同样也要复核其他建筑物或地层，如近坝库岸、进水塔、溢洪道等的结构变形性态。

3. 结构强度

结构包括主坝坝体、近坝库岸、进水输水建筑物、溢洪道等，结构强度加固康复程度是指各结构在除险加固后其强度是否满足规范要求，以此评价结构强度的康复程度。

4. 结构裂缝性状

裂缝（尤其是明显的结构性裂缝），对结构有着致命的危害，如土石坝坝体因不均匀沉降产生的贯穿性裂缝、混凝土坝因内外温度差而产生的温度裂缝等，如果不及时发现并处理，后果将不堪设想。因此对于大坝及其他水工建筑物的除险加固过程中，应特别注意对结构裂缝的处理，确保建筑物能够安全运行。

5. 结构耐久性

结构耐久性是指抵抗环境作用并长期保持其良好的使用性能和外观完整性，从而维持结构的安全、正常使用的能力。对于水工建筑物而言，因其工作条件的复杂性、前期投入的巨大性、失事后果的严重性，其耐久性必须要有保证。在除险加固过程前后，评价结构耐久性的康复程度同样也是结构安全康复程度的一部分。

5.2.2.4 抗震安全

我国目前很多病险水库抗震标准等级低，同时地震液化等严重影响土石坝的安全，可对土石坝造成非常严重的破坏。按照新的地震烈度区划图确定工程区基本烈度并按水工抗震规范复核之，校核除险加固后水库大坝抗震安全能否满足规范要求以及评估抗震安全康复程度。

结构抗震安全包括了坝体的抗震安全以及其他水工建筑物的抗震安全。在除险加固过程中，必须严格按照所在区域地震烈度和抗震规范，对坝体、坝基进行抗震加固，使之符合规范要求，并比较加固前后坝体抗震安全能力。抗震安全评价应包括结构抗震强度、结构抗震变形、结构抗震稳定以及裂缝防治，其基本概述在"结构安全"中已有描述，此处不再赘述。

另外，由于水平地面土体受到地震反复剪切，发生振动孔隙水压力等于其上覆土层的有效应力时，土体液化，会发生冒水喷砂等现象；对于土石坝坝坡，当发生的振动孔隙水压力达到有效小主应力的某一百分数后，坝坡就会发生大面积塌滑。因此，对于土石坝及其地基而言还应该进行土体抗液化安全评价。

5.2.2.5 金属结构安全

闸门、启闭设备、泄输水钢管等金属结构老化，超过使用年限、锈蚀严重、止水失效，无法正常运转，将严重影响水库安全。加固后需对其功能康复程度进行评价。

（1）金属结构特性。检查金属结构的强度、刚度及稳定性能是否满足规范要求，排除各种安全隐患。

（2）运行特性。对金属结构的基本要求是正常运行，比较加固前后金属结构的运行质量以及用于金属结构运行的电气设备，评价其功能康复程度。

5.2.2.6 工程质量

复查加固治理工程的实际工程质量是否符合国家规范要求；检查加固完成投入运用以来在工程质量方面的实际情况和变化，判断能否确保工程今后的安全运行。

（1）工程地质与水文地质。工程地质与水文地质条件，可理解为与水库大坝相关的各种地质因素的综合，主要包括：①土石类型及其性质；②地质结构；③地形地貌；④水文地质；⑤天然建筑材料等。不同的大坝类型其工作特点不同，所以对地质条件的要求不同，由于坝区岩体或土体地基总是存在着某些地质缺陷，可能导致产生工程地质问题如坝基稳定、坝体滑坡等。在除险加固前应充分认识坝区工程地质及水文地质条件的缺陷以确保加固有效，而在除险加固后应确定工程地质与水文地质条件能够保证水库大坝的安全运行。

（2）质量控制标准。评价所采用的除险加固工程技术是否采用了既定的质量控制标准完成加固任务。

（3）工程外观质量。通过既定的质量评定标准，利用制定的外观质量评价表，逐项评价除险加固工程前后各结构外观质量的康复程度。

（4）工程加固质量。将实际除险加固工程的质量与既定的质量控制标准进行对比，以评价实际水库除险加固工程的质量等级。

5.2.2.7 运行管理

水库运行管理影响因素应该包括制度与人员配置、水库运行环境、维修环境和安全监测四个方面。

（1）管理制度与人员配置。合理的管理制度与人员配置是对水库进行有效管理的基础。水库运行管理除险加固不仅是对硬件的加固，也是对管理制度及人员配置等"软件"的加固。比较评价除险加固前后水库管理制度的合理性、对管理制度的执行力度、管理机构合理性、人员配置等对水库运行管理功能康复程度至关重要。

（2）水库运行环境。水库运行环境是指水库大坝控制运用时管理人员的方便性、安全性，设备的可靠性，工作场所的舒适性。通过加固改造，是否减轻了管理人员的劳动强度，自动化监控实现的程度及其有效性，各病险水库是否根据实际情况制订了应急预案，防汛公路运行通畅是否得到保证，管理设施是否先进。

（3）维修环境。维修环境是指加固改造后维修的方便程度、维修空间、场所是否足够、拆卸吊装方案是否简便易行且安全可靠。对于水库大坝的维修环境，应能得到明显改善。

（4）安全监测。对大坝和附属建筑物，以及水库安全所必须的相关设备（包含安全监测仪器设备），在尽量保留原有监测设备的基础上，应按要求新增监测设备并使其处于安全和完整的工作状态。对于那些因为除险加固而必须拆除的原有监测设备，比如对于防洪标准不够而需要加高的大坝，必将有一些（如坝顶）测点遭到破坏，从而导致多年监测资料中断，应在被破坏之前，安装过渡性测点，延续监测资料。水库一般应有以下安全监测项目：表面变形、渗流量、上下游水位、降雨量、泄流量等观测设施。

5.2.3 工程施工

水库大坝除险加固工程在实现水库功能康复目标的同时，必须保障施工安全，这样才能符合"以人为本"的科学发展观、构建社会主义和谐社会的要求。因此，在土石坝及混凝土坝除险加固效果评价指标体系中考虑工程施工过程指标，使除险加固过程始终处于科学管理、稳定安全状态，以期对除险加固工程安全控制产生积极影响。

水库大坝除险加固往往是一个工期较长、工作面较广的施工过程，同时由于水库大坝除险加固工程的特殊性，其施工环境往往较差，这为施工安全埋下隐患。评价加固工程施工安全需从承包商、人员素质、安全管理、施工环境、施工现场安全管理、安全保障等几个方面入手。

5.2.3.1 人员素质

（1）主管领导。领导层人员素质包括安全生产责任感、决策能力和安全意识。

（2）中层管理。中层管理人员素质包括管理资质、工作能力和工作经验。

（3）操作人员。操作人员素质包括是否接受过安全培训和安全操作能力。

5.2.3.2 安全管理

（1）组织机构。首先，确定承包商进行招投标时，是否具备所有业主要求的证书及相关证明，其资质是否满足工程需求，是否符合各方面审查规定；其次，审核施工企业的安全组织机构是否符合相关规定，组织机构人员配置是否满足相关文件的要求。

（2）安全管理制度。需要加强宣传教育，强化制度建设，并健全监督机制，保证安全管理制度的执行，同时需定期进行全面的安全检查。

（3）事故预防与应急。需要建立健全安全应急管理组织机构，建立健全各项可能安全事故的应急管理、指挥、救援计划，并通过培训等方式不断增加管理层及施工人员，应对突发事件的反应能力和应对能力。

5.2.3.3 施工环境

水库大坝除险加固工程中伤亡事故的发生离不开环境的影响，如高处坠落、车辆伤害、物体打击、触电、起重伤害等都与环境因素密切相关。施工环境因素主要包括自然及周边环境、现场施工环境和工人作业环境。

（1）自然及周边环境。包括气象、水文、地质、现场重大危险设施布置等。气象、水文、地质因素导致的自然灾害将直接影响复杂施工项目的进展，不同程度地带来安全隐患，施工前需实地考察或根据相关勘测资料搞清楚真实情况，彻底排除影响施工项目的有关危险源。同时，施工现场周边的重大危险源若存在安全隐患，必须及时处理。

（2）现场施工环境。包括现场封闭围挡、场地布置、材料堆放等，这三个方面的布置是否合理对施工安全有着重要影响。

（3）工人作业环境。就是对照明条件、噪声与振动、现场通风进行评价。

5.2.3.4 施工现场安全管理

施工现场安全管理的主要任务是抓安全制度落实，实施安全检查，主要从以下几个方面入手。

（1）施工现场用电、用油。对线路敷设、配电箱、变压器、接地与防雷、电动机械与手持设备以及用油设备等的安全状况进行仔细检查，确保施工现场用电、用油的安全。

（2）大型施工设备安装运行。企业无论是自有或租赁的大型设备，在选用安拆单位时，必须审查其资质，编制详尽的安拆方案。严格按照《建设工程安全生产管理条例》（2003 年 11 月国务院发布）第十七条规定，进行自检，出具自检合格证明，向施工单位进行安全使用说明。

（3）施工运输。保证施工运输安全需做到：运输道路布置合理，养护及时，道路路况保持良好，合理设置道路标识及危险标志；建立关于运输物安全检查的制度规章，保证安全运输；定期检修保养，用前检查，落实运输工具使用制度；经过培训持有驾驶证及上岗证的专职人员。

（4）危险品存放使用。危险品的存放与使用必须符合相关规定。

5.2.3.5 安全保障

除险加固工程施工安全保障，是一切安全行为实施的基础，主要包括安全技术保障、安全文化建设、安全费用保障。

（1）安全技术保障。包括常用安全技术、特殊安全技术等的拥有及人员掌握情况，新型安全技术的研发。

（2）安全文化建设。安全文化包含安全制度、安全宣传和安全教育培训。安全文化建设包括各种安全制度的收集归类、补充完善及解释，安全宣传教育的内容、方法、手段、频次、安全宣传标志布局等，针对各级参建人员的各种安全规章制度及安全技术的教育培训。

（3）安全费用保障。对安全费用保障进行评价就是对项目法人安全费用额度的合理性、承包商的安全投入的合理性进行评价。

5.2.4　除险加固效益

评价水库大坝除险加固的效益，就是要评估是否在有限的工程投资下取得了较大的加固效益。土石坝、混凝土坝除险加固效益主要包括经济效益、生态效益和社会效益。

5.2.4.1　经济效益

通过当地与水库大坝相关的各类型经济效益的变化，评价水库大坝除险加固效果。经济效益主要包括：防洪效益、灌溉效益、供水效益、发电效益、养殖效益、旅游效益等。

（1）防洪效益。除险加固防洪效益是指除险加固工程实施后，由于水库保护下游城镇、村庄、学校、农田、交通、电力、通信、水利等基础设施和人民群众生命财产的安全而减少的洪水损失。防洪效益的计算就是通过估算现状和治理后的多年平均洪水损失，两者之差即为多年平均防洪效益，可以用防洪安保效益增量对其进行评价。

（2）灌溉效益。除险加固灌溉效益是指由于除险加固工程的实施，水库灌溉面积较加固前增加而产生的灌溉效益，用灌溉面积增量这一指标对其进行评价。

（3）供水效益。除险加固供水效益是指因除险加固工程的实施，水库兴利库容有所增加，水库供水量和供水保证率的增长而产生的供水效益，用年供水量增量和供水保证率增量这两个指标对其进行评价。

（4）发电效益。除险加固发电效益是指因除险加固工程的实施，水库因发电量增加而产生的效益，用年发电量增量对其进行评价。

（5）养殖效益。除险加固养殖效益是指因除险加固工程的实施，水库因水产养殖量增加而产生的养殖效益，用年养殖量增量对其进行评价。

（6）旅游效益。除险加固旅游效益是指因除险加固工程的实施，水库因生态、景观等得到改善而增加的旅游效益，用年旅游收入增量这一指标对其进行评价。

5.2.4.2　生态效益

水库大坝除险加固的实施对库区生态的影响未必总是积极的。通过评价水库除险加固项目实施对库区生态的影响，是评价除险加固效果的依据之一。生态效益主要包括水质、生物多样性、植物覆盖率、水文、水土保持等。

（1）水质。水质标志着水体的物理、化学和生物的特性及其组成状况。为评价水体质量的状况，规定了一系列的水质参数和水质标准。综合评价库区内的水以及下游河道内的水的质量，评价除险加固对当地水质所带来的变化。

（2）生物多样性。生物多样性是指在一定时间和一定地区所有生物（动物、植物、微生物等）五种及其遗传变异和生态系统的复杂性总称。水库大坝除险加固或多或少会影响当地生态系统，应尽可能减少这种影响甚至使其变为正效益。

（3）植被覆盖率。植被覆盖率通常是指植被面积占土地总面积之比，是反映森林资源和绿化水平的重要指标。通过考察植被覆盖率的变化，也可以评价水库大坝除险加固的生态效益。

（4）水文。此处水文是指库区中水的变化、运动等各种现象。考察水库大坝除险加固后，库区水体的时空分布、变化规律的特性，评价其对生态效益的变化。

（5）水土保持。水土保持是指对自然因素和人为因素造成水土流失所采取的预防和治理措施。通过对库区区域水土保持现状的考察，评价水库大坝除险加固所带来的生态效益。

5.2.4.3　社会效益

提高库区影响范围内人民群众的物质文化需求，即社会效益，也是评价水库除险加固效果的指标之一。社会效益主要包括社会经济发展、政府财政收入、居民生活水平、公共事业发展、自然灾害防治。

（1）社会经济发展。成功的水库大坝除险加固，将会使原先的病险水库焕然一新，并重新投入运营而使其能够继续其职责，并对当地社会经济发展产生贡献。

（2）政府财政收入。在对社会经济发展产生贡献以外，同样能够增加当地政府财政收入。

（3）居民生活水平。除险加固而使原先的病险水库重新投入运用，产生经济效益的同时，也会增加当地的就业机会，从而对当地居民生活水平产生影响。

（4）公共事业发展。考察因除险加固而对当地公共事业发展的影响，以此评价除险加固效果。

（5）自然灾害防治。水库大坝除险加固的实施，使自然灾害防治能力的提高，库区居民的生命财产安全有了更好的保障。

5.3　除险加固效果评价指标体系构建

影响水库大坝（土石坝、混凝土坝）除险加固效果的因素众多，如加固方案、施工等。同时，各因素之间在特定条件下并不是相互独立的。因此，依据除险加固效果的动态性与层次性等特点，将各影响因素进行分类，并采用定性指标和定量指标分别进行描述，即可为水库大坝除险加固效果评价的模型化、定量化奠定基础。进一步地，依据病险水库大坝除险加固效果评价的逻辑关系，将定性指标与定量指标进行组合，可构建水库大坝除险加固效果评价指标体系。

充分考虑水库大坝（土石坝、混凝土坝）除险加固工程的特点，从除险加固方案、功能指标康复程度、工程施工以及除险加固效益四个方面，采用系统工程原理与层次分析方法，依据5.1所提出的除险加固效果评价指标体系的建立原则、建立步骤、筛选准则，基于5.2所分析的水库大坝除险加固效果影响因素，建立起水库大坝（土石坝、混凝土坝）除险加固效果评价指标体系，如图5.3-1、图5.3-2所示。需要说明的是第四层基础评价指标中，混凝土坝与土石坝相同，在图5.3-2中并未重复列出。

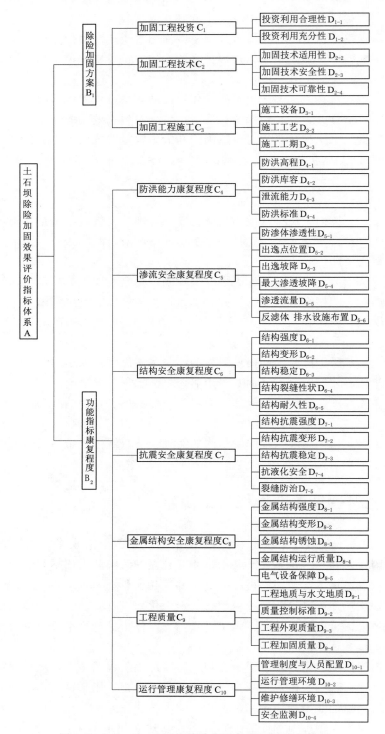

图 5.3-1（一） 土石坝除险加固效果评价指标体系

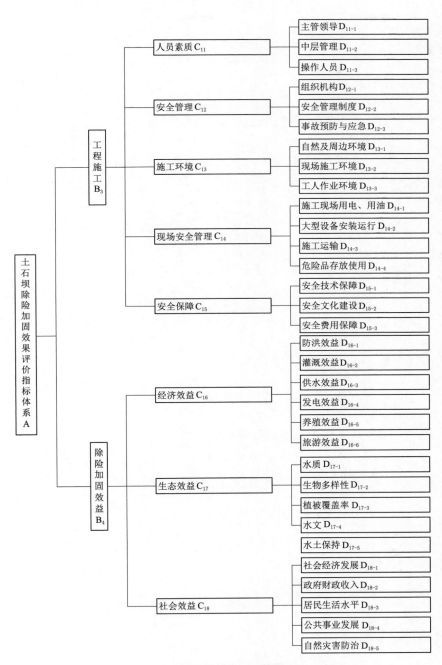

图 5.3-1（二）　土石坝除险加固效果评价指标体系

图 5.3－2（一） 混凝土坝除险加固效果评价指标体系

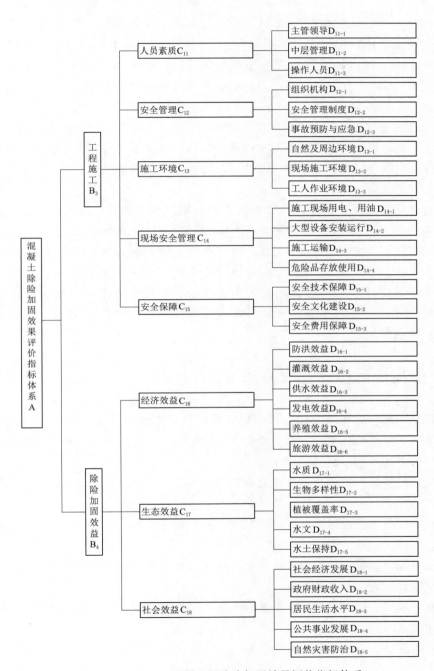

图 5.3－2（二）　混凝土坝除险加固效果评价指标体系

水库大坝（土石坝、混凝土坝）除险加固效果评价指标体系结构复杂，可分为四层：第一层，除险加固效果评价体系的总目标层，记为 A；第二层，可以概括为除险加固效果的影响因素层，包括除险加固方案、功能指标康复程度、工程施工以及除险加固效益四个因素，依次记为 B_1、B_2、B_3 及 B_4；第三层，在第二层的各影响因素中，将影响各病险水库大坝（土石坝、混凝土坝）除险加固效果的主要方面进行细分，可以囊括在此层中，共 18 个主要方面；第四层，即为基础评价指标层，共 72 个指标，不再进一步分解。

在评价范围上，既可以采用指标体系对水库大坝（土石坝、混凝土坝）除险加固效果进行综合评价，还可以针对除险加固中的某一方面，依据单项指标，进行分析评价。同时在应用时间上，既可以在除险加固工程实施后对其除险加固效果进行评价，也可以在工程实施前用于方案比选。

需要特别指出的是，为使评价指标体系的适用性得以提高，这里较全面、详细地列举出了影响评价结果的指标，如图 5.3-1、图 5.3-2 中所示。一方面，在实际应用中，为了适应被评价水库的特点，指标的筛选应根据病险水库的治理目标和施工情况进行；另一方面，由于影响土石坝除险加固效果的因素十分复杂，尽管该指标体系已囊括几乎全部的指标，但如在实际应用中出现了体系中未列出的特殊情况，应合理添加相应指标。总之，为保证结果的合理性和可靠性，在指标体系应用中应根据具体工程特点进行合理调整。

5.4 评价指标适应性选取方法

本章建立的水库大坝除险加固效果评价指标体系中既包含定性指标，也包含定量指标。对各定性、定量指标进行评价需要大量现场调查和工程资料的分析，根据各指标的特性采取不同的方法和手段对其进行调查。

各定性、定量指标的调查方法主要有资料分析、现场检测、现场观察、试验研究、数值模拟等。

（1）资料分析。通过对历史资料、监测资料及相关勘察、施工的查阅分析对相关指标进行评价。

（2）现场检测。组织相关专业的专家、科技人员在现场对建筑物进行相关检测，根据检测结果可以对相关指标进行评价。

（3）现场观察。通过组织相关专业的专家、科技人员观察建筑物外观等，可以对相关指标进行评价。

（4）试验研究。对建筑物相关参数等进行专业的试验研究，根据试验结果可以对相关指标进行评价。

（5）数值模拟。通过数值模拟计算，可以对建筑物的渗流安全、结构安全等进行评价，是水库大坝除险加固效果评价的一种重要手段。

各指标对应的调查方法见表 5.4-1。

表 5.4 - 1　　　　　　　　　大坝除险加固效果评价指标调查方法

评价指标		调查方法
除险加固方案 B_1	加固工程投资 C_1	资料分析
	加固工程技术 C_2	资料分析
	加固工程施工 C_3	资料分析、现场观察
功能指标康复程度 B_2	防洪能力康复程度 C_4	资料分析、现场检测
	渗流安全康复程度 C_5	资料分析、现场检测 试验研究、数值模拟
	结构安全康复程度 C_6	资料分析、现场检测 试验研究、数值模拟
	抗震安全康复程度 C_7	资料分析、试验研究、数值模拟
	金属结构安全康复程度 C_8	资料分析、现场检测、数值模拟
	工程质量 C_9	资料分析、现场检测、现场观察
	运行管理康复程度 C_{10}	资料分析、现场检测、现场观察
工程施工 B_3	人员素质 C_{11}	资料分析、现场观察
	安全管理 C_{12}	资料分析、现场观察
	施工环境 C_{13}	资料分析、现场观察
	现场安全管理 C_{14}	资料分析、现场观察
	安全保障 C_{15}	资料分析、现场观察
除险加固效益 B_4	经济效益 C_{16}	资料分析
	生态效益 C_{17}	资料分析、现场观察
	社会效益 C_{18}	资料分析、现场观察

第 6 章

病险水库除险加固效果量化评价

水库大坝除险加固效果评价系统由评价指标体系及评价模型组成。第 5 章已经通过系统分析等方法，总结了水库大坝除险加固过程中所需要的相关信息，以此建立了水库大坝（土石坝、混凝土坝）除险加固效果评价指标体系。

本章深入研究病险水库除险加固效果的评价模型，考虑到病险水库除险加固效果评价的特点，以病险水库除险加固效果评价指标体系为基础，结合概率论、模糊优选理论、和声搜索算法等方法，系统地构建水库大坝除险加固效果的定量评价方法，并给出水库大坝除险加固效果量化评价模型。

6.1 评价指标等级划分

在水库大坝除险加固效果评价模型中，除险加固效果评价等级划分是评价的前提工作，而除险加固效果评价又是通过对各评价指标进行等级评价得到的。因此，只有进行了合理的评价指标的等级划分，才能对除险加固效果进行准确评价。而评价指标的评价等级划分，是一个涉及相应规范、已有方法、人类心理活动、实践经验等多方面因素的问题。若等级划分得过少，将过于粗略，认为主观因素对评价结果的影响较大；若等级划分得过多，又会使确定等级间界限的难度和计算工作量加大。

6.1.1 根据相应规范划分

目前，对水库大坝除险加固效果评价进行等级划分尚无规范可循，只有水利部颁布的《水库大坝安全评价导则》（SL 258）对大坝安全评价等级的划分可资借鉴。SL 258 规定：水库大坝各项安全指标安全性分为 A、B、C 三级。参照这一规定，可将各指标的评价等级划分为成功、一般、失败三级，即评价等级集 $V=\{V_1, V_2, V_3\}=\{$成功，一般，失败$\}$。

6.1.2 已有划分方法

目前，水库大坝除险加固效果评价模型研究尚处于起步阶段，对评价指标评价等级划分问题的研究成果则少之又少，尚未形成公认的方法。从已发表的为数不多的几篇涉及这一问题的文献看，最优代表性的是姚文泉、竺小芹在《水利工程加固改造建设项目效果和效益后评价方法探讨》一文提出的水利工程加固改造功能恢复程度评价按 5 个等级来划分，即 $V=\{V_1, V_2, V_3, V_4, V_5\}=\{$完全成功，基本成功，部分成功，不成功，失败$\}$。

6.1.3　依据人类心理活动划分

一些学者曾从人的心理感受分辨能力的角度，研究过两个活动对同一目标的重要性作相互比较时，判断其差异性的定量化标度问题。一般来讲，人们在判断对某一对象的优劣时，比较喜欢将评价标准划分为三级或五级。例如，人们在评价对某一事物的喜好程度时，常常会用"喜欢""一般""不喜欢"三种态度或"喜欢""比较喜欢""一般""不太喜欢""不喜欢"五种态度来表达。

等级划分与判断是主观性比较强的事件，研究表明，将人的主观判断范围限制在较小的区域之内时，主、客观之间的差异性就会减小，主观判断就可能更为合理和准确。因此，从这一角度来看，五级评价比三级评价更符合人的心理对客观事物的判断。

6.1.4　评价指标评价等级集的建立

根据前述分析可知，如果按参考《水库大坝安全评价导则》（SL 258）的方法对评价等级进行 3 级划分则过于主观。对病险水库除险加固效果进行评价归类，其安全程度归属于哪一类，会因评判者知识水平的差异而造成偏差。也就是说即使对于加固效果处于同一类别的大坝，由于评判者认知水平的差异从而会给出不同的安全程度评价结果。例如，当对评价等级进行 3 级划分时，对于一个加固效果"一般"的大坝，由于评判者认知水平的差异，其中一些评判者会给出符合实际的评价结果，即"部分成功"；而另一些评判者可能会给出完全成功和失败两种截然相反的评价结果。显然采用 3 级评价标准划分则过于主观，因此本书选取 5 级评价标准进行划分，即 $V = \{V_1, V_2, V_3, V_4, V_5\} = \{$完全成功，基本成功，部分成功，不成功，失败$\}$。各指标定性评价等级集基本判别标准见表 6.1－1。

表 6.1－1　　　　　　　　　各指标定性评价等级集基本判别标准

评价等级	判　别　标　准
完全成功	各评价标准超过预期目标，除险加固后水库效益、功能超过设计水平，且较加固前得到很好的改善
较成功	各评价标准达到预期目标，除险加固后水库效益、功能基本达到设计水平，且较加固前得到较大改善
基本成功	各评价标准达到预期目标，除险加固后水库效益、功能基本达到设计水平，但较加固前改善程度有限
不成功	部分评价标准未达到预期目标，除险加固后水库效益、相应功能接近设计水平
失败	各评价标准根本达不到预期目标，除险加固后水库仍处于病险状态

6.2　评价指标量化

6.2.1　评价指标的属性

根据上述方法，在评价等级集的基础上，可以根据评价等级集对各项定性评价指标进行定性等级评价。通常，对一事物进行定性判断，给出的结果是好、坏或者成功、失败，显然用定性的方法判断病险水库加固效果的优劣程度是比较模糊的，因为加固效果的优劣程度是一个连续变化的过程，因此定量化处理各定性指标才能准确地评价大坝加固效果的优劣程度。另外，定量化处理各定性评价指标后，可以逐级逐层地计算评价指标体系的各项评价指标，从而可方便地给出病险水库除险加固效果的综合评价。

根据各自特点，评价指标可分为时效、非时效性两类。非时效性指标不具有时效性，因此在进行评价时无法对这些指标加固前后的功能效果进行对比评价，只能对这些指标在整个工程周期或某一段时期的状态进行评价；时效性指标则刚好相反，由于具有时效性，因此在进行评价时需对这些指标加固前后的功能效果进行对比分析。以土石坝除险加固效果评价体系为例，包括除险加固方案 B_1、工程施工 B_3、除险加固效益 B_4 下的所有评价指标以及功能康复程度 B_2 下的工程质量 C_8 均为非时效性指标；而另一些功能指标康复程度 B_2 下的所有评价指标（C_8 除外）均为时效性指标。另外，如图 6.2-1 所示，非时效性指标和时效性指标均又可细分为定性和定量这两类指标，其中定性指标由于其模糊性需要对其量化处理为精确的数值来表示，而定量指标则需要进行统一、标准化的处理，使各指标的量纲保持相同，以便于进行对比分析。图 6.2-2 所示为混凝土重力坝各基础评价指标的属性，其中评价指标属性与土石坝相同的部分未重复列出（土石坝各基础评价指标的属性分类图如图 6.2-1 所示）。

6.2.2　非时效性指标量化方法

由于非时效性指标不具有时效性，故只需对其在整个工程周期或某一段时期的状态进行一次评价即可。

量化处理定性非时效性指标的方法一般包括集值统计法、等比重法、专家打分法等。其中，集值统计法较等比重法结果精确，但其计算复杂；等比重法计算简洁但计算结果不够精确；而专家打分法结合上述两种方法，取长补短，不仅便于计算而且计算结果精度也较好。鉴于此，这里选取专家打分法量化定性非时效性指标。

对于定量非时效性指标，如防洪、灌溉效益等，这些指标的改变是源于除险加固工程本身，并且也较容易估算，通过一定方法转化，不依赖于专家打分，即可直接进行量化评价。

客观来讲，专家的知识水平及实践经验是存在差异的，有权威专家与普通专家之分，但传统的专家打分法无法考虑到这一点，结果使权威专家的意见与普通专家的意见无法得到差异体现；另外，传统的专家打分法也没有考虑专家研究专业领域的局限性，由于指标体系所包含的范围广、内容丰富，专家所擅长的专业是不相同的，因此在面对不同专业领域的时候，各专家所占的权重也是存在区别的。综上所述，由于除险加固工程的复杂性和特殊性，通过专家打分法给出除险加固工程各项指标的评估结果，与专家的知识水平、实践经验、专家擅长的领域等有关。因此，研究专家权重的赋值方法，从而克服传统专家打分法的缺陷，使得专家的智慧及知识水平得到充分合理地利用就显得尤为必要，具体可参考本书第 6.3 节的内容。

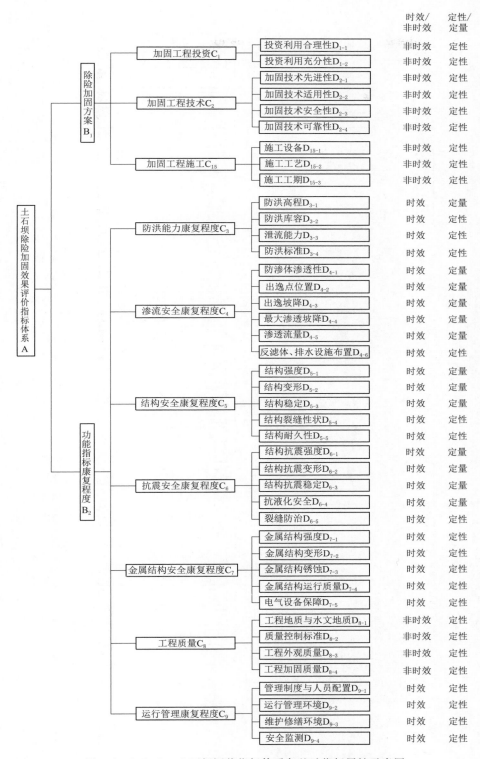

图 6.2-1（一） 土石坝评价指标体系各基础指标属性示意图

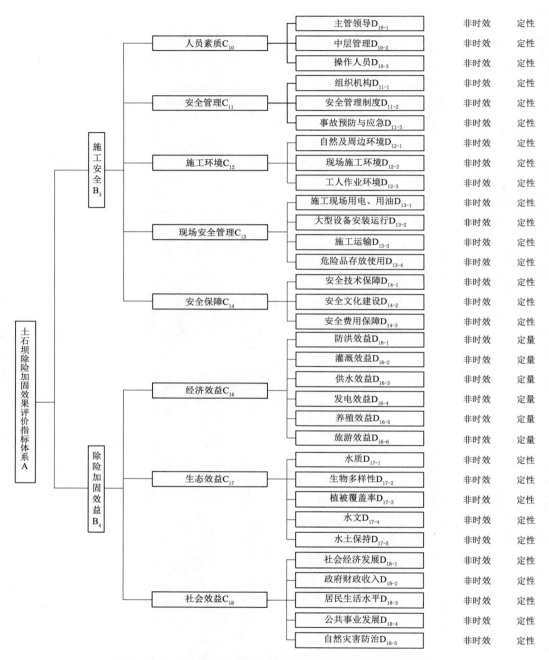

图 6.2-1（二） 土石坝评价指标体系各基础指标属性示意图

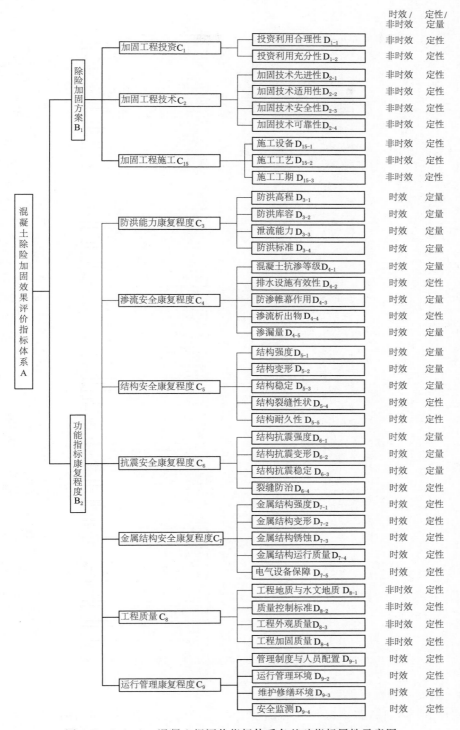

图 6.2-2（一） 混凝土坝评价指标体系各基础指标属性示意图

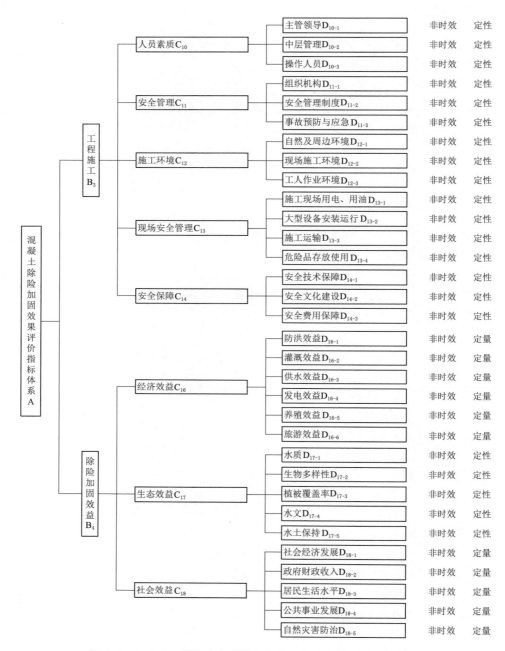

图 6.2-2（二） 混凝土坝评价指标体系各基础指标属性示意图

6.2.2.1 非时效定性指标量化评价标准

从水库大坝加固效果评价的实际情况出发，基于准确、简捷、可行的原则，同时为方便专家评分，非时效定性指标的范围取 0～100，评价值越大，说明除险加固效果越好。指标评价值与指标评价等级的关系见表 6.2-1。

表 6.2-1 非时效定性指标评价值与评价等级对应关系

指标评价等级	指标评价值	指标评价等级	指标评价值
完全成功	[90, 100]	不成功	[60, 70)
较成功	[80, 90)	失败	[0, 60)
基本成功	[70, 80)		

采用专家打分法时，各个专家对同一项指标的赋值常常会受到自身知识水平及心理活动的影响，具有较强的主观性，这直接导致的结果就是各专家的意见之间存在很大差异，可比性不强，从而不利于评分工作的开展。为此可通过制定各非时效性指标评分表的方法，将不同专家的赋值或意见限制在一个可靠的可接受的范围之内。这样，不仅能有效地减小专家在进行评分工作时受心理活动等主观因素影响过强造成的不利影响，还能使得专家的知识水平及实践经验等得到充分展示，从而给出相对较为客观且可靠的指标评分值。各非时效定性指标的评分表见附录 A。

6.2.2.2 非时效定量指标量化评价标准

由于一些非时效性指标，如防洪效益、灌溉效益等，这些指标的改变可以认为基本上是由于除险加固所引起的。同时因为加固前、加固后这些值均容易估算，进而通过一定方法转化，而不依赖于专家打分，直接进行量化评价。量化评价方法如下：

（1）以水库大坝除险加固前的指标数值为基准，推算除险加固后该指标计算值的提升倍数；

（2）利用本章 6.2.3.1 节提出的效益型指标、成本型指标评分公式进行计算，得到除险加固以后的评分数值，从而实现转化。

6.2.3 时效指标量化评价模型

时效性指标由于具有时效性的特点，故在进行评价时需对这些指标加固前后的功能效果进行对比分析。也就是说量化处理时效性指标时，需对这些指标进行两个层次的评价。具体方法为：首先根据加固前后某一时效性指标功能效果的实际值确定其安全程度评分值，评价该指标加固前后的安全程度，然后根据评分值评价其安全程度的提高程度。

6.2.3.1 时效性指标除险加固前后安全程度评分

若不考虑除险加固这一过程，本质上时效性指标仍然属于非时效性指标这一范畴，例如对于混凝土坝评价指标体系中 D_{6-2} 结构变形这一时效性指标，假设大坝没有经过加固处理，那么对于大坝的整个周期（包括建设周期及使用周期）来说，其就属于一个非时效性指标。因此，对时效性指标量化处理的过程，实质上可看作是对加固前后两个非时效性指标进行两个层次评价的一个过程。将大坝的安全程度划分为五个等级：非常安全、基本安全、不安全、很不安全、极不安全，并制定出各时效性指标除险加固前、后安全程度评分标准，见表 6.2-2。

时效性指标也可分为定性和定量两类指标。对于时效性定性指标定量化处理，需严格按照表 6.2-2 所示的标准，邀请专家给出加固前后指标的安全程度评分值，具体打分方法可参考非时效定性指标的方法进行。对于时效性定量指标则与非时效定量指标相同，可不依赖于专家打分，直接通过公式进行定量化计算。

表 6.2-2　　　　　　　　　时效性指标除险加固前、后安全程度评分标准

安全程度	评 分 标 准	评分范围
非常安全	各参数均达到规范要求或设计水平，且有较大的安全储备	[80，100]
基本安全	各参数均达到规范要求或设计水平，个别参数的安全储备很小	[60，80)
不安全	部分参数达不到规范要求或设计水平，且与规范要求或设计水平差距较小	[40，60)
很不安全	部分参数达不到规范要求或设计水平，且与规范要求或设计水平差距较大	[20，40)
极不安全	几乎全部参数均达不到规范要求或设计水平，且与规范要求或设计水平差距较大	[0，20)

注　首先根据评分标准确定指标处于哪个安全等级，然后以最不利于大坝安全的参数为控制参数进行具体评分。各评价指标的安全储备阈值或与规范要求或设计水平的差距阈值视病险水库的实际情况而定。

时效性定量指标可分为两类：效益型指标和成本型指标。

1. 效益型指标

基于上述分析，效益型指标除险加固前（或除险加固后）安全程度评分按式（6.2-1）计算，其函数如图 6.2-3 所示。

$$x=\begin{cases} \dfrac{t}{at+b} & (t<2.54) \\ 100 & (t\geq 2.54) \end{cases} \qquad (6.2-1)$$

式中　x——安全程度评分；

　　　　t——安全参数与指标对应规范规定值的比值，若 $t<0$，则按 $t=0$ 计算；

　　　a、b——该双曲线函数的参数，建议取 $a=\dfrac{1}{165}$，$b=\dfrac{1}{100}$，也可根据工程或指标的实际情况适当调整。

2. 成本型指标

成本型指标的实际值越小，其安全程度评分越高。因此，该类指标正好与效益型指标相反，如果将效益型指标当作正指标，则成本型指标为逆指标。为使在综合评价过程中使评价结果具有一致性，需要将两类指标同向化处理。一般方法是，利用倒数法，将逆指标（成本型指标）转化为正指标（效益型指标）。

仍然使用式（6.2-1）作为成本型指标的安全程度评分计算公式，但里面的参数 t 由原来的指标除险加固前或后的安全参数

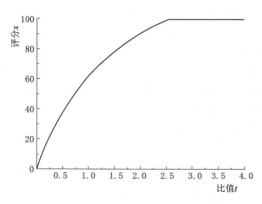

图 6.2-3　效益型指标函数图

与该指标对应规范规定值的比值更改为指标对应的规范值与指标除险加固前或后的安全参数的比值。式（6.2-1）中的参数建议取值同效益型指标，除非规范有更加明确的规定。

综上所述，效益型指标和成本型指标，均可按式（6.2-1）计算其安全程度评分值，不过计算成本型指标时，需将公式中的参数 t 转换为 $1/t$ 的形式进行计算。如果有更加明确的规范规定，则应严格按照规范的要求操作之。

从上面建议的参数 a、b 的取值来看，一般认为工程实际中，若除险加固后的效益型指标值能够达到规范值的 2.54 倍及以上，便可以认为此除险加固完全成功的。但是，也有一些指标，其变化幅度比较大，甚至是有数量级的变化，如大坝坝体的渗透系数。一方面，除险加固前，坝体渗透系数往往较规范值大数倍乃至数十倍，但根据实际运行情况基本满足要求；另一方面，在除险加固后，坝体渗透系数往往较之前能够降低数十倍，甚至上百倍。如果仍然如此操作，显然是不甚合理的。

现以坝体渗透系数为例，对这类以数量级变化的指标的安全程度评分进行说明。已知坝体渗透系数应为成本型指标，设实际土石坝的心墙渗透系数为 $a \times 10^{-m}$ cm/s，规范规定值为 1×10^{-n} cm/s，则令其作如下变化

$$r = \frac{10^{-m}}{10^{-n}} \tag{6.2-2}$$

$$t = \frac{1}{e^{r-1}} \tag{6.2-3}$$

再将 t 代入式（6.2-1）进行计算其评分值。

6.2.3.2 大坝安全程度变化特性

判断时效性指标除险加固前或后的安全程度，需要通过专家打分或计算的方式获得加固前后指标的安全程度评分值后对大坝安全程度的变化特性作进一步研究。而对应不同的大坝性态（指标安全程度），大坝安全受到的影响并非线性发展，可分为以下五个阶段，见表6.2-3。

表 6.2-3 大坝性态与安全程度对应关系表

发展阶段	安全程度	性 态 特 征
Ⅰ	非常安全	大坝安全状态稳定
Ⅱ	基本安全	大坝局部有问题，安全程度平缓降低
Ⅲ	不安全	大坝多处存在问题，危险性快速发展
Ⅳ	很不安全	大坝多处存在明显问题，危险性很大且发展较为平缓
Ⅴ	极不安全	大坝随时可能出现严重险情，危险性发展到极致并趋于稳定

水库大坝的安全程度对应不同阶段的大坝性态（危险系数）发展有以下特点：

（1）在非常安全的第一阶段，病险变化缓慢，大坝安全无影响，危险系数增长速度不大。

（2）在基本安全的第二阶段，局部有些问题但不影响大坝安全，可以正常运用；同时也说明大坝性态局部不正常，其危险性影响已加大。病险程度总体上还是较小的，危险系

数增长速度与第一阶段相比有所增加，但总体不大。

（3）在不安全的第三阶段，危险性发展很快，大坝个别部位存在明显且可以观察到的严重问题，如遇到地震等突发状况可能发生较大的事故，不能正常使用。病险程度很快增加，危险性快速增大，危险系数发展速度快速增加。

（4）在很不安全的第四阶段，大坝多个部位存在明显且可以观察到的严重问题，病险程度发展迅速，危险程度极大，危险系数发展速度较快。

（5）在极不安全的第五阶段，突发状况下随时可能出现严重险情，危险系数增速很大。但是由于在该阶段整体的危险系数都很大，因此在该阶段内危险系数的发展可视为一条平缓上升的曲线。

根据上面的描述，经过分析可知大坝的安全程度从第一阶段到第五阶段的性态演化对应的危险系数并非是线性发展的，而是类似于一条 S 形曲线，阶段 Ⅰ 和阶段 Ⅴ 缓慢发展，其他阶段迅速发展。

6.2.3.3 指标安全度评价模型

判断时效性指标除险加固前或后的安全程度，需要通过专家打分或计算的方式获得加固前后指标的安全程度评分值后对大坝安全程度的变化特性作进一步研究。考虑到安全程度越高则危险系数越低，相反危险系数越高则安全程度越低。若用危险系数来判断时效性指标加固后的效果，则与人们的认知习惯不符，也不便于计算，因此引入安全度系数的概念，简称安全度，用符号 S 表示，其与危险系数成反比的关系。若令安全度 S 为因变量，安全程度评分值（用符号 x 表示）为自变量，那么只要建立起二者之间的函数关系式，就可实现对评分值的量化处理。由于危险系数是沿 S 形曲线的路径发展的，显然其倒数的发展轨迹也是沿 S 形路线进行的，也就是说安全度 S 的函数图像也是 S 形的，与大坝安全程度的变化规律是相符合的。因此，只要寻找到函数图像为 S 形曲线的数学表达式，便可建立起安全度 S 与自变量安全程度评分值 x 之间的关系，从而实现将安全度评分值 x 转化为符合大坝安全程度变化规律的安全度系数 S。

对各类 S 形曲线进行研究，最终选用与大坝安全程度变化发展吻合度较高的 Logistic 及 Logistic1 模型，它们的表达式分别为式（6.2-4）、式（6.2-5）、式（6.2-6）。

$$y = \frac{A_1 - A_2}{1 + (x/x_0)^p} + A_2 \quad [x \in (-\infty, +\infty)] \tag{6.2-4}$$

式中　　　　　　x——自变量；

　　　　　　　　y——因变量；

A_1、A_2、p、x_0——常数。

$$y = \frac{a}{1 + e^{-k(x-x_c)}} \quad [x \in (-\infty, +\infty)] \tag{6.2-5}$$

式中　　　　x——自变量；

　　　　　　y——因变量；

a、k、x_c——常数。

$$y = A_1 + \frac{A_2 - A_1}{1 + 10^{(\log x_0/x)p}} \quad [x \in (-\infty, +\infty)] \tag{6.2-6}$$

式中　　　　　　x——自变量；

　　　　　　　　y——因变量；

A_1、A_2、p、x_0——常数。

显然，采用 Logistic 和 Logistic1 模型时，安全度 S 的取值范围为 $[0，1]$，且 S 值越接近于 1 表示安全程度越高；自变量 x 的取值范围为 $[0，100]$。

式（6.2-4）与式（6.2-6）实际上具有相同的形式与结果。因此这里仅考察式（6.2-4）与式（6.2-5）。据此，上述两式相应变化为

$$S=\frac{A_1-A_2}{1+(x/x_0)^p}+A_2(x\in[0,100]) \tag{6.2-7}$$

式中　　　　　　x——评价指标安全程度评分；

　　　　　　　　S——评价指标安全度；

A_1、A_2、p、x_0——常数。

$$y=\frac{a}{1+e^{-k(x-x_c)}}(x\in[0,100]) \tag{6.2-8}$$

式中　　　x——评价指标安全程度评分；

a、k、x_c——常数。

为便于定量分析评价，作如下假定：第一阶段安全程度系数演化速度较慢，为第二阶段安全程度系数演化速度的 0.5 倍；第三阶段安全程度系数演化速度有较大幅度增加，第二阶段安全程度系数演化速度是第三阶段的 0.5 倍；第四阶段安全程度系数演化速度稍有减缓，与第二阶段演化速度相同；第五阶段的演化速度进一步放缓，与第一阶段相同；指标安全程度评分为 50 时，对应的安全度大小为 0.5。

取 $F_1\sim F_5$ 表示不同区间安全程度系数变化幅度大小，则有 $F_1=F_5=0.1$，$F_2=F_4=0.1$，$F_3=0.4$。由此可得时效性指标安全度评价模型中关键点的评分与安全度对应表，见表 6.2-4。

表 6.2-4　　　　　　　　　　指标安全程度评分与安全度对应表

项目	对 应 关 系						
评分 x	100	80	60	50	40	20	0
安全度 S	1.0	0.9	0.7	0.5	0.3	0.1	0

利用 Logistic 及 Logistic1 模型分别进行曲线拟合，结果如下。

1. Logistic 模型

拟合得到参数 $A_1=0.0299$，$A_2=1.1012$，$x_0=53.0715$，$p=3.6118$，拟合表达式见式 6.2-9，拟合曲线如图 6.2-4 所示。曲线拟合 $R^2=0.9933$，拟合效果良好，拟合得到各关键点数据见表 6.2-5。

$$S=1.1012-\frac{1.0713}{1+(x/53.0715)^{3.6118}}\qquad(x\in[0,100]) \tag{6.2-9}$$

式中　x——评价指标安全程度评分；

S——评价指标安全度。

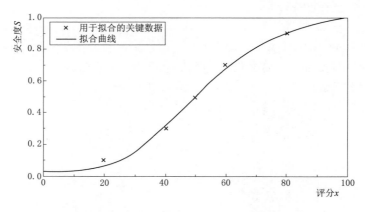

图 6.2-4 Logistic 模型拟合曲线（一）

2. Logistic1 模型

拟合得到参数 $a=1.0087$，$x_c=50.2843$，$k=0.0784$，拟合表达式见式（6.2-10），拟合曲线如图 6.2-5 所示。曲线拟合 $R^2=0.9978$，拟合效果良好，拟合得到各关键点数据见表 6.2-5。

$$y=\frac{1.0087}{1+e^{-0.0784(x-50.2843)}} \qquad (x\in[0,100]) \qquad (6.2-10)$$

式中　x——评价指标安全程度评分。

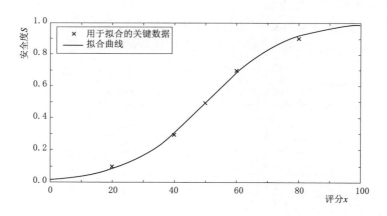

图 6.2-5 Logistic1 模型拟合曲线（二）

表 6.2-5　　　　　　　　　　　模型拟合关键点数据表

评分	0	20	40	50	60	80	100
Logistic 模型	0.0299	0.0606	0.3136	0.5081	0.6823	0.9029	1.0025
Logistic1 模型	0.0192	0.0859	0.3114	0.4987	0.6877	0.9192	0.9886

根据前文可知，采用 Logistic 和 Logistic1 模型均可拟合出很好的结果，说明表 6.2－5 给出的安全程度评分值对应的由 Logistic 和 Logistic1 模型计算出来的安全度是可行且合理的。在此基础上，评价指标安全度模型便可建立起来。由表 6.2－5 看出，当采用 Logistic 模型时，指标评分值 $x=100$ 对应的安全度值为 $S=1.0025$，不在 $[0，1]$ 这一范围之内，与人们的认知习惯不相符合。综上所述，采用 Logistic1 模型计算结果更符合安全程度系数的演化过程。因此，可采用式（6.2－9）表示评价指标安全度模型，即

$$y=\frac{1.0087}{1+e^{-0.0784(x-50.2843)}} \qquad (x\in[0,100]) \qquad (6.2-11)$$

式中　x——评价指标安全程度评分。

重新绘制模型曲线，如图 6.2－6 所示；经过整理分阶段表示后，模型关键点对应值见表 6.2－6。

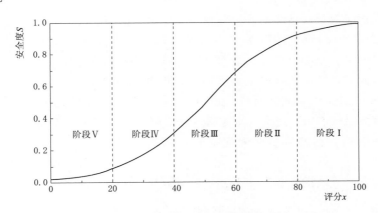

图 6.2－6　评价指标安全度模型曲线

表 6.2－6　　　　　　　　　评价指标安全度模型关键点对应值

安全阶段	安全程度	评分 x	安全度 S
阶段 V	非常安全	[80，100]	[0.9192，0.9886]
阶段 IV	基本安全	[60，80)	[0.6877，0.9192)
阶段 III	不安全	[40，60)	[0.3114，0.6877)
阶段 II	很不安全	[20，40)	[0.0859，0.3114)
阶段 I	极不安全	[0，20)	[0.0192，0.0859)

综上，评价指标安全度模型由此建立起来，该模型具体特点如下：

（1）当 $S\geqslant0.9192$ 时，表明该指标安全程度良好。

（2）当 $0.6877\leqslant S<0.9192$ 时，表明该指标安全程度基本正常，只是某个地方稍稍出现一些缺陷。

（3）当 $0.3114\leqslant S<0.6877$ 时，表明该指标安全程度处在危险的边缘，有个别地方存在隐患。

（4）当 $0.0859 \leqslant S < 0.3114$ 时，表明该指标已非常危险，在多个地方已经存在明显安全问题。

（5）当 $S \leqslant 0.0859$ 时，表明该指标存在巨大隐患。

经过上述处理后，某一指标所反映的大坝安全性态与安全度的关系（表 6.2-3 所示关系）即可确定下来。对比表 6.2-3 及表 6.2-6，并分析图 6.2-5 可知，通过 Logistic1 模型将评价指标的安全程度评分值转换为安全度值，安全度呈 S 形的演化规律是符合前文所述不同阶段水库大坝性态发展特点的。

6.2.3.4 安全等级提升模型

根据评价指标安全度模型的研究成果，对时效性指标加固前、后安全状态的评价都可以用安全度 S 量化表示。因此，应用前文提出的评价指标安全度模型，分别对时效性指标除险加固前、后的安全程度进行量化评价，即可得到时效性指标除险加固前的指标安全度 S_1 与除险加固后的指标安全度 S_2。

前已述及，对于时效性指标的评价分为两个层次：第一层次可以根据安全度 S_2 进行判断，S_2 值越大说明该指标加固后的效果越好；第二层次是分析指标在加固前后的安全等级提升状况。定义安全等级提升系数 C，则 C 应该具有如下性质：

（1）除险加固后，如果指标安全等级提升程度越大，则 C 应当越大。这一层次又包括：①安全度 S_2 确定，加固前指标安全度 S_1 越小，则安全等级提升越多，相应的 C 应越大；②安全度 S_1 确定，S_2 越大，则指标安全等级提升越多，相应的 C 应越大。

（2）除险加固后，在指标安全程度提升相同的情况下，参数 C 应随 S_2 的增加而增加。

基于上述对安全等级提升系数 C 特点的描述，定义 C 为

$$C = \frac{S_2 - S_1}{S_{\max} - S_{\min}}(S_1、S_2 \in [0,1]且 S_2 \geqslant S_1) \tag{6.2-12}$$

式中　C——指标安全等级提升系数；

S_1、S_2——除险加固前、后指标安全度；

$S_{\max}$——安全度最大值，0.9886；

$S_{\min}$——安全度最小值，0.0192。

因此，安全等级提升系数可以进一步改写成下式：

$$C = \frac{S_2 - S_1}{0.9694},(C \in [0,1]) \tag{6.2-13}$$

需要特别指出的是，只需对加固后处于安全状态（包括基本和非常两种安全状态）的指标进行第二层次的评价。这是因为对于加固后仍然处于非安全状态的指标，评价其安全等级提升程度是无意义的，对于这些指标只需根据加固后的指标安全度值直接判定其加固效果就可以了。

6.2.3.5 时效性指标评价值的确定

以表 6.1-1 的各指标定性评价等级集基本判别标准为基础，充分考虑时效指标的特点，进一步明确时效性指标评价等级判别准则，见表 6.2-7。

表 6.2-7　　　　　　　　　　**时效性指标评价等级集判别准则**

评价等级	指标评价值	判　别　准　则
完全成功	$[90, 100]$	除险加固后，指标安全程度达到非常安全；加固后指标安全程度越高、安全等级提升程度越大，指标评价值越大
较成功	$[80, 90)$	除险加固后，指标安全程度达到基本安全，且较加固前提升两个等级以上；加固后指标安全程度越高、安全等级提升程度越大，指标评价值越大
基本成功	$[70, 80)$	除险加固后，指标安全程度达到基本安全，且较加固前提升一个等级及以内；加固后指标安全程度越高、安全等级提升程度越大指标评价值越大
不成功	$[60, 70)$	除险加固后，指标安全程度接近基本安全；加固后指标安全程度越高，指标评价值越大
失败	$[0, 60)$	除险加固后，指标安全程度较基本安全仍有较大差距；加固后指标安全程度越高，指标评价值越大

根据表 6.2-7 中判别准则，计算指标安全度 S_2 和指标安全等级提升系数 C 的临界值并作进一步处理即可确定时效性指标评价值。在提出由指标安全度 S_2 和指标安全等级提升系数 C 确定时效指标评价指标值的计算公式前，首先应该明确所提出的计算公式具有如下性质：

（1）指标安全等级提升系数 C 越高或者除险加固后指标安全度 S_2 越高，则其评价值越高。

（2）时效性指标在由除险加固前安全度 S_1 与除险加固以后安全度 S_2 越接近，则其评价值应越低，且 S_1 与 S_2 接近程度相同时，S_2 越小则评分越低。

在明确上述两条性质后，再作如下两个假定：

（1）时效性指标在由除险加固前安全度 $S_1 = 0.3114$，提升到除险加固后安全度 $S_2 = 0.6887$ 时，该时效性指标被判定为基本成功，即 $X = 70$。

（2）时效性指标在由除险加固前安全度 $S_1 = 0.0192$，提升到除险加固后安全度 $S_2 = 0.9886$ 时，该时效性指标被判定为完全成功，即 $X = 100$。

基于上述，由指标安全度 S_2 和指标安全等级提升系数 C 确定时效指标评价指标值的计算公式如下：

$$X = [(X_{\max} - X_{\min})C + X_{\min}]S_2^{\frac{mS_1}{n-C}} \quad (S_2 \geqslant 0.6877) \tag{6.2-14}$$

式中　C——时效性指标安全等级提升系数；

$X_{\max}$——S_2 所在区间范围的最大评价值；

$X_{\min}$——S_2 所在区间范围的最小评价值；

m、n——两个待求常数。

具体操作方法如下：

（1）利用本书第 6.2.2.3 节指标安全度评价模型，根据除险加固前、后安全程度评分计算除险加固前、后的指标安全度 S_1、S_2；进而根据式（6.2-12）求得该指标除险加固前、后安全等级提升系数 C。

（2）根据除险加固后安全度 S_2 确定 $[X_{\min}, X_{\max}]$ 代表的区间范围，见表 6.2-8。

表 6.2-8 S_2 与 $[X_{\min}, X_{\max}]$ 对应表

安全度	$[X_{\min}, X_{\max}]$	安全度	$[X_{\min}, X_{\max}]$
[0.9192，0.9886]	[80，100]	[0.0859，0.3114)	[20，40)
[0.6877，0.9192)	[60，80)	[0.0192，0.0859)	[0，20)
[0.3114，0.6877)	[40，60)		

（3）利用式（6.2-14）求取时效性指标的评价值。

根据以上所述的3个步骤，利用前文在提出计算公式之前的所述的第2条假定，可以确定该计算公式中的常数 $m=0.7505$，$n=1.50$。

由此可以确定由除险加固后安全度 S_2 及安全等级提升系数 C 确定的指标评价值计算公式为

$$X = \left[(X_{\max} - X_{\min})C + X_{\min}\right]S_2^{\frac{0.7505S_1}{1.50-C}} \qquad (6.2-15)$$

利用该计算公式以及上述四个计算步骤即可以确定时效性指标的评价值。

因为对指标的除险加固效果进行评价，所以只有在除险加固后该指标处于安全状态（包括基本安全和非常安全）的情况下，即当 $S_2 \geqslant 0.6877$ 时，评价其安全等级提升程度才有意义；否则，可以根据除险加固后指标安全度直接判定其加固效果。但由于该计算公式的普适性，即使 $S_2 < 0.6877$，只要对照表 6.2-8，利用该计算公式仍然能够较为准确、合理地计算指标的评价值。因此，在实际工程应用时，若除险加固后 $S_2 < 0.6877$，则可仍然使用式（6.2-15）作为指标评价值的计算公式。

6.2.3.6 时效性指标评价值计算公式合理性验证

在由时效性指标的除险加固前后安全度及安全等级提升系数求取其评价值之前，按照生活常理，以下几个先验工程常识必须满足：

（1）相同情况下，除险加固后安全度 S_2 越高，则评价值越高。

（2）相同情况下，除险加固前安全度 S_1 越低，则评价值越高。

（3）相同情况下，除险加固前、后安全等级提升系数越大，则评价值越高。

为进一步验证式（6.2-14）的合理性，现选取特定的指标安全等级提升程度进行计算，以各阶段四分点为例，计算结果见表 6.2-9。

表 6.2-9（a） 指标安全提升一个等级的评价值

安全等级提升		S_1	S_2	C	评价值
Ⅲ→Ⅱ	Ⅲ$_0$→Ⅱ$_0$	0.3114	0.6877	0.3806	70.00
	Ⅲ$_{0.25}$→Ⅱ$_{0.25}$	0.4055	0.7456	0.3440	70.67
	Ⅲ$_{0.5}$→Ⅱ$_{0.5}$	0.4996	0.8035	0.3074	72.49
	Ⅲ$_{0.75}$→Ⅱ$_{0.75}$	0.5936	0.8613	0.2708	75.03
Ⅱ→Ⅰ	Ⅱ$_0$→Ⅰ$_0$	0.6877	0.9192	0.2342	87.40
	Ⅱ$_{0.25}$→Ⅰ$_{0.25}$	0.7456	0.9366	0.1932	88.48
	Ⅱ$_{0.5}$→Ⅰ$_{0.5}$	0.8035	0.9539	0.1521	89.40
	Ⅱ$_{0.75}$→Ⅰ$_{0.75}$	0.8613	0.9713	0.1113	90.09

注 表中Ⅲ$_0$表示指标安全等级处于Ⅲ阶段下限，Ⅲ$_{0.25}$表示指标安全等级处于Ⅲ阶段 1/4 位置，以此类推。其对应指标安全度根据该阶段指标安全度上下限按线性分布求取，下同。

表 6.2-9（b） 指标安全提升两个等级的评价值

安全等级提升		S_1	S_2	C	评价值
IV→II	$\text{IV}_0 \rightarrow \text{II}_0$	0.0859	0.6877	0.6087	79.51
	$\text{IV}_{0.25} \rightarrow \text{II}_{0.25}$	0.1423	0.7456	0.6103	77.64
	$\text{IV}_{0.5} \rightarrow \text{II}_{0.5}$	0.1987	0.8035	0.6118	77.31
	$\text{IV}_{0.75} \rightarrow \text{II}_{0.75}$	0.2550	0.8613	0.6133	78.35
III→I	$\text{III}_0 \rightarrow \text{I}_0$	0.3114	0.9192	0.6148	90.06
	$\text{III}_{0.25} \rightarrow \text{I}_{0.25}$	0.4055	0.9366	0.5372	90.01
	$\text{III}_{0.5} \rightarrow \text{I}_{0.5}$	0.4996	0.9539	0.4595	90.53
	$\text{III}_{0.75} \rightarrow \text{I}_{0.75}$	0.5936	0.9713	0.3821	91.34

表 6.2-9（c） 指标安全提升三个等级的评价值

安全等级提升		S_1	S_2	C	评价值
V→II	$\text{V}_0 \rightarrow \text{II}_0$	0.0192	0.6877	0.6762	85.07
	$\text{V}_{0.25} \rightarrow \text{II}_{0.25}$	0.0359	0.7456	0.7179	84.54
	$\text{V}_{0.5} \rightarrow \text{II}_{0.5}$	0.0526	0.8035	0.7596	84.54
	$\text{V}_{0.75} \rightarrow \text{II}_{0.75}$	0.0692	0.8613	0.8012	85.11
IV→I	$\text{IV}_0 \rightarrow \text{I}_0$	0.0859	0.9192	0.8429	96.02
	$\text{IV}_{0.25} \rightarrow \text{I}_{0.25}$	0.1423	0.9366	0.8035	95.10
	$\text{IV}_{0.5} \rightarrow \text{I}_{0.5}$	0.1987	0.9539	0.7639	94.84
	$\text{IV}_{0.75} \rightarrow \text{I}_{0.75}$	0.2550	0.9713	0.7246	95.15

表 6.2-9（d） 指标安全提升四个等级的评价值

安全等级提升		S_1	S_2	C	评价值
V→I	$\text{V}_0 \rightarrow \text{I}_0$	0.0192	0.9192	0.9104	98.51
	$\text{V}_{0.25} \rightarrow \text{I}_{0.25}$	0.0359	0.9366	0.9111	98.25
	$\text{V}_{0.5} \rightarrow \text{I}_{0.5}$	0.0526	0.9539	0.9117	98.21
	$\text{V}_{0.75} \rightarrow \text{I}_{0.75}$	0.0692	0.9713	0.9125	98.39

分析表 6.2-9 中表格中的数据内容，发现其已具备上述所谓的先验常识，同时评价值赋值合理，与实际情况较为吻合，因此提出的评价值计算公式合理、可信。特别值得一提的是，表 6.2-9 中所列 $\text{III}_0 \rightarrow \text{II}_0$、$\text{IV}_0 \rightarrow \text{II}_0$、$\text{V}_{0.25} \rightarrow \text{I}_{0.25}$ 等是为了便于计算也为了方便对比分析所列出的界限点处的安全度值 S_1 和 S_2 值，在此基础上根据式（6.2-12）计算 C 值，然后根据式（6.2-14）计算评价值 X。对于 $\text{III}_{0.25} \rightarrow \text{II}_0$ 或者 $\text{III}_{0.25} \rightarrow \text{II}_{0.25}$ 也属于等级的提升，只要确定 $\text{III}_{0.25}$ 对应的 S_1 和 II_0 或 $\text{II}_{0.25}$ 对应的 S_2 值，即可根据式（6.2-13）计算 C 值，然后根据式（6.2-15）计算出评价值 X，这是由公式的性质决定的。例如，对于阶段 V 的下限到阶段 I 的上限这一安全等级提升过程（即 $\text{V}_0 \rightarrow \text{I}_1$），$\text{V}_0$ 对应 S_1 值为 0.0192，I_1 对应 S_2 值为 0.9886，那么根据式（6.2-13）可计算得到 C 值等于 1，再根据式（6.2-15）可计算得到评价值 $X=100$，即该时效性指标被判定为完全成功，由此可见上述安全等级提升模型是具有普适性的，并不仅仅是只对于 $\text{III}_0 \rightarrow \text{II}_0$、$\text{IV}_0 \rightarrow \text{II}_0$、$\text{V}_{0.25} \rightarrow \text{I}_{0.25}$ 这样的不同阶段对应界限点成立的。综上所述，建立时效性指标量化评价模型流程如下：

（1）首先，对于时效性定性指标通过专家打分法获得加固前后的安全程度评分值，对于时效性定量指标通过计算获得加固前后的安全程度评分值。

（2）然后，将加固前后的评分值代入指标安全度评价模型计算得到安全度 S_1 和 S_2，再将 S_1 和 S_2 代入第 6.2.3 节（4）提出的安全程度提升系数模型即可计算时效指标的安全等级提升系数 C。

（3）最后，利用提出的评价值计算公式，得到时效性指标的量化评价值。其计算流程如图 6.2-7 所示。

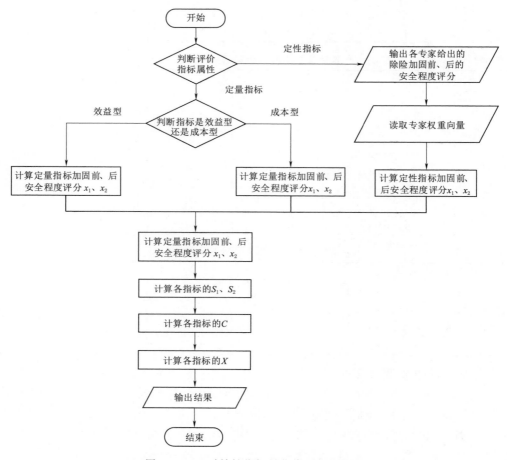

图 6.2-7 时效性指标量化值评价流程图

6.3 评价指标权重确定

在评价指标体系和指标评价值确定的前提下，水库大坝除险加固效果评价的结果是否准确直接取决于评价指标的权重是否合理。因此，如何准确地获得评价指标权重是除险加固效果评价过程中一个极其重要的环节。

前已述及，由于水库大坝除险加固工程的特殊性和复杂性，虽然一部分的指标无需借助专家即可确定其评价值，但专家在指标评价值的确定过程中仍然具有非常重要的作用。基于相同的原因，在确定评价指标权重的过程中，专家的作用依然不可忽视。

为此本书对水库大坝除险加固效果评价指标权重的确定方法为：首先确定专家的主观权重，利用层次分析法得到的判断矩阵确定专家的客观权重，然后计算其组合权重；与此同时，利用层次分析法得到的判断矩阵确定指标的主观权重，同时结合指标获得的评价值获得其动态权重。

6.3.1 确定评价指标的专家权重

客观上来讲，专家的知识水平及实践经验是存在差异的，有权威专家与普通专家之分，但传统的专家打分法无法考虑到这一点，结果使权威专家的意见与普通专家的意见无法得到差异体现；传统的专家打分法也没有考虑专家研究专业领域的局限性，由于指标体系所包含的范围广、内容丰富，专家所擅长的专业是不相同的，因此在面对不同专业领域的时候，各专家所占的权重也是存在区别的。另外，专家的学术水平、评价经验往往左右着他们给出的评价结果，即受专家学术水平、评价经验等因素影响的专家主观权重是有差异的。

随着社会的发展，科学技术的日新月异，评价对象所涉及的工程知识及信息也在不断更新变化，因此对评价对象进行评价时需要考虑的内容也随之增多，指标体系也需要进行不断的完善，这导致的直接后果是使评价问题变得异常繁琐。在进行评价时，就需要邀请具有各种知识背景和实践经验的专家进行打分，并给出综合且有效的评价结果。但在实际评价过程中，由于各个专家的专业背景、对各个指标评判水平和了解程度等众多因素都存在差异，必将使得他们所作出判断的质量存在差别，即给出的权重有差异。因此，专家权重的设计对评价结果的合理性至关重要。应该将各专家已有的先验信息确定其主观权重，再利用专家给出的判断矩阵的情况对专家进行反评判，得到专家的客观权重，最后得到针对特定指标的专家综合权重。

6.3.1.1 专家主观权重评定标准

1. 专家主观权重评定标准

在水库大坝除险加固效果评价过程中，主要依据专家的权威性来确定专家的主观权重大小。专家权威性测定的过程应该从两个方面考虑：第一是包括资历、学术成果、职称在内的实实在在而又容易直接测定的指标，称为硬指标，这些指标能够宏观地反映出专家的智力、能力和学术水平等综合素质；第二是包括评价实际经验、对专业领域的熟悉程度等在内的不容易直接量化的指标，称为软指标，这类指标能够清晰地反映出专家与确定指标评价值密切相关的各类素质情况。结合系统工程相关知识，建立的水库大坝除险加固效果评价中的专家权威性测定指标结构如图 6.3-1 所示。

硬指标中的资历主要包括学历、职称、行政职务等，学术成果包括论文的发表、科研成果及获奖情况等。软指标包括评价实践经验、专业熟练程度。这样制定的指标可以较为全面、准确地反映参与除险加固效果评价的专家的权威性，从而为确定专家的主观权重奠定基础。

2. 构建专家主观权重的数学模型

专家权重测定的指标评价值亦采用百分制，分值越大表明专家在该方面对于权威的隶

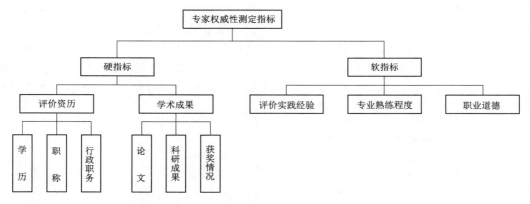

图 6.3-1 专家权威性测定指标结构

属度越高。各指标所涉及的数据，可视具体情况由组织鉴定部门根据专家本人的情况确定或由专家自己填写。之后，根据已设定的测评标准，计算各专家各指标的相应得分。由于每个具体除险加固工程的实际情况各不相同，对专家权威性的测定标准不同，同时针对某特定工程而言，只需确定各专家的相对权威性，故不再给出专家权威性测定指标评分标准，仅给出如表 6.3-1 所示的专家权威性调查表。

表 6.3-1   专 家 权 威 性 调 查 表

专家权威性测定指标			指标评价值（0~100）
硬指标	资历	学历	
		职称	
		行政职务	
	学术成果	论文	
		科研成果	
		获奖情况	
软指标	实践经验		
	专业熟练程度		
	职业道德		

不同专家之间的相对权威性采用模糊优选理论确定。假设每个专家对应有 m 个指标需要测定，而共有 n 位专家参与本次安全评价，那么相对权威性测定矩阵为

$$Y = [y_{ij}]_{m \times n} \quad (i=1,2,\cdots,m; j=1,2,\cdots,n)$$ (6.3-1)

式中 y_{ij}——第 j 位专家第 i 个测定指标的评分值。

由于测定指标的评分值是无单位的，故不需要无量纲化处理，但需对矩阵进行归一化处理。专家权威性测定指标的相对优属度可用下式表示：

$$r_{ij} = \frac{Y_{ij} - inf(Y_{ij})}{sup(Y_{ij}) - inf(Y_{ij})}$$ (6.3-2)

式中 $sup(Y_{ij})$、$inf(Y_{ij})$——同一个测定指标下不同专家的指标值 Y_{ij} 中的最大值和最小值；

r_{ij}——专家 j 的测定指标 i 对优的隶属度，$0 \leqslant r_{ij} \leqslant 1$。

将由式（6.3-2）计算得到的 r_{ij} 替换测定矩阵 Y 中的 y_{ij} 值，则专家相对权威性测定矩阵 Y 将转换为相应的隶属度矩阵，简称为相对优属度矩阵，即

$$R = [r_{ij}]_{m \times n} (i = 1, 2, \cdots, m, \quad j = 1, 2, \cdots, n) \tag{6.3-3}$$

相对理想方案与负理想方案的相对优属度向量分别定义为：

最优相对优属度 $g = (g_1, g_2, \cdots, g_m)^T = (1, 1, \cdots, 1)^T$，称 g 为系统的优等对象。

最劣相对优属度 $b = (b_1, b_2, \cdots, b_m)^T = (0, 0, \cdots, 0)^T$，称 b 为系统的劣等对象。

在有 n 个专家参与的评价集中，若专家 j 隶属于劣等对象的隶属度为 u'_j，隶属于优等对象的隶属度为 u_j，则应有式 $u'_j = 1 - u_j$ 成立，也就是说劣等隶属度与优等隶属度的关系应符合隶属函数的余集定义。

尽管在进行专家权威性测定时软硬指标起到的作用大小不一，但一般情况下假设两者重要性程度相等。设指标权重向量为

$$L = (l_1, l_2, \cdots, l_m)^T \left(0 < l_i < 1, \sum_{i=1}^{m} l_i = 1\right) \tag{6.3-4}$$

由目标相对优属度矩阵 R 可得，专家 j 的目标优属度向量为

$$r_j = (r_{1j}, r_{2j}, \cdots, r_{mj})^T \tag{6.3-5}$$

则对象 j 的权距优距离（对象 j 的目标优属度向量与最优相对优属度之间的距离）和权距劣距离（对象 j 的目标优属度向量与最劣相对优属度之间的距离）分别为

权距优距离
$$d_{jg} = u_j \left(\sum_{i=1}^{m} (l_i |r_{ij} - 1|)^p\right)^{1/p} \tag{6.3-6}$$

权距劣距离
$$d_{jd} = u_j \left(\sum_{i=1}^{m} (l_i |r_{ij} - 0|)^p\right)^{1/p} \tag{6.3-7}$$

式中　p——距离参数，$p = 1$ 为汉明距离，$p = 2$ 为欧氏距离；

u_j——专家 j 的相对优属度；

r_{ij}——专家 j 指标 i 的相对优属度；

l_i——指标 i 的权重。

为解出 u_j 的最优值，根据系统工程综合评判"权距优距离平方和权距劣距离平方的总和最小"的优化原则，建立目标函数

$$\min\{F(u_j) = u_j^2 d_{jg}^2 + u'^2_j d_{jb}^2\} \tag{6.3-8}$$

即专家 j 的权距优距离平方和权距劣距离平方的总和最小。求解 $\dfrac{\mathrm{d}F(u_j)}{\mathrm{d}u_j} = 0$ 得 u_j 的最优值的计算公式为

$$u_j = \cfrac{1}{1 + \left[\cfrac{\sum\limits_{i=1}^{m} (l_i |r_{ij} - 1|)^p}{\sum\limits_{i=1}^{m} (l_i r_{ij})^p}\right]^{2/p}} (j = 1, 2, \cdots, n) \tag{6.3-9}$$

由此可得能够反映各专家权威性的优属度向量为

$$u = (u_1, u_2, \cdots, u_n) \qquad (6.3-10)$$

专家 j 的优属度 u_j 越大，表示该专家权威性越高。

3. 确定专家主观权重

专家的权威性优属度值可由式（6.3-10）所表示的优属度向量反映出来，优属度值越大，则反映该专家的评价意见越具有权威性，其对指标评价值的判断越可靠，相应的赋予给该专家的权重应较大。要想得到各个专家的权重，则需要对优属度向量进行归一化处理。设第 j 个专家的权重为 $w_j (j=1,2,\cdots, n)$，那么对于 n 个专家的总权重需满足 $\sum\limits_{j=1}^{n} w_j = 1$，采用下式对优属度向量 u 做归一化处理：

$$w_j = u_j \Big/ \sum_{j=1}^{n} u_j \qquad (6.3-11)$$

则可得参加水库大坝除险加固效果评价的 n 位专家的权重向量为

$$W = (w_1, w_2, \cdots, w_n) \qquad (6.3-12)$$

综上所述，对参与评价专家权重的计算过程进行归纳整理，可绘出如图 6.3-2 所示的专家主观权重计算流程图。

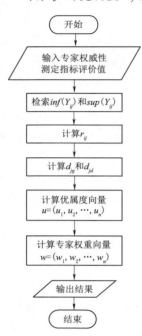

图 6.3-2 专家主观
权重计算流程图

6.3.1.2 专家客观权重确定

在除险加固效果综合评价过程中，常常利用层次分析法来确定指标或每一因素集之间的相对重要性程度，即指标或因素集的权重。而在利用层次分析法确定权重过程中，最重要的一步便是请专家构造判断矩阵。具体说明参见 6.3.2。

在对水库大坝除险加固效果评价中的各个指标或者因素集进行评价时，虽然利用专家丰富的工程经验及学科知识，已经有了一个较为准确、宏观的认识，但由于涉及学科领域众多，专家受专业所限，对具体某些指标并不一定认识得很清晰，而且在其打分过程中很难免会受个人偏好等主观因素的影响。基于此，需要根据专家在实施层次分析法过程中给出的判断矩阵，确定其客观权重。

对于每一层因素集 $A = \{A_1, A_2, \cdots, A_n\}$，请有经验的专家依照 $1\sim9$ 标度法判断标度，分别给出两两比较的结果，则专家的评价结果构成一个判断矩阵 a，即

$$a = \begin{pmatrix} a_{11} & a_{12} & \cdots & a_{1n} \\ a_{21} & a_{22} & \cdots & a_{2n} \\ \vdots & \vdots & & \vdots \\ a_{n1} & a_{n2} & \cdots & a_{nn} \end{pmatrix} \qquad (6.3-13)$$

令 $B = (b_{ij})_{n \times n}$ 其中 $b_{ij} = a_{ij} \Big/ \sum\limits_{i=1}^{n} a_{ij}$，记 $\beta_j = (b_{1j}, b_{2j}, \cdots, b_{nj})^T$，则 β_j 为判断矩

阵 a 的第 j 个列向量的归一化向量；在定义判断矩阵 a 的导出矩阵 $C=(c_{ij})_{n\times n}$，其中 $b_{ij}=\dfrac{b_{ij}}{\dfrac{1}{n}\sum\limits_{k=1}^{k=n}b_{ik}}(i,\ j=1,\ 2,\ \cdots,\ n)$，则矩阵 a 的导出向量为

$$\nu(C)=\begin{bmatrix} c_{11} & c_{12} & \cdots & c_{1n} \\ c_{21} & c_{22} & \cdots & c_{2n} \\ \vdots & \vdots & & \vdots \\ c_{n1} & c_{n2} & \cdots & c_{nn} \end{bmatrix} \tag{6.3-14}$$

若判断矩阵 a 为完全一致性矩阵，则

$$\nu(C)=\begin{bmatrix} 1 & 1 & \cdots & 1 \\ 1 & 1 & \cdots & 1 \\ \vdots & \vdots & & \vdots \\ 1 & 1 & \cdots & 1 \end{bmatrix}_{n\times n} \tag{6.3-15}$$

设有 m 位专家对 n 个对象进行评判，第 k 个专家的判断矩阵为 $a^k=(a_{ij}^k)_{n\times n}$ $(k=1,2,\cdots,n)$，则其导出矩阵的导出向量为

$$\nu(C_k)=\begin{bmatrix} c_{11}^k & c_{12}^k & \cdots & c_{1n}^k \\ c_{21}^k & c_{22}^k & \cdots & c_{2n}^k \\ \vdots & \vdots & & \vdots \\ c_{n1}^k & c_{n2}^k & \cdots & c_{nn}^k \end{bmatrix} \tag{6.3-16}$$

设 a^k 与 a 的广义夹角为 θ_k，由向量的内积可知：

$$\cos\theta_k=\frac{(\nu(C_k),\nu(C))}{|\nu(C_k)||\nu(C)|}=\frac{\sum\limits_{i=1}^{n}\sum\limits_{j=1}^{n}c_{ij}^k}{m\cdot\sqrt{\sum\limits_{i=1}^{n}\sum\limits_{j=1}^{n}(c_{ij}^k)^2}} \tag{6.3-17}$$

令 $d_{(k)}=\sin\theta_k=\sqrt{1-\cos^2\theta_k}$，且称 $d_{(k)}$ 为判断 a 的偏差。显然，$d_{(k)}$ 的大小标志着第 k 位专家的评价精确度，$d_{(k)}$ 越小，则说明该专家的评价精确度越高，也说明对指标集或因素集的认识水平更高。

设 m 位专家的偏差 $d_{(k)}$ 由小到大排列为 $d_{(1)}<d_{(2)}<\cdots<d_{(m)}$，则说明 $d_{(1)}$ 对应的专家水平最高，即该专家对所评价的指标集或因素集最为透彻和熟悉，$d_{(2)}$ 对应的专家次之，$d_{(m)}$ 对应的专家最低。

进而可以得到类似于模糊理论中的相对隶属度公式：

$$r_i=\frac{1-d_{(i)}}{1-d_{(1)}} \tag{6.3-18}$$

根据式（6.3-18）可以计算得到专家对熟悉程度的 $1\times n$ 阶相对隶属度向量 $r=(r_1,r_2\cdots,r_m)$，归一化处理后即可得到第 i 位专家的客观权重向量为

$$\omega'_i=\frac{r_i}{\sum\limits_{i=1}^{m}r_i} \tag{6.3-19}$$

由此可得参加水库大坝除险加固效果评价的 n 位专家，对于任意评价指标集的客观权重向量为

$$W' = (w'_1, w'_2, \cdots, w'_m) \qquad (6.3-20)$$

6.3.1.3　专家综合权重确定

通过 6.3.1.1、6.3.1.2 节可以分别确定评价专家的主观权重及针对不同指标集或因素集的客观权重。需要说明的是，对于专家主观权重，无论是综合评价总目标层、影响因素层等，每一个专家的主观权重都是相同的；而对于专家客观权重，则会因为隶属不同的层次、集合而发生变化。

显然用于水库大坝除险加固效果评价的专家组合权重应该是主观权重与客观权重的偏差最小，应用最小信息熵原理，将主观权重 ω_{ij} 与客观权重 ω'_{ij} 综合为专家组合权重，即

$$\min F = \sum_{j=1}^{m} \overline{\omega_{ij}} (\ln \overline{\omega_{ij}} - \ln \omega_{ij}) + \sum_{j=1}^{m} \overline{\omega_{ij}} (\ln \overline{\omega_{ij}} - \ln \omega'_{ij}) \qquad (6.3-21)$$

式中　$\overline{\omega_{ij}}$——第 i 准则层下第 j 个专家的综合权重；

ω_{ij}——第 i 准则层下第 j 个专家的主观权重；

ω'_{ij}——第 i 准则层下第 j 个专家的客观权重。

用拉格朗日乘子法解上述优化问题得

$$\overline{\omega_{ij}} = \frac{(\omega_{ij} \cdot \omega'_{ij})^{1/2}}{\sum_{j=1}^{m} (\omega_{ij} \cdot \omega'_{ij})^{1/2}} \qquad (6.3-22)$$

由此即可得到用于水库大坝除险加固综合评价的专家组合权重值。

6.3.2　确定评价指标的主观权重

为了适应水库大坝除险加固效果评价指标权重的复杂结构，将水库大坝除险加固效果评价指标分为静权指标和动权指标。静权指标定义为指标权重不随着指标评价值的改变而变化的指标，即不论指标评价值的大小，该指标的权重始终采用一固定权重，该固定权重称为静态权重；动权指标定义为指标权重随着指标评价值的改变而变化的指标，这类指标在评价过程中采用受指标变化影响的变权重，该指标的权重称为动态权重。水库大坝除险加固效果评价指标体系中，将所有的评价指标及因素层都默认为是动权指标。指标的评价值低，则该指标的安全性将对整个除险加固效果评价的影响产生更加重要的影响，而评价值高的指标则正好相反。

6.3.2.1　指标静态主观权重

层次分析法是目前进行综合评价分析时常用的一种方法。层次分析法优缺点共存，其优点是可以将众多的定性影响因素定量化；缺点是主观性强，修正原判断矩阵时，并不能确保修正标准最优化。目前在使用层次分析法时大多是根据经验进行修正，尚无统一的修正模式。另外，对于指标众多、判断矩阵维数过大的评价指标体系，采用层次分析法计算指标排序权值时，会出现检验判断矩阵一致性较困难的问题。尽管有文献提出的模拟退火层次分析法能有效地解决这一问题，但由于模拟退火算法自身存在着收敛速度慢，执行时间长，算法性能与初始值有关且参数较为敏感等缺陷，而和声搜索（Harmony Search，

HS）是一种启发式全局搜索算法，在组合优化问题中展示了较遗传算法、模拟退火算法更好的性能，为此采用和声搜索算法检验判断矩阵的一致性并同时计算层次中各指标的静态权值。

为便于描述，将用和声搜索算法来检验判断矩阵一致性的方法命名为和声搜索层次分析法（HS‐AHP），其计算步骤如下。

1. 构造判断矩阵

对每一层因素集，分别以各自的上一级层次的要素作为判断准则，进行因素间两两重要程度比较，采用按 1～9 标度法来描述人们对各要素相对重要性的认识。设有因素集 $A=\{A_1,A_2,\cdots,A_n\}$，以变量 a_{ij} 表示因素 A_i 对因素 A_j 的相对重要性判断值，判断值 a_{ij} 的确定方法见表 3.3‐5。

对于每一层因素集 $A=\{A_1,A_2,\cdots,A_n\}$，请有经验的专家依照判断标度，分别给出两两比较的结果，则专家的评价结果可构成一个判断矩阵 a，即

$$a=\begin{bmatrix} a_{11} & a_{12} & \cdots & a_{1n} \\ a_{21} & a_{22} & \cdots & a_{2n} \\ \vdots & \vdots & & \vdots \\ a_{n1} & a_{n2} & \cdots & a_{nn} \end{bmatrix} \tag{6.3‐23}$$

式中的 $a_{ii}=1$；$a_{ij}=1/a_{ji}$。

2. 层次各要素单排序及其一致性检验

层次各要素单排序及其一致性检验就是要确定同一层次各要素对于上一层次某要素的相对重要性的排序权值，并检验各判断矩阵的一致性。设因素集 $A=\{A_1,A_2,\cdots,A_n\}$ 对应的单排序权值向量为 $\omega=(\omega_1,\omega_2,\cdots,\omega_n)$，满足 $\omega_k>0$，$\sum_{k=1}^{n}\omega_k=1$。根据判断矩阵 a 的定义，理论上有

$$a_{ij}=\omega_i/\omega_j \quad (1\leqslant i\leqslant n,\ 1\leqslant j\leqslant n) \tag{6.3‐24}$$

假设判断矩阵 a 具有完全的一致性，即

$$\sum_{k=1}^{n}(a_{ik}\omega_k)=\sum_{k=1}^{n}[(\omega_i/\omega_k)\omega_k]=n\omega_i \quad (i=1,2,\cdots,n) \tag{6.3‐25}$$

$$\sum_{i=1}^{n}\left| \sum_{k=1}^{n}(a_{ik}\omega_k)-n\omega_i \right|=0 \tag{6.3‐26}$$

由于水库大坝除险加固效果评价系统的复杂性、人们认识上的多样性以及主观上的片面性和不稳定性，系统要素的重要性度量没有统一和确切的判断标尺，决策者不可能精确度量 ω_i/ω_j，只能对它们进行估计判断。因此，AHP 法只要求判断矩阵 a 具有满意的一致性，以适应各种复杂系统。

显然，式（6.3‐26）左边的值越小，则判断矩阵 a 具有的一致性程度就越高。因此，因素集 A 的单排序及其一致性检验问题可以归结为如下组合优化问题

$$\begin{cases} \min C_{\mathrm{IF}}(n)=\dfrac{1}{n}\sum_{i=1}^{n}\left| \sum_{k=1}^{n}(a_{ik}\omega_k)-n\omega_i \right| \\ \mathrm{s.t.}\,\omega_k>0\ (k=1,2,\cdots,n)\,,\quad \sum_{k=1}^{n}\omega_k=1 \end{cases} \tag{6.3‐27}$$

式（6.3-27）表示的是有约束的组合优化问题，利用罚函数法将其转化为无约束的组合优化问题，则最终的目标函数可表示为

$$\min C_{IF}(n) = \frac{1}{n} \sum_{i=1}^{n} \left| \sum_{k=1}^{n} (a_{ik}\omega_k) - n\omega_i \right| + \left(\sum_{k=1}^{n} \omega_k - 1 \right)^2 \qquad (6.3-28)$$

式中　$C_{IF}(n)$——一致性指标函数；

$\quad\quad\omega_k$——优化变量。

这是一个用常规方法很难处理的复杂的非线性组合优化问题。和声搜索算法是一种启发式全局搜索算法，目前已经在 TSP、水工设计、水库调度、坝坡稳定分析中都已得到成功的应用，而该算法尚未在综合评价中使用，因此在进行水库大坝除险加固效果评价时，引入和声搜索算法求解式（6.3-28）所表示的无约束组合优化问题，以此来检验判断矩阵 a 的一致性并计算各元素单排序权值 ω_k。

当目标函数 $C_{IF}(n)$ 的值小于或等于某一标准值（取 0.10）时，即当 $C_{IF}(n) \leqslant 0.1$ 时认为各元素单排序权值 ω_k 是合理且可接受的，否则需要专家重新打分，并反复调整矩阵的取值，直至使判断矩阵 a 获得满意的一致性要求为止。

和声搜索法源自于音乐演奏中，在演奏音乐时，为获得美妙的乐声，需不断调整音调。Geem Z W 等将此应用于数学优化问题，将乐器类别 $i(i=1,2,\cdots m)$ 视为第 i 个变量，音调视为该变量的变量值，乐器的和声 $X^j(j=1,2,\cdots N)$ 视为第 j 个解向量，其中 $X^j=(x_1^j,x_2^j,\cdots x_m^j)$，目标函数 $f(X^j)(j=1,2,\cdots N)$ 相当于音乐效果评价，以此构成和声搜索算法。对于某一工程问题，犹如调试音调一般可能需要经过反复调整尝试才能获得理想的效果，同时其寻优率、跳出局部极优能力均较为一般，因此在解决式（6.3-28）的优化问题时，提出了一种改进的和声搜索算法。具体操作过程如下：

（1）步骤 1：寻找目标函数，确定基本参数及约束条件。①变量个数 m；②变量取值范围；③和声记忆库（HM）中可保存的和声个数 M，需注意所有可行解数目要远大于 M；④HM 起始、终止保留概率 $HMCR_0$、$HMCR_t$，产生新解时由 $HMCR_0$、$HMCR_t$ 及迭代次数确定 HM 中保留解分量 ω_i^j 的概率；⑤HM 最大、最小扰动概率 PAR_{max}、PAR_{min}，对部分解分量进行微调扰动的概率大小由 PAR_{max}、PAR_{min} 及迭代次数确定；⑥终止条件，目标函数满足标准值要求或达到最大迭代次数。

（2）步骤 2：初始化 HM。随机产生 M 个初始解，投放进 HM 内，可表示为

$$\begin{bmatrix} \omega_1^1 & \omega_2^1 & \cdots & \omega_m^1 & \left| f(\omega^1) \right. \\ \omega_1^2 & \omega_2^2 & \cdots & \omega_m^2 & \left| f(\omega^2) \right. \\ \vdots & \vdots & \vdots & \vdots & \left| \vdots \right. \\ \omega_1^M & \omega_2^M & \cdots & \omega_m^M & \left| f(\omega^M) \right. \end{bmatrix}$$

式中　ω^j——第 j 个解向量；

$\quad\quad\omega_i^j$——第 j 个解向量的第 i 个分量：

$\quad f(\omega^j)$——第 j 个解向量的函数值。

（3）步骤 3：产生 N_{HM} 个新解 $\omega_j^{new}=[\omega_1^{new},\omega_2^{new},\cdots,\omega_m^{new}](j=1,2,\cdots N_{HM})$，其中新解分量 ω_j^{new} 可通过以下三种机理产生：①随机产生选择；②保留 HM 中的某些解分量；③对①、②中某些分量进行微扰动。

以一定概率随机保留 HM 中的某些分量，即新产生 N_{HM} 个 ω_j^{new} 来源于 HM 中第 i 个解分量的集合 $\omega_i = \{\omega_i^1, \omega_i^2, \cdots, \omega_i^M\}$ 的概率为 $HMCR$。按机理①产生的新解分量 ω_i^{new} 是从第 i 个解分量的可行解空间（即变量 i 的取值范围）中以 $1 - HMCR$ 的概率随机产生的。对两种机理产生的解分量按概率 PAR 进行扰动，得到按机理③产生的新解分量。扰动原则为

$$\omega^{new} = \omega'^{new} + 2u \times rand - u \qquad (6.3-29)$$

式中 　ω'^{new}、ω^{new}——扰动前后新解的第 i 个解分量；

　　　　　u——带宽；

　　　　$rand$——0 和 1 之间的随机数。

（4）步骤 4：更新 HM。比较新解与旧解的差异，判断新解是否为 HM 内的最差解，若不是，则替换最差解。

（5）步骤 5：重复步骤 3、步骤 4，直到满足终止条件，输出最优解。

至此，可得到目标函数的最小值 f_{min}，即判断矩阵一致性指标的最小值 $C_{IF}(n)_{min}$，及其对应的权重 $\omega_{min} = (\omega_1, \omega_2, \cdots, \omega_n)$。

3. 层次总排序及一致性检验

层次总排序及一致性检验为同一层次各要素对最高层要素的排序权值及判断矩阵的一致性检验。该过程由高层逐渐向低层进行，计算方法同层次各要素单排序及其一致性检验，只是将式中的层次单排序权值 ω_k 替换为层次总排序权值 ω_k^A。算法如下：若 B 层指标 B_i 对总目标的权值为 $\omega_{B_i}^A$，其下一层 C 层指标 C_j 对指标 B_i 的权值为 ω_{C_j}，则指标 C_j 对总目标的权值 $\omega_{C_j}^A = \omega_{B_i}^A \omega_{C_j}$。

4. 确定静权指标的主观权重

病险水库除险加固效果评价系统的静权指标主观权重可以选取最后一层要素的总排序权值计算结果。

经过归纳总结，绘出和声搜索层次分析法（SH-AHP）的计算流程，如图 6.3-3 所示。

6.3.2.2 指标动态主观权重

在评价过程中，认为指标的权重将随其评价值的变化而发生变化。首先利用层次分析法借助专家经验得到指标的静态权重，然后结合指标的实际评分值，综合确定动权指标的动态权重。具体操作步骤如下：

（1）请专家构造每一因素层下指标的判断矩阵，并利用和声搜索层次分析法计算得到各动权指标的静态权重 $\omega = (\omega_1, \omega_2 \cdots, \omega_n)$。

（2）利用第 6.2 节提出的指标量化方法，得到该层次下的指标评价值 $X = (X_1, X_2 \cdots X_n)$。

（3）由于指标评价等级集中基本成功与不成功所对应的评价值界限为 70 分，因此不妨以 70 为基准，定义如下计算公式求取动权指标的动态权重：

$$\omega'_i = \frac{\left(\dfrac{X_i}{70\omega_i}\right)^{-1}}{\displaystyle\sum_{i=1}^n \left(\dfrac{X_i}{70\omega_i}\right)^{-1}} \qquad (6.3-30)$$

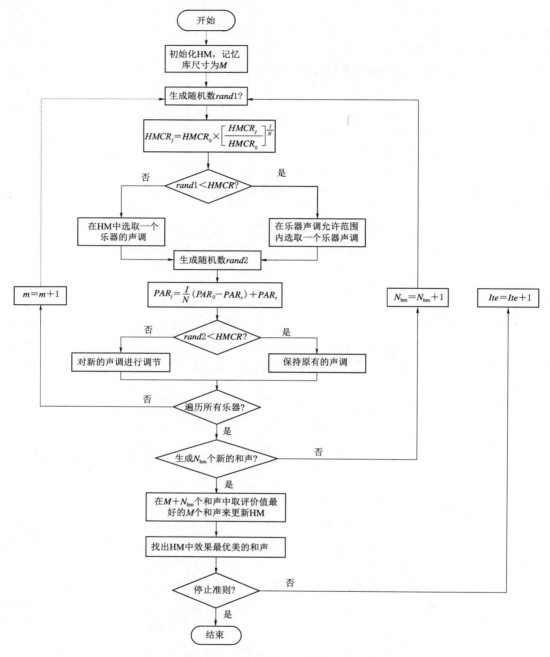

图 6.3-3 SH-AHP 计算流程图

该动态权重计算公式的目的和作用在于，当评价指标的评价值降低，其影响程度逐渐变大，即其权重也应该相应增加。由此即可得到水库大坝除险加固效果评价动权指标的动态权重。

水库大坝除险加固效果量化评价模型流程如图 6.3-4 所示。

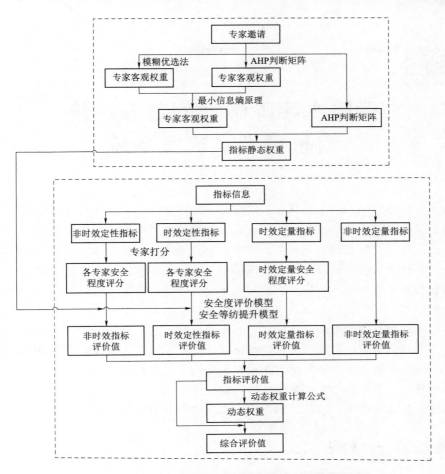

图 6.3-4　水库大坝除险加固效果量化评价模型流程图

第 7 章

病险水库除险加固效果评价
信息模型及决策系统

　　融合水库大坝除险加固指标体系、指标量化处理方法、专家权重及指标重要性赋权方法的除险加固效果量化评价模型，建立水库大坝除险加固效果评估信息模型，主要包括信息获取、信息处理和信息输出三部分。其中，信息获取主要为综合工程信息构建除险加固效果评价指标体系，并获取基础评价指标的基本信息；信息处理主要是构建除险加固效果量化评价模型，由评价指标量化、指标权重确定、专家权重等组成；信息输出即综合工程信息和评价模型，结合评价标准以定量形式输出评价结果。

　　目前用于综合评价的方法众多，主要有主成分分析法、因子分析法、聚类分析法、灰色关联度分析法、模糊综合评价法、多维度标度法等，但是理论体系最为成熟、应用最为广泛的仍然是由指标体系、指标值、指标权重等构成的常规综合评价方法。

　　下面论述基于由指标体系、指标值、指标权重等构成的病险水库除险加固效果评价方法体系构建，结合实际工程的特点提出水库大坝除险加固效果评价信息模型。

7.1　常规综合评价方法

7.1.1　评价指标的选取

　　指标选取是否合适，直接影响到综合评价的结论。指标太多，则有可能产生不必要的重复；指标太少，可能缺乏足够的代表性，会产生片面性。评价指标的选取与具体问题的专业知识有关，也和我们能考察获取的手段有关。目前评价指标的选取，主要依靠专家及指标体系制定者的主观意识选取，缺乏定量筛选的过程。

7.1.2　指标的无量纲化

　　评价过程中，去掉指标量纲的过程，称为指标的无量纲化过程。常规的无量纲化方法从几何的角度归结为：直线形无量纲化、折线形无量纲化、曲线形无量纲化。

　　1. 直线形无量纲化

　　用 x 表示指标实际值，用 y 表示指标评价值，x_{ij} 表示第 j 个评价对象的第 i 项指标实际值，X_i 表示第 i 项指标实际值的总和，则

$$y_{ij} = \frac{x_{ij}}{X_i} \tag{7.1-1}$$

指标评价值与实际值之间是一种线性关系，指标评价值随实际值等比例变化。常用的直线形无量纲化方法有阈值法、标准化方法、比重法等。

2. 折线形无量纲化

折线形无量纲化方法适合于事物发展呈现阶段性，指标值在不同阶段变化对事物总体水平影响是不相同的。构造折线形无量纲方法与直线形不同之处在于必须找出事物发展的转折点的指标值并确定其评价值。常用的有以下三种类型：

（1）凸折线形。折线公式为

$$y_i = \begin{cases} \dfrac{x_i}{x_m} y_m \\ y_m + \dfrac{x_i - x_m}{\max\limits_i (x_i - x_m)} (1 - y_m) \quad (x_i > x_m) \end{cases} \qquad (7.1-2)$$

式中　x_m——转折点指标值；

　　　y_m——x_m 的评价值。

（2）凹折线形。与凸折线形不同，凹折线形无量纲化公式对指标后期变化赋予较多评价值增加值，指标后期变化对事物发展总体水平影响较大。

（3）三折线形。

1）适合于某些事物要求指标值在某区间变化，若超出这个区间则指标值的变化对事物的总体水平几乎没有什么影响。

2）适合于适度指标的无量纲化，即指标值过小或过大都对事物产生不利影响。

3. 曲线形无量纲化

有些事物发展阶段性的分界点不很明显，而前中后各期发展情况又截然不同，也就是说指标变化对事物总体水平的影响是逐渐变化的，而非突变的。在这种情况下，曲线形无量纲化公式更为合适。常见的无量纲化的曲线有：升半正态形、升半柯西形、升半凹凸形、升半岭形、升半凸形等。

指标的无量纲化方法、曲线形式的选取，应该根据评价事物自身特征、性质确定选取。鉴于水库大坝除险加固效果评价的复杂性，无量纲化方法必然是非线性的，而具体的曲线形式则要与量化评价模型、指标评价标准相关。

4. 逆指标与适度指标的处理

对于选出的评价指标，如果是正指标，即指标值越大越好，上面介绍的种种方法是适用的。对于逆指标和适度指标，上面介绍的方法有些是不适用的。因此，常用的方法是将其先转化成正指标，然后再无量纲化。

对于逆指标，可选用的简单变换是，对 $i=1, 2, \cdots, n$，可取

$$x_i' = \frac{1}{x_i} \qquad (7.1-3)$$

或

$$x_i' = \frac{1}{k + \max\limits_{1 \leqslant i \leqslant n} |x_i| + x_i} \qquad (7.1-4)$$

对于适度指标值 $x_1, \cdots x_n$，假定最合适的值是 a，离 a 的偏差越大越不好，因此 $|a-x_i|$ 就反映了 x_i 不好的程度，它就相当于一个逆指标，则适度指标可以如此变化：

$$x_i' = \frac{1}{1+|a-x_i|} (i=1,2,\cdots,n)$$ （7.1-5）

实际评价过程中，逆指标、适度指标的转化应该结合指标无量纲化方法、量化评价模型等综合确定之。

5. 定性指标量化方法

在综合评价时，会遇到一些定性指标，定性指标的信息不加利用，则评价结果无法全面反应事物实际状态；直接使用则又有困难，因此通常总希望给以量化，使量化后的指标可与其他定量指标一起使用。

定性指标中有两类：名义指标和顺序指标。名义指标是实际上只是一种分类的表示，例如性别：男、女；企业所在地：北京、上海、广州等，这类指标只能有代码，而无法真正量化。顺序指标，如优、良、中、劣等，这类指标是可以量化的。因此，定性指标的量化实际上也就是顺序指标的量化。

定性指标难以用客观实际值来量化评价，因此通常是靠指标评价标准及专家的经验综合确定，由专家打分给出。再结合专家自身的权重，即可得到定性指标的量化评价值。

7.1.3 权重确定

7.1.3.1 指标权重确定

1. 权的定义

用若干个指标 $x_1, \cdots, x_p$ 进行综合评价时，其对评价对象的作用，从评价的目标来看，并不是同等重要的。从权重的属性来看，可以分为以下几类：

（1）从包含信息的多少来考虑，有关的信息多，权重就越大。

（2）从指标的区分对象能力来考虑，所谓综合评价，就是将评价对象给以区别，并排出先后的次序，所以一个指标从区别这些对象的性质来看，能力强的就应重视。

2. 确定权重的方法

对实际问题选定被综合的指标后，就需利用各种方法确定各指标的权重的值。一些方法是利用专家或个人的知识或经验，所以有时称为主观赋权法，但这些专家的判断本身也是从长期实际中来的，不是随意设想的，应该说有客观的基础；另一些方法是从指标的统计性质来考虑，它是由调查所得的数据决定的，不需征求专家们的意见，称之为客观赋权法。

（1）德尔菲法。德尔菲法又称为专家法，其特点在于集中专家的经验与意见，确定各指标的权重数，并在不断的反馈和修改中得到比较满意的结果。

（2）层次分析法。同样通过专家，对同属一个因素集的指标使用 1～9 标度法，两两确定其重要性程度，以此计算出同一因素集下不同指标的主观权重。本书在计算指标权重时，也以层次分析法为基础。

（3）统计方法。从搜集到的指标数据来看，首先要确定数据本身是否能够提供的准确、有效的权重。常见的有用方差的倒数为权、变异系数为权和复相关系数的倒数为权这几种。

7.1.3.2 专家权重确定

若有不止一个专家参与综合评价，为了能够得到定性指标最终的评价值，则需要确定专家自身的权重。目前，在对某一事物进行综合评价时，对专家的权重系数基本都是组织者认为给出的，并没有太多的具体依据及具体的计算行为。

由于专家权重的大小，对于水库大坝除险加固效果评价的结果又有重要影响。而鉴于水库大坝除险加固前后状态的极端重要性，因此专家权重的确定必须非常谨慎。

7.1.4 综合评价

在建立了综合评价指标体系，对各指标进行量化处理后，同时确定了指标的权重以及专家的权重，由此即可得到综合评价的最终评价值，对照建立的评价标准体系，即可做出评价。

7.2 除险加固效果综合评价信息模型

水库大坝除险加固效果评价是一个非常复杂的系统工程，牵涉面广、影响因素多。因此，评价一个水库大坝的除险加固效果需要海量的基本信息资料，如水库大坝的防洪能力、渗流性态、结构性态、运行管理以及除险加固的投资、效益等，这些信息资料中又包含了许多技术或非技术的相关信息。只有在全面、充分掌握这些信息资料的基础上，才有可能对水库大坝的除险加固效果做出客观、准确的评估。

综合当前水库大坝病险特点、除险加固技术、加固效果影响因素及量化评价方法等，提出了水库大坝除险加固效果评价信息模型。该模型主要包含三个方面，即信息获取、信息处理及信息输出。

7.2.1 信息获取

（1）水库所在流域特征分析、水库大坝病险特点分析、现有水库大坝除险加固技术分析。

（2）为进行水库大坝除险加固效果评价的系统性分析，建立除险加固效果评价综合系统，即

$$ECES - RD \in \{S_1, S_2, \cdots S_m, R_{ei}, O, R_{si}, T, L\}, m, S_i \in \{E_i, C_i, F_i\}$$

（3）受 ECES - RD 系统复杂性影响，将系统评价指标体系结构定义为四层，分别为总目标层、效果治理影响因素层、加固效果影响子层、基础评价指标层。

（4）系统评价指标体系的建立。

1）应用系统评价方法，初选评价指标。

2）利用条件广义方差极小值、极大不相关等理论方法，对评价指标进行筛选、完善。

3）分析除险加固效果评价指标体系各部分结构之间的逻辑关系，建立指标体系的积木模型，如图 5.1-7 所示。

4）针对不同坝型的实际工程特点，详细分析水库大坝除险加固效果评价的影响因素，确定指标体系的基础评价指标。

5）基于不同坝型，建立各自的评价指标体系。指标体系如图 6.3-1、图 6.3-2 所示。

（5）通过资料分析、现场检测、现场观察、试验研究、数值模拟等调查方法，获取各基础评价指标的基本信息。

7.2.2 信息处理

在获取信息之后，需要对信息进行处理。在信息处理之前，首先需要定义水库大坝除险加固效果的评判标准。另外由于不同方面信息的内容形式、单位量纲、重要性程度等都是不一样的，信息处理过程极为复杂，因此引入专家进行辅助。在信息模型中，专家的作用在于：一方面判定各个不同方面信息的重要性程度；另一方面在于给不能做定量评价的指标打分。为了确保所有信息能够都被合理的利用，处理信息后所得到的结果尽可能准确，将各类指标的信息定义为四类：时效定性、时效定量、非时效定性、非时效定量。不同的信息类型，通过不同的信息处理方式，最终变成相同类型的评价值，结合专家给出的各指标信息的重要程度，最终得到水库大坝除险加固效果一个评价值，结合已经给定的效果评判标准，即可判定任一水库大坝除险加固效果。具体操作步骤如下：

（1）在对各基础指标量化之前，根据人类心理活动特征，建立五级评价指标评价等级集及各等级判别标准。

（2）水库大坝除险加固效果量化评价模型确定。

1）对于定量基础指标，建立除险加固前后基于指标实际值与规范值的安全程度评分双曲线公式，对成本性指标同向化处理。公式如下：

$$x = \begin{cases} \dfrac{t}{at+b} & (t < 2.54) \\ 100 & (t \geqslant 2.54) \end{cases} \tag{7.2-1}$$

2）对于定性基础指标，由专家根据工程经验，依照定性指标评分表，打分而得。

3）对于非时效性基础指标，直接由安全程度评分双曲线公式、专家打分结合各专家权重得到其最后的评价值。

4）对于时效性基础指标，因需考虑加固前、加固后两个状态，因此需要进一步处理：

a. 分析大坝安全程度 S 形变化特性，建立指标安全度评价模型

$$y = \dfrac{1.0087}{1 + e^{-0.0784(x-50.2843)}} \tag{7.2-2}$$

b. 建立表征水库大坝除险加固前后安全度提升程度的安全等级提升模型

$$C = \dfrac{S_2 - S_1}{S_{max} - S_{min}} \tag{7.2-3}$$

c. 根据安全度评价模型、安全等级提升模型，最终建立与加固前后水库大坝状态相关的评价值计算公式，并对其合理性进行了验证。公式为

$$X = \left[(X_{\max} - X_{\min}) C + X_{\min} \right] S_2^{\frac{0.7505 S_1}{1.50 - C}} \qquad (7.2-4)$$

（3）专家权重确定。专家权重的准确计算对于最终除险加固效果评价有重要影响。专家权重计算过程中，既考虑了专家在水库大坝除险加固领域的权威性，也考虑了专家对不同专业知识的局限性。

1）专家主观权重。在邀请专家之前，首先成立工作小组，对拟邀请的专家，从评价资历、学术成果、评价实践经验、专业熟练程度、职业道德等方面进行打分，构建专家主观权重的数学模型，利用模糊优选理论计算得到专家主观权重，即

$$W = (w_1, w_2, \cdots, w_n) \qquad (7.2-5)$$

2）专家客观权重。对专家在层次分析法中给定的指标因素集的判断矩阵进行处理，即

$$\cos\theta_k = \frac{\left[\nu(C_k), \nu(C) \right]}{|\nu(C_k)| \, |\nu(C)|} = \frac{\sum\limits_{i=1}^{n} \sum\limits_{j=1}^{n} c_{ij}^k}{m \sqrt{\sum\limits_{i=1}^{n} \sum\limits_{j=1}^{n} (c_{ij}^k)^2}} \qquad (7.2-6)$$

使其能够反映专家在该专业方向的认知水平，由此确定专家客观权重，即

$$W' = (w_1', w_2', \cdots, w_m') \qquad (7.2-7)$$

3）专家综合权重。结合专家主观权重、客观权重，采用最小信息熵原理，并用拉格朗日乘子法求解，得到专家综合权重。

（4）评价指标权重确定。

1）静态主观权重。运用和声搜索层次分析法（HS-AHP），通过专家给出的判断矩阵，得到专家静态权重。

2）动态主观权重。基于静态权重，考虑指标评价值大小对静态权重的影响，建立指标动态权重影响公式：

$$\omega_i' = \frac{\left(\dfrac{X_i}{70 \omega_i} \right)^{-1}}{\sum\limits_{i=1}^{n} \left(\dfrac{X_i}{70 \omega_i} \right)^{-1}} \qquad (7.2-8)$$

结合指标评价值及指标静态主观权重，计算得到指标因素集的动态主观权重。

由上可知，水库大坝除险加固效果量化评价模型由评价指标量化方法、指标权重、专家权重三部分组成，三者既相互独立，又相互关联。

7.2.3　信息输出

在建立水库大坝除险加固效果评价指标体系基础上，利用水库大坝除险加固效果量化评价模型计算，最终得到一计算值用以衡量一座水库大坝除险加固的效果。

水库大坝除险加固效果评估信息模型流程示意图如图7.2-1所示。

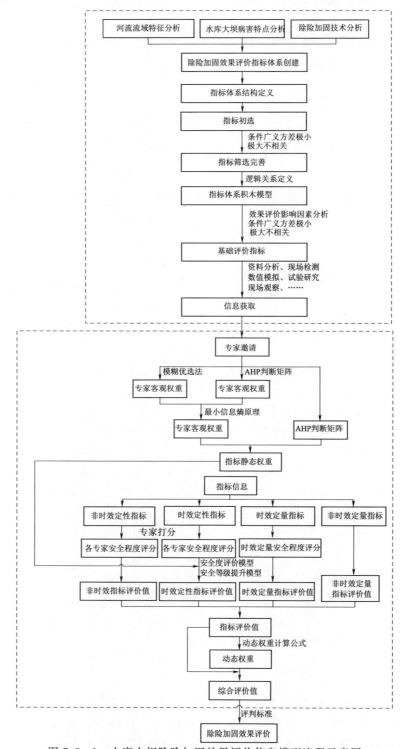

图 7.2-1 水库大坝除险加固效果评价信息模型流程示意图

7.3 除险加固效果评价辅助决策系统

为方便病险水库除险加固效果评价信息的获取、处理与输出，并辅助进行加固效果评估与决策，可构建病险水库除险加固效果评价辅助决策系统（简称 ECES - RD 辅助系统）。考虑系统构建的复杂性，本节对其进行初步探讨。

7.3.1 系统架构与功能组成

7.3.1.1 系统架构

根据 ECES - RD 辅助系统开发的目标和当前的最新技术趋势，在遵循先进性、实用性、安全可靠性等开发原则的基础上，系统架构采用基于 B/S 模式的三层体系结构，如图 7.3 - 1 所示，分为客户层、中间层和数据层。三层结构中，客户端注重用户交互和数据表征，后台数据库完成数据访问和数据管理，应用服务器专门进行业务处理。三者协调作用构成一个有机的整体。其最大的优点是可以灵活地在客户和服务器之间划分数据和逻辑，并按照客户的需要灵活地修改系统配置，把系统的开发和系统的部署划分开来，提供跨平台、多个异构数据库分布交互的全程保护，同时还具备对分布对象的实时管理和分析功能。

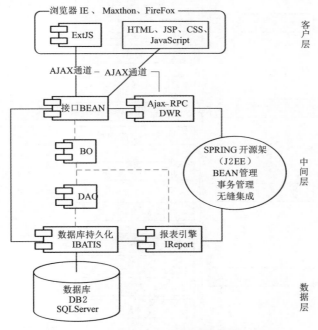

图 7.3 - 1 ECES - RD 辅助系统软件架构图

7.3.1.2 系统功能组成

ECES - RD 辅助系统是病险水库除险加固及其效果监控与评价的重要组成部分，它具有信息采集、信息处理、信息管理、信息整编、信息分析、网络管理以及可扩展性，能与其他大坝安全管理分析系统进行无缝连接等功能。通过使用工程信息管理系统软件，大坝管理人员和管理单位可以及时了解工程加固当前性态，为除险加固过程评价效果决策提供科学依据，为水库大坝除险加固后的长期安全、经济可靠运行提供保证。根据实际要求，系统软件基于 Windows 2000/NT/Me/XP/10 环境开发，完成病险水库除险加固全过程监控管理和信息管理的全部职能，以提高除险加固效果评价的效率和质量。

ECES－RD 辅助系统的软件采用 B/S 结构，除了部分数据采集服务程序要在监控主机上启动外，其他部分只要计算机用户通过网络与服务器相连，即可通过浏览器进行访问，查询基本信息、监控数据、计算图形和评价结论等。因此本系统支持工作组、网络运行方式，可以与局域网和广域网互联，数据库可与各种其他数据库互联，为用户提供数据接口或供其直接使用。用户可以远程控制信息采集、传输、显示，并可将信息直接保存至服务器中的数据库内。

ECES－RD 辅助系统主要由大坝基础信息管理、工程加固信息管理（加固前病险、加固设计方案等）、远程数据传输、加固效果评价（方案合理性、施工安全、功能指标康复程度、加固效益等）、系统信息管理等五个模块组成，其系统功能框架图如图 7.3－2 所示。

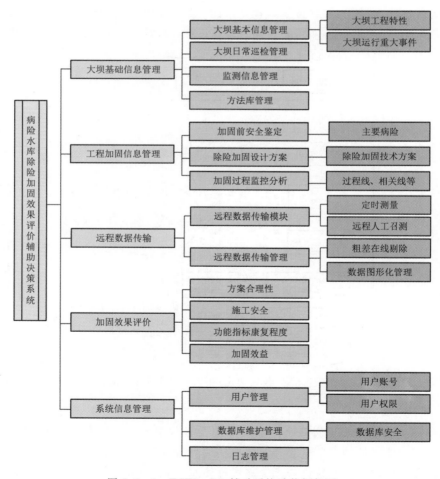

图 7.3－2　ECES－RD 辅助系统功能框架图

各功能模块信息交互流程如图 7.3 - 3 所示。

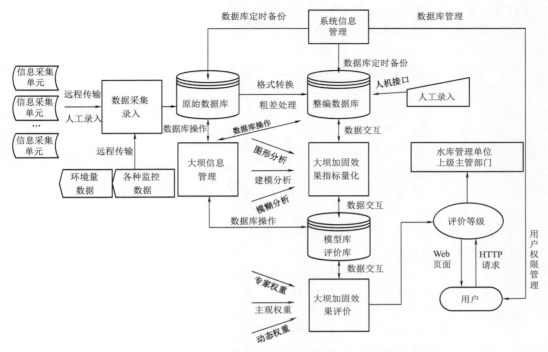

图 7.3 - 3　ECES - RD 辅助系统各功能模块信息交互流程

1. 远程数据采集与传输

远程数据传输主要以自动化采集、移动式人工采集、手工录入等手段，实时、定期动态批量式收集与大坝加固相关的各种监控数据资料，通过网络和通讯平台等各种传输环节进入基础数据库。

其中，加固期间及之后的实时安全监测数据等可从大坝现场 MCU 读取；气温、降雨量、上、下游水位等环境量观测数据从水雨情遥测系统中实时读取；加固施工安全各项参数及加固后的效益数据等从管控系统读取或人工实时录入。

在大坝安全监测数据和环境量数据传输过程中，启用粗差识别等在线程序对原始数据有效性进行在线甄别，若无疑点则保存到整编数据库中，若存在疑点则进行成因分析和处理。

2. 大坝加固效果评价指标量化

大坝加固效果评价指标量化分析是 ECES - RD 辅助系统的核心部分，主要包括计算复核、对比分析、反演分析以及反馈分析等，其主要功能如下：

（1）指标量化中所需的基础工程资料、加固设计资料、施工方案等直接从基础数据库读取；所需的实时监控资料如大坝安全监测信息、环境量信息等通过光缆、无线遥测等通信方式远程传输至监控中心。在入库过程中，系统对远程数据进行误差识别、异常数据识别和疑点判别，若无疑点，进入整编数据库，若存在疑点，则进行成因分析。

（2）数据库响应用户层请求，形成对数据操作，进行数据库访问操作：绘制各种可视化图形（例如过程线、相关线、浸润线、包络线等）；调用知识库、方法库中的各种模型算法进行各项指标评价值的分项计算，并将分析结果存储到成果库中。

（3）及时向系统反馈最新指标量化评价结果信息，在此基础上进行指标专家权重、主观权重、动态权重等的分析处理，并对各指标的评价等级及加固效果评价结果通过信息发布系统以人机交互、自动化输出和 WEB 发布等形式向水库管理单位、上级主管部门等发布。

（4）响应用户管理界面层发送的请求，进行大坝安全信息和系统信息管理。

3．大坝加固效果评价等级

大坝加固效果评价等级是加固后评估管理的主要目的，是基于上述大坝加固效果评价的方法库、知识库的基础上，对大坝加固成功与否做出分析与评估，并发布给水库大坝管理单位、主管部门、当地政府以及相关人员等，及时了解大坝加固是否成功和水库是否还存在风险。

4．大坝信息管理

大坝信息管理功能如下：

（1）对大坝的基本信息（如工程概况、工程大事记、监测信息等）、安全评价分析结果、加固设计和施工方案、加固效果检测资料、模型库、专家知识库等提供科学、高效的组织管理。

（2）对加固期间大坝安全监测与质量检测数据的存储、更新与管理。

（3）在大坝加固效果分析的基础上依据工程特性和专家知识，修正、完善已采用的效果评价模型。

（4）提供友好的用户界面对信息和评价结果进行查询，并以图形化方式直观显示。

（5）提供与办公自动化软件的接口，如数据表格、绘制报表（word、excel、txt 格式文件）、过程线图形等输出、打印等功能。同时，可供结果发布时调用信息以便于远端客户浏览、查询、下载等。

5．系统信息管理

系统信息管理主要包括信息发布管理、用户管理、数据库管理和日志管理等功能。

信息发布管理一般有前台用户通过网页浏览查看发布信息，后台管理主要实现信息的发布、修改、删除，信息类别的添加、删除，管理用户的添加、删除、用户权限的设置等功能。

（1）系统用户账号管理。管理用户账号的申请和维护本系统用户的账号，将系统的用户分为三组：系统管理员、系统用户、访客用户。系统用户账号包括用户的组别、用户名称、用户账号（代码表示）、账号密码。为保证账号的安全性，账号密码需进行加密保存至数据库。系统管理员有权对用户账号进行管理，但用户更改密码后，由于密码是已加密后的代码，系统管理员也不知道密码内容，从而保证用户账号的安全性。

1）对用户账号的管理，包括用户的组别、用户名称、用户账号（代码表示）、用户、账号密码。

2）对账号的内容进行增加、删除、修改。

3）输出系统的用户账号清单。

（2）系统用户权限管理。制定系统权限的分配策略，由系统管理员分配系统功能权限，用户权限一般分为两种：一种为系统权限，另一种为具体功能权限。

1）系统权限。分配具体用户对某个具体菜单功能使用的权限。

2）具体功能权限。分配某个具体菜单中具体的使用权限。如在信息数据时，对数据权限设置为：只读、修改、完全控制等。

系统用户权限管理内容包括对注册用户的权限进行分配和修改，输出系统用户权限分配的详细情况。

（3）系统日志管理。对操作日志进行记录、查询、删除、备份和打印，记录系统的运行情况，为系统的恢复提供依据。

操作日志管理内容包括根据系统的操作过程，按照标准化格式记录系统的操作步骤和系统的执行情况；按照查询条件（记录用户登录的时间、离开系统的时间、使用的功能菜单、输入或删除或修改的数据）进行查询，显示并打印。

（4）系统数据库的备份和恢复管理。利用软件对数据库进行定期、不定期备份；遇到突发问题造成数据库瘫痪时，根据系统操作日志对数据库进行恢复。

7.3.2　病险水库除险加固信息全景管理

由上述系统架构分析可以看出，ECES－RD辅助系统所需的工程信息庞杂、类型多样，不是常规信息管理系统所能够容纳的，为此提出病险水库除险加固信息全景管理技术方法。

所谓全景管理，即建立一种可靠、高效的可视化信息管理模式，解决病险水库除险加固信息量大、信息覆盖面广、多用户连接等数据管理和应用难点，通过整合各种数据资源，以可视化的方式提供图形和拓扑分析服务，通过服务集成，实现各类业务的可视化支撑。病险水库除险加固信息全景管理技术主要工作核心为根据不同建筑物和不同类型的信息源要求，对其已有特征进行单元化离散，制定统一的信息共享规则，包括信息分类、采集、存储、处理、交换和服务等，并通过 Web GIS 等可视化技术进行综合管理。

实现信息全景管理的主要关键技术包含面向对象的设计方法、数据库结构建模、WebGIS 技术以及云平台应用技术等。

7.3.2.1　面向对象的设计方法

信息全景管理技术应采用面向对象的设计方法，面向对象的软件工程的设计方法更符合人的认识过程，使得软件的结构更符合客观世界的需求。它通过封装、继承等机制使软件开发更清晰、有效。吸收传统方法的自顶向下、逐步求精、快速原型、数据库模型等思想和技术，以及 MIS 的研究成果，采用基于构件的面向对象的管理信息系统开发方法。面向对象的设计方法如图 7.3－4 所示。

7.3.2.2　数据库结构建模

信息全景管理技术的主要实现基础是数据库结构，通过数据库分层设计、数据库建模设计建立统一的数据标准，为实现统一的信息共享规则奠定基础。

1.数据库分层设计

根据系统的流程和功能要求，各类数据的生成以及数据库管理系统的实施要求，数据

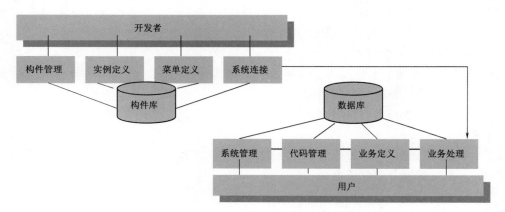

图 7.3-4　面向对象的设计方法

库大致可分成两个层次：原始数据库和生成数据库。具体划分如下：

（1）原始数据库。原始数据库包括工程概况、安全概况，加固设计、施工和运行的基础资料，监测系统仪器信息以及监测系统采集的数据等。根据数据库的内容可将其再划分为4个子库：①工程基础信息数据库；②工程加固信息库；③大坝安全监控数据库（含巡查信息）；④水库功能效益数据库。

（2）生成数据库。

2. 数据库建模设计

传统的大坝安全信息管理系统一般都是建立在实体联系模型（E-R数据模型）的基础上，E-R模型能够通过对复杂的数据布局进行规划，创建大量关联的表来反映大坝安全信息业务流程。如在监测系统中，测点是处在最底层的对象。每一个测点有一些共同的属性，如测点编号、测点名、测点所属的观测项目、测点埋设位置（X、Y、Z坐标）、测点的监测仪器类型、测点的工作状态、测点的建模状态、是否为环境量等。因此，可以抽象出测点实体的共有属性，得到公共测点实体型，如图 7.3-5所示。

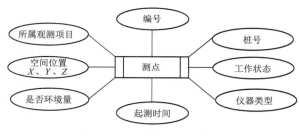

图 7.3-5　公共测点实体型

由于事务被分解成简单的可判决的过程，自然提高了事务处理系统操作的速度和精确性。但是，E-R模型只反映数据规则，未能表示分析评价过程，对于关心评价过程的决策者而言，他们需要的是分析评价过程。而E-R模型难以满足这种过程的需要，由此需引入多维模型。

多维数据模型是相关评价系统数据建模的最好方式。目前，多维模型主要有星型模型和雪花模型两种。考虑到大坝除险加固工程信息的复杂性和动态性等实际特点，对E-R模型进行改进，采用雪花模式进行数据建模，以提高数据仓库应用的灵活性。

　　雪花模式主要由一个事实表、若干个维表以及详细类别表组成。根据 ECES-RD 辅助系统的基本特性，构建的雪花模式数据建模基本结构图如图 7.3-6 所示。此雪花模型包含有七个维表（指标名称维、时间维、部位维、项目维、方式维、建模维和评价值维）。中间矩形的事实数据表，是雪花模式的核心表，它是按照维度进行分析型查询的对象，存储的是大坝加固效果指标的量化评价信息，如指标名称、模型类别、评价等级信息等分析人员所关心的数据。事实数据表四周的维表用于指导从不同的角度在事实表中选择数据行，维表的属性提供关于事实表的每一行数据的描述性信息，包括时间序列、部位名称、评价项目、采用模型等。维表和事实表通过主外键关系建立连接。通过这种设计，决策者可以灵活地利用各个维之间的组合观察事实数据的变化和趋势。

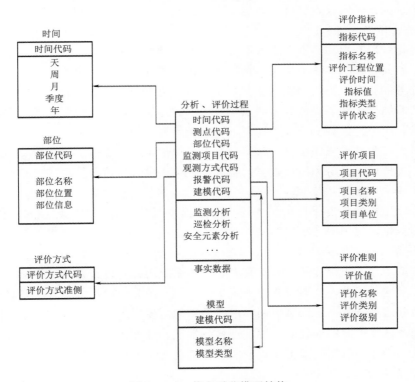

图 7.3-6　信息雪花模型结构

　　与自顶向下的数据库设计方法相比，多维建模机制根据传统数据库的 E-R 模型转换得到多维模型，充分利用了原有 E-R 模型隐含的信息，在很大程度上能缩短系统数据库的开发周期，提高效率。

7.3.2.3　Web GIS 技术

　　采用 Web GIS 等技术更好地展示水库大坝加固前后的状态。

1. 地图前端技术

　　地图前端技术主要包括地图的展现及人机交互的设计，前端地图全景展示依托 HTML5＋JS＋AJAX 的体系结构，地图操作使用百度 API for JS ＋ Dojo 的开发工具，系统采用 BootStrap 的界面框架，主要特点如下：

（1）通过自主开发适合水库大坝特征的地图框架，将水库大坝进行全景展示。

（2）具有丰富的接口，可对水库包括工情、水情、图像等特征要素进行查询、统计。

2. 分层叠加技术

分层叠加的优势在于图层的维护具有独立性，任何一个图层的修改都不会影响其他图层使用，易于维护。同时具有较强的扩展性，当有新的评价项目应用时，系统通过增加新图层的方式在最短的时间内更新地图数据，使得在系统中的地图数据和实际情况保持一致，以此解决业务数据与地图相结合的难题。每个子类别在地图上使用不同的图标表示，用户根据需要勾选需要显示的图层，即保证了界面的美观又保证了运行的高效。

7.3.2.4　云平台应用

利用先进的云平台技术更好更便捷地实现信息的传输、存储和共享。

1. 云平台优化管理

服务优化管理是提高云平台服务质量和平台性能的关键问题。其关键技术包括云服务资源管理，研究物理机、虚拟机与虚拟集群的按需管理和分区隔离机制；云任务管理，研究云计算任务的分类、高效调度、负载平衡、功耗管理与容错等；云数据管理，研究大规模结构化、非结构化和多媒体数据的建模、组织、存储、操纵、检索、备份和保护以及数据服务技术；应用行为分析与系统测评，研究云计算负载刻画、云任务运行监控与云系统评测的度量方法和基准程序集合；云安全及隐私保护，研究支持不同用户的功能、性能和故障隔离，支持用户身份和用户数据的隐私保护，提供政府监督管理接口等。

2. 云计算应用构建与集成

云计算应用构建与集成技术是为行为用户提供服务的关键。关键技术包括应用服务化、应用虚拟化、应用服务集成技术。

3. 云计算应用系统持续运行

为了支持用户的关键业务，云计算平台应用系统的持续运行是基本需求，针对加固信息管理的需求这一特性，主要研究云计算平台物理资源和虚拟化资源的动态监控技术、云计算平台服务监控技术、云计算应用和用户活动的监控技术；基于监控的故障评测、异常处理、容错及恢复机制的软件服务无缝迁移技术等；计算系统持续运行技术（云计算平台中虚拟机的出错迁移机制、虚拟化集群的容错机制、虚拟机安全机制）等。

4. 云计算多模式客户端

网络时代的计算以数据、用户和服务为三大中心，云端共存、云端互动是未来计算架构发展趋势。云客户端既包括传统的 PC 机、笔记本，也包括手机、PDA、汽车移动终端和家电终端等智能移动设备。主要研究多种形态的云客户端接入技术、多模式客户端服务环境。面向云计算典型行业应用需求，需要研制多种形态，支持三网融合的轻量级云客户端接入技术，为用户提供简单易用的云计算服务；面向典型行业应用众多用户的个性化需求，研究多模式的客户端自适应云服务软件环境。云平台大数据是一系列信息技术的集合，包括数据采集、数据管理、计算处理、数据分析和数据展现 5 个关键技术环节。

7.3.3　系统界面研发

根据 ECES - RD 辅助系统信息管理需求，基于 MVC＋EF＋BootStrap 开发框架在云端建立 Web 服务器，与浏览器进行交互。MVC 框架是一种业务逻辑、数据与界面显示分离的框架，将应用分解为模型（Model）、视图（View）、控制器（Controller）。EF 提供变更跟踪、唯一性约束、惰性加载、查询事务等，通过 Linq 操作数据库，方便快捷。BootStrap 是前端开发资源包，包含了丰富的 Web 组件，具有简洁、易用、直观的特点。

移动分析模块根据实际情况进行研发，主要运行在安装系统上，采用模块化设计分为视图层、控制层、网络层，如图 7.3-7 所示。

视图层采用 xml 文件布局，控件的监听和数据显示由控制层来操作。控制层作为网络层和视图层之间的中间层，将网络层获取的数据显示到视图层上，视图层产生的操作通过网络层获取数据。

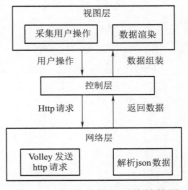

图 7.3-7　移动管理系统结构图

网络层数据的获取采用 http 获取数据，采用 volley 库，数据为 json 格式，采用 gson 库解析。

系统以网络、数据库等信息技术为基础，以除险加固效果评价所需的空间数据和属性数据为核心，将属性数据和空间数据有机关联，对大坝数据进行有效管理和综合分析，通过强大的信息处理功能使查询及统计结果以地图、文本、图表及多媒体的方式可视化、直观的、生动地显示。系统登录界面如图 7.3-8 所示，系统主要功能包含综合信息发布、GIS 平台展示、加固效果监控及巡检、加固指标计算分析、专家会商、系统管理等。

图 7.3-8　ECES-RD 辅助系统登录界面

1. 综合信息发布

综合信息发布主要包含工程概况、实时数据、大坝评价指标及总体安全状况、智能巡检信息、视频监控、专业知识库等信息的发布。ECES-RD 辅助系统综合信息界面如图 7.3-9 所示。

图 7.3 - 9 ECES - RD 辅助系统综合信息界面

2. GIS 平台展示

GIS 平台主要采用百度地图开放性接口进行 GIS 开发，主要优势是功能丰富、交互性强，可进行各种信息检索和处理，支持海量的客户访问，最大化地提高了系统的强壮性；同时支持不同部门数据源的客户端应用融合及互操作。水库大坝加固过程 GIS 平台展示如图 7.3 - 10 所示。

3. 加固效果监控及巡检

大坝加固效果监控及巡检采用 B/S 结构，用户通过计算机或手机的网页浏览器输入系统的访问地址，查看监测水库的相关数据，实现水库工程的 24h 全天候信息化、无障碍化管理。大坝加固效果监控位势分析界面如图 7.3 - 11 所示。其主要功能包含基本信息、监测数据、资料整编、图形报表、资料分析、综合分析、系统管理等。

大坝加固效果监控及巡检发布系统主要接入水雨情数据库、大坝监测采集数据库，同步包括水库和大坝等基本信息、大坝安全监测信息、水雨情监测信息、视频监控信息等，同时包含各类监测数据的基础分析、逐步回归模型、遗传算法、巡检任务的智能制定和发布功能。

图 7.3 - 10　水库大坝加固过程 GIS 平台展示

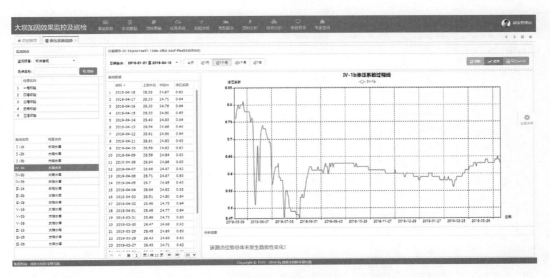

图 7.3 - 11　大坝加固效果监控位势分析界面

4. 加固指标计算分析

根据加固指标的类型从相应方法库中选取对应方法进行分项计算分析，并将结果存储于数据库中。如通过对水库大坝除险加固前后浸润线、位势图和相关性的对比分析，对渗流安全康复指标计算分析的界面如图 7.3 - 12 所示。

5. 专家会商

当指标评价出现困难或工程出现疑难问题的情况下，邀请全国各地专家通过网络平台进行会商，辅助完成分析决策工作。针对问题类别，专家可以通过知识库模块查阅有关资料。专家会商平台界面如图 7.3 - 13 所示。

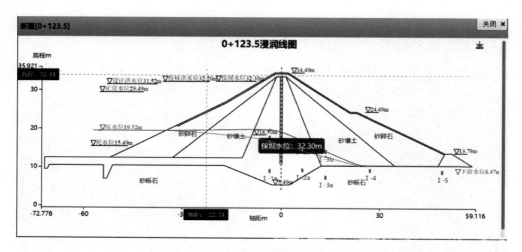

图 7.3-12 大坝加固前后浸润线对比

同时系统还提供了本工程相关设计报告、施工报告、监理报告、历史分析报告、有关大坝的规程规范等知识库，用户可对某些相关问题进行查询，完成大坝除险加固效果评价的辅助决策。

图 7.3-13 专家会商平台界面

6. 系统管理

数据查询、数据修改、数据增加等数据操作功能需要不同口令级别，只有授权人员才能访问数据库资料。不同用户具有不同的操作权限。

（1）用户管理。可对系统中的用户进行新增、修改、删除维护以及查询操作，如图7.3-14所示。

新增用户，录入数据后，按"确认"按钮进行资料的保存，如图7.3-15所示。

修改用户，按"保存"按钮进行资料的保存，如图7.3-16所示。

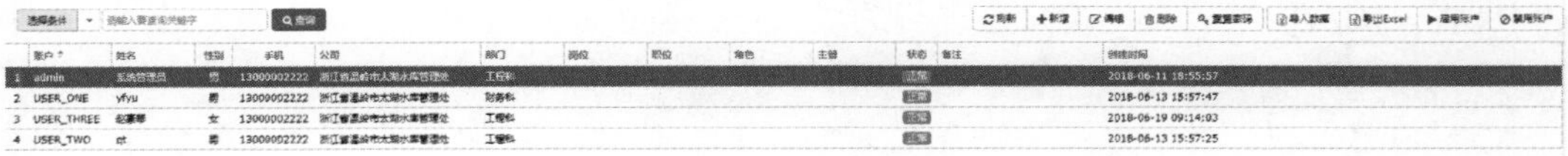

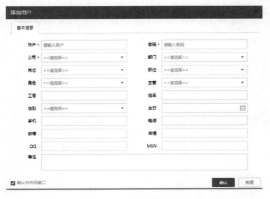

图 7.3-14　用户管理界面

图 7.3-15　新增用户界面 　　　　　　　图 7.3-16　修改用户界面

删除用户，弹出删除确认对话框进行操作，如图 7.3-17 所示。

图 7.3-17　删除用户界面

（2）权限管理。可将用户与角色进行关联操作，角色更多的是贴近现实生活中的岗位角色，而用户和人员是一一对应的，如图 7.3-18 所示。左边面板选中人员，右边勾选相关的角色，按"保存"按钮，进行关联关系的保存操作，如图 7.3-19 所示。

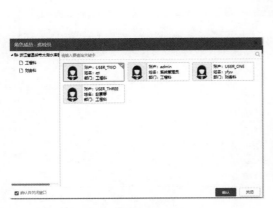

图 7.3-18　用户角色关联界面（一）

图 7.3-19　用户角色关联界面（二）

可将系统功能菜单与岗位角色进行关联操作。左边面板选中人员，右边勾选相关的角色，按"保存"按钮，进行关联关系的保存操作。

（3）角色管理。可对系统中的角色进行增加、修改、删除维护以及查询操作，如图7.3-20、图7.3-21所示。

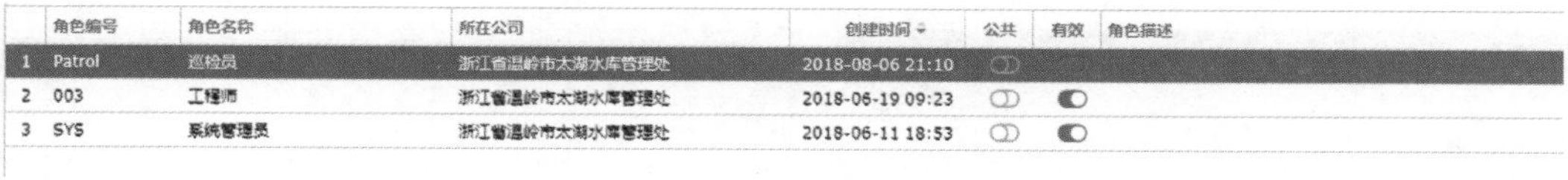

图 7.3-20 角色管理界面

图 7.3-21 角色修改界面

（4）菜单管理。可对系统中的功能菜单进行增加、修改、删除维护以及查询操作。功能菜单分层一级、二级进行导航，如图 7.3-22 所示。

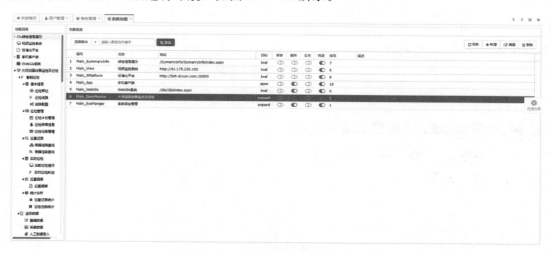

图 7.3-22 菜单管理界面

第 8 章

典 型 工 程 应 用 案 例

　　将所建立的水库大坝除险加固效果评价信息模型应用于石漫滩、南山、虎山三个水库大坝除险加固工程，对其除险加固效果进行评价，同时也检验水库大坝除险加固效果评价信息模型的可行性、科学性与准确性。应用结果证明：信息模型能够很好地应用于水库大坝除险加固效果评价，得到的最终评价结果能与水库大坝除险加固实际情况及相关验收意见很好地吻合。

8.1　石漫滩水库大坝除险加固效果评价

8.1.1　工程及除险加固概况

8.1.1.1　工程简况

　　石漫滩水库位于河南省舞钢市境内的淮河上游洪河支流滚河上。坝址东距漯河市70km，西距平顶山市75km，距舞钢市钢铁公司所在地寺坡4km。水库控制流域面积230km²，主河道长约29.6km。

　　水库总库容1.2亿m³，是一座以工业供水、防洪为主，结合灌溉、旅游、养殖等任务的综合利用工程，工程等别为Ⅱ等，工程规模为大（2）型，枢纽主要建筑物为2级，设计洪水为100年一遇洪水，校核洪水为1000年一遇洪水。水库死水位95.00m，相应死库容560万m³；为满足工业供水要求，水库为多年调节，兴利水位107.00m，兴利库容6260万m³；灌溉限制水位101.25m，相应库容2968万m³，在灌溉限制水位以下的兴利库容2408万m³；设计洪水位110.65m，相应库容10508万m³，校核洪水位112.05m，相应库容12061万m³。每年提供工业用水及城市生活用水3300万m³，保证率95%；灌溉农田5.5万亩，保证率65%。

　　大坝为全断面碾压混凝土重力坝。坝顶高程112.50m，最大坝高40.5m，坝顶长度645m。大坝由右岸非溢流坝段、溢流坝段、左岸非溢流坝段组成，取水建筑物布置在左岸非溢流坝段内。

　　水库下游为平原地区，人口密集，河道狭窄，排泄能力很低。下游有京广铁路、107国道、京珠高速公路、主干光缆和多座县城，其地理位置极其重要。

8.1.1.2　安全鉴定及加固情况

　　2011年12月，河南省水利厅组织进行了水库大坝安全鉴定，结论为"三类坝"。

2012 年 8 月，水利部大坝安全管理中心以"坝函〔2012〕2558 号"文进行了核查批复，同意"三类坝"的鉴定结论。除险加固前水库大坝主要有以下几个方面的问题：

（1）石漫滩水库为大（2）型水库，工程等级为 Ⅱ 等，主要建筑物级别为 2 级。本次安全鉴定仍采用原设计洪水标准，设计洪水 100 年一遇，校核洪水 1000 年一遇。经延长洪水系列后复核，100 年一遇设计洪水位 110.66m，最大泄量 2767.00m³/s；1000 年一遇校核洪水水位 112.05m，最大泄量 3876m³/s，与原设计成果基本一致。经坝顶超高复核，坝顶高程满足规范要求。水库防洪安全性综合评定为"A"级。

（2）石漫滩水库管理组织机构完善，各类管理技术人员满足水库运行管理需要。水库严格按照审定调度规程和批准的调度计划合理调度运用；各项规章制度建立健全，并能落实到各个管理岗位。水库大坝安全监测设施完备，但内部埋设仪器失效报废较多，引张线和垂线也不能正常工作，目前全部采用人工观测，监测手段落后，启闭机等管理用房破损严重，管理设施不完善。水库大坝运行管理综合评价为"好"。

（3）水库大坝基础开挖与处理、坝体施工等满足设计要求。检测表明，坝体混凝土密实性总体满足要求，工程质量基本合格，但坝体层间结合面及廊道周围等部位混凝土质量较差，坝体混凝土裂缝严重，增加趋势明显。

（4）石漫滩水库大坝坝基扬压力实测值和有限元计算值均小于设计值，坝基防渗效果较好，受下游水位较高影响，坝基扬压力值较大。根据渗流监测资料反演得到的坝体混凝土渗透系数较大，坝体防渗性能明显下降，坝体混凝土渗透系数不满足规范要求。大坝表面裂缝严重，坝体局部混凝土质量较差。坝体坝基渗漏呈逐年增加趋势；下游面多处裂缝及分缝长期明显渗水，多处出现射水；廊道渗漏明显，且坝体析出物较多。石漫滩水库大坝渗流安全性综合评价为"C"级。

（5）大坝抗滑稳定满足规范要求，应力强度材料力学法计算结果满足规范要求，有限元法计算结果表明，坝踵垂直拉应力数值较大，尤其是非溢流坝段在校核洪水位工况下的拉应力区范围超出了规范规定的坝体宽度的 0.07 倍。灌溉底孔和舞阳引水管洞身结构强度满足要求。河床坝段竖向位移尚未稳定，有增大趋势；坝体存在多条贯穿性裂缝，危害坝体安全，廊道内明显漏水、析出物较多；闸墩、溢流面、启闭机房裂缝，局部钢筋外露、锈蚀严重；防浪墙裂缝。综合评价石漫滩水库大坝的结构安全性为"C"级。

（6）溢洪道、灌溉底孔、工业供水管闸门及拦污栅等的启闭机的启门力和闭门力均满足要求。泄洪闸工作闸门主要构件及启闭机部分设备锈蚀较严重，电器线路老化，启闭机电机三相电流不平衡度超标；灌溉底孔闸门主要构件锈蚀较重，止水老化破损，漏水较严重，启闭机主要设备锈蚀，减速箱漏油，控制柜简陋，布线较凌乱、电气线路老化；供水管及蝶阀锈蚀严重，蝶阀控制箱简陋，电动启闭功能已无法使用，检修闸门与进水口尺寸不符，无法闭合。石漫滩水库大坝金属结构安全性态综合评价为"B"级。

2012 年 12 月，河南省水利勘测设计研究有限公司完成了《河南省石漫滩水库除险加固工程初步设计报告》。

2013 年 3 月，河南省水利厅组织对《河南省石漫滩水库除险加固工程初步设计报告》（以下简称《初设报告》）进行了审查。河南省水利勘测设计研究有限公司按照审查意见对《初设报告》进行修改后上报淮河水利委员会。

2013 年 11 月，淮河水利委员会委托淮委水利水电工程技术研究中心对《初设报告》进行了审查，2014 年 8 月，淮委水利水电工程技术研究中心提出了《河南省石漫滩水库除险加固工程初步设计复核意见》。

2015 年 12 月，河南省发展和改革委员会以"豫发改设计〔2015〕1475 号"文下发了《河南省发展和改革委员会关于省石漫滩水库除险加固工程初步设计的批复》。

石漫滩水库除险加固内容主要包括：

（1）大坝上游面防渗处理。在大坝上游面增设钢筋混凝土防渗面板，高程 107.00m以上厚 0.5m，高程 107.00m 以下厚 0.5～1m；其中溢流坝段仅在溢流面以下（高程99.00m）增设防渗面板；在防渗面板基础下采用悬挂式帷幕灌浆防渗处理，坝基防渗帷幕长 645.0m。

（2）坝体裂缝处理。裂缝采用灌浆处理，总长 4912m。

（3）廊道周边补强灌浆和排水设施处理。在廊道内钻孔进行补强灌浆，对廊道周边混凝土缺陷进行加固；对坝体和坝基排水孔进行全面疏通，并对坝基排水孔适当加密。

（4）坝体下游面处理。在坝体下游面增加钢筋混凝土防渗面板，防渗面板顶高程88.00m，非溢流坝段防渗面板厚 0.4～0.6m，溢流坝段防渗面板厚 0.6m；对坝体下游面高程 88.00m 以上的表面损坏和缺陷进行修复和保护处理。

（5）坝顶处理。拆除重建防浪墙，坝顶铺设沥青混凝土路面，更换坝顶电缆沟盖板。

（6）溢流坝段加固。将启闭机房处闸墩顶部高程由 109.80m 抬高至 111.30m，拆除重建工作桥及启闭机房；对闸墩和牛腿表面进行防碳化处理，对挑流坎局部破损处浇筑细石混凝土修复，并进行防碳化处理；对交通桥进行防碳化处理；对泄洪闸 26 个滑轮支架进行拆除重建。

（7）坝内廊道处理。清理廊道内析出物，对廊道顶拱与边墙的接缝及漏水严重的接缝进行处理；将廊道混凝土表面凿毛并清理干净，找平后进行防渗处理。

（8）溢流坝段尾水渠及工程管理区边坡防护处理。

（9）库区塌岸处理。对库区右岸 4 处塌岸进行防护处理，总长 2.57km。

（10）新建防汛码头一座。

（11）溢流坝段尾水渠渠底整治及坝后填塘固基。

（12）机电及金属结构维修、更新改造，完善安全监测及管理设施等。

8.1.2 基本资料

8.1.2.1 工程地质条件

1. 地形地貌

水库位于低山丘陵区。左岸山脉走向与库岸基本一致，山顶高程 200.00～250.00m，呈单面山构造，南坡由石英砂岩组成，相对较陡，北坡为页岩组成，山势平缓。在高程125.00～130.00m 以下发育坡积、残积物和二、三级阶地，沿库岸冲沟不甚发育。

右岸山势浑厚，山顶高程 240.00～300.00m，库岸相对曲折。大禹王沟为滚河的一条支流，分布在库区右岸 2.5km 处，沟底平缓，延伸较长，但两岸正常蓄水位地段均为二、三级阶地，上覆较厚壤土层。滚河与小东河的分水岭最低处即在坝址上游 300～400m 处，垭口高程 132.00m，相应正常蓄水位时其山脊宽度约 300m。

滚河在马庄以南，自南向北流，至马庄，转为自西向东流，并在该处汇入自左岸院岭来的一股水流。该处地形开阔，地势平坦，河道迂回曲折，心滩、支叉较多，地面高程 110.00～120.00m。向下游为原水库区，经 20 余年的淤积，地形平坦，略向河床倾斜，宽 1000～1200m，地面高程 90.00～110.00m。

2. 地层岩性

库区基底为太古界、下元古界结晶片岩与片麻岩系，盖层以震旦系浅海相碎屑岩和寒武系碳酸岩为主，此后地壳上升，遭受剥蚀，奥陶系至二叠系地层缺失。侏罗系至第三系为陆相碎屑岩系，呈零星分布，距库区较远。第四系地层发育较齐全。此外，燕山期花岗闪长岩侵入体，在梁山北坡库岸边亦有出露。地层由老到新分述如下。

（1）震旦系上统（Z_3）。下部为灰绿色，紫红色页岩或板岩，分布在库区下游坝址两岸；中部为紫红、肉红、灰白色石英砂岩，局部为石英岩，厚度大于 130m，为坝址主要岩层；上部为浅灰色页岩、白云质灰岩、石英砂岩，分布在库区左岸寨沟以北地段，高程 135.00m 以上。

（2）寒武系（$\in$）。主要为寒武系下部地层，为浅灰、灰黑色泥灰岩及灰岩，厚度 70～180m。在大禹王村东南和库尾的杨庄至院岭一带有零星分布，距库区较远。

（3）第四系（Q）。

1）下更新统（Q_1）为冰水沉积物，主要分布在坝址下游的李沟和小东河尹集一带。系一种以卵砾石为主含泥质较多的泥砾层，黏泥呈灰白或浅绿色，卵砾石分选性差，粒径最大达 0.3～0.4m 左右，呈固结状态，透水性极弱。

2）中更新统（Q_2）冲洪积壤土，棕黄、棕红、褐黄色，含有铁锰质结核和小砾石，结构较密实。分布于河流两岸Ⅲ级阶地，如寺坡中学和职工医院附近，厚度 8～10m。

3）上更新统（Q_3）冲积壤土，浅黄色、褐黄色，含钙质网膜。下部为砂卵砾石，厚度 15m 左右。主要分布在河道两岸Ⅱ级阶地。

4）全新统（Q_4）有冲、洪积和残积多种类型，岩性复杂。现代河床及河漫滩为冲积砂卵砾石，厚度一般小于 10m。下部的砂卵砾石最厚达 10m 左右，其上为壤土夹淤泥质壤土，厚 5m 左右；库底普遍有薄层库淤黏土层夹粉土层，厚度小于 1m。洪积物为含碎石层或碎石质壤土，分布于库岸冲沟中。坡积物为碎石质壤土，沿库岸斜坡分布，厚度 1～5m。

8.1.2.2 水文地质条件

坝址地段主要含水层为基岩裂隙潜水和第四纪松散沉积物孔隙潜水。

1. 基岩裂隙水

含水层岩性主要为三教堂组中、上部石英砂岩，其下之崔庄组为相对隔水层。两岸地下水位略高于河水位，故地下水补给河水，但水力坡度较平缓，约 1/130。据钻探中观测，河床局部地段基岩裂隙水有承压现象。

2. 第四系松散沉积物孔隙潜水

坝址地段河床冲积层总厚度约 $9.5 \sim 14.0$m，上部为透水性较弱的壤土，可视为相对隔水层，下部为砂卵砾石层，厚 $5.8 \sim 8.5$m，属强透水层。根据 1976 年和 1987 年钻孔抽水试验资料，砂卵石层的渗透系数（K）变化较大。其中 1976 年在土坝轴线上游四个孔抽水，$K=1.12 \times 10^{-2} \sim 1.90 \times 10^{-2}$cm/s，1987 年在 69 孔中抽水，$K$ 值为 5.55×10^{-2}cm/s。

3. 水化学性质

坝址地段河水及地下水均属重碳酸钙镁型水，矿化度小于 1g/L，对混凝土无侵蚀性。

8.1.2.3　其他资料

（1）石漫滩水库复建工程枢纽平面布置图（图 8.1-1）。

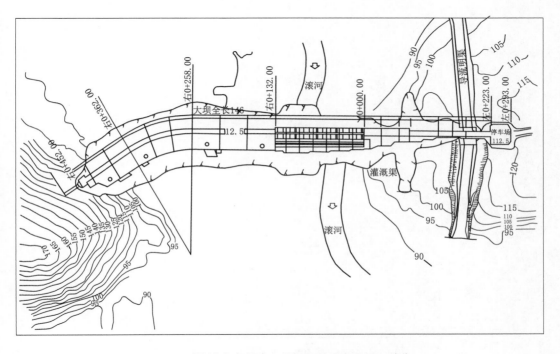

图 8.1-1　石漫滩水库复建工程枢纽平面布置图（单位：m）

（2）石漫滩水库大坝坝轴线工程水文地质剖面图（略）。

（3）石漫滩水库大坝横断面图（非溢流坝段）（图 8.1-2）。

（4）石漫滩水库溢洪道纵断面图（溢流坝段）（图 8.1-3）。

8.1.3　石漫滩水库大坝除险加固效果分析

8.1.3.1　渗流安全分析

1. 加固前渗流性态分析

（1）溢流坝段渗流性态分析。

1）溢流坝段有限元模型。根据现场安全检查和渗流监测资料（包括坝基扬压力测

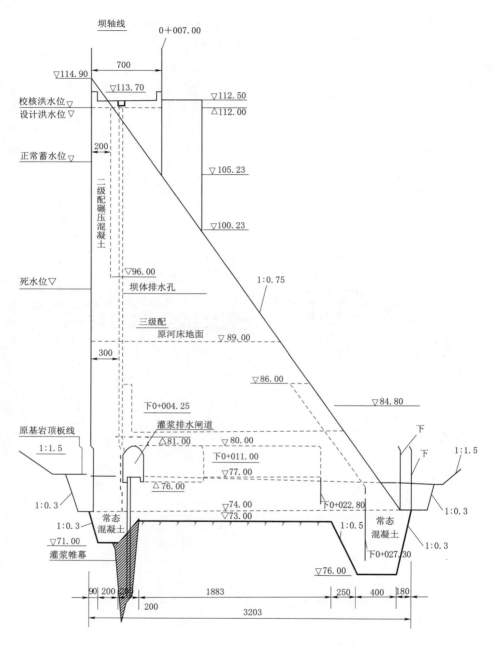

图 8.1-2 石漫滩水库大坝横断面图（单位：m）

压管水位及渗流量）进行反演分析，以获取各材料分区的现状渗透参数以及符合现场实际的有限元模型和边界条件，并由此分析研究坝体和坝基渗流场分布规律，评价其渗流性态。

根据取得的监测资料和坝基扬压力测点布置情况以及结构分析的需要，选取典型河床

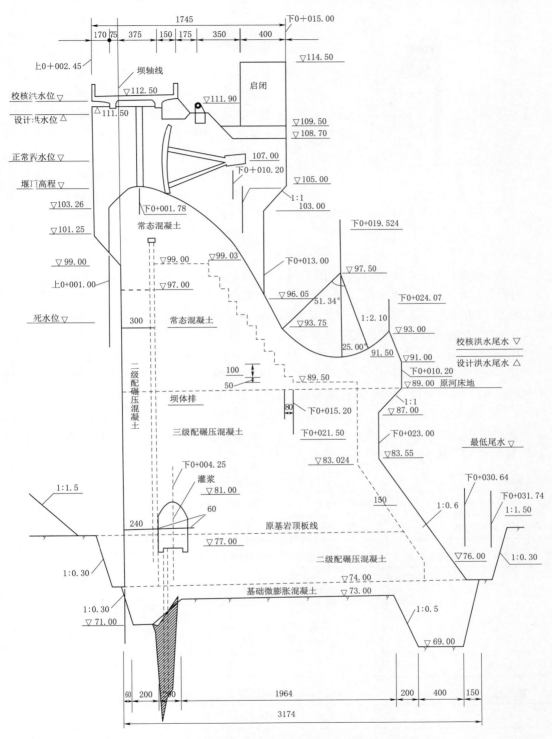

图 8.1-3　石漫滩水库溢洪道纵断面图（溢流坝段）（单位：m）

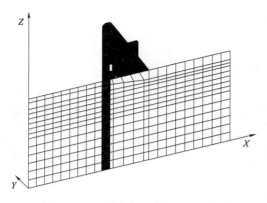

图 8.1-4 溢流坝段有限元网格图

坝段（12号坝段）建立有限元模型进行反演分析。根据石漫滩水库大坝材料分区，划分为坝体、二级配碾压混凝土、三级配碾压混凝土以及坝基、防渗帷幕、基岩等区域。廊道按实际尺寸模拟；坝体内部排水孔作为等效介质考虑。坝体断面有限元网格如图8.1-4所示。有限元模型计算范围：X 方向以坝轴线为坐标原点，上游和下游均截取约1倍坝高；Y 方向以 $P_1^{11,12}$ 所在断面排水孔中心线位置为坐标原点，沿坝轴线方向取1.5m（两相邻排水孔距离中心线处）；Z 方向以高程为坐标，考虑防渗帷幕的深度，坝基也截取1倍坝高。

2）反演分析成果。根据水库监测资料分析成果，上游反演分析水位取为107.23m，结合 $P_1^{11,12}$、$P_3^{11,12}$、$P_4^{11,12}$、$P_5^{11,12}$ 号测压管水位测值及渗流量监测资料，根据工程经验选取各料区初始渗透系数（表8.1-1）得到反演水位下的大坝坝体、坝基及总的渗漏量见表8.1-2。由表可知，当二级配碾压混凝土、三级配碾压混凝土及层面的渗透系数分别为 $3×10^{-8}$ cm/s、$2×10^{-7}$ cm/s、$1.8×10^{-6}$ cm/s 时，坝体和坝基总渗漏量误差只有 -30.38%，但坝体渗漏量误差较大，达到 -86.18%。参考渗漏量观测资料分析以及温度对坝体的影响，坝体可能存在不同程度裂缝。将裂缝对坝体渗流的影响均化到材料的渗透参数中，将二级配碾压混凝土、三级配碾压混凝土和层面的渗透系数分别放大10倍进行反演，各料区等效渗透系数如表8.1-3所示时，坝体、坝基及总的渗漏量见表8.1-4。由表8.1-4可知，渗漏量反演计算值和观测值的相对误差在30%以内。

表 8.1-1　　　　　　　　　　　　反演的材料渗透参数（一）

材料分区	二级配碾压混凝土	三级配碾压混凝土	防渗帷幕	基岩	层面
渗透系数/（$×10^{-6}$cm/s）	0.03	0.2	1.5	80	1.8

表 8.1-2　　　　　　　　　渗漏量反演计算值与典型观测值对比（一）

部位	反演计算值 Q_r/（L/s）	观测值 Q_m/（L/s）	误差值/（L/s）	$\dfrac{Q_r-Q_m}{Q_m}$/%
坝体	0.21	1.52	-0.42	-86.18
坝基	1.99	1.64	0.35	21.34
总体	2.2	3.16	-0.96	-30.38

表 8.1-3　　　　　　　　　　　　反演的材料渗透参数（二）

材料分区	二级配碾压混凝土	三级配碾压混凝土	防渗帷幕	基岩	层面
渗透系数/（$×10^{-6}$cm/s）	0.3	2	1.5	80	18

表 8.1-4　　　　　渗漏量反演计算值与典型观测值对比（二）

部位	反演计算值 Q_r/（L/s）	观测值 Q_m/（L/s）	误差值/（L/s）	$\dfrac{Q_r-Q_m}{Q_m}$/%
坝体	1.88	1.52	0.36	23.68
坝基	1.94	1.64	0.3	18.29
总体	3.82	3.16	0.66	20.89

　　根据表 8.1-3 的渗透系数进行反演所得的坝基扬压力测压管水位计算值与监测值（2008 年 12 月 29 日）对比见表 8.1-5，扬压力分布计算值与监测值对比如图 8.1-5 所示。可以看出，反演得到的各料区渗透系数能够反映坝体坝基的实际渗流性态，反演的二级配碾压混凝土及三级配碾压混凝土渗透系数较大，说明坝体防渗性能有所下降，这与现场检测坝体表面裂缝、坝体局部混凝土质量较差存在渗流薄弱环节的结论一致。

表 8.1-5　　　　　测压管水位计算值与典型监测值对比

测压管编号	反演计算水位 H_r/m	观测水位 H_m/m	$\dfrac{H_r-H_m}{H_m}$
$P_1^{11,12}$ 号	95.46	97.26	-1.85%
$P_3^{11,12}$ 号	79.60	83.24	-4.37%
$P_4^{11,12}$ 号	82.57	84.65	-2.46%
$P_5^{11,12}$ 号	83.87	84.83	-1.13%

　　3）计算工况。选用反演分析模型，对大坝溢流坝段的渗流性态分析计算如下工况：正常蓄水位 107.00m，下游河床相应水位 84.80m，形成稳定渗流。

　　由于在设计洪水位和校核洪水位时，溢流坝段处于泄洪状态，因此，这里不作相应工况的渗流计算。

　　4）结果分析与评价。溢流坝段正常工况下坝基扬压力和扬压力系数计算结果见表 8.1-6，相应的坝基扬压力分布如图 8.1-6 所示。由计算结果可知，在正常蓄水位工况下坝基总扬压力为 2715.09kN/m，相应的主排水孔前扬压力系数为

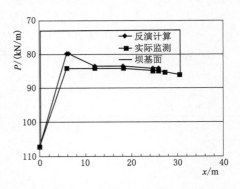

图 8.1-5　坝基扬压力分布计算值
与监测值对比图

0.141，未超过设计采用值 0.25，坝基防渗帷幕和排水系统效果较好。

表 8.1-6　　　　　溢流坝段的扬压力和扬压力系数

计算工况	总扬压力/（kN/m）	扬压力系数	设计采用的扬压力系数
正常蓄水位	2715.090	0.141	0.25

（2）非溢流坝段渗流性态分析。

1）有限元模型。非溢流坝段渗流分析有限元模型计算范围为：X 方向以坝轴线为坐标原点，上游和下游均截取约 1 倍坝高；Y 方向以 P_2^9 所在断面排水孔中心线位置为坐标原点，沿坝轴线方向取 1.5m（两相邻排水孔距离中心线处）；Z 方向以高程为坐标，考虑防渗帷幕的深度，坝基亦截取 1 倍坝高。非溢流坝典型断面有限元网格如图 8.1-7 所示。

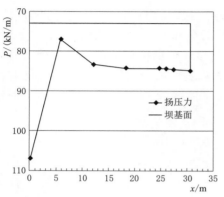

图 8.1-6 溢流坝段正常蓄水位坝
基扬压力分布图

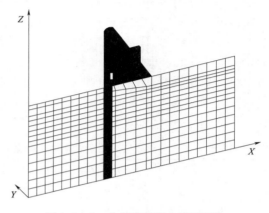

图 8.1-7 非溢流坝段有限元网格

2）计算工况。

a. 正常蓄水位 107.00m，下游河床相应水位 86.20m，形成稳定渗流。

b. 100 年一遇设计洪水位 110.66m，下游河床相应水位 91.40m，形成稳定渗流。

c. 1000 年一遇校核洪水位 112.05m，下游河床相应水位 91.95m，形成稳定渗流。

3）结果分析与评价。采用上述计算模型和反演参数，非溢流坝段断面在正常蓄水位工况下相应的坝基扬压力见表 8.1-7（其他工况位势分布及扬压力分布类似）。

表 8.1-7 非溢流坝段的扬压力和扬压力系数

计算工况	总扬压力/（kN/m）	扬压力系数	设计采用的扬压力系数
正常蓄水位	2646.098	0.135	0.25
设计洪水位	3503.265	0.156	0.25
校核洪水位	3607.684	0.161	0.25

由计算成果可知，坝体内部浸润线较低，坝体内的水主要通过纵向排水孔汇入廊道排出。非溢流坝段的坝基扬压力系数在校核洪水位工况时最大，为 0.161，未超过设计采用值 0.25，防渗帷幕和排水系统效果较好。

2. 加固后渗流性态分析

（1）改善坝体渗流性态的主要除险加固措施。坝体上游面增加 C25 钢筋混凝土防渗面板，抗渗等级 W6，抗冻等级 F150，高程 107.00m 以上厚 0.5m，高程 107.00m 以下厚 0.5～1m；其中溢流坝段仅在溢流面以下（高程 99.00m）增设防渗面板；在防渗面板基础下采用悬挂式帷幕灌浆进行防渗处理，坝基防渗帷幕长 645.00m；廊道周边进行补强灌浆及排水设施处理，在廊道内钻孔进行补强灌浆对廊道周边混凝土缺陷进行加固；清理廊道内对坝体和坝基排水孔进行全面疏通，并对坝基排水孔进行适当加密；清理廊道内溶出物，对廊道顶拱与边墙的接缝及漏水严重的接缝进行处理，将廊道混凝土表面凿毛并清理干净，找平后进行防渗处理；在坝体下游面增加钢筋混凝土防渗面板，防渗面板顶高程 88.00m，非溢流坝段防渗面板厚 0.4～0.6m，溢流坝段防渗面板厚 0.6m，抗渗等级 W6，抗冻等级 F150，防渗面板和坝体下游面采用锚筋相连；采用混凝土保护剂对 88.00m 高程以上坝体下游面进行防渗处理，对于坝体下游面局部较大的破损或深度较大的表面破坏，采用 C30 碎石混凝土填补。

（2）除险加固措施效果评价。大坝防渗面板采用 C25W6F150 钢筋混凝土结构，与原坝体用锚筋连接，布置合适，防渗面板的强度、抗渗等级和抗冻等级设计合理，面板分缝、止水、与基础及两岸的连接、接触灌浆以及补偿混收缩混凝土等措施合适，设计合理；大坝上、下游防渗面板基础土石方开挖方法与工序合适，建基面开挖高程、开挖边坡及平面尺寸的检测结果符合设计要求；大坝上、下游防渗面板混凝土原材料性能符合规范要求，混凝土配合比经试验确定满足设计及施工要求，混凝土分层分块、锚筋制安、模板和钢筋制安、止水埋设及高低温施工措施等满足设计和规范要求；大坝上、下游防渗面板基础帷幕灌浆、固结灌浆原材料性能符合规范要求，施工程序、工艺符合设计和规范要求，灌浆单耗注入量随着孔序增加减小，符合灌浆规律，检查孔压水试验各段透水率符合设计要求，帷幕灌浆及固结灌浆质量合格；7 号、8 号、9 号坝段在下游侧防渗面板下增设帷幕灌浆，设计合理；廊道周边混凝土采用补强灌浆合适，灌浆孔布置（间距、孔深）、灌浆压力等设计合理，满足加固要求；坝体和坝基排水孔在补强灌浆后全面疏通，满足排水要求，设计合理；坝内廊道表面在清除溶出物后，采用聚合物水泥砂浆抹面找平处理，措施合适。

（3）加固后渗流监测资料分析。渗压计测值序列为 2016 年 3 月 4 日—2020 年 7 月 13 日。

1）特征值分析。各渗压计特征值统计（包括测值序列的最大值、最小值、月均值和月变幅等）见表 8.1-8、表 8.1-9。

表 8.1-8　　　　　　　　上游防渗面板渗压计测值特征值统计表　　　　　　单位：m

设计编号	最大值	日　　期	最小值	日　　期	幅差	平均值
P36	100.34	2017-10-29	77.67	2017-5-11	22.67	96.34
P37	102.84	2018-3-18	77.58	2017-3-10	25.26	100.09
P38	102.65	2017-10-29	75.64	2017-6-8	27.01	100.91
P39	103.54	2017-11-6	77.62	2017-5-4	25.92	93.21
P40	101.43	2018-7-4	77.58	2017-6-8	23.85	98.97
P41	104.10	2017-11-6	78.84	2017-6-8	25.26	98.29

表 8.1-9   廊道内坝基渗压计特征值统计表   单位：m

设计编号	最大值	日　期	最小值	日　期	幅　差	平均值
P5	86.99	2017-12-29	76.00	2017-10-20	10.99	82.32
P6	78.43	2018-5-19	75.90	2018-12-5	2.54	76.91
P7	78.94	2020-1-25	75.72	2017-10-19	3.22	78.52
P8	83.82	2020-1-25	73.09	2018-5-12	10.73	83.10
P12	80.80	2018-3-2	75.90	2018-1-22	4.90	79.22
P13	82.14	2018-1-22	74.91	2018-3-2	7.23	77.12
P14	79.29	2018-1-19	74.96	2018-3-2	4.33	78.00
P15	85.92	2020-1-25	76.69	2017-10-20	9.23	85.34
P18	85.01	2019-3-23	76.60	2018-5-27	8.42	83.96
P19	79.78	2019-3-23	76.60	2018-5-27	8.42	83.96
P20	84.76	2020-2-8	77.10	2017-10-21	7.66	84.11
P21	86.47	2020-1-26	78.47	2017-10-21	7.99	85.91
P23	85.29	2020-1-28	78.60	2018-3-28	6.69	84.68
P24	88.57	2020-5-11	76.09	2018-3-2	12.48	83.43
P25	85.99	2020-1-26	77.48	2018-3-28	8.51	85.09
P26	85.59	2020-1-26	76.73	2017-10-21	8.86	85.06
P29	100.47	2018-3-18	95.01	2018-3-28	5.47	97.23
P30	80.48	2018-5-27	75.95	2020-3-21	4.53	76.25
P31	80.50	2020-1-25	76.68	2017-10-21	3.82	79.77
P32	82.38	2019-2-23	76.35	2018-3-28	6.03	81.61

由表 8.1-8、表 8.1-9 可以看出：上游面板渗压计测值最大值为 104.10m，发生在右 0+353 断面的 P41 测点处（2017 年 11 月 6 日）；其次为 103.54m，发生在右 0+227 断面的 P39 测点处（2017 年 11 月 6 日）。渗压最小值为 75.64m，发生在右 0+141 断面的 P38 测点处（2017 年 6 月 8 日）。廊道内坝基 20 支渗压计（共安装 35 支）测值中，最大值为 100.47m，发生在右 0+344.5 断面老防渗帷幕前的 P29 测点处（2018 年 3 月 18 日）；其次为 86.99m，发生在右 0+031 断面老防渗帷幕前的 P5 测点处（2017 年 12 月 29 日）。渗压最小值为 73.09m，发生右 0+344.5 断面老防渗帷幕之后的 P8 测点处（2018 年 9 月 28 日）。

2）渗压变化规律分析。26 支（共安装 41 支）渗压计过程线如图 8.1-8～图 8.1-13 所示。

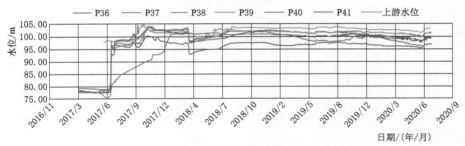

图 8.1-8　上游防渗面板渗压计过程线图

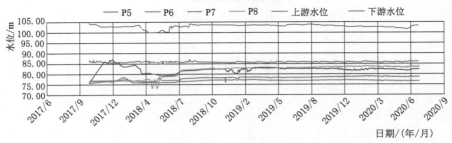

图 8.1-9　15 号坝段观测廊道渗压计过程线图

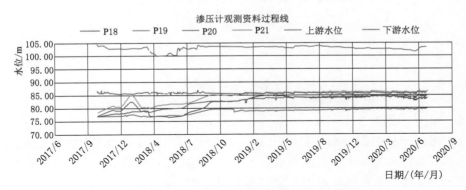

图 8.1-10　12 号坝段观测廊道渗压计过程线图

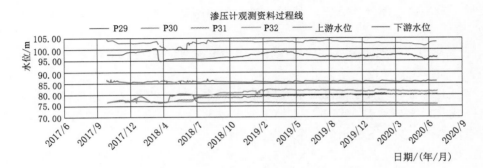

图 8.1-11　9 号坝段观测廊道渗压计过程线图

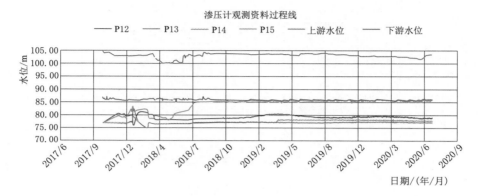

图 8.1-12 7号坝段观测廊道渗压计过程线图

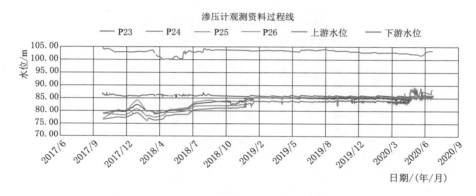

图 8.1-13 4号坝段观测廊道渗压计过程线图

由图 8.1-8～图 8.1-13 可以看出：

a. 2017 年 6 月 1 日起库水位开始上涨，2017 年 6 月 20 日后上游新浇混凝土面板 6 支渗压计测值开始逐步升高。上游新浇混凝土面板 6 支渗压计测值与库水位变化存在滞后效应，说明上游面板和防渗帷幕起到一定防渗效果，P36 渗压计的水位明显小于上游水位，说明该处新浇混凝土面板防渗效果很好。总体看来，渗压计的最大值出现的时间均在围堰过水之后，最小值大部分接近安装日期，两者互相印证，表明已装坝基渗压计运行状态良好。

b. 观测廊道内从上游至下游的渗压计测值变化表明，廊道内老帷幕之前，渗压水头最大；符合实际工程情况。

c. 渗压计测值存在高于观测廊道底板高程（77.00m）的情况，且与廊道内排水管冒水位置一致。2018 年 2 月大坝下游水抽干，老帷幕后 3 支渗压计的测值出现下降现象，说明廊道内渗压水头与下游水位存在一定相关性。

初期运行期间按规范要求开展大坝安全监测工作，大坝安全监测系统仪器工作正常，根据现有观测资料分析结果可知，上游面板和防渗帷幕达到了防渗效果，大坝及输泄水建筑物变形和渗流性态总体正常。8号坝段坝基扬压力偏高、排水量偏大，建议加强观测分析。

8.1.3.2 结构安全分析

1. 加固前大坝强度复核

（1）材料力学法复核。

1）计算方法。依据《混凝土重力坝设计规范》（SL 319），采用材料力学法计算坝体应力，分析大坝强度性态。计算公式为

$$\sigma'_y = \frac{\sum W}{B} + 6\frac{\sum M}{B^2}$$

$$\sigma''_y = \frac{\sum W}{B} - 6\frac{\sum M}{B^2}$$

（8.1 - 1）

式中　σ'_y、σ''_y——坝踵和坝趾的正应力（压应力为正，拉应力为负），kPa；

$\sum W$——所有荷载沿坝基面法向分力之和，kN；

$\sum M$——所有荷载对坝基面形心的力矩，kN·m；

B——坝底宽度，m。

2）荷载工况。大坝强度复核考虑了坝体自重、上下游静水压力、扬压力、浪压力、淤沙压力等荷载，计算工况见表 8.1 - 10，各工况对应的荷载见表 8.1 - 11。由于没有实测的淤沙资料，淤沙压力按设计淤沙高程 95.00m 进行计算。此外，溢流坝段在设计和校核工况还考虑了过堰动水压力的影响。

表 8.1 - 10　　　　　　　　材料力学法计算工况及相应的水位

工况编号	荷载组合	计算工况	上游水位/m	下游水位/m
1	基本组合	正常蓄水位工况	107.00	84.80
2		设计洪水位工况	110.66	91.40
3	特殊组合	校核洪水位工况	112.05	91.95

表 8.1 - 11　　　　　　　　　　材料力学法荷载组合

工况编号	自重	上、下游静水压力	扬压力	淤沙压力	浪压力	说明
1	√	√	√	√	√	扬压力系数采用设计值
2	√	√	√	√	√	
3	√	√	√	√	√	

3）计算参数。参照《混凝土重力坝设计规范》（SL 319）及类似工程经验，溢流坝段及非溢流坝段混凝土重度取 24kN/m³。根据监测资料分析，实测扬压力系数为 -0.228～0.248，渗流反演扬压力系数为 0.141，均小于设计值，偏于安全考虑，坝基扬压力系数取设计值 0.25。

4）计算成果。非溢流坝段和溢流坝段计算简图如图 8.1 - 14～图 8.1 - 15 所示。正常蓄水位、设计洪水位、校核洪水位三种工况非溢流坝段和溢流坝段的主要荷载值见表 8.1 - 12、表 8.1 - 13，其应力计算结果见表 8.1 - 14。

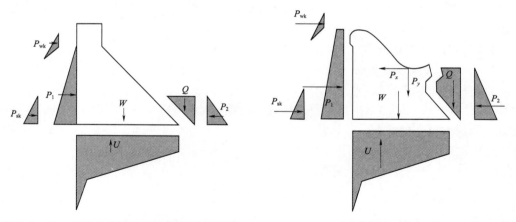

图 8.1-14 材料力学法非溢流坝段计算简图　　图 8.1-15 材料力学法溢流坝段计算简图

表 8.1-12　　　　　　　非溢流坝段计算荷载

| 工况编号 | 自重 W/kN | 下游静水压力/kN | | 上游静水压力/kN | 扬压力 U/kN | 浪压力 P_{wk}/kN | 淤沙压力 P_{sk}/kN |
		P_2	Q	P_1			
1	14389.9	583.2	437.6	5445.0	5050.4	31.2	1141.1
2	14389.9	1513.8	1135.2	6716.1	6729.6	31.2	1141.1
3	14389.9	1611.0	1208.1	7239.0	6962.9	31.2	1141.1

表 8.1-13　　　　　　　溢流坝段计算荷载

| 工况 | 自重 W/kN | 下游静水压力/kN | | 上游静水压力/kN | 扬压力 U/kN | 浪压力 P_{wk}/kN | 淤沙压力 P_{sk}/kN | 动水压力/kN | |
		P_2	Q	P_1				P_x	P_y
1	14415.5	583.2	460.2	5445.0	5274.6	31.22	1141.1	0	0
2	14415.5	1513.8	903.2	6716.1	7035.7	31.24	1141.1	102.8	28.8
3	14415.5	1611.0	937.6	7239.0	7279.5	31.26	1411.1	152.6	42.6

表 8.1-14　　　　　　　大坝应力计算成果

| 坝段部位 工况编号 | 坝踵 σ_y'/kPa | | 坝趾 σ_y''/kPa | |
	非溢流坝段	溢流坝段	非溢流坝段	溢流坝段
1	271.09	161.97	397.41	464.73
2	139.90	26.74	461.50	515.80
3	17.68	16.18	572.76	620.86

　　由计算结果可见：在各种计算工况下，非溢流坝段和溢流坝段坝趾处的最大压应力为620.86kPa，小于坝体混凝土和基岩的容许应力（承载力），坝踵处均未出现拉应力，大坝应力满足规范要求。

（2）有限元法复核。石漫滩水库大坝为2级建筑物，依据规范，采用三维有限元法对坝体及其坝基的应力进行计算分析，进一步复核大坝强度，并与材料力学法结果进行对比分析。

1）有限元模型。根据石漫滩大坝实际情况，分别建立了典型溢流坝段（12号坝段）、非溢流坝段（9号坝段）的三维有限元模型。

计算坐标系规定：X 轴为顺河向（垂直坝轴线），指向下游为正；Y 轴为垂直向，指向上方为正；Z 轴为平行坝轴线，指向右岸为正。

典型坝段三维有限元模型范围如下：X 方向，坝轴线上下游各取约1.5倍坝高；Y 方向，从坝基面（坝基高程为74.00m）向下取1.5倍坝高；Z 方向，取一个坝段长（溢流坝20m、非溢流坝42m）。非溢流坝段模型中同时考虑了闸墩对溢流坝段坝体应力的影响。

采用超单元自动剖分技术建立有限元模型，计算单元类型选用SOLID45。溢流坝段三维有限元模型节点总数66673，单元总数59880；非溢流坝段三维有限元模型节点总数64302，单元总数58520。溢流坝段、非溢流坝段的三维有限元网格如图8.1-16、图8.1-17所示。

2）荷载工况。有限元法计算溢流坝段和非溢流坝段应力的荷载工况和材料力学法相同，如表8.1-11所示。

3）计算参数。坝体和坝基根据实际情况进行材料分区，如图8.1-18所示。根据工程地质资料，并参考《水工混凝土结构设计规范》（SL/T 191）及类似工程经验，选取采用的各分区物理力学参数见表8.1-15。

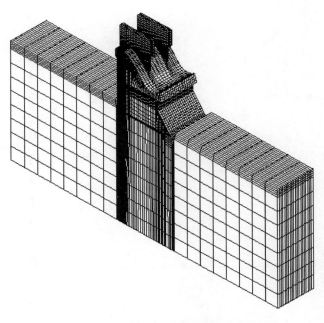

图8.1-16　溢流坝段三维有限元网格图

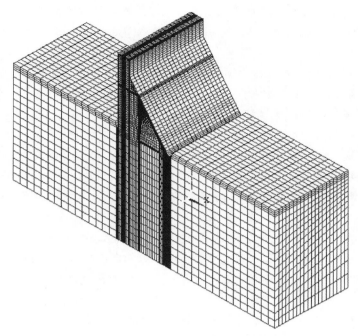

图 8.1-17 非溢流坝三维有限元网格图

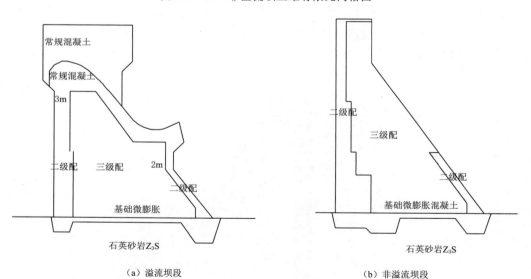

（a）溢流坝段

（b）非溢流坝段

图 8.1-18 有限元模型材料分区图

表 8.1-15　　　　　　　　　坝体和坝基材料参数

材　料	重度 γ/（kN/m³）	弹性模量 E/GPa	泊松比 ν
常规混凝土（C_{25}）	24.00	28.00	0.167
二级配混凝土（C_{20}）	23.51	25.50	0.167
三级配混凝土（C_{15}）	23.60	22.00	0.167

材　料	重度 γ/（kN/m³）	弹性模量 E/GPa	泊松比 ν
基础微膨胀混凝土（C₂₀）	24.00	25.50	0.167
石英砂岩（Z₃S）	25.40	12.90	0.230

4）计算成果。三维有限元法分析计算的坝体应力特征极值见表 8.1－16 和表 8.1－17（应力以拉应力为正，以压应力为负，单位 kPa）；9 号非溢流坝段、12 号溢流坝段坝踵（高程 74.00m）垂直正应力拉应力区范围见表 8.1－18 和表 8.1－19。

表 8.1－16　　　　　9 号非溢流坝段坝体控制部位应力特征值一览表

工况		工况 1		工况 2		工况 3	
部位		坝踵	坝趾	坝踵	坝趾	坝踵	坝趾
应力/kPa	σ_1	2030	－76	2930	－459	3350	－585
	σ_3	378	－1010	611	－973	707	－1160
	$\sigma_{水平}$	2000	－633	2800	－580	3170	－692
	$\sigma_{垂直}$	567	－632	1150	－504	1410	－568

注　σ_1—第一主应力；σ_3—第三主应力；$\sigma_{水平}$—水平正应力；$\sigma_{垂直}$—垂直正应力。

表 8.1－17　　　　　12 号溢流坝段坝体控制部位应力特征值一览表

工况		工况 1		工况 2		工况 3	
部位		坝踵	坝趾	坝踵	坝趾	坝踵	坝趾
应力/kPa	σ_1	4840	－646	5120	－31	5640	49
	σ_3	636	－1760	834	－1260	930	－1320
	$\sigma_{水平}$	4190	－1250	4300	－414	4700	－458
	$\sigma_{垂直}$	847	－1270	1230	－1190	1430	－1240

注　σ_1—第一主应力；σ_3—第三主应力；$\sigma_{水平}$—水平正应力；$\sigma_{垂直}$—垂直正应力。

表 8.1－18　　　　　9 号非溢流坝段坝基面坝踵垂直正应力计算结果

工况编号	工况	最大值/MPa	拉应力区范围（X 向长度）/m	占坝体宽度的百分比/%	出现部位
1	正常蓄水位	0.57	0.00	0.00	坝踵
2	设计洪水位	1.15	0.20	0.68	坝踵
3	校核洪水位	1.41	0.95	3.24	坝踵

注　坝体宽度为 29.25m，拉应力区范围即 X 向长度是由相邻两条等值线插值得到。

表 8.1－19　　　　　12 号溢流坝段坝基面坝踵垂直正应力计算结果

工况编号	工况	最大值/MPa	拉应力区范围（X 向长度）/m	占坝体宽度的百分比/%	出现部位
1	正常蓄水位	0.85	0.20	0.65	坝踵
2	设计洪水位	1.23	0.88	2.87	坝踵
3	校核洪水位	1.43	2.18	7.11	坝踵

注　坝体宽度为 30.64m，拉应力区范围即 X 向长度是由相邻两条等值线插值得到。

由三维有限元法计算结果可得以下结论：

1）各计算工况下非溢流坝和溢流坝的应力分布均符合一般规律，即坝体最大压应力出现在坝趾，最大拉应力（最小压应力）出现在坝踵，且随着上游水位的升高，应力值增大。

2）非溢流坝段、溢流坝段在 3 种工况下坝踵处均出现了拉应力，非溢流坝段校核洪水位工况下最大主拉应力为 3.35MPa，最大垂直正应力为 1.41MPa；溢流坝段校核洪水位工况下最大主拉应力为 5.64MPa，最大垂直正应力为 1.43MPa。非溢流坝段和溢流坝段在设计洪水位和校核洪水位工况下，最大垂直正应力均超过该部位混凝土的强度设计值（1.02MPa）。

3）9 号非溢流坝段在 3 种计算工况下的坝踵垂直正应力拉应力区范围均小于坝体宽度的 0.07 倍，满足规范要求；12 号溢流坝段在正常蓄水位和设计洪水位工况下坝踵垂直正应力拉应力区范围也小于规范规定的数值。但溢流坝段在校核洪水位工况下的坝踵垂直正应力拉应力区范围较大，不满足规范要求。

4）与材料力学法计算结果相比，有限元法在坝踵和坝趾等典型部位应力值相差较大。这主要是由于材料力学法没有考虑材料分区、边界条件等影响，有限元法则考虑了这些因素的影响，且有限元计算结果从拉应力的分布范围对坝踵结构强度做了进一步的分析判断，避免了单纯极值分析中应力集中的影响。

2. 加固前大坝抗滑稳定复核

（1）坝体抗滑稳定复核。

1）计算公式。采用刚体极限平衡法及抗剪断公式对大坝进行坝体抗滑稳定分析，计算公式为

$$K' = \frac{f'\sum W + c'A}{\sum P} \tag{8.1-2}$$

式中　K'——按照抗剪断强度计算的抗滑稳定安全系数；

　　　f'——滑裂面上的抗剪断摩擦系数；

　　　c'——滑裂面上的抗剪断凝聚力，kPa；

　　　A——滑裂面面积，m^2；

　　$\sum W$——抗滑力，为所有荷载沿坝基面法向分力之和，kN；

　　$\sum P$——滑动力，为所有荷载沿坝基面切向分力之和，kN。

2）计算工况。坝体沿坝基面抗滑稳定分析的荷载工况同坝体应力强度分析。

3）计算参数。根据地质资料及规范，坝基面抗剪断摩擦系数取 $f'=1.0$，凝聚力取 $c'=800\text{kPa}$。

4）计算成果。大坝溢流坝段和非溢流坝段沿坝基面各工况下坝体抗滑稳定计算成果见表 8.1-20。由此可见，在各种计算工况下，坝体沿坝基面抗滑稳定最小安全系数均大于允许最小安全系数 $[K']$，满足规范要求。

（2）坝基深层抗滑稳定复核。

1）计算公式。石漫滩水库坝基石英砂岩岩层走向为北西 29°，倾向西南，倾角为 25°～30°。构造裂隙面主要有 4 组：北西西 290°、北西 330°、北北东 20°、北东 40°～50°，

倾角皆为 $60°\sim80°$。层面和裂隙面夹泥分布普遍，有夹泥的岩层层面和裂隙面相切割组成深层滑动面。

表 8.1-20 坝基面抗滑稳定计算成果表

坝段	计算工况	抗滑稳定安全系数 K'	允许最小安全系数 $[K']$
非溢流坝段	正常蓄水位	5.50	3.0
	设计洪水位	5.05	3.0
	校核洪水位	4.71	2.5
溢流坝段	正常蓄水位	5.65	3.0
	设计洪水位	5.07	3.0
	校核洪水位	4.69	2.5

采用刚体极限平衡法进行坝基深层抗滑稳定分析。

对于沿层面的滑动，属单斜面滑动。坝踵、坝基两侧视为铅直切割面，根据《混凝土重力坝设计规范》（SL 319），采用抗剪强度公式计算，计算公式为

$$K = \frac{f(\sum W\cos\alpha + \sum H\sin\alpha - U)}{\sum H\cos\alpha - \sum W\cos\alpha} \tag{8.1-3}$$

式中　K——按抗剪强度计算的安全系数；

　　　f——岩层层面的抗剪摩擦系数；

　　$\sum W$——滑动面以上的垂直荷载总和，kN；

　　$\sum H$——滑动面以上的水平荷载总和，kN；

　　　U——作用于滑动面上的扬压力，kN；

　　　α——滑动面倾角，(°)。

对于走向北西的两组裂隙，倾向下游，坝下游的岩体可对坝体起阻滑作用，形成双斜滑动，即由坝脚垂直面将地基切割成两块独立的岩体，上游侧为沿裂隙面向下游滑动的滑动体，下游侧为阻抗滑动的阻滑体，两者间作用有抗力 R，计算其处于平衡状态的稳定安全系数，如图 8.1-19 所示。计算中采用等 K 法，即在坝脚垂直面上作用有抗

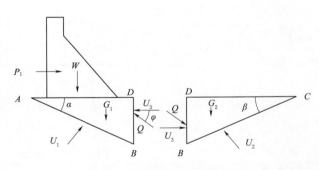

图 8.1-19　非溢流坝段双斜面深层抗滑稳定分析计算简图

力 R，分别求滑动体和阻滑体的安全系数 K_1、K_2，令 $K_1 = K_2 = K$，通过试算迭代求得 K，即为该坝段坝体连同基岩的抗滑稳定安全系数。公式为

$$K_1 = \frac{f_1\left[(W+G_1)\cos\alpha - H\sin\alpha - Q\sin(\varphi-\alpha) - U_1 + U_3\sin\alpha\right]}{(W+G_1)\sin\alpha + H\cos\alpha - U_3\cos\alpha - Q\cos(\varphi-\alpha)}$$

$$K_2 = \frac{f_2\left[G_2\cos\beta + Q\sin(\varphi+\beta) - U_2 + U_3\sin\beta\right]}{Q\cos(\varphi+\beta) - G_2\sin\beta + U_3\cos\alpha} \tag{8.1-4}$$

式中　K_1、K_2——按抗剪强度计算的安全系数；

　　　f_1、f_2——岩层层面的抗剪摩擦系数；

　　　　W——作用在坝体上的垂直荷载总和（不包括扬压力），kN；

　　　　H——滑动面以上的水平荷载总和，kN；

　　　G_1、G_2——岩体 ABD、BCD 重量的垂直作用力，kN；

　　　α、β——AB、BC 面与水平面的夹角，(°)；

　U_1、U_2、U_3——AB、BC、BD 面上的扬压力，kN；

　　　　φ——BD 面上的作用力与水平面的夹角，(°)。

2）计算工况。坝基深层抗滑稳定复核荷载工况同坝体抗滑稳定复核。

3）计算参数。根据规范及工程初步设计相关资料，对于单斜面滑动情况，取滑裂面上的 $f=0.35$，滑动面倾角 $\alpha=23.45°$；对于双斜滑动面，岩层层面 AB、BC 的抗剪摩擦系数 $f_1=0.45$、$f_2=0.35$，对于夹角 φ，从偏于安全考虑取 $\varphi=0°$。

4）计算成果。各工况下非溢流坝段和溢流坝段沿层面和沿北西向裂隙的抗滑稳定计算成果见表 8.1-21。由此可见，坝基深层抗滑稳定安全系数满足规范要求。

表 8.1-21　　　　　　　　　　　　坝基深层抗滑稳定计算成果见表

滑裂面 \ 工况 \ 坝段		非溢流坝段	溢流坝段	允许最小安全系数 [K]
沿层面	正常蓄水位	2.07	2.42	1.05
	设计洪水位	1.58	2.29	1.05
	校核洪水位	1.42	1.99	1.00
沿北西向裂隙面	正常蓄水位	3.02	3.27	1.05
	设计洪水位	3.18	3.69	1.05
	校核洪水位	3.14	3.70	1.00

3. 加固后大坝表面变形光学仪器监测资料分析

（1）垂直位移观测资料分析。坝体、坝基垂直位移通过光学水准仪进行测量，资料系列自 2019 年 11 月—2020 年 6 月 3 次测值，测值统计表见表 8.1-22。

表 8.1-22　　　　　　　　　　　　垂直位移测值统计表　　　　　　　　　　　单位：mm

坝体垂直位移量				坝基垂直位移量			
测点编号	2019 年 11 月	2020 年 3 月	2020 年 6 月	测点编号	2019 年 11 月	2020 年 3 月	2020 年 6 月
A1	1.80	−0.2	−1.6	LD1	0.3	−1.0	−0.1
A2	2.60	−0.3	−3.0	LD2	0.4	−1.1	0.1
A3	2.50	0.1	−2.4	LD3	1.1	−0.7	0.1
A4	1.00	−0.1	−1.4	LD4	0.9	−0.5	−0.3
A5	1.10	0.0	−1.3	LD5	0.1	−0.8	−0.6
A6	2.00	0.4	−3.1	LD6	−0.3	−1.5	−1.9
A7	2.20	1.0	−2.4	LD7	−1.6	−1.5	−3.0

续表

坝体垂直位移量				坝基垂直位移量			
测点编号	2019 年 11 月	2020 年 3 月	2020 年 6 月	测点编号	2019 年 11 月	2020 年 3 月	2020 年 6 月
A8	2.20	1.0	−2.6	LD8	−1.7	−1.7	−3.0
A9	2.30	1.1	−2.5	LD9	−2.0	−1.9	−2.9
A10	1.80	0.8	−3.1	LD10	−1.7	−1.6	−2.6
A11	2.10	0.9	−3.1	LD11	−1.5	−1.2	−2.4
A12	2.20	0.3	−3.8	LD12	−2.1	−1.7	−2.4
A13	2.40	0.2	−3.8	LD13	−1.8	−1.4	−1.9
A14	0.00	−0.5	−2.8	LD14	−2.0	−1.4	−2.1
A15	0.90	0.3	−2.8	LD15	−1.6	−1.1	−1.8
A16	1.60	0.2	−3.1	LD16	−1.8	−1.4	−1.8
A17	2.60	1.0	−2.7	LD17	−1.8	−1.5	−1.7
A18	3.00	0.6	−3.1	LD18	−1.6	−1.3	−1.5
A19	2.60	1.0	−2.8	LD19	−1.4	−1.5	−1.5
A20	2.90	0.7	−3.3	LD20	−1.0	−1.1	−1.0
A21	3.00	0.9	−3.1	LD21	−1.2	−1.8	−1.5
A22	2.60	0.6	−3.3	LD22	−0.7	−1.7	−1.0
A23	2.90	0.7	−3.3	LD23	−0.7	−1.9	−0.9
A24	2.60	0.7	−3.4	LD24	−1.0	−2.0	−1.5
A25	3.00	1.2	−3.3	LD25	−1.0	−2.0	−1.4
A26	3.00	1.2	−3.3	LD26	−0.7	−1.7	−1.0
A27	2.80	1.6	−3.2	LD27	−0.9	−2.3	−0.1
A28	2.20	0.9	−3.4	LD28	−0.7	−2.2	−0.5
A29	0.70	0.4	−3.4	LD29	−0.9	−2.8	−0.7
A30	2.40	−0.1	−4.9	LD30	−0.5	−2.3	0.1
A31	2.60	0.6	−4.6	LD31	−0.5	−2.4	−0.3
A32	2.10	0.2	−5.1	LD32	−0.6	−2.3	0.0
A33	2.30	1.0	−4.1	LD33	−0.1	−2.1	0.5
A34	1.80	−0.3	−4.2	LD34	0.0	−1.7	1.0
A35	2.00	−0.1	−4.0	LD35	−0.3	−1.8	0.6
A36	1.90	−0.5	−5.0	LD36	0.4	−1.7	0.9
A37	2.00	0.0	−4.8	LD37	0.8	−1.8	0.6
A38	1.90	0.0	−4.9	LD38	0.1	−2.1	0.2
A39	2.00	0.1	−4.7	LD39	0.4	−1.8	0.4
A40	2.30	0.0	−5.5	LD40	0.3	−1.7	0.3
A41	2.20	0.1	−5.0	LD41	0.3	−1.7	0.5
A42	2.20	−1.0	−6.3	LD42	0.0	−1.8	−0.1
A43	2.60	−0.4	−4.9	LD43	0.0	−2.0	0.0
A44	1.90	−0.5	−4.2	LD44	0.5	−1.5	0.9
A45	1.70	−1.1	−3.9	LD45	0.5	−1.4	1.0

续表

坝体垂直位移量				坝基垂直位移量			
测点编号	2019 年 11 月	2020 年 3 月	2020 年 6 月	测点编号	2019 年 11 月	2020 年 3 月	2020 年 6 月
A46	1.00	−1.7	−4.1	LD46	1.1	−0.1	−0.3
A47	0.10	−2.1	−2.8	LD47	1.1	−0.1	−0.2
A48	0.50	−2.2	−2.8				

可以看出：坝体垂直位移受温度影响明显，随着气温升高，坝体受热膨胀，坝体表面垂直位移测值上升；廊道内坝基垂直位移受温度影响较小，测值稳定。总体上，坝体垂直位移测值变化在合理范围内。

（2）水平位移观测资料分析。坝体水平位移通过全站仪进行测量，资料系列自 2019 年 11 月—2020 年 6 月 3 次测值，测值统计表见表 8.1-23。

表 8.1-23 **水平位移测值统计表** 单位：mm

测点编号	2019 年 11 月	2020 年 3 月	2020 年 6 月	测点编号	2019 年 11 月	2020 年 3 月	2020 年 6 月
1	0.3	−0.4	0.0	16	−1.2	0.4	2.0
2	−1.3	−2.4	−1.5	17	−4.1	−3.0	−1.6
3	−1.8	−2.5	−1.3	18	−3.5	−4.7	−3.1
4	0.1	−0.5	1.0	19	−2.4	−5.1	−3.8
5	0.4	−4.0	−1.9	20	1.8	−1.1	−0.1
6	−2.0	−1.8	−0.7	21	−2.5	−1.6	−0.6
7	−1.8	−1.7	−0.2	22	−2.6	−0.6	−0.2
8	−2.4	−1.9	−0.3	23	−1.5	0.1	0.8
9	2.3	0.6	0.2	24	−0.5	1.1	1.7
10	−2.2	−1.9	−1.6	25	−4.8	−5.0	−2.0
11	−6.2	−5.5	−4.3	26	−5.3	−6.2	−3.7
12	2.3	−2.4	−0.7	27	−5.1	−2.6	−2.3
13	3.8	−1.3	−1.0	28	−2.8	−1.2	0.9
14	−4.0	−6.0	0.3	29	−3.2	0.1	−0.2
15	−1.5	−2.9	−1.6	30	−2.8	−3.6	−1.9

可以看出：随着水库正常蓄水，坝体水平位移整体向下游变形。总体看，坝体水平位移量较小。

8.1.3.3 除险加固效果初步评价

1. *初期运行评价*

（1）石漫滩水库除险加固后于 2019 年 4 月下闸恢复蓄水运行。初期运行期间由河南省石漫滩水库除险加固工程建设管理局联合河南省石漫滩水库管理局进行运行管理，竣工验收后将移交河南省石漫滩水库管理局进行运行管理。

河南省石漫滩水库除险加固工程建设管理局与河南省石漫滩水库管理局机构健全，人员落实，管理制度较完善，能按批复的度汛方案合理调度运用，运行管理规范，可保障水库工程正常和安全运行。

（2）初期运行期间采取适当降低汛限水位的工程调度运用方案合理，2020年工程度汛方案合理可行。

（3）除险加固工程历次验收、鉴定遗留问题已处理。初期运行一年多来，最高蓄水位107.39m，泄洪闸多次泄洪，各建筑物已经历正常蓄水位运行考验，工程运行情况总体正常，已初步发挥防洪和供水效益。

（4）初期运行期间按规范要求开展大坝安全监测工作，大坝安全监测系统仪器工作正常。观测资料分析表明，大坝及输泄水建筑物变形和渗流性态总体正常。8号坝段坝基排水孔出水量偏大，建议继续加强观测分析。

（5）除险加固工程竣工验收后，水库可按设计标准恢复正常运行，并加强巡视检查和安全监测，确保工程安全运行。

2. 蓄水及竣工验收鉴定结论及建议

石漫滩水库除险加固工程于2016年9月20日正式开工建设，2018年5月10日完成主体工程建设；2019年4月通过蓄水验收；2020年8月，除险加固工程已按初步设计批复的工程建设内容全部完成，单位工程已通过验收。

2020年8月17—21日，水利部大坝安全管理中心组织专家开展了石漫滩水库除险加固工程竣工验收技术鉴定，鉴定结论为：除险加固工程设计合理，满足规范要求；工程外观质量良好，施工质量满足设计和规范要求；工程建设管理有序。2019年4月下旬恢复正常蓄水后，已经历正常蓄水位考验，各建筑物及机电设备运行性态正常，除险加固效果明显，并已取得初步工程效益。

石漫滩水库除险加固工程形象面貌满足竣工验收条件，各专项验收均已完成，历次验收遗留问题已妥善处理解决。工程管理机构健全，管理人员落实，管理制度较完善，工程已具备竣工验收条件，可进行竣工技术预验收。

水库运行期间应加强安全监测和巡视检查，及时分析监测资料，保障工程安全和效益发挥。

2020年9月27日通过了省水利厅组织的竣工验收，竣工验收委员会认为，石漫滩水库除险加固工程已按照批准的设计内容建设完成，工程质量合格；水土保持、环境保护、工程档案已通过专项验收；财务管理规范，投资控制有效；竣工决算已通过审计；运行管理单位已落实；工程初期运行正常，初步发挥了防洪、供水、生态等效益。

8.1.4 石漫滩水库大坝除险加固效果评价

8.1.4.1 除险加固效果评价指标体系的建立

图5.3-2所示的混凝土坝除险加固效果评价指标体系既可用于前评价，也可用于后评价，而前评价的指标体系较后评价更加丰富，因此，尽管石漫滩水库大坝已加固完成，为了更加清晰地诠释不同性质指标在具体工程中的应用，这里仍对石漫滩水库大坝作除险加固前评价。结合石漫滩水库大坝本次除险加固情况，从中剔除了本次除险加固未有涉及的指标，建立了石漫滩水库大坝除险加固效果评价指标体系，如图8.1-20所示。

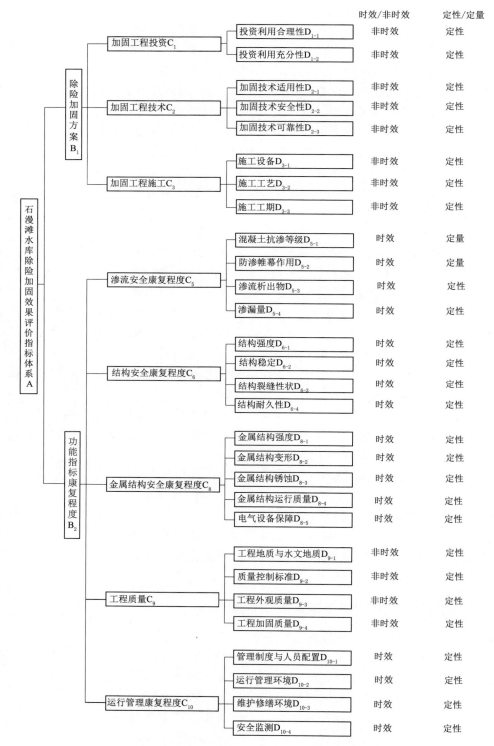

时效/非时效　定性/定量

图 8.1-20（一）　石漫滩水库大坝除险加固效果评价指标体系

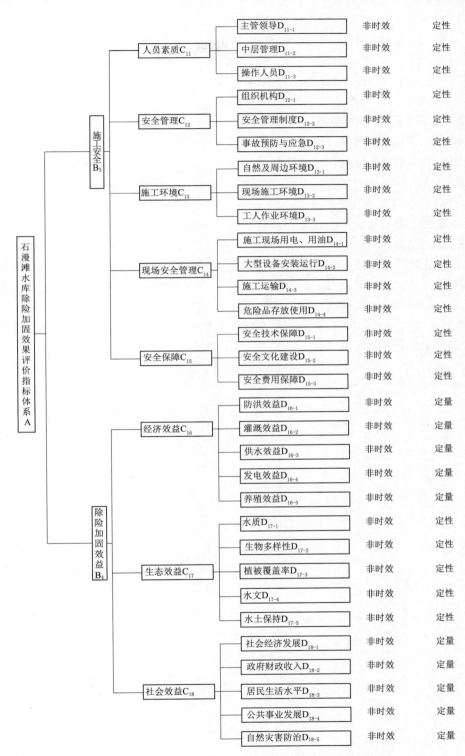

图 8.1-20（二）　石漫滩水库大坝除险加固效果评价指标体系

石漫滩水库大坝除险加固效果评价指标体系共分为四层：第一层为总目标层 A；第二层为加固效果影响因素层，包括除险加固方案 B_1、功能指标康复程度 B_2、施工安全 B_3 以及除险加固效益 B_4 四个因素；第三层为影响石漫滩水库大坝除险加固效果的 16 个主要方面；第四层为基础评级指标，即评价指标体系中不能进一步分解的指标，共计 60 个。

8.1.4.2 基础指标评价值确定

根据第 6 章 6.2 节对非时效性指标和时效性指标的定义，石漫滩水库除险加固效果评价指标体系中，非时效性指标包括除险加固方案 B_1、施工安全 B_3、除险加固效益 B_4 下的所有评价指标以及功能康复程度 B_2 下的工程质量 C_9；其余则为时效性指标。

1. 非时效性指标评价值的确定

石漫滩水库大坝除险加固效果评价邀请 5 位权威专家参与，依据第 6 章 6.2.1 节非时效性指标量化方法，利用附录 A 中的水库大坝除险加固效果评价非时效性指标评分表，请各位专家根据评分标准、石漫滩水库大坝除险加固工程设计报告、石漫滩水库大坝除险加固工程竣工验收报告以及石漫滩水库大坝竣工验收工程建设管理工作报告等相关资料，并结合现场调查情况和其他相关资料给出各个非时效性定性指标的评价值。同时，根据第 6.2.1.2 节非时效定量指标评价标准计算得到其评价值。各个专家给出的非时效定性指标评价值及非时效定量指标评价值见表 8.1-24。

表 8.1-24 (a)   非时效定性指标评价值汇总

非时效+定性指标		专家 1	专家 2	专家 3	专家 4	专家 5
加固工程投资 C_1	投资利用合理性 D_{1-1}	94	92	95	95	96
	投资利用充分性 D_{1-2}	94	96	93	93	92
加固工程技术 C_2	加固技术适用性 D_{2-1}	95	96	95	93	92
	加固技术安全性 D_{2-2}	93	93	92	95	94
	加固技术可靠性 D_{2-3}	92	93	94	95	92
加固工程施工 C_3	施工设备 D_{3-1}	92	90	87	85	90
	施工工艺 D_{3-2}	92	95	96	90	88
	施工工期 D_{3-3}	90	90	90	92	90
工程质量 C_9	工程地质与水文地质 D_{9-1}	90	92	94	95	90
	质量控制标准 D_{9-2}	90	90	90	90	90
	工程外观质量 D_{9-3}	90	90	92	90	88
	工程加固质量 D_{9-4}	95	92	96	95	94
人员素质 C_{11}	主管领导 D_{11-1}	95	96	92	94	96
	中层管理 D_{11-2}	95	96	95	92	96
	操作人员 D_{11-3}	95	92	96	92	92
安全管理 C_{12}	组织机构 D_{12-1}	95	92	90	89	90
	安全管理制度 D_{12-2}	90	92	93	95	96
	事故预防与应急 D_{12-3}	90	90	90	90	90

续表

非时效+定性指标		专家1	专家2	专家3	专家4	专家5
施工环境 C_{13}	自然及周边环境 D_{13-1}	95	92	93	93	92
	现场施工环境 D_{13-2}	90	92	93	95	92
	工人作业环境 D_{13-3}	90	90	90	91	92
现场安全管理 C_{14}	施工现场用电、用油 D_{14-1}	86	90	88	86	86
	大型设备安装运行 D_{14-2}	90	89	86	86	85
	施工运输 D_{14-3}	88	85	85	85	90
	危险品存放使用 D_{14-4}	90	90	90	90	90
安全保障 C_{15}	安全技术保障 D_{15-1}	85	85	86	88	82
	安全文化建设 D_{15-2}	90	90	90	90	90
	安全费用保障 D_{15-3}	90	90	85	88	90
生态效益 C_{17}	水质 D_{17-1}	89	90	91	92	95
	生物多样性 D_{17-2}	86	90	90	92	86
	植被覆盖率 D_{17-3}	86	86	87	90	91
	水文 D_{17-4}	90	88	90	89	88
	水土保持 D_{17-5}	90	90	90	89	90

表8.1-24（b）　　　　　　　　　　非时效定量指标评价值汇总

非时效+定量		增长倍数	评分
经济效益 C_{16}	防洪效益 D_{16-1}	2.3	96.08
	灌溉效益 D_{16-2}	2.2	94.29
	供水效益 D_{16-3}	2.1	92.40
	发电效益 D_{16-4}	1.8	86.09
	养殖效益 D_{16-5}	2.0	90.41
社会效益 C_{18}	社会经济发展 D_{18-1}	2.0	90.41
	政府财政收入 D_{18-2}	2.2	94.29
	居民生活水平 D_{18-3}	2.1	92.40
	公共事业发展 D_{18-4}	1.8	86.09
	自然灾害防治 D_{18-5}	2.2	94.29

　　表8.1-24（b）中的评分即为非时效定量指标的最终评价值，而非时效定性指标由于是由5位专家分别打分的，因此其最终评分值有赖于知晓专家的权重。利用下文计算得到的专家综合权重，即可得到非时效定性指标的评分值。非时效性指标评分值汇总分别见表8.1-25。

　　2. 时效性指标评价值的确定

　　（1）时效定性指标除险加固前、后安全程度评分，根据表6.2-2所示的评分标准，采用与非时效定性指标量化相同的方法确定。

227

表 8.1－25　　　　　　　　　　　非时效性指标评分值汇总

非 时 效 性 指 标		综 合 评 分
加固工程投资 C_1	投资利用合理性 D_{1-1}	94.37
	投资利用充分性 D_{1-2}	93.65
加固工程技术 C_2	加固技术适用性 D_{2-1}	94.25
	加固技术安全性 D_{2-2}	93.40
	加固技术可靠性 D_{2-3}	93.16
加固工程施工 C_3	施工设备 D_{3-1}	88.91
	施工工艺 D_{3-2}	92.16
	施工工期 D_{3-3}	90.40
工程质量 C_9	工程地质与水文地质 D_{9-1}	92.14
	质量控制标准 D_{9-2}	90.00
	工程外观质量 D_{9-3}	89.96
	工程加固质量 D_{9-4}	94.42
人员素质 C_{11}	主管领导 D_{11-1}	94.65
	中层管理 D_{11-2}	94.82
	操作人员 D_{11-3}	93.43
安全管理 C_{12}	组织机构 D_{12-1}	91.35
	安全管理制度 D_{12-2}	93.06
	事故预防与应急 D_{12-3}	89.99
施工环境 C_{13}	自然及周边环境 D_{13-1}	93.08
	现场施工环境 D_{13-2}	92.29
	工人作业环境 D_{13-3}	90.56
现场安全管理 C_{14}	施工现场用电、用油 D_{14-1}	87.15
	大型设备安装运行 D_{14-2}	87.37
	施工运输 D_{14-3}	86.64
	危险品存放使用 D_{14-4}	90.00
安全保障 C_{15}	安全技术保障 D_{15-1}	85.20
	安全文化建设 D_{15-2}	90.00
	安全费用保障 D_{15-3}	88.69
经济效益 C_{16}	防洪效益 D_{16-1}	96.08
	灌溉效益 D_{16-2}	94.29
	供水效益 D_{16-3}	92.40
	发电效益 D_{16-4}	86.09
	养殖效益 D_{16-5}	90.41
生态效益 C_{17}	水质 D_{17-1}	91.26
	生物多样性 D_{17-2}	88.66
	植被覆盖率 D_{17-3}	87.89
	水文 D_{17-4}	89.03
	水土保持 D_{17-5}	89.81
社会效益 C_{18}	社会经济发展 D_{18-1}	90.41
	政府财政收入 D_{18-2}	94.29
	居民生活水平 D_{18-3}	92.40
	公共事业发展 D_{18-4}	86.09
	自然灾害防治 D_{18-5}	94.29

各时效定性指标除险加固前、后的安全程度评分，见表8.1-26。

表8.1-26（a）　　时效定性指标除险加固前安全程度评分计算汇总表

时效性＋定性		专家1	专家2	专家3	专家4	专家5
渗流安全康复程度 C_5	渗流析出物 D_{5-3}	52	53	51	52	55
结构安全康复程度 C_6	结构裂缝性状 D_{6-4}	47	45	42	46	43
	结构耐久性 D_{6-5}	61	62	63	62	63
金属结构安全康复程度 C_8	金属结构强度 D_{8-1}	58	61	62	61	59
	金属结构变形 D_{8-2}	57	55	60	59	58
	金属结构运行质量 D_{8-3}	50	49	46	46	50
	金属结构锈蚀 D_{8-4}	47	45	42	43	46
	电器设备保障 D_{8-5}	45	42	43	44	46
运行管理康复程度 C_{10}	管理制度与人员配置 D_{10-1}	82	81	82	83	85
	运行管理环境 D_{10-2}	55	56	53	52	55
	维护修缮环境 D_{10-3}	65	66	66	67	68
	安全监测 D_{10-4}	47	50	51	45	46

表8.1-26（b）　　时效定性指标除险加固后安全程度评分计算汇总表

时效性＋定性		专家1	专家2	专家3	专家4	专家5
渗流安全康复程度 C_5	渗流析出物 D_{5-3}	90	92	94	92	96
结构安全康复程度 C_6	结构裂缝性状 D_{6-4}	92	92	90	91	90
	结构耐久性 D_{6-5}	90	93	92	91	90
金属结构安全康复程度 C_8	金属结构强度 D_{8-1}	91	90	90	89	88
	金属结构变形 D_{8-2}	88	89	90	91	92
	金属结构运行质量 D_{8-3}	90	90	91	89	90
	金属结构锈蚀 D_{8-4}	90	88	85	86	87
	电器设备保障 D_{8-5}	87	85	86	89	90
运行管理康复程度 C_{10}	管理制度与人员配置 D_{10-1}	95	95	95	96	95
	运行管理环境 D_{10-2}	84	85	90	90	91
	维护修缮环境 D_{10-3}	90	90	85	90	90
	安全监测 D_{10-4}	92	93	94	95	96

与确定非时效定性指标的评分值相同，利用专家综合权重，可以计算得到时效定性指标除险加固前后的安全程度评分值，再利用第6.2.2节提出的时效指标量化评价模型便可以最终确定该时效定性的指标的评价值。

（2）时效定量指标除险加固前、后安全程度评分。时效定量指标包括混凝土抗渗等级 D_{5-1}、防渗帷幕作用 D_{5-2}、渗漏量 D_{5-4}、结构强度 D_{6-1}、结构稳定 D_{6-2}。

1）混凝土抗渗等级 D_{5-1}。混凝土抗渗等级为效益型指标，根据《混凝土重力坝设计规范》（SL 319）可知，大坝混凝土的抗渗等级应根据所在部位和水力坡降，按表 8.1 - 27 采用。

表 8.1 - 27　　　　　　　　　大坝混凝土抗渗等级的最小允许值

项 次	部 位	水力坡降	抗渗等级
1	坝体内部		W2
2	坝体其他部位按水力坡降考虑时	$i<10$	W4
		$10 \leqslant i < 30$	W6
		$30 \leqslant i < 50$	W8
		$i \geqslant 50$	W10

注　1. 表中 i 为水力坡降。

　　2. 承受腐蚀水作用的建筑物、其抗渗等级应进行专门的试验研究，但不得低于 W4。

　　3. 混凝土的抗渗等级应按《水工建筑物抗冰冻设计规范》（SL 211）规定的试验方法确定。根据坝体承受水压力作用的时间也可采用 90 龄期的试件测定抗渗等级。

根据《河南省石漫滩水库大坝安全综合评价报告》可知，石漫滩水库复建工程大坝坝型为全断面碾压混凝土重力坝，大坝混凝土设计量为 36.6 万 m^3，其中碾压混凝土量为 27.0 万 m^3，占混凝土总量的 75.7%。石漫滩水库上游二级配富胶材碾压混凝土抗渗等级为 W6，内部碾压混凝土抗渗等级为 W4，混凝土抗渗等级均满足规范要求。但由本次安全评价情况可知大坝上下游坝面混凝土破损情况严重：18 号坝段上游面有一处保护层剥落，钢筋锈胀外露，外露钢筋 12 根，长度为 0.50～1.0m；右岸挡水坝段下游面受冻融破坏，露石、表层剥落严重，其中 4 号坝段较为严重，有 4 处破损严重，总面积 2.8m^2，最深达 0.4m；6 号坝段有 2 处破损，总面积 0.3m^2，深 0.1m。此外，根据坝基扬压力测压管水位及渗流量观测资料，反演得到的各料区渗透系数能够反映坝体坝基的实际渗流性态，反演的二级配碾压混凝土及三级配碾压混凝土渗透系数较大，说明坝体防渗性能有所下降，坝体混凝土渗透系数不满足规范要求。综上所述，虽然混凝土抗渗等级满足规范要求，但是水库经多年运行导致大坝上下游坝面混凝土出现严重破损，经反演得到的坝体混凝土渗透系数不满足规范要求，坝体防渗性能明显下降。

除险加固过程中在坝体上游面增加 C25 钢筋混凝土防渗面板，厚度 0.5～1.0m，抗渗等级 W6，防渗面板底部增加一排帷幕灌浆；采用 C25 钢筋混凝土防渗面板对 88.0m 高程以下下游坝面进行处理，厚度 0.4～0.6m，抗渗等级 W6，防渗面板和坝体下游面采用锚筋相连接。上、下游防渗面板的混凝土抗渗等级均满足规范要求。综上，由安全程度评分计算公式可得：加固前 $x_1 = 0$，加固后 $x_2 = 100$。即除险加固前、后的混凝土抗渗等级 D_{5-1} 的安全程度评分分别为 0 和 100。

2）防渗帷幕作用 D_{5-2}。防渗帷幕作用主要指的是防渗帷幕的渗透系数，为成本型指标。根据《混凝土重力坝设计规范》（SL 319）的 7.4.5 节要求，帷幕的防渗标准和相对隔水层的透水率根据不同坝高采用下列控制标准：

a. 坝高在 100m 以上，透水率 q 为 1～3Lu。

b. 坝高在 100～50m，透水率 q 为 3～5Lu。

c. 坝高在 50m 以下，透水率 q 为 5Lu。

石漫滩水库大坝最大坝高 40.5m，因此按照规范选取防渗帷幕渗透系数控制标准为 5Lu，按 $1Lu=1.0\times10^{-5}cm/s$ 换算得到防渗帷幕渗透系数的控制标准为 $5\times10^{-5}cm/s$。由《河南省石漫滩水库大坝安全综合评价报告》可知，根据坝基扬压力测压管水位及渗流量观测资料，反演得到的防渗帷幕平均渗透系数为 $1.5\times10^{-6}cm/s$，满足规范要求，则不妨认为除险加固前防渗帷幕的平均渗透系数为 $1.5\times10^{-6}cm/s$；根据《河南省石漫滩水库除险加固工程竣工验收技术鉴定报告》可知，除险加固过程中在坝体原上游面增加混凝土防渗面板作为坝体防渗层的基础上，在防渗面板下部增加一道悬挂式帷幕灌浆，全长 645.0m，帷幕灌浆采用单排帷幕，帷幕轴线在左、右两端向下游延伸与原坝体帷幕相连接，根据监测资料可推测防渗帷幕平均渗透系数变为约 $9.8\times10^{-7}cm/s$。根据《河南省石漫滩水库除险加固工程竣工验收技术鉴定报告》可知，除险加固过程中对大坝上游面增设钢筋混凝土防渗面板的基础上，在防渗面板基础下采用悬挂式帷幕灌浆防渗处理，坝基防渗帷幕长 645.0m，除险加固后大坝防渗帷幕平均渗透系数变为 $9.8\times10^{-7}cm/s$。根据 6.2.2 节中介绍的对于这类以数量级变化的指标的安全程度评分计算方法，分别求得防渗帷幕渗透系数 D_{5-2} 在除险加固前、后的安全程度评分分别为 98.75 和 100。

3）渗漏量 D_{5-4}。渗漏量 D_{5-4} 为成本型指标。一般认为水库年渗漏量小于坝址区多年平均年径流量的 5% 时较为合适，则可以根据坝址区多年平均年径流量的 5% 为基本安全与不安全的临界值。根据相关水文资料显示，石漫滩水库坝址区的多年平均径流量约为 85.44 万 m^3，则临界径流量为 4.27 万 m^3。由《河南省石漫滩水库大坝安全综合评价报告》中对渗漏量监测资料的变化规律分析可知：坝体渗漏量最大值出现在 1999 年 1 月 6 日，其值为 $374.11m^3/d$，最大年变幅出现在 1999 年，其值为 $374.11m^3/d$，最大年均值出现在 2011 年，其值为 $118.37m^3/d$；坝基渗漏量最大值出现在 2006 年 2 月 21 日，其值为 $243.65m^3/d$，最大年变幅出现在 2006 年，其值为 $171.07m^3/d$，最大年均值出现在 2009 年，其值为 $129.6m^3/d$。假设坝体和坝基最大年均值同时出现，则水库年渗漏量为 $q=(118.37+129.60)\times365=9.0\times10^4(m^3)$，则 $t_1=9.05/4.27=2.119$，转化成正向的效益型指标后，计算得到 $x_1=36.70$。除险加固过程中大坝的渗流控制措施包括大坝的上、下游面均通过增设防渗面板进行了一定的防渗处理以及上游防渗面板基础下采用了悬挂式帷幕灌浆防渗处理等。通过对除险加固中新增的 4 套量水堰测值序列（从 2019 年 8 月 1 日至 2020 年 8 月 5 日）进行分析可知，量水堰观测数据稳定且逐渐减小，说明上游面板和防渗帷幕起到了明显的防渗作用，计算得到除险加固后的水库年渗漏量约为 1.39 万 m^3，则 $t_2=1.39/4.27=0.326$，转化成正向的效益型指标后，计算得 $x_2=100$。

综上可知，除险加固前、后渗漏量 D_{5-4} 的安全程度评分分别为 36.70 和 100。

4）结构强度 D_{6-1}。结构强度 D_{6-1} 为成本型指标。根据《河南省石漫滩水库大坝安全综合评价报告》可知，采用三维有限元法计算各工况下非溢流坝和溢流坝的应力分布均符合一般规律；非溢流坝段和溢流坝段在设计洪水位和校核洪水位工况下的坝踵最大垂直正应力均超过该部位混凝土的强度设计值（1.02MPa），由此选取非溢流坝段和溢流坝段的坝踵部位混凝土的强度设计值（1.02MPa）作为结构强度 D_{6-1} 的控制标准。除险加固前非溢流坝段和溢流坝段在校核洪水位工况下的最大垂直正应力分别为 1.41MPa、1.43MPa，则可取

$t_1 = 0.5 \times (1.41 + 1.43) / 1.02 = 1.392$，转化成正向的效益型指标后，计算得 $x_1 = 50.03$。除险加固后，非溢流坝段和溢流坝段在校核洪水位工况下的最大垂直正应力分别为 0.36MPa 和 0.42MPa，则可取 $t_2 = 0.5 \times (0.36 + 0.42) / 1.02 = 0.382$，转化成正向的效益型指标后，计算得 $x_2 = 100$。因此除险加固前后结构强度 D_{6-1} 的安全程度评分分别为 50.03 和 100。

表 8.1-28　坝基面抗滑稳定安全系数 K'

荷载组合		K'
基本组合		3.0
特殊组合	(1)	2.5
	(2)	2.3

5) 结构稳定 D_{6-3}。结构稳定 D_{6-3} 为效益型指标。根据石漫滩水库大坝除险加固实际工程情况，结构稳定中选取坝基面抗滑稳定安全系数作为计算评价指标。根据《混凝土重力坝设计规范》（SL 319）的第 6.4.1 节中规定，按抗剪断强度公式计算的坝基面抗滑稳定安全系数 K' 应不小于表 8.1-28 的规定。

根据《河南省石漫滩水库大坝安全综合评价报告》可知，采用刚体极限平衡法及抗剪断公式对大坝进行抗滑稳定分析，计算得出各工况下坝体沿坝基面的抗滑稳定最小安全系数均大于允许最小安全系数 $[K']$，满足规范要求。各工况下计算得出的非溢流坝段和溢流坝段的坝基面抗滑稳定安全系数及对应的 t_1 见表 8.1-29。因此取除险加固前 $t_1 = (1.83 + 1.68 + 1.88 + 1.88 + 1.69 + 1.88) / 6 = 1.81$，则 $x_1 = 86.32$；采用同样方法计算得出除险加固后 $t_2 = 2.53$，则 $x_2 = 99.87$。综上所述，除险加固前、后结构稳定 D_{6-3} 的安全程度评分分别为 86.32 和 99.87。

表 8.1-29　各工况下非溢流坝段和溢流坝段的坝基面抗滑稳定安全系数及对应的 t_1

坝段	计算工况	抗滑稳定安全系数 K'	允许最小安全系数 $[K']$	t_1
非溢流坝段	正常蓄水位	5.50	3.0	1.83
	设计洪水位	5.05	3.0	1.68
	校核洪水位	4.71	2.5	1.88
溢流坝段	正常蓄水位	5.65	3.0	1.88
	设计洪水位	5.07	3.0	1.69
	校核洪水位	4.69	2.5	1.88

（3）时效性指标综合评价值的确定。运用第 6.2.2 节时效性指标量化评价模型 s，并根据第 6.4.1 节计算所得到的时效性指标除险加固前、后的安全程度评分，分别计算其安全度及其指标安全等级提升系数，进而利用计算公式最终确定各时效性指标的综合评价值。由于定性的时效指标最终评价值依赖于专家打分，而专家的权重又有赖于 AHP 法给出的判断矩阵。因此，时效定量指标评价值见表 8.1-30，由此可计算得到非时效定性指标的综合评价值，见表 8.1-31。

8.1.4.3　评价指标权重求取

1. 评价指标专家权重的确定

石漫滩水库除险加固效果评价邀请了 5 位权威专家参与，根据第 6.3.1 节所述方法确定专家组合权重，专家组合权重由专家主观权重与客观权重组合而成。

表 8.1-30   时效定量指标综合评价值计算汇总表

时效＋定量	加固前评分	加固后评分	S_1	S_2	C	X
混凝土抗渗等级 D_{5-1}	0	100	0.0192	0.9886	1.0000	100.00
防渗帷幕作用 D_{5-2}	98.75	100	0.9866	0.9886	0.0021	79.59
渗漏量 D_{5-4}	36.70	100	0.2586	0.9886	0.7530	94.78
结构强度 D_{6-1}	50.03	100	0.4993	0.9886	0.5047	89.71
结构稳定 D_{6-2}	86.32	99.87	0.9522	0.9886	0.0375	80.30

表 8.1-31   时效定性指标综合评价值计算汇总表

时效＋定性指标		综合评分值
渗流安全康复程度 C_5	渗流析出物 D_{5-3}	87.84
结构安全康复程度 C_6	结构裂缝性状 D_{6-3}	90.87
	结构耐久性 D_{6-4}	83.93
金属结构安全康复程度 C_8	金属结构强度 D_{8-1}	84.40
	金属结构变形 D_{8-2}	85.31
	金属结构运行质量 D_{8-3}	89.20
	金属结构锈蚀 D_{8-4}	90.24
	电器设备保障 D_{8-5}	90.54
运行管理康复程度 C_{10}	管理制度与人员配置 D_{10-1}	80.14
	运行管理环境 D_{10-2}	86.29
	维护修缮环境 D_{10-3}	82.26
	安全监测 D_{10-4}	90.05

（1）专家主观权重确定。以表 6.3-1 为基础编制了石漫滩水库大坝除险加固效果评价的专家权威性调查表，根据专家的实际情况对各权威性指标进行评分，并利用模糊优选理论计算各专家的权威性权重，即专家主观权重，计算成果见表 8.1-32。

表 8.1-32   专家权威性调查汇总表

指 标			专家1	专家2	专家3	专家4	专家5
硬指标	评价资历	学历	90	90	90	90	90
		职称	90	80	80	85	80
		行政职务	80	85	90	80	90
	学术成果	论文	90	85	90	80	90
		科研成果	90	80	85	90	75
		获奖情况	85	85	80	85	80
软指标	评价实践经验		85	90	85	80	90
	专业熟练程度		90	90	90	90	90
	职业道德		90	90	90	90	90
主观权重			0.2837	0.187	0.169	0.187	0.1733

（2）专家客观权重确定。根据第 6.3.1.2 节提出的专家客观权重计算方法，利用 HS-AHP 法得到专家的客观权重。5 位专家的客观权重见表 8.1-33。

表 8.1-33　　　　　　　　　　　专家客观权重汇总表

因素集	专家客观权重				
	专家 1	专家 2	专家 3	专家 4	专家 5
A	0.2185	0.1952	0.1830	0.2081	0.1952
B_1	0.2000	0.2000	0.2000	0.2000	0.2000
B_2	0.1758	0.1806	0.2068	0.2184	0.2184
B_3	0.1635	0.1912	0.2188	0.2132	0.2132
B_4	0.1882	0.2002	0.2086	0.2148	0.1882
C_1	0.2000	0.2000	0.2000	0.2000	0.2000
C_2	0.2000	0.2000	0.2000	0.2000	0.2000
C_3	0.1901	0.1887	0.2071	0.2071	0.2071
C_5	0.1870	0.2045	0.2171	0.2045	0.1870
C_6	0.2000	0.2000	0.2000	0.2000	0.2000
C_8	0.2115	0.2080	0.1890	0.1835	0.2080
C_9	0.1738	0.1785	0.1867	0.2305	0.2305
C_{10}	0.2104	0.1937	0.1763	0.2092	0.2104
C_{11}	0.1931	0.2103	0.1931	0.1931	0.2103
C_{12}	0.1867	0.2033	0.2033	0.2033	0.2033
C_{13}	0.1913	0.2064	0.2071	0.1976	0.1976
C_{14}	0.2036	0.2013	0.1981	0.2046	0.1924
C_{15}	0.1897	0.2054	0.1941	0.2054	0.2054
C_{16}	0.1428	0.1878	0.2124	0.2285	0.2285
C_{17}	0.2045	0.2134	0.1836	0.1940	0.2045
C_{18}	0.1559	0.1986	0.2184	0.2278	0.1986

（3）专家综合权重。根据第 6.3.1.3 节中的最小信息熵原理，利用上文计算得到的专家主观权重与客观权重，可以得到专家的综合权重。需要注意的是，由于每一因素层专家的判断矩阵不同，因此即使对于同一个专家，与其客观权重一样，不同因素集的综合权重也不再一样。专家主观权重、客观权重及综合权重见表 8.1-34。

表 8.1-34　　　　　　　　　　　专家综合权重汇总表

因素集	综合权重				
	专家 1	专家 2	专家 3	专家 4	专家 5
A	0.2497	0.1916	0.1764	0.1978	0.1845
B_1	0.2394	0.1944	0.1848	0.1944	0.1871

续表

因素集	综 合 权 重				
	专家1	专家2	专家3	专家4	专家5
B_2	0.2254	0.1855	0.1887	0.2040	0.1964
B_3	0.2178	0.1913	0.1945	0.2020	0.1944
B_4	0.2326	0.1948	0.1890	0.2017	0.1818
C_1	0.2394	0.1944	0.1848	0.1944	0.1871
C_2	0.2394	0.1944	0.1848	0.1944	0.1871
C_3	0.2338	0.1891	0.1883	0.1981	0.1907
C_5	0.2319	0.1969	0.1929	0.1969	0.1813
C_6	0.2394	0.1944	0.1848	0.1944	0.1871
C_8	0.2459	0.1980	0.1795	0.1860	0.1906
C_9	0.2243	0.1846	0.1794	0.2098	0.2019
C_{10}	0.2453	0.1911	0.1733	0.1986	0.1917
C_{11}	0.2355	0.1995	0.1817	0.1912	0.1921
C_{12}	0.2317	0.1963	0.1866	0.1963	0.1890
C_{13}	0.2344	0.1977	0.1882	0.1934	0.1862
C_{14}	0.2414	0.1949	0.1838	0.1965	0.1834
C_{15}	0.2334	0.1972	0.1823	0.1972	0.1899
C_{16}	0.2046	0.1905	0.1925	0.2101	0.2023
C_{17}	0.2420	0.2007	0.1769	0.1913	0.1891
C_{18}	0.2131	0.1952	0.1946	0.2091	0.1879

2. 评价指标权重的确定

（1）指标静态权重确定。利用附录C的水库大坝除险加固效果评价指标主观权重调查表，请各位专家根据其知识经验对各评价指标进行两两重要性判断。根据第6.3.2节所述方法，根据专家的判断矩阵，利用和声搜索层次分析法计算指标的静态权重。整理得到5位专家对石漫滩水库大坝除险加固效果评价指标体系的判断权重。

针对专家的判断矩阵，计算各指标的静态权重，计算结果见表8.1－35。

表 8.1－35（a）　　　　　专家1意见下指标静态权重汇总表

判断矩阵	专家1排序权值					一致性检验
	W_1	W_2	W_3	W_4	W_5	
A	0.1008	0.7410	0.0734	0.0848		0.0155
B_1	0.4545	0.4545	0.0909			0.0000
B_2	0.3608	0.3608	0.0392	0.1265	0.1127	0.6300
B_3	0.0416	0.2875	0.0848	0.1635	0.4225	0.0692

续表

判断矩阵	专家 1 排序权值					一致性检验
	W_1	W_2	W_3	W_4	W_5	
B_4	0.6483	0.1220	0.2297			0.0332
C_1	0.6667	0.3333				0.0000
C_2	0.3333	0.3333	0.3333			0.0158
C_3	0.2308	0.0769	0.6923			0.0000
C_5	0.1660	0.1500	0.0658	0.6181		0.0079
C_6	0.2421	0.4507	0.2421	0.0650		0.0061
C_8	0.3608	0.3608	0.0392	0.1265	0.1127	0.6300
C_9	0.0640	0.2063	0.1108	0.6189		0.0054
C_{10}	0.1660	0.1500	0.0658	0.6181		0.0079
C_{11}	0.5396	0.2970	0.1634			0.0079
C_{12}	0.3333	0.3333	0.3333			0.0079
C_{13}	0.0925	0.2922	0.6153			0.0115
C_{14}	0.2421	0.4507	0.2421	0.0650		0.0061
C_{15}	0.6667	0.1111	0.2222			0.0000
C_{16}	0.5152	0.1515	0.1515	0.0909	0.0909	0.0924
C_{17}	0.4543	0.1703	0.1608	0.0537	0.1608	0.0207
C_{18}	0.0552	0.0606	0.3507	0.1753	0.3582	0.0983

表 8.1－35（b）　　　　专家 2 意见下指标静态权重汇总表

判断矩阵	专家 2 排序权值					一致性检验
	W_1	W_2	W_3	W_4	W_5	
A	0.1046	0.7250	0.1158	0.0546		0.0342
B_1	0.4286	0.4286	0.1429			0.0000
B_2	0.3325	0.3325	0.0440	0.1809	0.1100	0.0552
B_3	0.0416	0.2875	0.0848	0.1635	0.4225	0.0442
B_4	0.6370	0.1047	0.2583			0.0158
C_1	0.6667	0.3333				0.0000
C_2	0.3333	0.3333	0.3333			0.0158
C_3	0.2308	0.0769	0.6923			0.0000
C_5	0.2717	0.1569	0.0882	0.4832		0.0000
C_6	0.4668	0.2776	0.1603	0.0953		0.0000
C_8	0.3325	0.3325	0.0440	0.1809	0.1100	0.0552
C_9	0.0640	0.2063	0.1108	0.6189		0.0170
C_{10}	0.2717	0.1569	0.0882	0.4832		0.0000

判断矩阵	专家2排序权值					一致性检验
	W_1	W_2	W_3	W_4	W_5	
C_{11}	0.3333	0.3333	0.3333			0.0000
C_{12}	0.3333	0.3333	0.3333			0.0032
C_{13}	0.0925	0.2922	0.6153			0.0057
C_{14}	0.4668	0.2776	0.1603	0.0953		0.0000
C_{15}	0.6000	0.2000	0.2000			0.0079
C_{16}	0.5152	0.1515	0.1515	0.0909	0.0909	0.0430
C_{17}	0.4952	0.2338	0.1053	0.0605	0.1053	0.0207
C_{18}	0.0675	0.0675	0.2665	0.1567	0.4417	0.0983

表 8.1－35 (c)　　　**专家3意见下指标静态权重汇总表**

判断矩阵	专家3排序权值					一致性检验
	W_1	W_2	W_3	W_4	W_5	
A	0.0596	0.6805	0.1404	0.1195		0.0342
B_1	0.4444	0.4444	0.1111			0.0000
B_2	0.3363	0.3363	0.0411	0.1781	0.1083	0.0552
B_3	0.0337	0.2969	0.0601	0.1096	0.4997	0.0442
B_4	0.6370	0.1047	0.2583			0.0079
C_1	0.5000	0.5000				0.0000
C_2	0.3333	0.3333	0.3333			0.0158
C_3	0.1260	0.4161	0.4579			0.0000
C_5	0.2717	0.1569	0.0882	0.4832		0.0079
C_6	0.4668	0.2776	0.1603	0.0953		0.0000
C_8	0.3363	0.3363	0.0411	0.1781	0.1083	0.0552
C_9	0.0459	0.2203	0.0855	0.6483		0.0170
C_{10}	0.2717	0.1569	0.0882	0.4832		0.0079
C_{11}	0.5396	0.2970	0.1634			0.0000
C_{12}	0.5396	0.2970	0.1634			0.0000
C_{13}	0.1634	0.5396	0.2970			0.0078
C_{14}	0.4668	0.2776	0.1603	0.0953		0.0000
C_{15}	0.2426	0.0879	0.6694			0.0000
C_{16}	0.6240	0.1214	0.1214	0.0909	0.0422	0.0430
C_{17}	0.4952	0.2338	0.1053	0.0605	0.1053	0.0337
C_{18}	0.0660	0.0660	0.1680	0.2098	0.4900	0.0083

表 8.1－35（d） 专家 4 意见下指标静态权重汇总表

判断矩阵	专家 4 排序权值					一致性检验
	W_1	W_2	W_3	W_4	W_5	
A	0.1046	0.7250	0.1158	0.0546		0.0270
B_1	0.4286	0.4286	0.1429			0.0000
B_2	0.3325	0.3325	0.0440	0.1809	0.1100	0.0000
B_3	0.0386	0.3212	0.0952	0.1341	0.4109	0.0284
B_4	0.6250	0.1365	0.2385			0.0032
C_1	0.6667	0.3333				0.0000
C_2	0.3333	0.3333	0.3333			0.0032
C_3	0.1929	0.1061	0.7010			0.0000
C_5	0.2941	0.1580	0.0875	0.4604		0.0079
C_6	0.1959	0.3744	0.3541	0.0756		0.000
C_8	0.3325	0.3325	0.0440	0.1809	0.1100	0.0000
C_9	0.0542	0.2135	0.0937	0.6386		0.0061
C_{10}	0.2941	0.1580	0.0875	0.4604		0.0079
C_{11}	0.3333	0.3333	0.3333			0.0000
C_{12}	0.5000	0.2500	0.2500			0.0023
C_{13}	0.1095	0.3090	0.5816			0.0038
C_{14}	0.1959	0.3744	0.3541	0.0756		0.000
C_{15}	0.6000	0.2000	0.2000			0.0000
C_{16}	0.5840	0.1587	0.1301	0.0636	0.0636	0.0063
C_{17}	0.4825	0.1691	0.1472	0.0621	0.1390	0.0256
C_{18}	0.0675	0.0675	0.2665	0.1567	0.4417	0.0041

表 8.1－35（e） 专家 5 意见下指标静态权重汇总表

判断矩阵	专家排序权值					一致性检验
	W_1	W_2	W_3	W_4	W_5	
A	0.1572	0.7024	0.0713	0.0690		0.0342
B_1	0.4545	0.4545	0.0909			0.0000
B_2	0.3604	0.3604	0.0415	0.1451	0.0925	0.0000
B_3	0.0438	0.2890	0.0852	0.1572	0.4248	0.0284
B_4	0.5396	0.1634	0.2970			0.0332
C_1	0.6667	0.3333				0.0000
C_2	0.3333	0.3333	0.3333			0.0158
C_3	0.2308	0.0769	0.6923			0.0000
C_5	0.1562	0.1562	0.0477	0.6398		0.0000

判断矩阵	专家排序权值					一致性检验
	W_1	W_2	W_3	W_4	W_5	
C_6	0.2320	0.4433	0.2493	0.0753		0.0000
C_8	0.3604	0.3604	0.0415	0.1451	0.0925	0.0000
C_9	0.0533	0.2195	0.1065	0.6207		0.0054
C_{10}	0.1562	0.1562	0.0477	0.6398		0.0000
C_{11}	0.5396	0.2970	0.1634			0.0000
C_{12}	0.3333	0.3333	0.3333			0.0023
C_{13}	0.1000	0.3000	0.6000			0.0115
C_{14}	0.2320	0.4433	0.2493	0.0753		0.0000
C_{15}	0.6483	0.1220	0.2297			0.0000
C_{16}	0.5537	0.1337	0.1457	0.0834	0.0835	0.0063
C_{17}	0.4916	0.1551	0.1464	0.0518	0.1551	0.0207
C_{18}	0.0650	0.0650	0.3371	0.1672	0.3656	0.0983

在得到 5 位专家利用层次分析法得到的各因素集下指标的静态权重之后，结合已经计算得到的专家综合权重，即可确定各指标因素的静态权重。静态权重汇总见表 8.1 - 36。

表 8.1 - 36 各指标静态权重汇总表

判断矩阵	专家排序权值				
	W_1	W_2	W_3	W_4	W_5
A	0.1054	0.7170	0.1014	0.0762	
B_1	0.4426	0.4426	0.1148		
B_2	0.3451	0.3451	0.0419	0.1611	0.1069
B_3	0.0399	0.2964	0.0822	0.1459	0.4356
B_4	0.6195	0.1258	0.2547		
C_1	0.6359	0.3641			
C_2	0.3333	0.3333	0.3333		
C_3	0.2035	0.1466	0.6499		
C_5	0.2306	0.1554	0.0755	0.5383	
C_6	0.3165	0.3689	0.2342	0.0805	
C_8	0.3455	0.3455	0.0418	0.1602	0.1071
C_9	0.0565	0.2130	0.1018	0.6287	
C_{10}	0.2281	0.1553	0.0748	0.5418	
C_{11}	0.4590	0.3112	0.2298		
C_{12}	0.4046	0.3102	0.2853		
C_{13}	0.1105	0.3435	0.5460		
C_{14}	0.3163	0.3688	0.2344	0.0805	

续表

判断矩阵	专家排序权值				
	W_1	W_2	W_3	W_4	W_5
C_{15}	0.5596	0.1440	0.2964		
C_{16}	0.5578	0.1431	0.1395	0.0853	0.0743
C_{17}	0.4822	0.1912	0.1345	0.0575	0.1346
C_{18}	0.0641	0.0653	0.2786	0.1730	0.4190

（2）指标动态权重确定。根据第 6.3.2.2 节的内容，指标的最终权重将会随着指标评分值大小而浮动变化。基础指标动态权重汇总见表 8.1-37。

表 8.1-37　　　　　　　　　　　基础指标动态权重汇总表

上层指标集合	基础指标	静态权重	综合评价值	动态权重
加固工程投资 C_1	投资利用合理性 D_{1-1}	0.6359	94.37	0.6341
	投资利用充分性 D_{1-2}	0.3641	93.65	0.3659
加固工程技术 C_2	加固技术适用性 D_{2-1}	0.3333	94.25	0.3310
	加固技术安全性 D_{2-2}	0.3333	93.4	0.3341
	加固技术可靠性 D_{2-3}	0.3333	93.16	0.3349
加固工程施工 C_3	施工设备 D_{3-1}	0.2035	88.91	0.2068
	施工工艺 D_{3-2}	0.1466	92.16	0.1437
	施工工期 D_{3-3}	0.6499	90.4	0.6495
渗流安全康复程度 C_5	混凝土抗渗等级 D_{5-1}	0.2306	100	0.2136
	防渗帷幕作用 D_{5-2}	0.1554	79.59	0.1808
	渗流析出物 D_{5-3}	0.0755	87.84	0.0796
	渗漏量 D_{5-4}	0.5383	94.78	0.5260
结构安全康复程度 C_6	结构强度 D_{6-1}	0.3165	89.71	0.3026
	结构稳定 D_{6-2}	0.3689	80.3	0.3940
	结构裂缝性状 D_{6-3}	0.2342	90.87	0.2211
	结构耐久性 D_{6-4}	0.0805	83.93	0.0823
金属结构安全康复程度 C_8	金属结构强度 D_{8-1}	0.3455	84.4	0.3538
	金属结构变形 D_{8-2}	0.3455	85.31	0.3500
	金属结构稳定 D_{8-3}	0.0418	89.2	0.0405
	金属结构锈蚀 D_{8-4}	0.1602	90.24	0.1534
	电器设备保障 D_{8-5}	0.1071	90.54	0.1022
工程质量 C_9	工程地质与水文地质 D_{9-1}	0.0565	92.14	0.0569
	质量控制标准 D_{9-2}	0.2130	90	0.2197
	工程外观质量 D_{9-3}	0.1018	89.96	0.1051
	工程加固质量 D_{9-4}	0.6287	94.42	0.6182

续表

上层指标集合	基础指标	静态权重	综合评价值	动态权重
运行管理康复程度 C_{10}	管理制度与人员配置 D_{10-1}	0.2281	80.14	0.2460
	运行管理环境 D_{10-2}	0.1553	86.29	0.1555
	维护修缮环境 D_{10-3}	0.0748	82.26	0.0786
	安全监测 D_{10-4}	0.5418	90.05	0.5199
人员素质 C_{11}	主管领导 D_{11-1}	0.4590	94.65	0.4579
	中层管理 D_{11-2}	0.3112	94.82	0.3099
	操作人员 D_{11-3}	0.2298	93.43	0.2322
安全管理 C_{12}	组织机构 D_{12-1}	0.4046	91.35	0.4051
	安全管理制度 D_{12-2}	0.3102	93.06	0.3049
	事故预防与应急 D_{12-3}	0.2853	89.99	0.2900
施工环境 C_{13}	自然及周边环境 D_{13-1}	0.1105	93.08	0.1085
	现场施工环境 D_{13-2}	0.3435	92.29	0.3403
	工人作业环境 D_{13-3}	0.5460	90.56	0.5512
现场安全管理 C_{14}	施工现场用电、用油 D_{14-1}	0.3163	87.15	0.3170
	大型设备安装运行 D_{14-2}	0.3688	87.37	0.3686
	施工运输 D_{14-3}	0.2344	86.64	0.2363
	危险品存放使用 D_{14-4}	0.0805	90	0.0781
安全保障 C_{15}	安全技术保障 D_{15-1}	0.5596	85.2	0.5706
	安全文化建设 D_{15-2}	0.1440	90	0.1390
	安全费用保障 D_{15-3}	0.2964	88.69	0.2904
经济效益 C_{16}	防洪效益 D_{16-1}	0.5578	96.08	0.5453
	灌溉效益 D_{16-2}	0.1431	94.29	0.1426
	供水效益 D_{16-3}	0.1395	92.4	0.1418
	发电效益 D_{16-4}	0.0853	86.09	0.0931
	养殖效益 D_{16-5}	0.0743	90.41	0.0772
生态效益 C_{17}	水质 D_{17-1}	0.4822	91.26	0.4754
	生物多样性 D_{17-2}	0.1912	88.66	0.1940
	植被覆盖率 D_{17-3}	0.1345	87.89	0.1377
	水文 D_{17-4}	0.0575	89.03	0.0581
	水土保持 D_{17-5}	0.1346	89.81	0.1348
社会效益 C_{18}	社会经济发展 D_{18-1}	0.0641	90.41	0.0652
	政府财政收入 D_{18-2}	0.0653	94.29	0.0637
	居民生活水平 D_{18-3}	0.2786	92.4	0.2774
	公共事业发展 D_{18-4}	0.1730	86.09	0.1849
	自然灾害防治 D_{18-5}	0.4190	94.29	0.4088

通过较低层次的动态权重以及其评分值，即可得到高一层次的评分值，再利用以上相同的计算方法即可得到该层次的动态权重，依次向上操作，最终便可得到最高层次所属影响因素的动态权重及除险加固效果评价的最终评价值。

8.1.4.4 除险加固效果评价

1. 评价值求取

根据基础指标的评价值及各评价指标的层次单排序权值，以此逐层向上计算，即可得到石漫滩水库大坝除险加固效果评价值，并确定其评价等级。计算结果见表8.1-38。

表8.1-38　　　　　　　　　　除险加固各层次指标评价值计算汇总表

上层指标集合	所属子指标	静态权重	综合评价值	动态权重	高层次指标评价值
石漫滩除险加固效果评价指标体系 A_1	除险加固方案 B_1	0.1054	93.44	0.1014	89.91
	功能指标康复程度 B_2	0.717	89.24	0.7223	
	工程施工 B_3	0.1014	88.92	0.1025	
	除险加固效益 B_4	0.0762	92.93	0.0737	
除险加固方案 B_1	加固工程投资 C_1	0.4426	94.11	0.4394	93.44
	加固工程技术 C_2	0.4426	93.60	0.4418	
	加固工程施工 C_3	0.1148	90.34	0.1187	
功能指标康复程度 B_2	渗流安全康复程度 C_5	0.3451	92.60	0.3325	89.24
	结构安全康复程度 C_6	0.3451	85.78	0.3590	
	金属结构安全康复程度 C_8	0.0419	86.43	0.0433	
	工程质量 C_9	0.1611	92.84	0.1548	
	运行管理康复程度 C_{10}	0.1069	86.42	0.1104	
工程施工 B_3	人员素质 C_{11}	0.0399	94.42	0.0376	88.92
	安全综合管理 C_{12}	0.2964	91.48	0.2881	
	施工环境 C_{13}	0.0822	91.42	0.0800	
	现场安全管理 C_{14}	0.1459	87.33	0.1486	
	安全保障 C_{15}	0.4356	86.88	0.4458	
除险加固效益 B_4	经济效益 C_{16}	0.6195	93.94	0.6128	92.93
	生态效益 C_{17}	0.1258	89.97	0.1299	
	社会效益 C_{18}	0.2547	92.00	0.2573	
加固工程投资 C_1	投资利用合理性 D_{1-1}	0.6359	94.37	0.6341	94.11
	投资利用充分性 D_{1-2}	0.3641	93.65	0.3659	
加固工程技术 C_2	加固技术适用性 D_{2-1}	0.3333	94.25	0.3310	93.60
	加固技术安全性 D_{2-2}	0.3333	93.4	0.3341	
	加固技术可靠性 D_{2-3}	0.3333	93.16	0.3349	
加固工程施工 C_3	施工设备 D_{3-1}	0.2035	88.91	0.2068	90.34
	施工工艺 D_{3-2}	0.1466	92.16	0.1437	
	施工工期 D_{3-3}	0.6499	90.4	0.6495	

续表

上层指标集合	所属子指标	静态权重	综合评价值	动态权重	高层次指标评价值
渗流安全康复程度 C_5	混凝土抗渗等级 D_{5-1}	0.2306	100	0.2136	92.60
	防渗帷幕作用 D_{5-2}	0.1554	79.59	0.1808	
	渗流析出物 D_{5-3}	0.0755	87.84	0.0796	
	渗漏量 D_{5-4}	0.5383	94.78	0.5260	
结构安全康复程度 C_6	结构强度 D_{6-1}	0.3165	89.71	0.3026	85.78
	结构稳定 D_{6-2}	0.3689	80.3	0.3940	
	结构裂缝性状 D_{6-3}	0.2342	90.87	0.2211	
	结构耐久性 D_{6-4}	0.0805	83.93	0.0823	
金属结构安全康复程度 C_8	金属结构强度 D_{8-1}	0.3455	84.4	0.3538	86.43
	金属结构变形 D_{8-2}	0.3455	85.31	0.3500	
	金属结构稳定 D_{8-3}	0.0418	89.2	0.0405	
	金属结构锈蚀 D_{8-4}	0.1602	90.24	0.1534	
	电器设备保障 D_{8-5}	0.1071	90.54	0.1022	
工程质量 C_9	工程地质与水文地质 D_{9-1}	0.0565	92.14	0.0569	92.84
	质量控制标准 D_{9-2}	0.213	90	0.2197	
	工程外观质量 D_{9-3}	0.1018	89.96	0.1051	
	工程加固质量 D_{9-4}	0.6287	94.42	0.6182	
运行管理康复程度 C_{10}	管理制度与人员配置 D_{10-1}	0.2281	80.14	0.2460	86.42
	运行管理环境 D_{10-2}	0.1553	86.29	0.1555	
	维护修缮环境 D_{10-3}	0.0748	82.26	0.0786	
	安全监测 D_{10-4}	0.5418	90.05	0.5199	
人员素质 C_{11}	主管领导 D_{11-1}	0.459	94.65	0.4579	94.42
	中层管理 D_{11-2}	0.3112	94.82	0.3099	
	操作人员 D_{11-3}	0.2298	93.43	0.2322	
安全管理 C_{12}	组织机构 D_{12-1}	0.4046	91.35	0.4051	91.48
	安全管理制度 D_{12-2}	0.3102	93.06	0.3049	
	事故预防与应急 D_{12-3}	0.2853	89.99	0.2900	
施工环境 C_{13}	自然及周边环境 D_{13-1}	0.1105	93.08	0.1085	91.42
	现场施工环境 D_{13-2}	0.3435	92.29	0.3403	
	工人作业环境 D_{13-3}	0.546	90.56	0.5512	
现场安全管理 C_{14}	施工现场用电用油 D_{14-1}	0.3163	87.15	0.3170	87.33
	大型设备安装运行 D_{14-2}	0.3688	87.37	0.3686	
	施工运输 D_{14-3}	0.2344	86.64	0.2363	
	危险品存放使用 D_{14-4}	0.0805	90	0.0781	

续表

上层指标集合	所属子指标	静态权重	综合评价值	动态权重	高层次指标评价值
安全保障 C_{15}	安全技术保障 D_{15-1}	0.5596	85.2	0.5706	86.88
	安全文化建设 D_{15-2}	0.144	90	0.1390	
	安全费用保障 D_{15-3}	0.2964	88.69	0.2904	
经济效益 C_{16}	防洪效益 D_{16-1}	0.5578	96.08	0.5453	93.94
	灌溉效益 D_{16-2}	0.1431	94.29	0.1426	
	供水效益 D_{16-3}	0.1395	92.4	0.1418	
	发电效益 D_{16-4}	0.0853	86.09	0.0931	
	养殖效益 D_{16-5}	0.0743	90.41	0.0772	
生态效益 C_{17}	水质 D_{17-1}	0.4822	91.26	0.4754	89.97
	生物多样性 D_{17-2}	0.1912	88.66	0.1940	
	植被覆盖率 D_{17-3}	0.1345	87.89	0.1377	
	水文 D_{17-4}	0.0575	89.03	0.0581	
	水土保持 D_{17-5}	0.1346	89.81	0.1348	
社会效益 C_{18}	社会经济发展 D_{18-1}	0.0641	90.41	0.0652	92.00
	政府财政收入 D_{18-2}	0.0653	94.29	0.0637	
	居民生活水平 D_{18-3}	0.2786	92.4	0.2774	
	公共事业发展 D_{18-4}	0.173	86.09	0.1849	
	自然灾害防治 D_{18-5}	0.419	94.29	0.4088	

2. 评价结果分析

从表 8.1-38 可知，石漫滩水库大坝除险加固效果评价值为 89.91，与混凝土坝除险加固效果评价等级集对照可知，石漫滩水库大坝除险加固效果较好，达到"较成功"等级。该评价结果表明，针对病险水库大坝存在的各种问题采取的各种加固措施科学合理、功能指标康复明显、工程施工控制严格、效益显著，这与工程竣工后专家验收结论一致，证明了该评价指标体系和评价方法的有效性。

从表 8.1-38 中还可以看出，在混凝土坝除险加固效果评价体系中，先进行单项评价，得到基础指标评价值，然后逐层向上一级综合，最后得到混凝土坝除险加固效果评价值，各级评价清晰、明确，通过纵向和横向比较，能够方便地发现除险加固中的薄弱环节和优越环节。

在除险加固效果评价过程中，仅邀请了 5 位专家，评价结果有一定的局限性，如果专家选择范围更大，而且专家的专业性更强，则评价结果将更为准确可靠，能为混凝土坝除险加固设计、施工安全控制以及除险加固效果评价提供有力的科学依据。

8.2　南山水库大坝除险加固效果评价

8.2.1　工程及除险加固概况

8.2.1.1　工程简况

南山水库位于曹娥江干流长乐江支流的南山江上，水库始建于1958年，1962年开始蓄水，1968年春第二期工程动工，1976年保坝加固，至1980年完成。水库集水面积109.8km²，坝址以上主流长27.2km，总库容1.01亿m³，是一座以灌溉为主，结合防洪、供水、发电等综合利用的大（2）型水库。灌溉面积8.9万亩，供水人口25万人，保护人口约21.5万人、耕地约10万亩，直接保护下游长乐镇、嵊州市城区及嵊义线、宁义线、甬金高速及上三高速等重要基础设施，电站总装机容量4800kW。

水库枢纽工程主要建筑物拦河坝为黏土心墙土石混合坝，坝顶高程135.22m，最大坝高74.0m，防浪墙墙顶高程136.42m，坝顶长236.1m，坝顶宽6.5m。坝体心墙中部设置两排直径1.2m的黏土套井，深19.72~29.72m。大坝两坝肩设一排灌浆帷幕。正常溢洪道位于大坝左侧垭口，由进水渠段、闸室段、泄槽段和消力池段组成。非常溢洪道位于距离大坝右岸1100m的寨岑头山吞处，总宽94.0m，为"自溃式"土石坝，采用黏土斜墙防渗。泄洪放空洞进口位于大坝左侧，由进水口段、洞身段、出口段、明渠段和消力池段组成，洞身全长243.7m。进水口底板高程91.83m。发电输水隧洞布置于大坝左侧，全长401.96m，由进水口段、洞身段、出口渐变段和出口后压力钢管段等部分组成，进口底高程67.02m。输水洞最大流量为48m³/s，出口与电站相通。

8.2.1.2　安全鉴定及加固情况

2007年4月，浙江省水利厅组织有关专家对南山水库进行了安全鉴定，确定为三类坝。同年10月水利部大坝安全管理中心以坝函〔2007〕2405号文复核认定。受南山水库管理局委托，浙江省水利水电勘测设计院于2007年5月编制完成《嵊州市南山水库除险加固工程初步设计报告》。2007年10月水利部太湖流域管理局会同浙江省水利厅组织有关专家进行了审查，同年11月分别以"浙水建〔2007〕95号"文及"太管规计〔2007〕276号"文对南山水库除险加固初步设计进行了批复。2007年12月浙江省发展和改革委员会以浙发改设计〔2007〕195号文件批复了《嵊州市南山水库除险加固工程初步设计》。南山水库除险加固工程于2008年10月8日正式开工建设，至2011年4月30日，挡水建筑物、泄洪输水建筑物土建及金属结构加固工程全部完工，2011年6月30日完成监测自动化系统集成。

本次南山水库除险加固主要内容包括拦河坝加固、正常溢洪道加固、非常溢洪道加固、泄洪放空洞加固、发电输水隧洞进水口加固、泄洪渠加固等。

1．拦河坝加固

坝体心墙中部设置两排黏土套井，大坝两坝肩进行帷幕灌浆。对上、下游坝坡整修及条石衬砌，下游坝坡部分绿化。坝顶上游侧设L形混凝土防浪墙，采用沥青混凝土路面。对大坝原型观测设备更新改造。

2. 正常溢洪道加固

进水渠段、闸室段、泄槽段下游部分、消力池段拆除重建，闸室基础进行固结灌浆和帷幕灌浆处理。工作闸门改为两扇露顶式弧形钢闸门，配置 QXQ－2×75kN 型卷扬式启闭机，新建启闭机房。

3. 非常溢洪道加固

上下游坝坡及原引冲槽进行整修，坝体与隔墩间进行防渗处理，溢流堰底坎基础设置一排帷幕灌浆。左右岸上游原砌石挡墙拆除重建，左右岸下游建混凝土挡墙。

4. 泄洪放空洞加固

将原无压洞改建为有压洞。进水口闸门井高程 134.15m 以上予以拆除，新建启闭平台和启闭机房。原检修闸门、工作闸门改为事故检修闸门，配置 QPG1×800kN 型高扬程固定卷扬式启闭机。洞身原未衬砌段进行混凝土衬砌和钢板内衬加固，新衬段作固结灌浆和回填灌浆处理。

出口段增设出口箱涵段及闸室，设一扇潜孔式弧形工作钢闸门，采用 YJQ－HS630kN 型集成式液压启闭机操作。启闭机房下游侧设宽 6.0m 的交通桥。出口段新建台阶式消力坎、一级消力池、混凝土掺气墩等消能设施。

5. 发电输水隧洞进水口加固

更换进口拦污栅配置 QPL－150kN 型斜拉式固定卷扬启闭机，拆除原启闭机房。增设事故检修闸门井并进行固结灌浆处理，设一扇事故检修闸门，配置 QPG－1000kN 型高扬程固定卷扬式启闭机，新建启闭平台及启闭机房。隧洞出口处 40m 进行钢板衬砌，新衬段作充填灌浆。

6. 泄洪渠加固

对原护岸坍塌处进行修整，对无护岸渠段增设混凝土灌砌石重力式挡墙护岸，部分渠段拆除原干砌块石挡墙压顶新建混凝土压顶，对泄洪渠中的杂草、树木等进行清理。

8.2.2　工程地质

工程区大地构造单元属华南褶皱带（Ⅰ$_2$）、浙东南褶皱带（Ⅱ$_3$），位于丽水-宁波隆起（Ⅲ$_7$）、新昌-定海断隆带（Ⅳ$_9$）内。构造特征主要以断裂形变为主，主要断裂走向为北东向，少数为近东西向。

工程区区域构造稳定，根据《中国地震动参数区划图》（GB 18306—2015），50 年超越概率 10% 的地震动峰值加速度为 0.05g，地震动反应谱特征周期为 0.35s，相应的地震基本烈度值Ⅵ度。

水库库周群山环抱，山体雄厚，组成库周的岩石为相对不透水的火山碎屑岩，未发现通向库外的断裂，水库运行多年，无永久渗漏问题。

水库岸坡大部分基岩出露，岩质边坡整体稳定；局部坡段坡麓处分布有崩坡积碎石土和残坡积土，但范围小，规模不大，随库水位的升降，可能会产生局部的剥落，但不会引起大范围的库岸再造问题。

8.2.3 南山水库大坝除险加固效果分析

8.2.3.1 渗流安全分析

（1）计算方法。渗流计算采用有限元法进行计算。

（2）计算参数。各材料的渗透系数指标见表8.2-1。

表8.2-1 不同材料渗透系数表

土层代号	材料	高程/m	渗透系数/（cm/s）	
			垂直 k_v	水平 k_H
Ⅰ	黏土质（砾）砂	118.22以下	6.00×10^{-5}	6.00×10^{-5}
Ⅱ	黏土质（砾）砂	118.22～133.22	7.00×10^{-5}	3.00×10^{-4}
Ⅲ	黏土质（砾）砂	133.22以上	2.00×10^{-5}	2.70×10^{-4}
Ⅳ	砂壤土		4.07×10^{-4}	4.07×10^{-4}
Ⅴ	砂砾石		1.10×10^{-3}	1.10×10^{-3}
Ⅵ	块石层		1.0	1.0
Ⅶ	坝基基岩		5×10^{-5}	5×10^{-5}
Ⅷ	套井黏土回填及新填筑黏土心墙	134.62～103.50	1×10^{-5}	1×10^{-5}

（3）计算工况。工况1（正常蓄水位），水库上游水位为122.22m，下游水位为63.22m（下游坝脚地面高程）；工况2（设计洪水位），水库上游水位为127.98m，下游水位为63.22m（下游坝脚地面高程）；工况3（校核洪水位），水库上游水位为132.91m，下游水位为63.22m（下游坝脚地面高程）。

（4）计算成果。大坝渗流计算成果见表8.2-2。

表8.2-2 大坝渗透坡降及渗流量计算成果表

项　目		工况1	工况2	工况3	允许值
最大渗透坡降	砂砾石层	0.033	0.042	0.050	0.10
	砂壤土层	0.058	0.061	0.069	0.10
	黏土心墙（一期）	0.38	0.41	0.43	0.45
单宽渗流量/[m³/（d·m）]		7.6	7.9	8.1	
总渗流量/（m³/d）		896.80	932.20	955.80	

8.2.3.2 结构安全分析

（1）计算方法。大坝抗滑稳定计算采用毕肖普法，选取大坝最大断面进行计算。

（2）计算工况。根据《碾压式土石坝设计规范》（SL 274）规定，大坝上下游坝坡稳定计算选取以下两种设计条件共七种工况进行计算。

1）正常运用条件。

工况1：正常蓄水位背水坡稳定计算。

工况2：设计洪水位背水坡稳定计算。

工况3：设计洪水位骤降至台汛期限制水位时迎水坡稳定计算。

2）非常运用条件。

工况4：水库放空背水坡稳定计算。

工况5：水库放空迎水坡稳定计算。

工况6：校核洪水位背水坡稳定计算。

工况7：校核洪水位骤降至台汛期限制水位时迎水坡稳定计算。

（3）计算参数。坝体、坝基材料的物理力学参数详见表8.2-3。

表8.2-3　　　　　　　　抗滑稳定计算土体物理力学指标表

土层代号	土层名称	湿重度/(kN/m³)	饱和容重/(kN/m³)	快剪		固结快剪	
				凝聚力 C/kPa	摩擦角 φ/(°)	凝聚力 C/kPa	摩擦角 φ/(°)
Ⅰ	黏土心墙（三期）	19.1	20.0	19	24	18	28
Ⅱ	黏土心墙（二期）	19.8	20.4	16	23	18	24
Ⅲ	黏土心墙（一期）	19.0	20.4	23	25	22	27
Ⅳ	堆石坝壳	21	21.5	0	40	0	40
Ⅴ	砂砾石层	20.0	20.5	0	32	0	32
Ⅵ	砂壤土层	18.2	18.5	10	27	10	27

计算结果见表8.2-4。

表8.2-4　　　　　　　　拦河坝抗滑稳定安全系数计算成果表

设计条件	工况	有效应力法		总应力法		规范允许值
		背水坡	迎水坡	背水坡	迎水坡	
正常运用	工况1	1.425	—	—		1.35
	工况2	1.410	—	—		1.35
	工况3	—	1.726	—	1.700	1.35
非常运用	工况4	1.689	—	1.633	—	1.25
	工况5	—	1.767	—	1.723	1.25
	工况6	1.404	—	—		1.25
	工况7	—	1.597	—	1.535	1.25

通过计算，初步分析了南山水库大坝对于渗流安全、结构安全的除险加固效果，但前面几章已经述及，水库大坝除险加固效果评价的影响因素众多、复杂，仅仅这两项是远远不够的。利用前文提出的水库大坝除险加固效果评价的信息模型，对南山水库大坝除险加固效果进行评价。

8.2.3.3　除险加固效果评价指标体系的建立

采用图5.3-1所示的土石坝除险加固效果评价指标体系首先对南山水库大坝作除险加固前评价。结合南山水库大坝本次除险加固情况，从中剔除了本次除险加固未有涉及的指标，建立了南山水库大坝除险加固效果评价指标体系，如图8.2-1所示。

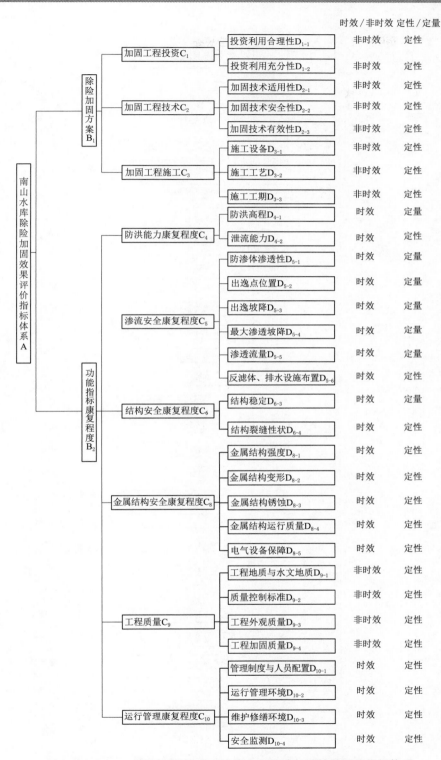

图 8.2-1（一）　浙江嵊州市南山水库大坝除险加固效果评价指标体系

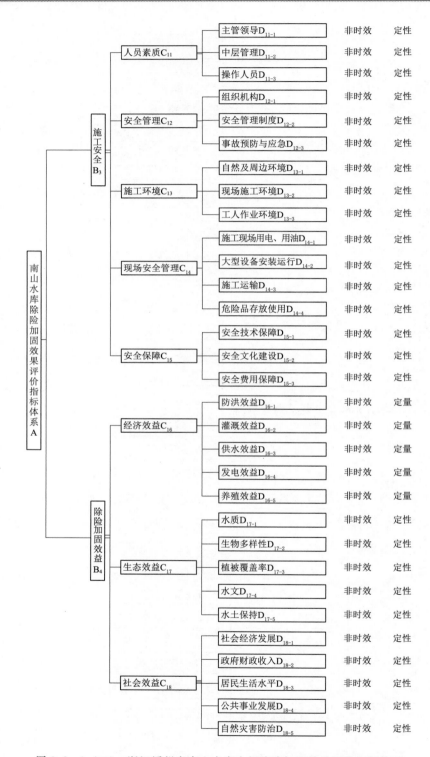

图 8.2-1（二） 浙江嵊州市南山水库大坝除险加固效果评价指标体系

　　南山水库大坝除险加固效果评价指标体系共分为四层：第一层为总目标层 A；第二层为治理效果影响因素层，包括除险加固方案 B_1、功能指标康复程度 B_2、施工安全 B_3 以及除险加固效益 B_4 四个因素；第三层为影响南山水库大坝除险加固效果的 17 个主要方面；第四层为基础评级指标，即评价指标体系中不能进一步分解的指标，共计 62 个。

8.2.3.4　基础指标评价值确定

　　根据第 6.2 节对非时效性指标和时效性指标的定义，南山水库除险加固效果评价指标体系中，非时效性指标包括除险加固方案 B_1、工程施工 B_3、除险加固效益 B_4 下的所有评价指标以及功能康复程度 B_2 下的工程质量 C_9；其余则为时效性指标。

　　1. 非时效性指标评价值的确定

　　南山水库大坝除险加固效果评价邀请 5 位权威专家参与，依据第 6.2.1 节非时效性指标量化方法，利用附录 A 中的水库大坝除险加固效果评价非时效性指标评分表，请各位专家根据评分标准、南山水库大坝除险加固工程设计报告、南山水库大坝除险加固工程竣工验收报告以及南山水库大坝竣工验收工程建设管理工作报告等相关资料，并结合现场调查情况和其他相关资料给出各个非时效性定性指标的评价值。同时，根据第 6.2.1.2 节非时效定量指标评价标准计算得到其评价值。各个专家给出的非时效定性指标评价值及非时效定量指标评价值见表 8.2-5。

表 8.2-5（a）　　　　　　　　　**非时效定性指标评价值汇总**

非时效＋定性指标		专家 1	专家 2	专家 3	专家 4	专家 5
加固工程投资 C_1	投资利用合理性 D_{1-1}	94	92	95	95	96
	投资利用充分性 D_{1-2}	94	96	93	93	92
加固工程技术 C_2	加固技术适用性 D_{2-1}	95	96	95	93	92
	加固技术安全性 D_{2-2}	93	93	92	95	94
	加固技术可靠性 D_{2-3}	92	93	94	95	92
加固工程施工 C_3	施工设备 D_{3-1}	85	86	87	85	90
	施工工艺 D_{3-2}	85	86	85	85	87
	施工工期 D_{3-3}	90	90	90	92	90
工程质量 C_9	工程地质与水文地质 D_{9-1}	90	92	94	95	90
	质量控制标准 D_{9-2}	90	90	90	90	90
	工程外观质量 D_{9-3}	90	90	92	90	88
	工程加固质量 D_{9-4}	95	92	96	95	94
人员素质 C_{11}	主管领导 D_{11-1}	88	92	90	94	89
	中层管理 D_{11-2}	90	90	92	92	90
	操作人员 D_{11-3}	92	90	90	90	90
安全管理 C_{12}	组织机构 D_{12-1}	95	92	90	89	90
	安全管理制度 D_{12-2}	90	92	93	95	96
	事故预防与应急 D_{12-3}	88	85	86	87	92

续表

非时效+定性指标		专家1	专家2	专家3	专家4	专家5
施工环境 C_{13}	自然及周边环境 D_{13-1}	95	92	93	93	92
	现场施工环境 D_{13-2}	88	92	93	95	92
	工人作业环境 D_{13-3}	89	90	90	91	92
现场安全管理 C_{14}	施工现场用电、用油 D_{14-1}	86	82	88	85	86
	大型设备安装运行 D_{14-2}	90	89	82	87	85
	施工运输 D_{14-3}	88	85	85	85	90
	危险品存放使用 D_{14-4}	90	90	90	90	90
安全保障 C_{15}	安全技术保障 D_{15-1}	85	85	86	88	82
	安全文化建设 D_{15-2}	88	88	90	90	90
	安全费用保障 D_{15-3}	90	90	85	88	90
生态效益 C_{17}	水质 D_{17-1}	86	85	84	88	82
	生物多样性 D_{17-2}	78	76	80	74	74
	植被覆盖率 D_{17-3}	85	86	87	90	91
	水文 D_{17-4}	90	88	90	89	88
	水土保持 D_{17-5}	88	90	90	89	90
社会效益 C_{18}	社会经济发展 D_{18-1}	89	88	89	87	86
	政府财政收入 D_{18-2}	85	83	86	87	88
	居民生活水平 D_{18-3}	90	85	85	88	86
	公共事业发展 D_{18-4}	82	83	85	86	90
	自然灾害防治 D_{18-5}	92	92	93	96	97

表 8.2-5（b）　　　　非时效定量指标评价值汇总

非时效+定量		增长倍数	评分
经济效益 C_{16}	防洪效益 D_{16-1}	2.0	90.41
	灌溉效益 D_{16-2}	1.6	81.23
	供水效益 D_{16-3}	1.8	86.09
	发电效益 D_{16-4}	1.5	78.57
	养殖效益 D_{16-5}	1.6	81.23

　　表 8.2-5（b）中的评分即为非时效定量指标的最终评价值，而非时效定性指标由于是由 5 位专家分别打分的，因此其最终评分值有赖于知晓专家的权重。利用计算得到的专家综合权重，即可得到非时效定性指标的评分值。非时效性指标评分值汇总如表 8.2-6 所示。

表 8.2 - 6　　　　　　　　　　　　　　非时效性指标评分值汇总

非时效性指标		综合评分
加固工程投资 C_1	投资利用合理性 D_{1-1}	94.37
	投资利用充分性 D_{1-2}	93.64
加固工程技术 C_2	加固技术适用性 D_{2-1}	94.25
	加固技术安全性 D_{2-2}	93.40
	加固技术可靠性 D_{2-3}	93.16
加固工程施工 C_3	施工设备 D_{3-1}	86.52
	施工工艺 D_{3-2}	85.57
	施工工期 D_{3-3}	90.40
工程质量 C_9	工程地质与水文地质 D_{9-1}	92.14
	质量控制标准 D_{9-2}	90.00
	工程外观质量 D_{9-3}	89.96
	工程加固质量 D_{9-4}	94.42
人员素质 C_{11}	主管领导 D_{11-1}	90.50
	中层管理 D_{11-2}	90.75
	操作人员 D_{11-3}	90.47
安全管理 C_{12}	组织机构 D_{12-1}	91.35
	安全管理制度 D_{12-2}	93.06
	事故预防与应急 D_{12-3}	87.59
施工环境 C_{13}	自然及周边环境 D_{13-1}	93.08
	现场施工环境 D_{13-2}	91.82
	工人作业环境 D_{13-3}	90.32
现场安全管理 C_{14}	施工现场用电、用油 D_{14-1}	85.39
	大型设备安装运行 D_{14-2}	86.83
	施工运输 D_{14-3}	86.64
	危险品存放使用 D_{14-4}	90.00
安全保障 C_{15}	安全技术保障 D_{15-1}	85.20
	安全文化建设 D_{15-2}	89.14
	安全费用保障 D_{15-3}	88.70
经济效益 C_{16}	防洪效益 D_{16-1}	90.41
	灌溉效益 D_{16-2}	81.23
	供水效益 D_{16-3}	86.09
	发电效益 D_{16-4}	78.57
	养殖效益 D_{16-5}	81.23
生态效益 C_{17}	水质 D_{17-1}	85.07
	生物多样性 D_{17-2}	76.43
	植被覆盖率 D_{17-3}	87.65
	水文 D_{17-4}	89.03
	水土保持 D_{17-5}	89.33

续表

非时效性指标		综合评分
社会效益 C18	社会经济发展 D18-1	87.81
	政府财政收入 D18-2	85.78
	居民生活水平 D18-3	86.87
	公共事业发展 D18-4	85.11
	自然灾害防治 D18-5	93.96

2. 时效性指标评价值的确定

（1）时效定性指标除险加固前、后安全程度评分。

根据表 6.2-2 所示的评分标准，采用与非时效定性指标量化相同的方法确定。

各时效定性指标除险加固前、后的安全程度评分，见表 8.2-7。

表 8.2-7 (a)　　时效定性指标除险加固前安全程度评分计算汇总表

时效性＋定性		专家1	专家2	专家3	专家4	专家5
防洪能力康复 C4	泄流能力 D4-3	55	55	55	55	55
渗流安全康复程度 C5	反滤体、排水设施布置 D5-6	60	55	58	57	58
结构安全康复程度 C6	结构裂缝性状 D6-4	50	50	55	57	55
金属结构安全康复程度 C8	金属结构强度 D8-1	50	55	43	52	53
	金属结构变形 D8-2	48	48	50	50	50
	金属结构稳定 D8-3	55	55	55	55	55
	金属结构锈蚀 D8-4	50	50	50	50	50
	电器设备保障 D8-5	52	52	55	55	52
运行管理康复程度 C10	管理制度与人员配置 D10-1	70	70	68	72	76
	运行管理环境 D10-2	50	50	50	50	50
	维护修缮环境 D10-3	63	65	62	65	63
	安全监测 D10-4	43	42	50	43	50

表 8.2-7 (b)　　时效定性指标除险加固后安全程度评分计算汇总表

时效性＋定性		专家1	专家2	专家3	专家4	专家5
防洪能力康复 C4	泄流能力 D4-3	91	93	92	95	92
渗流安全康复程度 C5	反滤体、排水设施布置 D5-6	86	84	82	85	86
结构安全康复程度 C6	结构裂缝性状 D6-4	89	88	95	93	91

续表

时效性＋定性		专家 1	专家 2	专家 3	专家 4	专家 5
金属结构安全康复程度 C_8	金属结构强度 D_{8-1}	91	86	82	90	89
	金属结构变形 D_{8-2}	95	84	83	81	85
	金属结构稳定 D_{8-3}	89	84	83	89	88
	金属结构锈蚀 D_{8-4}	91	85	87	85	83
	电器设备保障 D_{8-5}	89	87	86	88	92
运行管理康复程度 C_{10}	管理制度与人员配置 D_{10-1}	90	90	90	90	90
	运行管理环境 D_{10-2}	93	90	93	92	93
	维护修缮环境 D_{10-3}	90	95	92	93	90
	安全监测 D_{10-4}	89	88	86	85	87

与确定非时效定性指标的评分值相同，利用专家综合权重，可以计算得到时效定性指标除险加固前后的安全程度评分值，再利用第 6.2.2 节提出的时效指标量化评价模型便可以最终确定该时效定性的指标的评价值。

（2）时效定量指标除险加固前、后安全程度评分。

时效定量指标包括防洪高程 D_{4-1}、防渗体渗透系数 D_{5-1}、出逸点位置 D_{5-2}、出逸坡降 D_{5-3}、渗透坡降 D_{5-4}、渗透流量 D_{5-5}、结构稳定 D_{6-3}。对这些指标除险加固前（或除险加固后）安全程度进行评分时，根据第 6.3 节中的除险加固前、后安全程度评分标准提出的安全程度评分计算公式计算指标的具体评分。

1）防洪高程 D_{4-1}。防洪高程为效益型指标，防洪高程包含了坝顶防洪超高以及防渗体防洪超高。由于本次除险加固工程并未对防渗体防洪超高进行改善，因此只对防洪高程指标仅考虑坝顶防洪高程。根据《碾压式土石坝设计规范》（SL 274）规定，坝顶高程（防浪墙顶高程）应等于水库静水位与相应超高之和，分别按三种情况计算，取其中最大值。三种计算情况分别为：正常蓄水位＋正常运用情况超高，设计洪水位＋正常运用情况的超高，校核洪水位＋非常运用情况的超高，三种情况计算出的防浪墙超高分别为4.836m、4.833m 和 2.895m。三种情况计算得出的防浪墙顶高程分别为 127.056m、132.813m 和 135.715m、因此计算得出的防浪墙顶高程最大值为 135.715m，对应防浪墙超高为 2.895m。除险加固前防浪墙顶高程不满足超高要求；除险加固中对防浪墙进行进一步的修缮，现状防浪墙顶实际高程为 136.42m，超出校核洪水位（$P=0.01\%$）为3.51m，为规范规定防浪墙超高最大计算值的 1.212 倍数。因为除险加固前没有满足超高条件，因此超高值为负值，所以 $t<0$，因此 t 取 0。

根据效益型指标的安全程度评分计算公式可得：加固前 $x_1=0$；加固后 $x_2=69.87$。因此，除险加固前、后防洪高程 D_{4-1} 的安全程度评分为 0 和 69.87。

2）防渗体渗透系数 D_{5-1}。防渗体渗透系数为成本型指标。根据《碾压式土石坝设计规范》（SL 274）规定，对于土石坝心墙或斜墙防渗体黏土渗透系数不应大于 1×10^{-5} cm/s。根据《浙江省嵊州市南山水库除险加固工程竣工验收技术鉴定报告》可知除险加固前大坝心墙各期黏土的塑性指数及压实度不能满足规范的要求，性质极为不均匀。二期、三期心墙土明显较一期心墙土质量差。由于拦河坝心墙底宽较宽，心墙与砂壤土副心墙联合防渗，一期心墙基本满足要求，二期、三期心墙土不能满足规范要求，由此假定南山水库除险加固前大坝心墙平均渗透系数为 6×10^{-5} cm/s。在除险加固过程中，在心墙中部设置两排黏土套井，排距、井距均为 0.85m，套井直径 1.20m，套井施工平台高程 133.22m，套井底高程 103.50m，深 29.72m，套井内回填黏土压实度为 0.98，除险加固后防渗体的平均渗透参数变为 1×10^{-5} cm/s，基本满足规范要求。

根据第 6.2.1 节对以数量级变化的指标的安全程度评分的说明，求取防渗体渗透系数在除险加固前后的安全评分值。

规范规定值为 1×10^{-5} cm/s，当心墙防渗系数为 6×10^{-5} cm/s 时，代入可求得其安全度评分为 35.66 分；除险加固后心墙平均渗透系数便为 62.26 分。可见其评分值与根据实际经验所判断的预期是较为一致的。从而可以肯定这样的转换求取 t 是合理而准确的。

综上所述，计算得到南山水库大坝除险加固前、后防渗体渗透系数 D_{5-1} 的安全程度评分分别为 35.66 分和 62.26 分。

3）出逸点位置 D_{5-2}。出逸点位置 D_{5-2} 为成本型指标，根据《碾压式土石坝设计规范》（SL 274）规定，贴坡排水体顶部高程应高于坝体下游出逸点高程，对于 3、4、5 级坝排水体高程应超过出逸点高程不小于 1.5m。除险加固前，典型断面排水体高程为 180.70m，则根据规范要求，为保证大坝安全，坝体下游出逸点高程不得高于 179.2m，而实际出逸高程为 187.78m，比排水体高程多出 7.08m。除险加固以后，坝体下游坡无渗流出逸，除险加固效果明显。

根据成本型指标转化成正向的效益型指标后，由安全程度评分计算公式可得：加固前 $x_1 = 0$；加固后 $x_2 = 100$。即除险加固前、后防洪高程 D_{5-2} 的安全程度评分为 0 和 100。

4）出逸坡降 D_{5-3}。出逸坡降为成本型指标。相关试验资料表明，南山水库大坝下游坝体的允许出逸坡降值为 0.10。除险加固前，坝体出逸坡降为 0.26，则 $t_1 = 0.15/0.10 = 1.5$，将其转化成正向的效益型指标后，计算得 $x_1 = 47.50$；在除险加固之后，由于下游坝体渗流不再出逸，其也就不存在出逸坡降，因此 $x_2 = 100$。

5）最大渗透坡降 D_{5-4}。渗透坡降 D_{5-4} 为成本型指标，坝体允许渗透坡降为 0.10。除险加固前后，南山水库土石坝均在校核水位下坝体取得最大渗透坡降值，除险加固前为 0.12，除险加固后渗透坡降为 0.069。根据成本型指标安全程度评分计算公式，除险加固前 $t_1 = 0.12/0.10 = 1.2$，转化成正向的效益型指标后计算得 $x_1 = 55.35$；除险加固后，$t_2 = 0.069/0.10 = 0.69$，转化成正向的效益型指标后计算得 $x_2 = 77.15$。因此，除险加固前、后渗透坡降 D_{4-4} 的安全程度评分为 55.35 和 77.15。

6）渗透流量 D_{5-5}。渗透流量 D_{5-5} 为成本性指标。一般认为，水库年渗漏量小于坝址区多年平均年径流量的 5% 时较为合适。则可以根据坝址区多年平均年径流量的 5% 为基本安全与不安全的临界值。

南山水库坝址区的多年平均径流量约为 99.2 万 m³，则临界径流量为 $Q_0 = 135.89$ m³/d，以典型断面单宽流量乘以坝长估算坝体总渗透流量，根据前文的计算结果及坝体长度可得，在除险加固前，正常蓄水位工况下坝体总渗透流量为 $Q_1 = 86.90$ m³/d，

$t_1=0.64$，转化成正向的效益型指标后，计算得 $x_1=79.23$；除险加固后，正常蓄水位工况下坝体总渗透流量为 $Q_2=56.03\text{m}^3/\text{d}$，$t_2=0.412$，转化成正向的效益型指标后，计算得 $x_2=89.55$，即除险加固前后渗透流量 D_{5-5} 的安全程度评分分别为 79.23、89.55。

7）结构稳定 D_{6-1}。结构稳定 D_{5-1} 为效益型指标。（抗滑稳定安全系数越大越好）根据南山水库大坝除险加固实际工程情况，结构稳定中选取坝体的稳定作为计算评价指标。结合前文计算结果并经过相应的比较分析可知，对于迎水坡来说，除险加固前、后迎水坡抗滑稳定的最不利工况均为校核洪水位骤降至台汛期限制水位；这种情况的坝坡抗滑稳定安全系数规范值为 1.25，除险加固前，迎水坡抗滑稳定安全系数为 $K_1=1.125$，$t_1=K_1/K_0=1.125/1.25=0.9$，则代入式计算可得到 $x_1=58.24$。除险加固后，迎水坡抗滑稳定安全系数为 $K_2=1.535$，$t_2=K_2/K_0=1.535/1.25=1.228$，则代入公式计算可得到 $x_2=70.40$。对于背水坡来说，除险加固前、后背水坡抗滑稳定的最不利工况均为校核洪水位形成稳定渗流期，这种情况的坝坡抗滑稳定安全系数规范值为 1.25，除险加固前，背水坡抗滑稳定安全系数 $K_1'=1.213$，$t_1'=K_1'/K_0=1.213/1.25=0.97$，则代入公式计算可得到 $x_1'=61.09$。除险加固后，背水坡抗滑稳定安全系数为 $K_2'=1.404$，$t_2'=K_2'/K_0=1.404/1.25=1.123$，则代入公式计算可得到 $x_2'=66.82$。综上所述，取除险加固前坝坡（包括迎水坡和背水坡）结构稳定的安全程度评分值为

$$x_1=(x_1+x_1')/2=(58.24+61.09)/2=59.67$$

取除险加固后坝坡（包括迎水坡和背水坡）结构稳定的安全程度评分值为

$$x_2=(x_2+x_2')/2=(70.40+66.82)/2=68.61$$

（3）时效性指标综合评价值的确定。运用第 6.2.2 节时效性指标量化评价模型，并根据第 6.4.1 节计算所得到的时效性指标除险加固前、后的安全程度评分，分别计算其安全度及其指标安全等级提升系数，进而利用计算公式最终确定各时效性指标的综合评价值。由于定性的时效指标最终评价值依赖于专家打分，而专家的权重又有赖于其 AHP 法给出的判断矩阵。时效定量指标评价值见表 8.2-8，专家组合权重见表 8.1-24，由此可计算得到非时效定性指标的综合评价值，见表 8.2-9。

表 8.2-8　　　　　　　　　时效定量指标评价值计算汇总表

时效+定量	加固前评分	加固后得评分	S_1	S_2	C	X
防洪高程 D_{4-1}	0	69.87	0.0192	0.8300	0.8364	76.42
防渗体渗透性 D_{5-1}	35.66	62.26	0.2432	0.7251	0.4971	65.97
出逸点位置 D_{5-2}	0	100	0.0192	0.9886	1.0000	99.97
出逸坡降 D_{5-3}	47.50	100	0.4495	0.9886	0.5561	90.75
最大渗透坡降 D_{5-4}	55.35	77.15	0.6032	0.8993	0.3054	63.50
渗透流量 D_{5-5}	79.23	89.55	0.9142	0.9643	0.0517	79.65
结构稳定 D_{6-4}	59.67	68.61	0.6820	0.8150	0.1372	58.10

表 8.2 - 9　　　　　　　　　　时效定性指标评价值计算汇总表

时效＋定性指标		综合评分值
防洪能力康复 C_4	泄流能力 D_{4-3}	86.82
渗流安全康复程度 C_5	反滤体、排水设施布置 D_{5-6}	84.18
结构安全康复程度 C_6	结构裂缝性状 D_{6-4}	87.27
金属结构安全康复程度 C_8	金属结构强 C_{8-1}	87.81
	金属结构变形 C_{8-2}	88.13
	金属结构稳定 C_{8-3}	85.76
	金属结构锈蚀 C_{8-4}	87.81
	电器设备保障 C_{8-5}	86.90
运行管理康复程度 C_{10}	管理制度与人员配置 D_{10-1}	81.18
	运行管理环境 D_{10-2}	88.85
	维护修缮环境 D_{10-3}	83.58
	安全监测 D_{10-4}	89.94

8.2.3.5　评价指标权重求取

1. 评价指标专家权重的确定

南山水库除险加固效果评价邀请了 5 位权威专家参与，根据 6.3.1 节所述方法确定专家组合权重，专家组合权重由专家主观权重与客观权重组合而成。

（1）专家主观权重确定。以表 6.3 - 1 为基础编制了南山水库大坝除险加固效果评价的专家权威性调查表，根据专家的实际情况对各权威性指标进行评分，并利用模糊优选理论计算各专家的权威性权重，即专家主观权重，计算成果见表 8.2 - 10。

表 8.2 - 10　　　　　　　　　　专家权威性调查汇总表

指标			专家 1	专家 2	专家 3	专家 4	专家 5
硬指标	评价资历	学历	90	90	90	90	90
		职称	90	80	80	85	80
		行政职务	80	85	90	80	90
	学术成果	论文	90	85	90	80	90
		科研成果	90	80	85	90	75
		获奖情况	85	85	80	85	80
软指标	评价实践经验		85	90	85	80	90
	专业熟练程度		90	90	90	90	90
	职业道德		90	90	90	90	90
主观权重			0.2837	0.187	0.169	0.187	0.1733

（2）专家客观权重确定。根据第 6.3.1.2 节提出的专家客观权重计算方法，利用 HS - AHP 法得到专家的客观权重。5 位专家的客观权重见表 8.2 - 11。

表 8.2－11 专家客观权重汇总表

因素集	专家客观权重				
	专家 1	专家 2	专家 3	专家 4	专家 5
A	0.2185	0.1952	0.1830	0.2081	0.1952
B_1	0.2000	0.2000	0.2000	0.2000	0.2000
B_2	0.1758	0.1806	0.2068	0.2184	0.2184
B_3	0.1635	0.1912	0.2188	0.2132	0.2132
B_4	0.1882	0.2002	0.2086	0.2148	0.1882
C_1	0.2000	0.2000	0.2000	0.2000	0.2000
C_2	0.2000	0.2000	0.2000	0.2000	0.2000
C_3	0.1901	0.1887	0.2071	0.2071	0.2071
C_4	0.2000	0.2000	0.2000	0.2000	0.2000
C_5	0.1870	0.2045	0.2171	0.2045	0.1870
C_6	0.2000	0.2000	0.2000	0.2000	0.2000
C_8	0.2115	0.2080	0.1890	0.1835	0.2080
C_9	0.1738	0.1785	0.1867	0.2305	0.2305
C_{10}	0.2104	0.1937	0.1763	0.2092	0.2104
C_{11}	0.1931	0.2103	0.1931	0.1931	0.2103
C_{12}	0.1867	0.2033	0.2033	0.2033	0.2033
C_{13}	0.1913	0.2064	0.2071	0.1976	0.1976
C_{14}	0.2036	0.2013	0.1981	0.2046	0.1924
C_{15}	0.1897	0.2054	0.1941	0.2054	0.2054
C_{16}	0.1428	0.1878	0.2124	0.2285	0.2285
C_{17}	0.2045	0.2134	0.1836	0.1940	0.2045
C_{18}	0.1559	0.1986	0.2184	0.2278	0.1986

（3）专家综合权重。根据第 6.3.1.3 节中的最小信息熵原理，利用上文计算得到的专家主观权重与客观权重，可以得到专家的综合权重。需要注意的是，由于每一因素层专家的判断矩阵不同，因此即使对于同一个专家，与其客观权重一样，不同因素集的综合权重也不再一样。专家主观权重、客观权重及综合权重见表 8.2－12。

表 8.2－12 专家综合权重汇总表

因素集	综 合 权 重				
	专家 1	专家 2	专家 3	专家 4	专家 5
A	0.2497	0.1916	0.1764	0.1978	0.1845
B_1	0.2394	0.1944	0.1848	0.1944	0.1871
B_2	0.2254	0.1855	0.1887	0.2040	0.1964
B_3	0.2178	0.1913	0.1945	0.2020	0.1944

续表

因素集	综合权重				
	专家1	专家2	专家3	专家4	专家5
B_4	0.2326	0.1948	0.1890	0.2017	0.1818
C_1	0.2394	0.1944	0.1848	0.1944	0.1871
C_2	0.2394	0.1944	0.1848	0.1944	0.1871
C_3	0.2338	0.1891	0.1883	0.1981	0.1907
C_4	0.2394	0.1944	0.1848	0.1944	0.1871
C_5	0.2319	0.1969	0.1929	0.1969	0.1813
C_6	0.2394	0.1944	0.1848	0.1944	0.1871
C_8	0.2459	0.1980	0.1795	0.1860	0.1906
C_9	0.2243	0.1846	0.1794	0.2098	0.2019
C_{10}	0.2453	0.1911	0.1733	0.1986	0.1917
C_{11}	0.2355	0.1995	0.1817	0.1912	0.1921
C_{12}	0.2317	0.1963	0.1866	0.1963	0.1890
C_{13}	0.2344	0.1977	0.1882	0.1934	0.1862
C_{14}	0.2414	0.1949	0.1838	0.1965	0.1834
C_{15}	0.2334	0.1972	0.1823	0.1972	0.1899
C_{16}	0.2046	0.1905	0.1925	0.2101	0.2023
C_{17}	0.2420	0.2007	0.1769	0.1913	0.1891
C_{18}	0.2131	0.1952	0.1946	0.2091	0.1879

2. 评价指标权重的确定

（1）指标静态权重确定。利用附录 C 的水库大坝除险加固效果评价指标主观权重调查表，请各位专家根据其知识经验对各评价指标进行两两重要性判断。根据第 6.3.2 节所述方法，根据专家的判断矩阵，利用和声搜索层次分析法计算指标的静态权重。整理得到 5 位专家对南山水库大坝除险加固效果评价指标体系的判断权重。

针对专家的判断矩阵，计算各指标的静态权重，计算结果见表 8.2－13。

表 8.2－13 （a） 专家 1 意见下指标静态权重汇总表

判断矩阵	专家1排序权值						一致性检验
	W_1	W_2	W_3	W_4	W_5	W_6	
A	0.1008	0.7410	0.0734	0.0848			0.0155
B_1	0.4545	0.4545	0.0909				0.0000
B_2	0.5189	0.2143	0.1012	0.0522	0.0783	0.0351	0.0806
B_3	0.0416	0.2875	0.0848	0.1635	0.4225		0.0692
B_4	0.6483	0.1220	0.2297				0.0332
C_1	0.6667	0.3333					0.0000

判断矩阵	专家1排序权值						一致性检验
	W_1	W_2	W_3	W_4	W_5	W_6	
C_2	0.3333	0.3333	0.3333				0.0158
C_3	0.2308	0.0769	0.6923				0.0000
C_4	0.2500	0.7500					0.0977
C_5	0.0771	0.1474	0.2503	0.4549	0.0250	0.0454	0.0000
C_6	0.6667	0.3333					0.0000
C_8	0.3608	0.3608	0.0392	0.1265	0.1127		0.6300
C_9	0.0640	0.2063	0.1108	0.6189			0.0054
C_{10}	0.1660	0.1500	0.0658	0.6181			0.0079
C_{11}	0.5396	0.2970	0.1634				0.0079
C_{12}	0.3333	0.3333	0.3333				0.0079
C_{13}	0.0925	0.2922	0.6153				0.0115
C_{14}	0.2421	0.4507	0.2421	0.0650			0.0061
C_{15}	0.6667	0.1111	0.2222				0.0000
C_{16}	0.5152	0.1515	0.1515	0.0909	0.0909		0.0924
C_{17}	0.4543	0.1703	0.1608	0.0537	0.1608		0.0207
C_{18}	0.0552	0.0606	0.3507	0.1753	0.3582		0.0983

表 8.2 - 13 （b）　　　　**专家2意见下指标静态权重汇总表**

判断矩阵	专家2排序权值						一致性检验
	W_1	W_2	W_3	W_4	W_5	W_6	
A	0.1046	0.7250	0.1158	0.0546			0.0342
B_1	0.4286	0.4286	0.1429				0.0000
B_2	0.5189	0.2143	0.1012	0.0522	0.0783	0.0351	0.0554
B_3	0.0416	0.2875	0.0848	0.1635	0.4225		0.0442
B_4	0.6370	0.1047	0.2583				0.0158
C_1	0.6667	0.3333					0.0000
C_2	0.3333	0.3333	0.3333				0.0158
C_3	0.2308	0.0769	0.6923				0.0000
C_4	0.2500	0.7500					0.0712
C_5	0.0693	0.1253	0.2703	0.4682	0.0254	0.0416	0.0000
C_6	0.8000	0.2000					0.0000
C_8	0.3325	0.3325	0.0440	0.1809	0.1100		0.0552
C_9	0.0640	0.2063	0.1108	0.6189			0.0170
C_{10}	0.2717	0.1569	0.0882	0.4832			0.0000

续表

判断矩阵	专家2排序权值						一致性检验
	W_1	W_2	W_3	W_4	W_5	W_6	
C_{11}	0.3333	0.3333	0.3333				0.0000
C_{12}	0.3333	0.3333	0.3333				0.0032
C_{13}	0.0925	0.2922	0.6153				0.0057
C_{14}	0.4668	0.2776	0.1603	0.0953			0.0000
C_{15}	0.6000	0.2000	0.2000				0.0079
C_{16}	0.5152	0.1515	0.1515	0.0909	0.0909		0.0430
C_{17}	0.4952	0.2338	0.1053	0.0605	0.1053		0.0207
C_{18}	0.0675	0.0675	0.2665	0.1567	0.4417		0.0983

表 8.2 – 13（c）　　　　专家 3 意见下指标静态权重汇总表

判断矩阵	专家3排序权值						一致性检验
	W_1	W_2	W_3	W_4	W_5	W_6	
A	0.0596	0.6805	0.1404	0.1195			0.0342
B_1	0.4444	0.4444	0.1111				0.0000
B_2	0.4760	0.2706	0.0953	0.0368	0.0953	0.0260	0.0387
B_3	0.0337	0.2969	0.0601	0.1096	0.4997		0.0442
B_4	0.6370	0.1047	0.2583				0.0079
C_1	0.5000	0.5000					0.0000
C_2	0.3333	0.3333	0.3333				0.0158
C_3	0.1260	0.4161	0.4579				0.0000
C_4	0.1667	0.8333					0.0587
C_5	0.0693	0.1253	0.2703	0.4682	0.0254	0.0416	0.0462
C_6	0.7500	0.2500					0.0000
C_8	0.3363	0.3363	0.0411	0.1781	0.1083		0.0552
C_9	0.0459	0.2203	0.0855	0.6483			0.0170
C_{10}	0.2717	0.1569	0.0882	0.4832			0.0079
C_{11}	0.5396	0.2970	0.1634				0.0000
C_{12}	0.5396	0.2970	0.1634				0.0000
C_{13}	0.1634	0.5396	0.2970				0.0078
C_{14}	0.4668	0.2776	0.1603	0.0953			0.0000
C_{15}	0.2426	0.0879	0.6694				0.0000
C_{16}	0.6240	0.1214	0.1214	0.0909	0.0422		0.0430
C_{17}	0.4952	0.2338	0.1053	0.0605	0.1053		0.0337
C_{18}	0.0660	0.0660	0.1680	0.2098	0.4900		0.0083

表 8.2 - 13（d）　　　　　　专家 4 意见下指标静态权重汇总表

判断矩阵	专家 4 排序权值						一致性检验
	W_1	W_2	W_3	W_4	W_5	W_6	
A	0.1046	0.7250	0.1158	0.0546			0.0270
B_1	0.4286	0.4286	0.1429				0.0000
B_2	0.4840	0.2463	0.1184	0.0384	0.0863	0.0265	0.0305
B_3	0.0386	0.3212	0.0952	0.1341	0.4109		0.0284
B_4	0.6250	0.1365	0.2385				0.0032
C_1	0.6667	0.3333					0.0000
C_2	0.3333	0.3333	0.3333				0.0032
C_3	0.1929	0.1061	0.7010				0.0000
C_4	0.2500	0.7500					0.0712
C_5	0.0771	0.1474	0.2503	0.4549	0.0250	0.0454	0.0000
C_6	0.7500	0.2500					0.0000
C_8	0.3325	0.3325	0.0440	0.1809	0.1100		0.0000
C_9	0.0542	0.2135	0.0937	0.6386			0.0061
C_{10}	0.2941	0.1580	0.0875	0.4604			0.0079
C_{11}	0.3333	0.3333	0.3333				0.0000
C_{12}	0.5000	0.2500	0.2500				0.0023
C_{13}	0.1095	0.3090	0.5816				0.0038
C_{14}	0.1959	0.3744	0.3541	0.0756			0.000
C_{15}	0.6000	0.2000	0.2000				0.0000
C_{16}	0.5840	0.1587	0.1301	0.0636	0.0636		0.0063
C_{17}	0.4825	0.1691	0.1472	0.0621	0.1390		0.0256
C_{18}	0.0675	0.0675	0.2665	0.1567	0.4417		0.0041

表 2.1 - 13（e）　　　　　　专家 5 意见下指标静态权重汇总表

判断矩阵	专家 5 排序权值						一致性检验
	W_1	W_2	W_3	W_4	W_5	W_6	
A	0.1572	0.7024	0.0713	0.0690			0.0342
B_1	0.4545	0.4545	0.0909				0.0000
B_2	0.5049	0.2289	0.1228	0.0460	0.0654	0.0321	0.0305
B_3	0.0438	0.2890	0.0852	0.1572	0.4248		0.0284
B_4	0.5396	0.1634	0.2970				0.0332
C_1	0.6667	0.3333					0.0000
C_2	0.3333	0.3333	0.3333				0.0158
C_3	0.2308	0.0769	0.6923				0.0000

续表

判断矩阵	专家5排序权值						一致性检验
	W_1	W_2	W_3	W_4	W_5	W_6	
C_4	0.3333	0.6667					0.0977
C_5	0.0919	0.1523	0.2570	0.4224	0.0263	0.0501	0.0000
C_6	0.7500	0.2500					0.0000
C_8	0.3604	0.3604	0.0415	0.1451	0.0925		0.0000
C_9	0.0533	0.2195	0.1065	0.6207			0.0054
C_{10}	0.1562	0.1562	0.0477	0.6398			0.0000
C_{11}	0.5396	0.2970	0.1634				0.0000
C_{12}	0.3333	0.3333	0.3333				0.0023
C_{13}	0.1000	0.3000	0.6000				0.0115
C_{14}	0.2320	0.4433	0.2493	0.0753			0.0000
C_{15}	0.6483	0.1220	0.2297				0.0000
C_{16}	0.5537	0.1337	0.1457	0.0834	0.0835		0.0063
C_{17}	0.4916	0.1551	0.1464	0.0518	0.1551		0.0207
C_{18}	0.0650	0.0650	0.3371	0.1672	0.3656		0.0983

在得到5位专家利用层次分析法得到的各因素集下指标的静态权重之后，结合已经计算得到的专家综合权重，即可确定各指标因素的静态权重。静态权重汇总见表8.2-14。

表8.2-14　　　　　　　　各指标静态权重汇总表

判断矩阵	专家排序权值					
	W_1	W_2	W_3	W_4	W_5	W_6
A	0.1054	0.7170	0.1014	0.0762		
B_1	0.4426	0.4426	0.1148			
B_2	0.5009	0.2343	0.1078	0.0453	0.0806	0.0310
B_3	0.0399	0.2964	0.0822	0.1459	0.4356	
B_4	0.6195	0.1258	0.2547			
C_1	0.6359	0.3641				
C_2	0.3333	0.3333	0.3333			
C_3	0.2035	0.1466	0.6499			
C_4	0.2502	0.7498				
C_5	0.0767	0.1397	0.2593	0.4542	0.0254	0.0448
C_6	0.7398	0.2602				
C_8	0.3455	0.3455	0.0418	0.1602	0.1071	
C_9	0.0565	0.2130	0.1018	0.6287		
C_{10}	0.2281	0.1553	0.0748	0.5418		
C_{11}	0.4590	0.3112	0.2298			

续表

判断矩阵	专家排序权值					
	W_1	W_2	W_3	W_4	W_5	W_6
C_{12}	0.4046	0.3102	0.2853			
C_{13}	0.1105	0.3435	0.5460			
C_{14}	0.3163	0.3688	0.2344	0.0805		
C_{15}	0.5596	0.1440	0.2964			
C_{16}	0.5578	0.1431	0.1395	0.0853	0.0743	
C_{17}	0.4822	0.1912	0.1345	0.0575	0.1346	
C_{18}	0.0641	0.0653	0.2786	0.1730	0.4191	

（2）指标动态权重确定。根据第6.3.2.2节的内容，指标的最终权重将会随着指标评分值大小而浮动变化。基础指标动态权重汇总见表8.2-15

表 8.2-15 **基础指标动态权重汇总表**

上层指标集合	基础指标	静态权重	综合评价值	动态权重
加固工程投资 C_1	投资利用合理性 D_{1-1}	0.6359	94.37	0.6341
	投资利用充分性 D_{1-2}	0.3641	93.64	0.3659
加固工程技术 C_2	加固技术适用性 D_{2-1}	0.3333	94.25	0.3310
	加固技术安全性 D_{2-2}	0.3333	93.40	0.3341
	加固技术可靠性 D_{2-3}	0.3333	93.16	0.3349
加固工程施工 C_3	施工设备 D_{3-1}	0.2035	86.52	0.2090
	施工工艺 D_{3-2}	0.1466	85.57	0.1522
	施工工期 D_{3-3}	0.6499	90.40	0.6388
防洪能力康复程度 C_4	防洪高程 D_{4-1}	0.2502	76.42	0.2749
	泄流能力 D_{4-3}	0.7498	86.82	0.7251
渗流安全康复程度 C_5	防渗体渗透性 D_{5-1}	0.0767	65.97	0.0866
	出逸点位置 D_{5-2}	0.1397	99.97	0.1041
	出逸坡降 D_{5-3}	0.2593	90.75	0.2129
	最大渗透坡降 D_{5-4}	0.4542	63.50	0.5329
	渗透流量 D_{5-5}	0.0254	79.65	0.0238
	反滤体、排水设施布置 D_{5-6}	0.0448	84.18	0.0397
结构安全康复程度 C_6	结构稳定 D_{6-4}	0.7398	58.10	0.8103
	结构裂缝性状 D_{6-4}	0.2602	87.27	0.1897
金属结构安全康复程度 C_8	金属结构强 D_{8-1}	0.3455	87.81	0.3452
	金属结构变形 D_{8-2}	0.3455	88.13	0.3439
	金属结构稳定 D_{8-3}	0.0418	85.76	0.0428
	金属结构锈蚀 D_{8-4}	0.1602	87.81	0.1600
	电器设备保障 D_{8-5}	0.1071	86.90	0.1081

续表

上层指标集合	基础指标	静态权重	综合评价值	动态权重
工程质量 C_9	工程地质与水文地质 D_{9-1}	0.0565	92.14	0.0569
	质量控制标准 D_{9-2}	0.2130	90.00	0.2197
	工程外观质量 D_{9-3}	0.1018	89.96	0.1051
	工程加固质量 D_{9-4}	0.6287	94.42	0.6182
运行管理康复程度 C_{10}	管理制度与人员配置 D_{10-1}	0.2281	81.18	0.2448
	运行管理环境 D_{10-2}	0.1553	88.85	0.1523
	维护修缮环境 D_{10-3}	0.0748	83.58	0.0780
	安全监测 D_{10-4}	0.5418	89.94	0.5249
人员素质 C_{11}	主管领导 D_{11-1}	0.4590	90.50	0.4594
	中层管理 D_{11-2}	0.3112	90.75	0.3106
	操作人员 D_{11-3}	0.2298	90.47	0.2301
安全管理 C_{12}	组织机构 D_{12-1}	0.4046	91.35	0.4019
	安全管理制度 D_{12-2}	0.3102	93.06	0.3025
	事故预防与应急 D_{12-3}	0.2853	87.59	0.2956
施工环境 C_{13}	自然及周边环境 D_{13-1}	0.1105	93.08	0.1082
	现场施工环境 D_{13-2}	0.3435	91.82	0.3409
	工人作业环境 D_{13-3}	0.5460	90.32	0.5509
现场安全管理 C_{14}	施工现场用电、用油 D_{14-1}	0.3163	85.39	0.3207
	大型设备安装运行 D_{14-2}	0.3688	86.83	0.3677
	施工运输 D_{14-3}	0.2344	86.64	0.2342
	危险品存放使用 D_{14-4}	0.0805	90.00	0.0774
安全保障 C_{15}	安全技术保障 D_{15-1}	0.5596	85.20	0.5699
	安全文化建设 D_{15-2}	0.1440	89.14	0.1402
	安全费用保障 D_{15-3}	0.2964	88.70	0.2899
经济效益 C_{16}	防洪效益 D_{16-1}	0.5578	90.41	0.5341
	灌溉效益 D_{16-2}	0.1431	81.23	0.1525
	供水效益 D_{16-3}	0.1395	86.09	0.1403
	发电效益 D_{16-4}	0.0853	78.57	0.0940
	养殖效益 D_{16-5}	0.0743	81.23	0.0792
生态效益 C_{17}	水质 D_{17-1}	0.4822	85.07	0.4781
	生物多样性 D_{17-2}	0.1912	76.43	0.2110
	植被覆盖率 D_{17-3}	0.1345	87.65	0.1294
	水文 D_{17-4}	0.0575	89.03	0.0545
	水土保持 D_{17-5}	0.1346	89.33	0.1271

上层指标集合	基础指标	静态权重	综合评价值	动态权重
社会效益 C_{18}	社会经济发展 D_{18-1}	0.0641	87.81	0.0652
	政府财政收入 D_{18-2}	0.0653	85.78	0.0680
	居民生活水平 D_{18-3}	0.2786	86.87	0.2866
	公共事业发展 D_{18-4}	0.1730	85.11	0.1816
	自然灾害防治 D_{18-5}	0.4190	93.96	0.3985

通过较低层次的动态权重以及其评分值，即可得到高一层次的评分值，再利用以上相同的计算方法即可得到该层次的动态权重，依次向上操作，最终便可得到最高层次所属影响因素的动态权重及除险加固效果评价的最终综合评价值。

8.2.3.6 除险加固效果评价

1. 评价值求取

根据基础指标的评价值及各评价指标的层次单排序权值，以此逐层向上计算，即可得到南山水库大坝除险加固效果评价值，并确定其评价等级。计算结果见表 8.2-16。

表 8.2-16 除险加固各层次指标评价值计算汇总表

上层指标集合	所属子指标	静态权重	综合评价值	动态权重	高层次指标评价值
南山除险加固效果评价指标体系 A_1	除险加固方案 B_1	0.1054	93.25	0.0930	82.31
	功能指标康复程度 B_2	0.7170	79.71	0.7404	
	工程施工 B_3	0.1014	88.38	0.0944	
	除险加固效益 B_4	0.0762	86.97	0.0721	
除险加固方案 B_1	加固工程投资 C_1	0.4426	94.10	0.4386	93.25
	加固工程技术 C_2	0.4426	93.60	0.4409	
	加固工程施工 C_3	0.1148	88.85	0.1205	
功能指标康复程度 B_2	防洪能力康复程度 C_4	0.5009	83.96	0.4756	79.71
	渗流安全康复程度 C_5	0.2343	74.52	0.2506	
	结构安全康复程度 C_6	0.1078	63.63	0.1351	
	金属结构安全康复程度 C_8	0.0453	87.73	0.0412	
	工程质量 C_9	0.0806	92.84	0.0692	
	运行管理康复程度 C_{10}	0.0310	87.13	0.0284	
工程施工 B_3	人员素质 C_{11}	0.0399	90.58	0.0389	88.38
	安全综合管理 C_{12}	0.2964	90.76	0.2886	
	施工环境 C_{13}	0.0822	91.13	0.0797	
	现场安全管理 C_{14}	0.1459	86.57	0.1490	
	安全保障 C_{15}	0.4356	86.76	0.4438	
除险加固效益 B_4	经济效益 C_{16}	0.6195	86.57	0.6224	86.97
	生态效益 C_{17}	0.1258	84.35	0.1297	
	社会效益 C_{18}	0.2547	89.35	0.2479	

续表

上层指标集合	所属子指标	静态权重	综合评价值	动态权重	高层次指标评价值
加固工程投资 C_1	投资利用合理性 D_{1-1}	0.6359	94.37	0.6341	94.10
	投资利用充分性 D_{1-2}	0.3641	93.64	0.3659	
加固工程技术 C_2	加固技术适用性 D_{2-1}	0.3333	94.25	0.3310	93.60
	加固技术安全性 D_{2-2}	0.3333	93.40	0.3341	
	加固技术可靠性 D_{2-3}	0.3333	93.16	0.3349	
加固工程施工 C_3	施工设备 D_{3-1}	0.2035	86.52	0.2090	88.85
	施工工艺 D_{3-2}	0.1466	85.57	0.1522	
	施工工期 D_{3-3}	0.6499	90.40	0.6388	
防洪能力康复程度 C_4	防洪高程 D_{4-1}	0.2502	76.42	0.2749	83.96
	泄流能力 D_{4-3}	0.7498	86.82	0.7251	
渗流安全康复程度 C_5	防渗体渗透性 D_{5-1}	0.0767	65.97	0.0866	74.52
	出逸点位置 D_{5-2}	0.1397	99.97	0.1041	
	出逸坡降 D_{5-3}	0.2593	90.75	0.2129	
	最大渗透坡降 D_{5-4}	0.4542	63.50	0.5329	
	渗透流量 D_{5-5}	0.0254	79.65	0.0238	
	反滤体、排水设施布置 D_{5-6}	0.0448	84.18	0.0397	
结构安全康复程度 C_6	结构稳定 D_{6-4}	0.7398	58.10	0.8103	63.63
	结构裂缝性状 D_{6-4}	0.2602	87.27	0.1897	
金属结构安全康复程度 C_8	金属结构强 C_{8-1}	0.3455	87.81	0.3452	87.73
	金属结构变形 C_{8-2}	0.3455	88.13	0.3439	
	金属结构稳定 C_{8-3}	0.0418	85.76	0.0428	
	金属结构锈蚀 C_{8-4}	0.1602	87.81	0.1600	
	电器设备保障 C_{8-5}	0.1071	86.90	0.1081	
工程质量 C_9	工程地质与水位地质 D_{9-1}	0.0565	92.14	0.0569	92.84
	质量控制标准 D_{9-2}	0.2130	90.00	0.2197	
	工程外观质量 D_{9-3}	0.1018	89.96	0.1051	
	工程加固质量 D_{9-4}	0.6287	94.42	0.6182	
运行管理康复程度 C_{10}	管理制度与人员配置 D_{10-1}	0.2281	81.18	0.2448	87.13
	运行管理环境 D_{10-2}	0.1553	88.85	0.1523	
	维护修缮环境 D_{10-3}	0.0748	83.58	0.0780	
	安全监测 D_{10-4}	0.5418	89.94	0.5249	
人员素质 C_{11}	主管领导 D_{11-1}	0.4590	90.50	0.4594	90.58
	中层管理 D_{11-2}	0.3112	90.75	0.3106	
	操作人员 D_{11-3}	0.2298	90.47	0.2301	

续表

上层指标集合	所属子指标	静态权重	综合评价值	动态权重	高层次指标评价值
安全管理 C_{12}	组织机构 D_{12-1}	0.4046	91.35	0.4019	90.76
	安全管理制度 D_{12-2}	0.3102	93.06	0.3025	
	事故预防与应急 D_{12-3}	0.2853	87.59	0.2956	
施工环境 C_{13}	自然及周边环境 D_{13-1}	0.1105	93.08	0.1082	91.13
	现场施工环境 D_{13-2}	0.3435	91.82	0.3409	
	工人作业环境 D_{13-3}	0.5460	90.32	0.5509	
现场安全管理 C_{14}	施工现场用电用油 D_{14-1}	0.3163	85.39	0.3207	86.57
	大型设备安装运行 D_{14-2}	0.3688	86.83	0.3677	
	施工运输 D_{14-3}	0.2344	86.64	0.2342	
	危险品存放使用 D_{14-4}	0.0805	90.00	0.0774	
安全保障 C_{15}	安全技术保障 D_{15-1}	0.5596	85.20	0.5699	86.76
	安全文化建设 D_{15-2}	0.1440	89.14	0.1402	
	安全费用保障 D_{15-3}	0.2964	88.70	0.2899	
经济效益 C_{16}	防洪效益 D_{16-1}	0.5578	90.41	0.5341	86.57
	灌溉效益 D_{16-2}	0.1431	81.23	0.1525	
	供水效益 D_{16-3}	0.1395	86.09	0.1403	
	发电效益 D_{16-4}	0.0853	78.57	0.0940	
	养殖效益 D_{16-5}	0.0743	81.23	0.0792	
生态效益 C_{17}	水质 D_{17-1}	0.4822	85.07	0.4781	84.35
	生物多样性 D_{17-2}	0.1912	76.43	0.2110	
	植被覆盖率 D_{17-3}	0.1345	87.65	0.1294	
	水文 D_{17-4}	0.0575	89.03	0.0545	
	水土保持 D_{17-5}	0.1346	89.33	0.1271	
社会效益 C_{18}	社会经济发展 D_{18-1}	0.0641	87.81	0.0652	89.35
	政府财政收入 D_{18-2}	0.0653	85.78	0.0680	
	居民生活水平 D_{18-3}	0.2786	86.87	0.2866	
	公共事业发展 D_{18-4}	0.1730	85.11	0.1816	
	自然灾害防治 D_{18-5}	0.4190	93.96	0.3985	

2. 综合评价结果分析

从表 8.2-16 可知，南山水库大坝除险加固效果评价值为 82.31，与土石坝除险加固效果评价等级集对照可知，南山水库大坝除险加固效果较好，达到"较成功"等级。该评价结果表明，针对病险水库大坝存在的各种问题采取的各种加固措施是比较科学合理的、功能指标康复程度较显著、工程施工控制较为严格、效益较为显著，这与工程竣工后专家验收结论一致，证明了该评价指标体系和评价方法的有效性。

从表8.2－16中还可以看出，在土石坝除险加固效果评价体系中，先进行单项评价，得到基础指标评价值，然后逐层向上一级综合，最后得到土石坝除险加固效果评价值，各级评价清晰、明确，通过纵向和横向比较，能够方便地发现除险加固中的薄弱环节和优越环节。

这里的除险加固效果评价过程中，鉴于时间有限等因素，仅邀请了5位专家，评价结果有一定的局限性，如果专家选择范围更大，而且专家的专业性更强，则评价结果将更为准确可靠，能为土石坝除险加固设计、施工安全控制以及除险加固效果评价提供有力的科学依据。

8.3　虎山水库大坝除险加固效果评价

8.3.1　工程概况与安全鉴定

8.3.1.1　工程概况

虎山水库位于河南省唐河县马振扶乡三夹河支流丑河下游，属长江流域汉水水系。该水库于1958年动工兴建，1959年春完成了左岸溢洪道和左岸输水洞；坝顶升到136.00m高程（吴淞高程），又改左岸输水洞为灌溉发电洞，坝顶加高至144.00m高程，达到500年一遇防洪标准。1971年9月主坝顶降至143.70m高程。1981年利用灌溉输水洞建水电站一座，装机3×200kW，1999年向下游河南油田双河矿区供水，使水库成为集防洪、灌溉、供水、发电、养鱼为一体的综合利用水利枢纽工程。

虎山水库原设计洪水标准为50年一遇设计，500年一遇校核，1975年11月明确水库防洪标准为50年一遇设计，5000年一遇校核，校核水位142.46m，总库容8736万m³，设计洪水位140.62m，兴利水位138.70m，死水位128.50m，死库容500万m³，工程规模明确为重点中型水库，主要建筑物有主坝、副坝、输水洞、溢洪洞、主溢洪道、副溢洪道、水电站等。

1. 主坝

主坝原设计为均质土坝，全长457m，设计坝顶高程143.60m，坝顶宽5.0m，最大坝高24.1m，坝底最大宽度146m，上游坡比由顶向下为1：2.5、1：3.0、1：3.5，在127.00m高程和136.00m高程各设2.0m平台。下游坡由顶向下为1：2.25、1：2.5、1：3.0、1：2.75，在高程126.00m、136.00m各设有一道2.0m宽的戗台，在高程129.00m处设一道16.0m宽的平台，基础防渗型式是，坝前258m范围内为黏土铺盖，厚度由1.0m渐变至坝脚3.0m。在黏土铺盖下设有一道黏土截水墙（墙左端距上游坝脚108m，右端距上游坝脚39.8m）与黏土铺盖组成防渗带，坝后坡设贴坡排水体，长384m。现坝顶长457m，坝顶宽5.5m，坝顶高程143.60m，上游坡比无变化；下游坡比由顶向下为1：2.37、1：2.8、1：2.59、1：3.05。

2. 副坝

副坝全长 850m，坝型为均质土坝，设计坝顶高程 144.40m，坝顶宽 5.5m，最大坝高 15.0m，上游坡由顶向下为 1：2.5、1：3.0、1：3.5，下游坡由顶向下 1：2.28、1：2.98、1：3.24、1：2.97。

3. 溢洪道

主副溢洪道均位于主坝右侧，为开敞式宽顶堰。主溢洪道底宽 115m，底部高程 139.30m，长 150m，上设 0.7m 宽的子埝，当库水位超过 140.00m 时，主溢洪道启用。副溢洪道底宽 175m，底高程 138.00m，长 110m，用土坝封堵，堵坝高程 142.20m，在遭遇保坝洪水时炸堵坝启用以保水库安全，原则上不启用。主、副溢洪道地质均为强风化粗粒花岗岩。

4. 泄洪洞及输水洞

该洞位于左侧副坝桩号 0＋760 处，由 4 孔泄洪、输水联合闸涵建筑物和闸下消能工组成。泄洪洞进口底高程 126.00m，孔口尺寸 3m×3m，工作闸是平面钢闸门，配置固定卷扬式启闭机，每台 30t；检修闸门钢筋混凝土平面闸门，配 15t 轨道台车式启闭机一台。输水闸一孔，进口高程 127.00m，孔口尺寸 1.4m×1.7m，工作闸为平面钢闸门，配置 15t 螺旋式启闭机一台，检修门为钢筋混凝土平面闸门，与泄洪检修闸共用一个轨道台车式启闭机。4 个洞身长均为 57.5m，结构均为混凝土深孔式无压拱涵，其中 3 个泄洪洞断面尺寸是 3.3m×3.3m，矢高 1.0m。输水洞断面尺寸 2.0m×3.3m、矢高 1.0m，但该洞现状断面尺寸为 1.7m（原廊道内衬钢筋混凝土压力管）。闸涵地基系强风化粗粒花岗岩。

5. 水电站

水电站为坝后利用输水灌溉洞建成的轴流式水电站，设计水头 4.0～10.0m，设计流量 2.6～10m³/s，装机容量 3×200kW。

6. 观测设施

大坝于 1981 年 8 月在主坝河槽段 0＋148 断面安装测压管一排 3 孔，在 0＋140 及左台地 0＋240、0＋340 三个断面上，各安装浸润线管一排，每排 3 孔，共计 12 孔。沉陷观测点布置于坝顶、迎水坡及背水坡共 22 个。这些观测资料，可作为大坝安全评价之依据。

8.3.1.2 水库大坝安全鉴定

1. 防洪安全复核

水库原 50 年一遇设计，洪峰 1622m³/s，500 年一遇校核，洪峰 3690m³/s，根据《防洪标准》及水库规模，防洪标准及设计洪水均需修改为 100 年一遇设计，洪峰 2599m³/s，2000 年一遇校核，洪峰 4531m³/s。

经洪水复核、调洪演算，水库现状坝顶高程达不到国家防洪标准规定的Ⅲ级建筑物 100 年一遇设计、2000 年一遇校核标准。鉴于水库主、副溢洪道均坐落于粗粒花岗岩强风化层，未护砌、无消能工、无尾水渠，不具备安全泄洪条件，一旦溢洪不仅影响水库安全，而且严重危及唐河县城、宁西铁路、312 国道、河南油田、欧亚光缆、沪新光缆及下游人民的生命财产安全，水库实际防洪能力不足 50 年一遇，故水库防洪安全性为 C 级。

2. 渗流安全评价

据多年巡查监测，坝坡、坝脚曾出现大面积散浸，局部出现集中渗流，经处理后未见异常。通过对多年来运行观测资料结合坝体质量检查结果分析，虎山水库大坝渗流性态基本稳定，定为B级。

需要说明的是，水库大坝渗流性态包括其坝体抗渗性能、出逸位置、出逸坡降、坝体内最大渗透坡降、库区渗漏量以及排水反滤设施的布置情况等要素，这些要素均应满足规范要求。

3. 结构安全评价

（1）大坝抗滑稳定评价分析。对照《碾压式土石坝设计规范》（SL 274），虎山水库大坝作为3级建筑物坝坡抗滑稳定的安全系数，正常运用条件不小于1.30，非常条件下不小于1.20。根据对虎山水库大坝进行的抗滑稳定分析计算得出，抗滑稳定安全系数均不满足要求，存在失事的安全隐患。

（2）近坝库岸及结合部位评价分析。虎山水库近坝库岸及结合部位为风化花岗岩石岩基，经多年剥蚀，岩面暴露，并无滑动现象，坝肩在大坝施工过程中已作处理，由于水库标准较低，未设观测设施，建议增设变形观测设施，便于以后水库管理。

4. 金属结构安全评价

虎山水库金属结构安全评价是在没有进行检测工作的条件下，通过现场检查和观测，结合理论计算分析，综合评价金属结构的安全性。

泄洪洞和灌溉输水洞闸门担负着防洪、灌溉、供水、发电、养鱼等任务，是水库需要重点管理的部位，闸门变形严重，面板、主梁严重锈蚀，闸门槽不规则变形，支承轮锈蚀锈死，闸底板空蚀，闸门漏水严重，闸门、启闭机等金属结构与机电设备老化，大部分属淘汰产品，使用年限根据《水利水电金属结构报废标准》（SL 226），已超过规定折旧年限20～30年的规定，处于超期服役状态，亟待进行更新改造。泄洪洞和灌溉输水洞工作钢平面闸门为梁格填混凝土配重，很不精确合理。钢筋混凝土检修闸门裂缝，吊点老化，混凝土碳化，已无利用价值，需更新为钢闸门。泄洪洞检修闸门利用工作闸门卷扬机导向轮启闭，极不方便操作，

需重新配置启闭机。备用50kW柴油发电机组已老化不能使用。泄洪洞和输水洞拦污栅，原设计刚度小，应用在深水闸门前，水流冲击力较大，现已变形，不能使用，需重新焊制拦污栅。

根据金属结构的钢闸门与钢筋混凝土闸门变形严重及漏水，启闭装置和机电设备老化失修，超过报废标准等严重情况，结合《水库大坝安全评价导则》（SL 258），其金属结构安全性定为C级。

8.3.2 主要工程除险加固设计及验收

8.3.2.1 主要工程设计

1. 溢洪道加固工程设计

虎山水库溢洪道工程布置于水库大坝右边原副溢洪道右侧，为一底宽100m的开敞式溢洪道，副溢洪道左侧及原主溢洪道不再使用，筑坝加高至设计坝顶高程，新建溢洪道溢

流堰选定为 WES 型实用堰，堰顶高程 139.50m，堰宽 100m，泄槽段水平长度 62m，比降为 1:5.0，横断面为矩形新面，底板采用 0.7m 厚混凝土衬砌。泄槽末端设消力池，池深 1.6m，池长 22m，底板为 0.9m 厚混凝土，消力池底板顶部高程 125.40m，池后经 45m 长渐变段与出水渠相连，底宽由 100m 缩窄为 48m，比降为 1:50，出水渠横断面为梯形断面，边坡 1:2，渠深 6m，全长 512.39m，采用 0.4m 厚浆砌石护坡护底，出水渠末端设二级消力池，池长 15m，深 1.6m，底部高程 117.70m。其后接 21m 长的海漫段，其中前段为 7m 的浆砌石水平段，中间段为 7m 长的 1:14 浆砌石斜坡段，后段为 7m 长的坡度 1:14 干砌石斜坡段，海漫段浆（干）砌石厚 0.40m，下铺 0.1m 厚的碎石垫层和反滤土工布。海漫末端设抛石防冲槽，槽深 2m，上口宽 11.5m，底宽 3.0m。

2. 大坝加固工程设计

（1）坝体处理。采用对左右坝肩段进行充填式灌浆，中间坝段进行劈裂式灌浆，对大坝坝体进行加固处理。

（2）坝基处理。虎山水库大坝坝基防渗主河槽段采用截水墙压盖形式，台地段利用天然铺盖形式。

（3）坝坡处理。背水坡排水沟由于年久失修，损坏严重，本次除险加固为全部重建。

（4）坝脚处理。虎山水库大坝背水坡坝脚原建有 372m 长的防护土堤，土堤迎水坡做了干砌石护砌，由于年久失修，现已破烂不堪，为了防止洪水淘刷坝脚，对原坝坡干砌石护砌拆除，改用浆砌石进行重新护砌。

3. 副坝加固设计

根据本次除险加固工程的布置方案，确定将溢洪道建在原副溢洪道位置上；在原主溢洪道和原副溢洪道与新建溢洪道连接处修建副坝，其坝顶长度分别为 120m、75m，坝高分别为 4.6m、5.9m。

4. 输水建筑物加固处理

虎山水库输水洞、泄洪洞，位于左侧副坝桩号 0+760 处，由四孔泄洪、输水联合闸涵建筑物和闸下消能工组成，输泄水建筑物维修加固工程包括输泄水洞维修、泄洪洞出口溢流面底板和启闭机操纵室改造。

（1）泄洪洞、输水洞裂缝处理。泄洪洞底板分缝处侧墙的裂缝处理方法为在此处沿侧墙裂缝加做伸缩缝；对于其他裂缝的处理方法为采用化学灌浆修补加固。

（2）泄洪洞出口处溢流面底板裂缝处理。泄洪洞出口处溢流面底板裂缝较宽，而且缝隙伸向侧墙分缝和底板上下游分缝，易形成贯穿性裂缝和造成底板下部淘刷，对出口设施威胁较大。因此，本次除险加固工程对裂缝所在的底板混凝土整块拆除重建。

（3）启闭机操纵室重建改造工程。本次设计把操纵室底板及梁以上结构全部拆除。上部采用砖混结构，操纵室底板预留孔洞按原位布设。

5. 电气及金属结构更新设计

（1）泄洪洞。泄洪洞选用 3 扇拦污栅和输水洞 1 扇拦污栅，选用 QPQ-5t 型轨道台式卷扬启闭机 1 台；工作闸门启闭机 3 台，选用 QPQ-40t 型卷扬式启闭机；泄洪洞 3 扇检修钢闸门和输水洞 1 扇检修钢闸门，共用 QPQ-16t 型轨道台车式卷扬启闭机 1 台。

（2）输水洞。输水洞进水口拦污栅 1 扇；工作闸门选用 QL-20t 型螺旋式手电两用启闭机 1 台；输水洞检修闸门 1 扇；对原门槽和埋件进行改造和加固处理。

（3）机电设备。原有老型号的主变压器和供电线路属超期服役淘汰产品，漏油严重，将其更新为 S9－250/10 型 259kV·A 变压器；更新 50X₁ 型柴油发电机组一台；配备泄洪洞和输水洞工作钢闸门开度控制柜 4 面；更新因老化、漏水已不能使用的闸阀，选用 Z946－2.5 型电动闸阀。

8.3.2.2 除险加固工程验收

根据《唐河县虎山水库除险加固工程竣工验收鉴定书》（2008 年 12 月），可知虎山水库除险加固主要建设内容有：

（1）溢洪道工程。包括溢洪道进口、堰体、泄槽、消力池、海漫段、交通桥。

（2）新建副坝工程。对原主溢洪道和原副溢洪道左侧部分封堵，加高至主坝坝顶高程，成为新建副坝。

（3）大坝维修加固工程。包括主副坝坝顶维修加固，原副坝加设防浪墙；坝坡排水沟重建工程；大坝背水坡坝脚防护堤进行堤脚防护；管理道路工程。

（4）输水洞、泄洪洞工程。包括输水洞、泄洪洞裂缝处理；泄洪洞出口溢流面底板裂缝处理；启闭机操作室重建改造；闸门及启闭机更新等。

（5）观测设施改善及坝区绿化工程。

通过组织专家验收，实施的除险加固工程基本被评定为合格或者优良，没有不合格情况。

另外也要看到，设计阶段提出的险加固工程方案并没有全部实施，如主坝的灌浆处理、岸坡加固等，使得如水库大坝的渗流性态、结构性态等即使在实际运行过程中基本处于安全状态，但是仍有很多基本指标，如防渗体渗透性、出逸位置、坝坡抗滑稳定安全系数等不满足规范要求。而这些指标、影响因素对于评价水库大坝的安全状态极为重要，严格从规范的角度来看，虎山水库仍然处于带病运行状态，此次除险加固并没有彻底解决水库大坝的病险问题。

8.3.3 水库除险加固效果评价

8.3.3.1 指标体系的建立

图 8.3－1 所示的土石坝除险加固效果评价指标体系对前、后评价都有效，不同之处在于，前评价的指标体系相对更为丰富，这里结合其本次除险加固工作的实际情况，挑选出本次加固工作涉及的指标，剔除掉不曾涉及的指标，从而建立如图 8.3－1 所示的虎山水库大坝除险加固效果评价指标体系。

从图 8.3－1 可知，虎山水库大坝除险加固效果评价指标体系共分四层：第一层为总目标层 A；第二层为加固效果影响因素层 B，共 4 个因素；第三层为影响虎山水库加固效果的 17 个主要方面；第四层为基础指标，共 61 个。

8.3.3.2 基础指标评级值确定

根据对非时效性指标和时效性指标的定义，在图 5.3－1 所示评价指标体系中，非时效性指标包括除险加固方案 B_1、施工安全 B_3、除险加固效益 B_4 下的所有评价指标以及功能康复程度 B_2 下的工程质量 C_8；其余则为时效性指标。

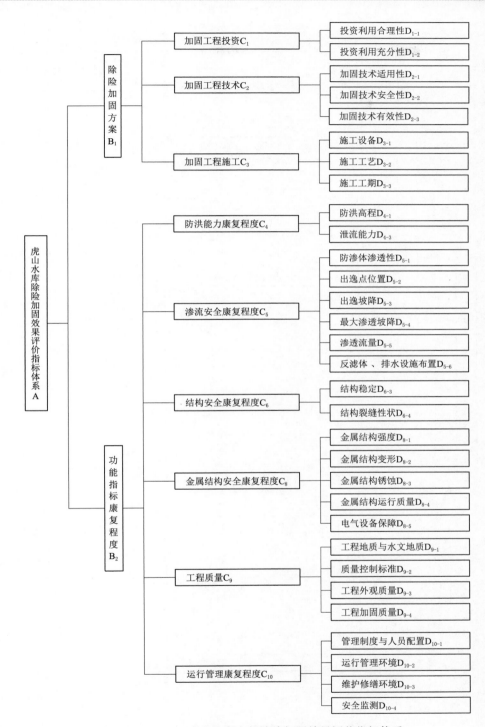

图 8.3－1（一） 虎山水库大坝除险加固效果评价指标体系

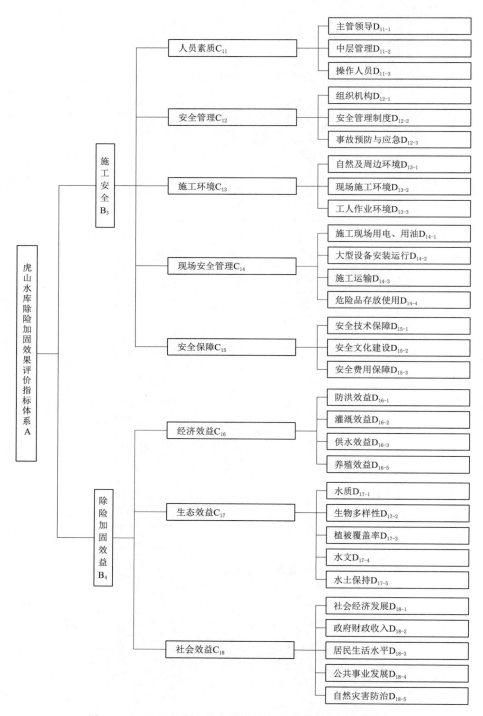

图 8.3-1（二） 虎山水库大坝除险加固效果评价指标体系

1. 非时效性指标评价值的确定

本次综合评价工作共邀请了 5 位权威专家参与，依据第 6.2.2 节非时效性定性指标量化方法，邀请各位专家参照附录 A 中的水库大坝除险加固效果评价非时效性指标评分表，依据虎山水库除险加固工程设计报告、阶段验收报告、竣工验收报告等相关资料，结合现场调查给出各个非时效定性指标的评价值。根据第 6.2.2 节非时效定量指标评价标准计算其评价值。各个专家给出的非时效定性指标评价值及非时效定量指标评价值见表 8.3-1。

表 8.3-1（a）　　　　　　非时效定性指标评价值汇总

非时效+定性指标		专家 1	专家 2	专家 3	专家 4	专家 5
加固工程投资 C_1	投资利用合理性 D_{1-1}	90	85	85	90	85
	投资利用充分性 D_{1-2}	85	85	85	85	85
加固工程技术 C_2	加固技术适用性 D_{2-1}	80	80	80	80	80
	加固技术安全性 D_{2-2}	90	90	90	90	90
	加固技术可靠性 D_{2-3}	70	72	71	70	71
加固工程施工 C_3	施工设备 D_{3-1}	82	84	86	82	83
	施工工艺 D_{3-2}	75	73	76	80	72
	施工工期 D_{3-3}	85	85	86	88	84
工程质量 C_9	工程地质与水文地质 D_{9-1}	78	80	76	75	82
	质量控制标准 D_{9-2}	75	78	75	76	77
	工程外观质量 D_{9-3}	78	80	82	84	83
	工程加固质量 D_{9-4}	76	77	75	78	76
人员素质 C_{11}	主管领导 D_{11-1}	85	89	87	91	86
	中层管理 D_{11-2}	87	87	89	89	87
	操作人员 D_{11-3}	89	87	87	85	85
安全管理 C_{12}	组织机构 D_{12-1}	87	84	82	81	82
	安全管理制度 D_{12-2}	86	85	83	82	84
	事故预防与应急 D_{12-3}	80	77	81	81	82
施工环境 C_{13}	自然及周边环境 D_{13-1}	87	84	86	84	84
	现场施工环境 D_{13-2}	82	80	83	82	79
	工人作业环境 D_{13-3}	79	81	82	84	84
现场安全管理 C_{14}	施工现场用电、用油 D_{14-1}	81	77	83	79	80
	大型设备安装运行 D_{14-2}	85	84	87	82	85
	施工运输 D_{14-3}	85	87	89	83	85
	危险品存放使用 D_{14-4}	84	85	82	87	86
安全保障 C_{15}	安全技术保障 D_{15-1}	81	82	80	78	84
	安全文化建设 D_{15-2}	80	83	78	80	84
	安全费用保障 D_{15-3}	82	84	82	81	82

续表

非时效+定性指标		专家 1	专家 2	专家 3	专家 4	专家 5
生态效益 C_{17}	水质 D_{17-1}	81	80	79	83	77
	生物多样性 D_{17-2}	73	71	75	69	69
	植被覆盖率 D_{17-3}	80	81	82	85	86
	水文 D_{17-4}	85	85	85	84	83
	水土保持 D_{17-5}	85	85	85	85	85
社会效益 C_{18}	社会经济发展 D_{18-1}	80	79	80	78	77
	政府财政收入 D_{18-2}	77	77	78	81	79
	居民生活水平 D_{18-3}	91	90	88	89	90
	公共事业发展 D_{18-4}	88	88	87	85	83
	自然灾害防治 D_{18-5}	80	80	84	85	82

表 8.3-1 (b) 非时效定量指标评价值汇总

非时效+定量		增长倍数	评分
经济效益 C_{16}	防洪效益 D_{16-1}	2.0	90.41
	灌溉效益 D_{16-2}	1.5	78.57
	供水效益 D_{16-3}	1.8	86.09
	养殖效益 D_{16-5}	1.3	72.71

表 8.3-1 (b) 中的评分即为非时效定量指标的最终评价值，而非时效定性指标由于是由 5 位专家分别打分的，因此其最终评分值有赖于知晓专家的权重。

非时效性指标评分值汇总见表 8.3-2。

表 8.3-2 非时效定性指标评分值汇总

非时效性指标		综合评分
加固工程投资 C_1	投资利用合理性 D_{1-1}	87.17
	投资利用充分性 D_{1-2}	85.00
加固工程技术 C_2	加固技术适用性 D_{2-1}	80.00
	加固技术安全性 D_{2-2}	90.00
	加固技术可靠性 D_{2-3}	70.76
加固工程施工 C_3	施工设备 D_{3-1}	83.32
	施工工艺 D_{3-2}	75.23
	施工工期 D_{3-3}	85.59
工程质量 C_9	工程地质与水位地质 D_{9-1}	78.19
	质量控制标准 D_{9-2}	76.17
	工程外观质量 D_{9-3}	81.35
	工程加固质量 D_{9-4}	76.42

非时效性指标		综合评分
人员素质 C_{11}	主管领导 D_{11-1}	87.50
	中层管理 D_{11-2}	87.75
	操作人员 D_{11-3}	86.70
安全管理 C_{12}	组织机构 D_{12-1}	83.35
	安全管理制度 D_{12-2}	84.08
	事故预防与应急 D_{12-3}	80.17
施工环境 C_{13}	自然及周边环境 D_{13-1}	85.08
	现场施工环境 D_{13-2}	81.23
	工人作业环境 D_{13-3}	81.86
现场安全管理 C_{14}	施工现场用电、用油 D_{14-1}	80.01
	大型设备安装运行 D_{14-2}	84.58
	施工运输 D_{14-3}	85.73
	危险品存放使用 D_{14-4}	84.78
安全保障 C_{15}	安全技术保障 D_{15-1}	80.99
	安全文化建设 D_{15-2}	80.99
	安全费用保障 D_{15-3}	82.20
生态效益 C_{17}	水质 D_{17-1}	80.07
	生物多样性 D_{17-2}	71.43
	植被覆盖率 D_{17-3}	82.65
	水文 D_{17-4}	84.43
	水土保持 D_{17-5}	85.00
社会效益 C_{18}	社会经济发展 D_{18-1}	78.82
	政府财政收入 D_{18-2}	78.41
	居民生活水平 D_{18-3}	89.61
	公共事业发展 D_{18-4}	86.24
	自然灾害防治 D_{18-5}	82.20

2. 时效性指标评价值的确定

（1）时效定性指标除险加固前、后安全程度评分。根据前文表 4.2-2 所示的评分标准，邀请各专家给出各时效定性指标除险加固前、后的安全程度评分值，具体打分方法可参考非时效定性指标的方法进行，最终结果见表 8.3-3。

与上文确定非时效定性指标的评分值相同，利用确定的专家综合权重，可以计算得到时效定性指标除险加固前后的安全程度评分值，再利用第 4.2.3 节提出的时效指标量化评价模型便可以最终确定该时效定性指标的评价值。

表 8.3-3（a）　　时效定性指标除险加固前安全程度评分计算汇总表

时效性＋定性		专家 1	专家 2	专家 3	专家 4	专家 5
防洪能力康复 C_4	泄流能力 D_{4-3}	40	38	43	40	40
渗流安全康复程度 C_5	反滤体、排水设施布置 D_{5-6}	45	45	43	42	45
结构安全康复程度 C_6	结构裂缝性状 D_{6-4}	45	50	50	47	46
金属结构安全康复程度 C_8	金属结构强度 D_{8-1}	46	50	48	47	45
	金属结构变形 D_{8-2}	45	49	47	46	44
	金属结构稳定 D_{8-3}	47	51	49	48	46
	金属结构锈蚀 D_{8-4}	44	48	46	45	43
	电器设备保障 D_{8-5}	60	60	60	60	60
运行管理康复程度 C_{10}	管理制度与人员配置 D_{10-1}	60	64	60	63	66
	运行管理环境 D_{10-2}	50	50	50	50	50
	维护修缮环境 D_{10-3}	60	65	64	62	66
	安全监测 D_{10-4}	40	45	46	47	44

表 8.3-3（b）　　时效定性指标除险加固后安全程度评分计算汇总表

时效性＋定性		专家 1	专家 2	专家 3	专家 4	专家 5
防洪能力康复 C_4	泄流能力 D_{4-3}	88	86	87	85	87
渗流安全康复程度 C_5	反滤体、排水设施布置$_{5-6}$	87	84	84	85	85
结构安全康复程度 C_6	结构裂缝性状 D_{6-4}	84	83	85	87	86
金属结构安全康复程度 C_8	金属结构强度 D_{8-1}	82	84	83	86	85
	金属结构变形 D_{8-2}	81	83	82	85	84
	金属结构稳定 D_{8-3}	83	85	84	87	86
	金属结构锈蚀 D_{8-4}	80	82	81	84	83
	电器设备保障 D_{8-5}	85	87	86	89	88
运行管理康复程度 C_{10}	管理制度与人员配置 D_{10-1}	80	78	76	74	78
	运行管理环境 D_{10-2}	83	80	80	82	83
	维护修缮环境 D_{10-3}	75	82	82	83	80
	安全监测 D_{10-4}	70	68	66	64	68

（2）时效定量指标除险加固前、后安全程度评分。时效定量指标包括防洪高程 D_{4-1}、防渗体渗透系数 D_{5-1}、出逸点位置 D_{5-2}、出逸坡降 D_{5-3}、渗透坡降 D_{5-4}、渗透流量 D_{5-5}、结构稳定 D_{6-1}。对加固前后的这些指标评分时，根据前文第 4.2.3 节所示的除险加固前、后安全程度评分计算公式计算指标的具体评分。

1）防洪高程 D_{4-1}。防洪高程为效益型指标，防洪高程包含了坝顶防洪超高以及防渗体防洪超高。根据《碾压式土石坝设计规范》（SL 274）的规定，坝顶应在各静水位下有一定的安全超高，由《河南省唐河县虎山水库大坝工程安全鉴定报告》可知，安全超高的控制工况为校核水位工况。虎山水库校核水位 143.15m，计算得坝顶超高应为 1.70m，实际主坝安全超高 1.85m，满足规范要求；副坝安全超高为 1.25m，不满足规范要求。以副坝安全超高作为计算标准，则加固前 $t_1 = 0.675$，安全程度评分为 $x_1 = 47.94$；加固后，副坝坝顶高程与主坝同高，则加固后 $t_2 = 1.09$，安全程度评分为 $x_2 = 65.67$。根据效益型指标的安全程度评分计算公式，即除险加固前、后防洪高程 D_{4-1} 的安全程度评分为 47.94 和 65.67。

2）防渗体渗透系数 D_{5-1}。防渗体渗透系数为成本型指标。根据《碾压式土石坝设计规范》，土石坝心墙或斜墙防渗体黏土的渗透系数应不大于 1×10^{-5} cm/s。根据虎山除险加固设计报告，加固前大坝的心墙防渗体平均渗透系数为 6.94×10^{-5} cm/s；在除险加固过程中，并未对大坝坝体采取灌浆措施进行防渗处理，因此其加固后的实际防渗体的平均渗透系数不变。

根据第 4.2.3 节中对以数量级变化的指标的安全程度评分的说明，求取渗透系数在除险加固前后的安全评分值。代入可求得其安全程度评分为 $x_1 = 61.88$；由于除险加固前后坝体渗透系数未变，因此除险加固前后安全程度评分均为 61.88。

综上所述，计算得到虎山水库大坝除险加固前、后防渗体渗透系数 D_{5-1} 的安全程度评分为 61.88。

3）出逸点位置 D_{5-2}。根据《碾压式土石坝设计规范》（SL 274），坝体下游贴坡排水体顶部高程应高于出逸点高程，对于 3、4、5 级坝排水体高程应比出逸点高程高不少于 1.5m。对于虎山水库，除险加固前，其典型断面排水体高程为 141.00m，实际出逸高程为 140.10m，排水体高程比出逸高程仅多 0.9m，不满足规范要求。除险加固过程中，并未对坝体填筑材料采取灌浆处理，因此加固后排水体高程仍然仅比出逸坡降多 0.9m。

出逸点位置 D_{5-2} 为成本型指标，根据成本型指标与正向的效益型指标转换公式，即安全程度评分计算公式可得：加固前 $x_1 = 44.00$；加固后 $x_2 = 44.00$。即除险加固前、后防洪高程 D_{5-2} 的安全程度评分均为 44.00。

4）出逸坡降 D_{5-3}。出逸坡降为成本型指标。相关试验资料表明，虎山下游坝体的允许出逸坡降值为 0.65。除险加固前，坝体出逸坡降为 0.36，则 $t_1 = 0.36/0.65 = 0.55$，将其转化成正向的效益型指标后，计算得 $x_1 = 86.21$；除险加固过程中，并未对坝体填筑材料采取灌浆处理，因此坝体渗流性态并未发生改变，因此在除险加固之后，出逸坡降仍为 0.36，因此 $x_2 = 86.21$。

5）最大渗透坡降 D_{5-4}。渗透坡降 D_{5-4} 为成本型指标，坝体允许渗透坡降为 0.25。除险加固前后，虎山水库均在校核水位下坝体取得最大渗透坡降值，除险加固前为 0.23，除险加固过程中，并未对坝体填筑材料采取灌浆处理，因此坝体渗流性态并未发生改变，因此在除险加固之后渗透坡降仍为 0.23。根据成本型指标安全程度评分计算公式，除险加固前 $t_1 = 0.23/0.25 = 0.92$，转化成正向的效益型指标后计算得 $x_1 = 65.53$；除险加固后，也有 $x_2 = 65.53$，即除险加固前、后渗透坡降 D_{4-4} 的安全程度评分均为 65.53。

6）渗透流量 D_{5-5}。渗透流量 D_{5-5} 为成本性指标。一般规范规定，水库每年的渗透流量应不大于库区多年平均年径流量的 5%，据此对于渗透流量这个指标选取其处于基本安全与不安全两种状态之间的临界值时可将库区多年平均年径流量的 5% 作为此值。

由于缺少相应的观测设备，未能测出坝址区的渗透流量；同时在实际除险加固过程中，并未对坝体填筑材料采取灌浆处理，因此坝体渗流性态并未发生改变，由于坝体填筑质量不高，因此渗漏量必然会较大。通过专家实地考察与讨论，最后假定库区的渗流量即为平均年径流量的 3%。由此可以计算得到，在除险加固前后，$t_1 = t_2 = 0.6$，转化成正向的效益型指标后，计算得 $x_1 = x_2 = 79.23$，即除险加固前后渗透流量 D_{5-5} 的安全程度评分均为 79.23。

7）结构稳定 D_{6-1}。结构稳定 D_{6-1} 为效益型指标。根据虎山水库大坝除险加固实际工程情况，结构稳定中选取坝体的稳定作为计算评价指标。前文计算结果并经过相应的比较分析可知，除险加固前在最不利工况下坝体抗滑稳定安全系数为 1.09，相应规范值为 1.20，由此可得，$t_1 = K_1/K_0 = 0.91$，则 $x_1 = 58.60$；除险加固过程中未针对坝坡稳定实施专门的加固工程措施，但其他工程措施相应会对坝坡稳定产生积极影响。为保险起见，可认为在除险加固后，各工况下的坝坡抗滑稳定安全系数都能达到规范值的 1.25 倍，即 $t_2 = 1.25$；则 $x_2 = 71.12$，即除险加固前、后大坝稳定 D_{6-1} 的安全程度评分为 58.60、72.12。

（3）时效性指标综合评价值的确定。运用 4.2.3 节时效性指标量化评价模型，分别计算时效性指标加固前后的安全度，并用安全等级提升模型计算出指标安全等级提升系数，进而最终确定各时效性指标的综合评价值。时效定量指标评价值见表 8.3-4。由于时效性定性指标最终评价值依赖于专家打分，而专家的权重又有赖于 AHP 法给出的判断矩阵。专家组合权重见表 8.3-8，由此可计算得到时效定性指标的综合评价值，见表 8.3-5。

表 8.3-4　　　　　　　　　时效定量指标综合评价值计算汇总表

时效＋定量指标	加固前评分	加固后评分	S_1	S_2	C	X
防洪高程 D_{4-1}	47.94	65.67	0.4581	0.7763	0.3282	51.44
防渗体渗透性 D_{5-1}	61.88	61.88	0.7190	0.7190	0.0000	37.06
出逸点位置 D_{5-2}	44.00	44.00	0.3826	0.3826	0.0000	18.20
出逸坡降 D_{5-3}	86.21	86.21	0.9518	0.9518	0.0000	77.26
最大渗透坡降 D_{5-4}	65.53	65.53	0.7744	0.7744	0.0000	42.08
渗透流量 D_{5-5}	79.23	79.23	0.9142	0.9142	0.0000	61.31
结构稳定 D_{6-4}	58.60	58.60	0.6632	0.6632	0.0000	28.93

表 8.3-5　　　　　　　　　时效定性指标综合评价值计算汇总表

时效＋定性指标		综合评分值
防洪能力康复 C_4	泄流能力 D_{4-3}	70.74
渗流安全康复程度 C_5	反滤体、排水设施布置 D_{5-6}	68.90
结构安全康复程度 C_6	结构裂缝性状 D_{6-4}	67.48

时效＋定性指标		综合评分值
金属结构安全康复程度 C_8	金属结构强度 D_{8-1}	67.33
	金属结构变形 D_{8-2}	67.46
	金属结构稳定 D_{8-3}	67.19
	金属结构锈蚀 D_{8-4}	67.57
	电器设备保障 D_{8-5}	62.99
运行管理康复程度 C_{10}	管理制度与人员配置 D_{10-1}	59.26
	运行管理环境 D_{10-2}	65.53
	维护修缮环境 D_{10-3}	59.96
	安全监测 D_{10-4}	42.70

8.3.3.3　评价指标权重求取

1. 评价指标专家权重的确定

虎山水库除险加固效果评价邀请了 5 位权威专家参与，根据第 6.4.1 节所述方法确定专家组合权重，专家组合权重由专家主观权重与客观权重组合而成。

（1）专家主观权重确定。以前文所述表 6.3-1 专家权威性调查表为基础编制了虎山水库专家权威性调查表，根据专家的知识背景、评价经验等情况评价其权威性，并对其权威性指标进行评分，并利用模糊优选理论计算各专家的权威性权重，即专家主观权重，计算成果见表 8.3-6。

表 8.3-6　　　　　　　　　专家权威性调查汇总表

专家权威性测定指标			专家 1	专家 2	专家 3	专家 4	专家 5
硬指标	评价资历	学历	90	90	90	90	90
		职称	90	80	80	85	80
		行政职务	80	85	90	80	90
	学术成果	论文	90	85	90	80	90
		科研成果	90	80	85	90	75
		获奖情况	85	85	80	85	80
软指标	评价实践经验		85	90	85	80	90
	专业熟练程度		90	90	90	90	90
	职业道德		90	90	90	90	90
主观权重			0.2837	0.187	0.169	0.187	0.1733

（2）专家客观权重确定。根据第 6.3.1.2 节提出的专家客观权重计算方法，利用 HS－AHP 法确定指标静态权重过程中用到的专家判断矩阵，以此得到专家的客观权重。五位专家的客观权重见表 8.3-7。

表 8.3 - 7　　　　　　　　　　　　　　专家客观权重汇总表

因素集	专家客观权重				
	专家 1	专家 2	专家 3	专家 4	专家 5
A	0.2185	0.1952	0.1830	0.2081	0.1952
B_1	0.2000	0.2000	0.2000	0.2000	0.2000
B_2	0.1758	0.1806	0.2068	0.2184	0.2184
B_3	0.1635	0.1912	0.2188	0.2132	0.2132
B_4	0.1882	0.2002	0.2086	0.2148	0.1882
C_1	0.2000	0.2000	0.2000	0.2000	0.2000
C_2	0.2000	0.2000	0.2000	0.2000	0.2000
C_3	0.1901	0.1887	0.2071	0.2071	0.2071
C_4	0.2000	0.2000	0.2000	0.2000	0.2000
C_5	0.1870	0.2045	0.2171	0.2045	0.1870
C_6	0.2000	0.2000	0.2000	0.2000	0.2000
C_8	0.2115	0.2080	0.1890	0.1835	0.2080
C_9	0.1738	0.1785	0.1867	0.2305	0.2305
C_{10}	0.2104	0.1937	0.1763	0.2092	0.2104
C_{11}	0.1931	0.2103	0.1931	0.1931	0.2103
C_{12}	0.1867	0.2033	0.2033	0.2033	0.2033
C_{13}	0.1913	0.2064	0.2071	0.1976	0.1976
C_{14}	0.2036	0.2013	0.1981	0.2046	0.1924
C_{15}	0.1897	0.2054	0.1941	0.2054	0.2054
C_{16}	0.1428	0.1878	0.2124	0.2285	0.2285
C_{17}	0.2045	0.2134	0.1836	0.1940	0.2045
C_{18}	0.1559	0.1986	0.2184	0.2278	0.1986

（3）专家综合权重。根据第 6.3.1.3 节中的最小信息熵原理，利用上文计算得到的专家主观权重与客观权重，可以得到专家的综合权重。需要注意的是，由于每一因素层专家的判断矩阵不同，因此即使对于同一个专家，与其客观权重一样，不同因素集的综合权重也不再一样。专家主观权重、客观权重及综合权重见表 8.3 - 8。

表 8.3 - 8　　　　　　　　　　　　　　专家综合权重汇总表

因素集	综 合 权 重				
	专家 1	专家 2	专家 3	专家 4	专家 5
A	0.2497	0.1916	0.1764	0.1978	0.1845
B_1	0.2394	0.1944	0.1848	0.1944	0.1871
B_2	0.2254	0.1855	0.1887	0.2040	0.1964
B_3	0.2178	0.1913	0.1945	0.2020	0.1944

续表

因素集	综合权重				
	专家1	专家2	专家3	专家4	专家5
B_4	0.2326	0.1948	0.1890	0.2017	0.1818
C_1	0.2394	0.1944	0.1848	0.1944	0.1871
C_2	0.2394	0.1944	0.1848	0.1944	0.1871
C_3	0.2338	0.1891	0.1883	0.1981	0.1907
C_4	0.2394	0.1944	0.1848	0.1944	0.1871
C_5	0.2319	0.1969	0.1929	0.1969	0.1813
C_7	0.2394	0.1944	0.1848	0.1944	0.1871
C_8	0.2459	0.1980	0.1795	0.1860	0.1906
C_9	0.2243	0.1846	0.1794	0.2098	0.2019
C_{10}	0.2453	0.1911	0.1733	0.1986	0.1917
C_{11}	0.2355	0.1995	0.1817	0.1912	0.1921
C_{12}	0.2317	0.1963	0.1866	0.1963	0.1890
C_{13}	0.2344	0.1977	0.1882	0.1934	0.1862
C_{14}	0.2414	0.1949	0.1838	0.1965	0.1834
C_{15}	0.2334	0.1972	0.1823	0.1972	0.1899
C_{16}	0.2046	0.1905	0.1925	0.2101	0.2023
C_{17}	0.2420	0.2007	0.1769	0.1913	0.1891
C_{18}	0.2131	0.1952	0.1946	0.2091	0.1879

注　本表中一些层次下，5位专家的总权重之和不等于1，如B_1层下，5位专家权重之和为1.0001，这是由于四舍五入造成的。总体偏差为1/10000，误差很小，可近似忽略不计。

2. 评价指标权重的确定

（1）指标静态权重确定。利用附录C的指标主观权重调查表，邀请专家对各评价指标的重要性进行判断，并进行两两重要性对比判断。根据前文第6.3.2节所述方法，根据专家的判断矩阵，利用和声搜索层次分析法计算指标的静态权重。整理得到5位专家对虎山水库大坝除险加固效果评价指标的判断权重，据此计算各指标的静态权重，结果见表8.3-9。

表8.3-9（a）　　　　　　　　　专家1意见下指标静态权重汇总表

判断矩阵	专家1排序权值						一致性检验
	W_1	W_2	W_3	W_4	W_5	W_6	
A	0.1008	0.7410	0.0734	0.0848			0.0155
B_1	0.4545	0.4545	0.0909				0.0000
B_2	0.5189	0.2143	0.1012	0.0522	0.0783	0.0351	0.0806
B_3	0.0416	0.2875	0.0848	0.1635	0.4225		0.0692
B_4	0.6483	0.1220	0.2297				0.0332

续表

判断矩阵	专家1排序权值						一致性检验
	W_1	W_2	W_3	W_4	W_5	W_6	
C_1	0.6667	0.3333					0.0000
C_2	0.3333	0.3333	0.3333				0.0158
C_3	0.2308	0.0769	0.6923				0.0000
C_4	0.2500	0.7500					0.0977
C_5	0.0771	0.1474	0.2503	0.4549	0.0250	0.0454	0.0000
C_7	0.6667	0.3333					0.0000
C_8	0.3608	0.3608	0.0392	0.1265	0.1127		0.6300
C_9	0.0640	0.2063	0.1108	0.6189			0.0054
C_{10}	0.1660	0.1500	0.0658	0.6181			0.0079
C_{11}	0.5396	0.2970	0.1634				0.0079
C_{12}	0.3333	0.3333	0.3333				0.0079
C_{13}	0.0925	0.2922	0.6153				0.0115
C_{14}	0.2421	0.4507	0.2421	0.0650			0.0061
C_{15}	0.6667	0.1111	0.2222				0.0000
C_{16}	0.5455	0.1818	0.1818	0.0909			0.0924
C_{17}	0.4543	0.1703	0.1608	0.0537	0.1608		0.0207
C_{18}	0.0552	0.0606	0.3507	0.1753	0.3582		0.0983

表 8.3 - 9（b）　　　　专家 2 意见下指标静态权重汇总表

判断矩阵	专家2排序权值						一致性检验
	W_1	W_2	W_3	W_4	W_5	W_6	
A	0.1046	0.7250	0.1158	0.0546			0.0342
B_1	0.4286	0.4286	0.1429				0.0000
B_2	0.5189	0.2143	0.1012	0.0522	0.0783	0.0351	0.0554
B_3	0.0416	0.2875	0.0848	0.1635	0.4225		0.0442
B_4	0.6370	0.1047	0.2583				0.0158
C_1	0.6667	0.3333					0.0000
C_2	0.3333	0.3333	0.3333				0.0158
C_3	0.2308	0.0769	0.6923				0.0000
C_4	0.2500	0.7500					0.0712
C_5	0.0693	0.1253	0.2703	0.4682	0.0254	0.0416	0.0000
C_7	0.8000	0.2000					0.0000
C_8	0.3325	0.3325	0.0440	0.1809	0.1100		0.0552
C_9	0.0640	0.2063	0.1108	0.6189			0.0170

判断矩阵	专家 2 排序权值						一致性检验
	W_1	W_2	W_3	W_4	W_5	W_6	
C_{10}	0.2717	0.1569	0.0882	0.4832			0.0000
C_{11}	0.3333	0.3333	0.3333				0.0000
C_{12}	0.3333	0.3333	0.3333				0.0032
C_{13}	0.0925	0.2922	0.6153				0.0057
C_{14}	0.4668	0.2776	0.1603	0.0953			0.0000
C_{15}	0.6000	0.2000	0.2000				0.0079
C_{16}	0.5455	0.1818	0.1818	0.0909			0.0430
C_{17}	0.4952	0.2338	0.1053	0.0605	0.1053		0.0207
C_{18}	0.0675	0.0675	0.2665	0.1567	0.4417		0.0983

表 8.3 - 9（c）　　　　专家 3 意见下指标静态权重汇总表

判断矩阵	专家 3 排序权值						一致性检验
	W_1	W_2	W_3	W_4	W_5	W_6	
A	0.0596	0.6805	0.1404	0.1195			0.0342
B_1	0.4444	0.4444	0.1111				0.0000
B_2	0.4760	0.2706	0.0953	0.0368	0.0953	0.0260	0.0387
B_3	0.0337	0.2969	0.0601	0.1096	0.4997		0.0442
B_4	0.6370	0.1047	0.2583				0.0079
C_1	0.5000	0.5000					0.0000
C_2	0.3333	0.3333	0.3333				0.0158
C_3	0.1260	0.4161	0.4579				0.0000
C_4	0.1667	0.8333					0.0587
C_5	0.0693	0.1253	0.2703	0.4682	0.0254	0.0416	0.0462
C_7	0.7500	0.2500					0.0000
C_8	0.3363	0.3363	0.0411	0.1781	0.1083		0.0552
C_9	0.0459	0.2203	0.0855	0.6483			0.0170
C_{10}	0.2717	0.1569	0.0882	0.4832			0.0079
C_{11}	0.5396	0.2970	0.1634				0.0000
C_{12}	0.5396	0.2970	0.1634				0.0000
C_{13}	0.1634	0.5396	0.2970				0.0078
C_{14}	0.4668	0.2776	0.1603	0.0953			0.0000
C_{15}	0.2426	0.0879	0.6694				0.0000
C_{16}	0.6543	0.1517	0.1517	0.0422			0.0430
C_{17}	0.4952	0.2338	0.1053	0.0605	0.1053		0.0337
C_{18}	0.0660	0.0660	0.1680	0.2098	0.4900		0.0083

表 8.3 - 9（d） **专家 4 意见下指标静态权重汇总表**

判断矩阵	专家 4 排序权值						一致性检验
	W_1	W_2	W_3	W_4	W_5	W_6	
A	0.1046	0.7250	0.1158	0.0546			0.0270
B_1	0.4286	0.4286	0.1429				0.0000
B_2	0.4840	0.2463	0.1184	0.0384	0.0863	0.0265	0.0305
B_3	0.0386	0.3212	0.0952	0.1341	0.4109		0.0284
B_4	0.6250	0.1365	0.2385				0.0032
C_1	0.6667	0.3333					0.0000
C_2	0.3333	0.3333	0.3333				0.0032
C_3	0.1929	0.1061	0.7010				0.0000
C_4	0.2500	0.7500					0.0712
C_5	0.0771	0.1474	0.2503	0.4549	0.0250	0.0454	0.0000
C_7	0.7500	0.2500					0.0000
C_8	0.3325	0.3325	0.0440	0.1809	0.1100		0.0000
C_9	0.0542	0.2135	0.0937	0.6386			0.0061
C_{10}	0.2941	0.1580	0.0875	0.4604			0.0079
C_{11}	0.3333	0.3333	0.3333				0.0000
C_{12}	0.5000	0.2500	0.2500				0.0023
C_{13}	0.1095	0.3090	0.5816				0.0038
C_{14}	0.1959	0.3744	0.3541	0.0756			0.000
C_{15}	0.6000	0.2000	0.2000				0.0000
C_{16}	0.6052	0.1799	0.1513	0.0636			0.0063
C_{17}	0.4825	0.1691	0.1472	0.0621	0.1390		0.0256
C_{18}	0.0675	0.0675	0.2665	0.1567	0.4417		0.0041

表 8.3 - 9（e） **专家 5 意见下指标静态权重汇总表**

判断矩阵	专家 5 排序权值						一致性检验
	W_1	W_2	W_3	W_4	W_5	W_6	
A	0.1572	0.7024	0.0713	0.0690			0.0342
B_1	0.4545	0.4545	0.0909				0.0000
B_2	0.5049	0.2289	0.1228	0.0460	0.0654	0.0321	0.0305
B_3	0.0438	0.2890	0.0852	0.1572	0.4248		0.0284
B_4	0.5396	0.1634	0.2970				0.0332
C_1	0.6667	0.3333					0.0000
C_2	0.3333	0.3333	0.3333				0.0158
C_3	0.2308	0.0769	0.6923				0.0000
C_4	0.3333	0.6667					0.0977

判断矩阵	专家5排序权值						一致性检验
	W_1	W_2	W_3	W_4	W_5	W_6	
C_5	0.0919	0.1523	0.2570	0.4224	0.0263	0.0501	0.0000
C_7	0.7500	0.2500					0.0000
C_8	0.3604	0.3604	0.0415	0.1451	0.0925		0.0000
C_9	0.0533	0.2195	0.1065	0.6207			0.0054
C_{10}	0.1562	0.1562	0.0477	0.6398			0.0000
C_{11}	0.5396	0.2970	0.1634				0.0000
C_{12}	0.3333	0.3333	0.3333				0.0023
C_{13}	0.1000	0.3000	0.6000				0.0115
C_{14}	0.2320	0.4433	0.2493	0.0753			0.0000
C_{15}	0.6483	0.1220	0.2297				0.0000
C_{16}	0.5815	0.1615	0.1735	0.0835			0.0063
C_{17}	0.4916	0.1551	0.1464	0.0518	0.1551		0.0207
C_{18}	0.0650	0.0650	0.3371	0.1672	0.3656		0.0983

　　各因素集下指标的静态权重通过层次分析法得到之后,结合已获得的专家综合权重,得到各指标的静态权重,汇总见表8.3-10。

表8.3-10　　各指标静态权重汇总表

判断矩阵	专家排序权值					
	W_1	W_2	W_3	W_4	W_5	W_6
A	0.1054	0.7170	0.1014	0.0762		
B_1	0.4426	0.4426	0.1148			
B_2	0.5009	0.2343	0.1078	0.0453	0.0806	0.0310
B_3	0.0399	0.2964	0.0822	0.1459	0.4356	
B_4	0.6195	0.1258	0.2547			
C_1	0.6359	0.3641				
C_2	0.3333	0.3333	0.3333			
C_3	0.2035	0.1466	0.6499			
C_4	0.2502	0.7498				
C_5	0.0767	0.1397	0.2593	0.4542	0.0254	0.0448
C_7	0.7398	0.2602				
C_8	0.3455	0.3455	0.0418	0.1602	0.1071	
C_9	0.0565	0.2130	0.1018	0.6287		
C_{10}	0.2281	0.1553	0.0748	0.5418		
C_{11}	0.4590	0.3112	0.2298			
C_{12}	0.4046	0.3102	0.2853			

续表

判断矩阵	专家排序权值					
	W_1	W_2	W_3	W_4	W_5	W_6
C_{13}	0.1105	0.3435	0.5460			
C_{14}	0.3163	0.3688	0.2344	0.0805		
C_{15}	0.5596	0.1440	0.2964			
C_{16}	0.5862	0.1715	0.1679	0.0743		
C_{17}	0.4822	0.1912	0.1345	0.0575	0.1346	
C_{18}	0.0641	0.0653	0.2786	0.1730	0.4190	

（2）指标动态权重确定。根据第 6.3.2.2 节的内容，指标的最终权重将会随着指标评分值大小而浮动变化。基础指标动态权重汇总见表 8.3－11。

表 8.3－11　　　　　　　　　基础指标动态权重汇总表

上层指标集合	所属子指标	静态权重	综合评价值	动态权重
加固工程投资 C_1	投资利用合理性 D_{1-1}	0.6359	87.17	0.6300
	投资利用充分性 D_{1-2}	0.3641	85.00	0.3700
加固工程技术 C_2	加固技术适用性 D_{2-1}	0.3333	80.00	0.3312
	加固技术安全性 D_{2-2}	0.3333	90.00	0.2944
	加固技术可靠性 D_{2-3}	0.3333	70.76	0.3744
加固工程施工 C_3	施工设备 D_{3-1}	0.2035	83.32	0.2038
	施工工艺 D_{3-2}	0.1466	75.23	0.1626
	施工工期 D_{3-3}	0.6499	85.59	0.6336
防洪能力康复 C_4	防洪高程 D_{4-1}	0.2502	80.37	0.2270
	泄流能力 D_{4-3}	0.7498	70.74	0.7730
渗流安全 康复程度 C_5	防渗体渗透性 D_{5-1}	0.0767	71.05	0.0598
	出逸点位置 D_{5-2}	0.1397	33.28	0.2326
	出逸坡降 D_{5-3}	0.2593	78.14	0.1839
	最大渗透坡降 D_{5-4}	0.4542	54.34	0.4632
	渗透流量 D_{5-5}	0.0254	57.59	0.0244
	反滤体、排水设施布置 D_{5-6}	0.0448	68.90	0.0360
结构安全 康复程度 C_6	结构稳定 D_{6-3}	0.7398	34.90	0.8461
	结构裂缝性状 D_{6-4}	0.2602	67.48	0.1539
金属结构 安全康复程度 C_8	金属结构强 D_{8-1}	0.3455	67.33	0.3433
	金属结构变形 D_{8-2}	0.3455	67.46	0.3427
	金属结构稳定 D_{8-3}	0.0418	67.19	0.0416
	金属结构锈蚀 D_{8-4}	0.1602	67.57	0.1586
	电器设备保障 D_{8-5}	0.1071	62.99	0.1137

续表

上层指标集合	所属子指标	静态权重	综合评价值	动态权重
工程质量 C_9	工程地质与水位地质 D_{9-1}	0.0565	78.19	0.0556
	质量控制标准 D_{9-2}	0.2130	76.17	0.2151
	工程外观质量 D_{9-3}	0.1018	81.35	0.0963
	工程加固质量 D_{9-4}	0.6287	76.42	0.6329
运行管理康复程度 C_{10}	管理制度与人员配置 D_{10-1}	0.2281	59.26	0.1910
	运行管理环境 D_{10-2}	0.1553	65.53	0.1176
	维护修缮环境 D_{10-3}	0.0748	59.96	0.0619
	安全监测 D_{10-4}	0.5418	42.70	0.6295
人员素质 C_{11}	主管领导 D_{11-1}	0.4590	87.50	0.4585
	中层管理 D_{11-2}	0.3112	87.75	0.3099
	操作人员 D_{11-3}	0.2298	86.70	0.2316
安全管理 C_{12}	组织机构 D_{12-1}	0.4046	83.35	0.4011
	安全管理制度 D_{12-2}	0.3102	84.08	0.3049
	事故预防与应急 D_{12-3}	0.2853	80.17	0.2940
施工环境 C_{13}	自然及周边环境 D_{13-1}	0.1105	85.08	0.1065
	现场施工环境 D_{13-2}	0.3435	81.23	0.3467
	工人作业环境 D_{13-3}	0.5460	81.86	0.5468
现场安全管理 C_{14}	施工现场用电、用油 D_{14-1}	0.3163	80.01	0.3295
	大型设备安装运行 D_{14-2}	0.3688	84.58	0.3634
	施工运输 D_{14-3}	0.2344	85.73	0.2279
	危险品存放使用 D_{14-4}	0.0805	84.78	0.0791
安全保障 C_{15}	安全技术保障 D_{15-1}	0.5596	80.99	0.5620
	安全文化建设 D_{15-2}	0.1440	80.99	0.1447
	安全费用保障 D_{15-3}	0.2964	82.20	0.2933
经济效益 C_{16}	防洪效益 D_{16-1}	0.5862	72.71	0.5650
	灌溉效益 D_{16-2}	0.1715	69.47	0.1730
	供水效益 D_{16-3}	0.1679	66.00	0.1783
	养殖效益 D_{16-5}	0.0743	62.26	0.0836
生态效益 C_{17}	水质 D_{17-1}	0.4822	80.07	0.4783
	生物多样性 D_{17-2}	0.1912	71.43	0.2126
	植被覆盖率 D_{17-3}	0.1345	82.65	0.1293
	水文 D_{17-4}	0.0575	84.43	0.0541
	水土保持 D_{17-5}	0.1346	85.00	0.1258
社会效益 C_{18}	社会经济发展 D_{18-1}	0.0641	78.82	0.0686
	政府财政收入 D_{18-2}	0.0653	78.41	0.0702
	居民生活水平 D_{18-3}	0.2786	89.61	0.2621
	公共事业发展 D_{18-4}	0.1730	86.24	0.1692
	自然灾害防治 D_{18-5}	0.4190	82.20	0.4299

通过较低层次的动态权重以及其评分值，即可得到高一层次的评分值，再利用以上相同的计算方法即可得到该层次的动态权重，依次向上操作，最终便可得到最高层次所属影响因素的动态权重及除险加固效果评价的最终综合评价值。

8.3.3.4　除险加固效果评价

1. 评价值求取

根据基础指标的评价值及各评价指标的层次单排序权值，以此逐层向上计算，即可得到虎山水库大坝除险加固效果评价值，并确定其评价等级。计算结果见表8.3−12。

表8.3−12　　　　　　　　　　除险加固各层次指标评价值计算汇总表

上层指标集合	所属子指标	静态权重	综合评价值	动态权重	高层次指标评价值
虎山除险加固效果评价指标体系 A_1	除险加固方案 B_1	0.1054	82.86	0.0842	66.20
	功能指标康复程度 B_2	0.7170	61.93	0.7664	
	工程施工 B_3	0.1014	82.30	0.0815	
	除险加固效益 B_4	0.0762	74.38	0.0679	
除险加固方案 B_1	加固工程投资 C_1	0.4426	85.47	0.4246	82.86
	加固工程技术 C_2	0.4426	79.48	0.4614	
	加固工程施工 C_3	0.1148	83.44	0.1140	
功能指标康复程度 B_2	防洪能力康复程度 C_4	0.5009	72.93	0.4254	61.93
	渗流安全康复程度 C_5	0.2343	55.42	0.2618	
	结构安全康复程度 C_6	0.1078	39.92	0.1673	
	抗震结构安全康复程度 C_7	0.0453	66.91	0.0419	
	金属结构安全康复程度 C_8	0.0806	76.94	0.0649	
	工程质量 C_9	0.0310	49.61	0.0387	
工程施工 B_3	运行管理康复程度 C_{10}	0.0399	87.39	0.0376	82.30
	人员素质 C_{11}	0.2964	82.64	0.2952	
	安全综合管理 C_{12}	0.0822	81.99	0.0825	
	施工环境 C_{13}	0.1459	83.35	0.1440	
	现场安全管理 C_{14}	0.4356	81.35	0.4407	
除险加固效益 B_4	安全保障 C_{15}	0.6195	70.08	0.6575	74.38
	经济效益 C_{16}	0.1258	79.42	0.1178	
	生态效益 C_{17}	0.2547	84.33	0.2246	
	社会效益 C_{18}	0.6359	87.17	0.6300	
加固工程投资 C_1	投资利用充分性 D_{1-2}	0.3641	85.00	0.3700	85.47
加固工程技术 C_2	加固技术适用性 D_{2-1}	0.3333	80.00	0.3312	79.48
	加固技术安全性 D_{2-2}	0.3333	90.00	0.2944	
	加固技术可靠性 D_{2-3}	0.3333	70.76	0.3744	

续表

上层指标集合	所属子指标	静态权重	综合评价值	动态权重	高层次指标评价值
加固工程施工 C_3	施工设备 D_{3-1}	0.2035	83.32	0.2038	83.44
	施工工艺 D_{3-2}	0.1466	75.23	0.1626	
	施工工期 D_{3-3}	0.6499	85.59	0.6336	
防洪能力康复程度 C_4	防洪高程 D_{4-1}	0.2502	80.37	0.2270	72.93
	泄流能力 D_{4-3}	0.7498	70.74	0.7730	
渗流安全康复程度 C_5	防渗体渗透性 D_{5-1}	0.0767	71.05	0.0598	55.42
	出逸点位置 D_{5-2}	0.1397	33.28	0.2326	
	出逸坡降 D_{5-3}	0.2593	78.14	0.1839	
	最大渗透坡降 D_{5-4}	0.4542	54.34	0.4632	
	渗透流量 D_{5-5}	0.0254	57.59	0.0244	
	反滤体、排水设施布置 D_{5-6}	0.0448	68.90	0.0360	
结构安全康复程度 C_6	结构稳定 D_{6-3}	0.7398	34.90	0.8461	39.92
	结构裂缝性状 D_{6-4}	0.2602	67.48	0.1539	
金属结构安全康复程度 C_8	金属结构强 D_{8-1}	0.3455	67.33	0.3433	66.91
	金属结构变形 D_{8-2}	0.3455	67.46	0.3427	
	金属结构稳定 D_{8-3}	0.0418	67.19	0.0416	
	金属结构锈蚀 D_{8-4}	0.1602	67.57	0.1586	
	电器设备保障 D_{8-5}	0.1071	62.99	0.1137	
工程质量 C_9	工程地质与水位地质 D_{9-1}	0.0565	78.19	0.0556	76.94
	质量控制标准 D_{9-2}	0.2130	76.17	0.2151	
	工程外观质量 D_{9-3}	0.1018	81.35	0.0963	
	工程加固质量 D_{9-4}	0.6287	76.42	0.6329	
运行管理康复程度 C_{10}	管理制度与人员配置 D_{10-1}	0.2281	59.26	0.1910	49.61
	运行管理环境 D_{10-2}	0.1553	65.53	0.1176	
	维护修缮环境 D_{10-3}	0.0748	59.96	0.0619	
	安全监测 D_{10-4}	0.5418	42.70	0.6295	
人员素质 C_{11}	主管领导 D_{11-1}	0.4590	87.50	0.4585	87.39
	中层管理 D_{11-2}	0.3112	87.75	0.3099	
	操作人员 D_{11-3}	0.2298	86.70	0.2316	
安全管理 C_{12}	组织机构 D_{12-1}	0.4046	83.35	0.4011	82.64
	安全管理制度 D_{12-2}	0.3102	84.08	0.3049	
	事故预防与应急 D_{12-3}	0.2853	80.17	0.2940	
施工环境 C_{13}	自然及周边环境 D_{13-1}	0.1105	85.08	0.1065	81.99
	现场施工环境 D_{13-2}	0.3435	81.23	0.3467	
	工人作业环境 D_{13-3}	0.5460	81.86	0.5468	

续表

上层指标集合	所属子指标	静态权重	综合评价值	动态权重	高层次指标评价值
现场安全管理 C_{14}	施工现场用电、用油 D_{14-1}	0.3163	80.01	0.3295	83.35
	大型设备安装运行 D_{14-2}	0.3688	84.58	0.3634	
	施工运输 D_{14-3}	0.2344	85.73	0.2279	
	危险品存放使用 D_{14-4}	0.0805	84.78	0.0791	
安全保障 C_{15}	安全技术保障 D_{15-1}	0.5596	80.99	0.5620	81.35
	安全文化建设 D_{15-2}	0.1440	80.99	0.1447	
	安全费用保障 D_{15-3}	0.2964	82.20	0.2933	
经济效益 C_{16}	防洪效益 D_{16-1}	0.5862	72.71	0.5650	70.08
	灌溉效益 D_{16-2}	0.1715	69.47	0.1730	
	供水效益 D_{16-3}	0.1679	66.00	0.1783	
	养殖效益 D_{16-5}	0.0743	62.26	0.0836	
生态效益 C_{17}	水质 D_{17-1}	0.4822	80.07	0.4783	79.42
	生物多样性 D_{17-2}	0.1912	71.43	0.2126	
	植被覆盖率 D_{17-3}	0.1345	82.65	0.1293	
	水文 D_{17-4}	0.0575	84.43	0.0541	
	水土保持 D_{17-5}	0.1346	85.00	0.1258	
社会效益 C_{18}	社会经济发展 D_{18-1}	0.0641	78.82	0.0686	84.33
	政府财政收入 D_{18-2}	0.0653	78.41	0.0702	
	居民生活水平 D_{18-3}	0.2786	89.61	0.2621	
	公共事业发展 D_{18-4}	0.1730	86.24	0.1692	
	自然灾害防治 D_{18-5}	0.4190	82.20	0.4299	

2. 评价结果分析

从表 8.3 - 12 可知，虎山水库大坝除险加固效果评价值最终为 66.20，与附录 D 中水库大坝除险加固效果评价等级集对照可知，虎山水库大坝除险加固效果所处的等级为"不成功"。该评价结果表明，目前已采取的水库大坝除险加固措施并不能明显改善水库大坝的工作性态。进一步分析其原因，可以看出：在第二层指标中，权重最大（静态权重 0.7170、动态权重 0.7664）的功能康复程度 B_2 评价值较低，只有 61.93，是造成该次除险加固不成功的主要原因；而在 B_2 的下一层指标中，权重较大的渗流安全康复程度 C_5（55.42）、结构安全康复程度 C_6（39.92）和工程质量 C_6（39.92）评价值较低；再进一步细分，C_5 中指标权重较大的出逸点高程 D_{5-2}（33.28）、最大渗透坡降 D_{5-4}（54.34）和 C_6 中指标权重的结构抗滑稳定 D_{6-4}（34.90）评价值较低，是除险加固不成功的最根本原因，究其原因主要是由于参照原规范或者其他一些未知原因使得部分除险加固设计内容没有实施，使除险加固过程中并未采取有效措施改善水库大坝的渗流安全、结构安全状况。综合上述分析，最终得到的虎山水库大坝除险加固效果评价值是合理的，与工程实际情况是一致的。

附　　录

附录 A　病险水库除险加固效果评价非时效性指标评分表

表 A‑1　非时效性指标评价值与评价等级对应关系

指标评价等级	指标评价值	指标评价等级	指标评价值
完全成功	[90，100]	不成功	[60，70)
较成功	[80，90)	失败	[0，60)
基本成功	[70，80)		

注　对于基础指标具体评价分项的评价等级与评价值对应关系，根据该分项的满分，进行等比例换算，例如，若某分项满分 50，则完全成功对应 [45，50]，较成功对应 [40，45)，以此类推。

表 A‑2　加固工程投资指标评分表

评价指标	评价内容	满分	实得分数
投资利用合理性	对于较为严重、危害较大的病险问题，是否投入了更多的资金进行治理，考察是否依据病害问题的严重性、危害程度合理地利用了工程投资款	100	
投资利用充分性	除险加固工程的每一笔投资款是否发挥其应有作用，考察工程投资是否达到预期效果或其应达到的效果	100	

表 A‑3　加固工程技术指标评分表

评价指标	评价内容	满分	实得分数
加固技术先进性	从设计规范、工程标准、施工工艺、工程质量等分析加固技术可以达到的水平，包括国际水平、国内先进水平、国内一般水平	100	
加固技术适用性	从技术难度、施工技术水平、加固技术适用条件分析加固技术的适用性，特别是除险加固技术对不同地区不同病险水库条件的适用性	100	
加固技术经济性	根据主要技术经济指标，如工程投资、运行及维修养护成本、环境等，说明所采取的加固技术是否在费用较小的情况下取得相对较大的加固治理效果	100	

表 A‑4　加固工程施工指标评分表

评价指标	评价内容	满分	实得分数
施工设备	施工设备选型的标准和水平、设备的工作性能可靠程度等	100	
施工工艺	施工工艺流程、施工组织设计组织等	100	
施工工期	除险加固方案下相应施工工期长短，是否会延迟等	100	

表 A‑5　　　　　　　　　　　　　　**工程质量指标评分表**

评价指标	评 价 内 容	满分	实得分数
工程地质水文地质	坝基及坝肩工程地质条件，软弱结构面，水库地下水或地表水等其他工程水文地质	100	
质量控制标准	质量控制标准的选取是否合情、合理	100	
工程外观质量	建筑物尺寸是否满足要求，建筑物美观是否存在问题等工程外观质量	100	
工程加固质量	建筑材料选择、填筑方法与标准、施工质量、安全监测设备		

表 A‑6　　　　　　　　　　　　　　**人员素质指标评分表**

评价指标	评 价 内 容	满分	实得分数
主管领导	安全生产责任感：制定明确的安全目标和方针，建立安全组织机构的建立，并提供有效的资源、政策支持情况指挥、监控安全管理制度的制定	40	
	决策能力：为实现安全目标提供必要的资源情况，为检查工作的实施效果、改进提供资源、政策支持情况	30	
	安全意识：确定安全宣传、培训方针并提供支持，指导安全培训、宣传活动的策划	30	
	合　计	100	
中层管理	管理资质：取得安全生产相应培训资质即可达到35分以上，否则低于30分	40	
	工作能力：监督、确保安全目标的执行情况，建立安全管理制度完善程度，岗位安全行为的定期检查情况，建立完善的检查档案情况，有改进安全工作的方案和行为	30	
	工作经验：具有水电施工行业安全管理工作的经历，接受水电工程施工管理培训	30	
	合　计	100	
操作人员	安全培训：掌握工程施工知识程度，特种作业人员具有特种作业操作证	50	
	安全操作能力：自觉遵守安全制度和操作规程，认真执行安全培训内容情况	50	
	合　计	100	

表 A‑7　　　　　　　　　　　　　　**安全管理指标评分表**

评价指标	评 价 内 容	满分	实得分数
组织机构	承包商进行招投标时，是否具备所有业主要求的证书及相关证明，其资质是否满足工程需求，是否符合各方面审查规定	50	
	施工企业的安全组织机构是否符合相关规定，组织结构人员配置是否满足相关文件的要求	50	
	合　计	100	

评价指标	评 价 内 容	满分	实得分数
安全管理制度	现场安全设备、设施安全管理制度执行状况，作业环境管理制度执行情况，人员安全作业制度执行情况	40	
	安全规章制度健全程度，安全制度完善程度，安全管理制度持续改进机制完善状况	30	
	安全技术措施落实检查状况，规章制度执行检查状况，现场事故隐患排查情况	30	
	合　计	100	
事故预防与应急机制	应急组织和机构：应急机构完善程度，应急人员职责划分明确情况	40	
	应急预案：应急预案与企业安全需求的吻合情况，应急预案完善情况，应急演练情况	30	
	应急能力：医疗救助能力，消防能力，运输能力，通信能力	30	
	合　计	100	

表 A - 8　施工环境指标评分表

评价指标	评 价 内 容	满分	实得分数
自然及周边环境	气象及工程水文条件，每项不利因素扣减 10 分	30	
	工程地形及地质条件，每项不利因素扣减 10 分	30	
	现场重大危险设施布置，每项不利因素扣减 10 分	40	
	合　计	100	
现场施工环境	封闭围挡，每项不利因素扣减 10 分	30	
	场地布置，每项不利因素扣减 10 分	40	
	材料堆放，每项不利因素扣减 10 分	30	
	合　计	100	
工人作业环境	照明条件，每项不利因素扣减 10 分	40	
	噪声与振动，每项不利因素扣减 10 分	30	
	现场通风，每项不利因素扣减 10 分	30	
	合　计	100	

表 A - 9　现场安全管理指标评分表

评价指标	评 价 内 容	满分	实得分数
施工现场用电	对线路敷设、配电箱、变压器、接地与防雷、电动机械与手持设备等安全的检查情况	100	
大型设备安装运行	在选用安拆单位时，审查其资质，编制详尽的安拆方案。严格按照《建设工程安全生产管理条例》第十七条规定，进行自检，出具自检合格证明，向施工单位进行安全使用说明。每项不利因素扣 10 分	100	
施工运输	施工道路与公路安全情况，每项不利因素扣 10 分	40	
	运输物品的安全状况，每项不利因素扣 10 分	30	
	运输工具安全状况，每项不利因素扣 10 分	30	
	合　计	100	
危险品存放使用	危险品存放与使用是否符合相关规定，每项不利因素扣 10 分		

表 A-10   **安全保障指标评分表**

评价指标	评 价 内 容	满分	实得分数
安全技术保障	常用安全技术、特殊安全技术等的拥有及人员掌握情况，新型安全技术的研发情况	100	
安全文化建设	各种安全制度的收集归类、补充完善及解释，安全宣传教育的内容、方法、手段、频次、安全宣传标志布局等，针对各级参建人员的各种安全规章制度及安全技术的教育培训	100	
安全费用保障	项目法人安全费用额度的合理性，承包商的安全投入的合理性进行评价	100	

表 A-11   **经济效益指标评分表**

评价指标	评 价 内 容	满分	实得分数
防洪效益	根据病险水库的实际情况，评估防洪安保效益增量的上限，并与加固后水库实际的防洪安保效益增量比较，以此确定指标评分	100	
灌溉效益	根据病险水库实际情况，评估灌溉面积增量的上限，并与加固后水库实际的灌溉面积增量比较，以此确定指标评分	100	
供水效益	根据病险水库实际情况，评估供水保证率增量上限，并与加固后水库实际的供水保证率增量比较，确定指标评分	100	
发电效益	根据病险水库实际情况，评估年发电量增量的上限，并与加固后水库实际的年发电量增量比较，以此确定指标评分	100	
养殖效益	根据病险水库实际情况，评估年养殖量增量的上限，并与加固后水库实际的年养殖量增量比较，以此确定指标评分	100	
旅游效益	根据病险水库实际情况，评估年旅游收入增量上限，并与加固后水库实际年旅游收入增量比较，以此确定指标评分	100	

表 A-12   **生态效益指标评分表**

评价指标	评 价 内 容	满分	实得分数
水质	对除险加固前后水库的水质进行比较分析，评价水质的改善程度	100	
生物多样性	对除险加固前后水库的生物多样性进行比较分析，评价生物多样性的改善程度	100	
植被覆盖率	对除险加固前后水库的植被覆盖率进行比较分析，评价植被覆盖情况的改善程度	100	
水文	对除险加固前后坝址区水文情况进行比较分析，评价水文情况的变化程度	100	
水土保持	对除险加固前后坝址区水土保持情况进行比较分析，评价其变化程度	100	

表 A-13   **社会效益指标评分表**

评价指标	评 价 内 容	满分	实得分数
社会经济发展	比较加固前后区域社会经济发展变化	100	
政府财政收入	比较除险加固前后政府财政收入的变化情况	100	
居民生活水平	比较除险加固前后居民生活水平的改变情况	100	
公共事业发展	比较除险加固前后当地公共事业发展的改变情况	100	
自然灾害防治	比较除险加固前后当地自然灾害防治的改变情况	100	

附录 B　病险水库除险加固效果评价时效性指标评分表

表 B-1　　　　　　　　　时效性指标加固前后安全程度评分表

安全程度	评分标准	评分范围
非常安全	各参数均满足相应规范值，且具有较大的安全储备，各评价指标的安全储备阈值视病险水库的实际情况而定，下同	[80，100]
基本安全	各参数满足相应规范值，但个别参数的安全储备很小	[60，80)
不安全	部分参数超出相应规范的安全范围，且超出范围较小，各评价指标的超出范围阈值视病险水库的实际情况而定，下同	[40，60)
很不安全	部分参数超出相应规范的安全范围，且超出范围较大	[20，40)
极不安全	全部参数超出相应规范的安全范围，且超出范围较大	[0，20)

表 B-2　　　　　　　　　防洪能力康复程度指标评分表

评价指标	加固前安全程度评分	加固后安全程度评分	加固前指标安全度 S_1	加固后指标安全度 S_2	安全等级提升系数 C	量化评价值
防洪高程						
防洪库容						
泄流能力						
防洪标准						

表 B-3　　　　　　　　　渗流安全康复程度指标评分表

评价指标	加固前安全程度评分	加固后安全程度评分	加固前指标安全度 S_1	加固后指标安全度 S_2	安全等级提升系数 C	量化评价值
防渗体渗透性						
出逸点位置						
出逸坡降						
最大渗透坡降						
渗透流量						
反滤体排水设施布置						

　　限于篇幅，仅列出防洪能力康复程度 C_4 和渗流安全康复程度 C_5 的指标评分表，其他时效性指标相同。

附录 C 病险水库除险加固效果评价指标主观权重调查表

此调查表的目的在于确定水库大坝除险加固效果各评价指标之间的相对权重，调查表根据层次分析法的形式设计。这种方法是在同一个层次对影响因素重要性进行两两比较。衡量尺度划分为 9 个等级，数值 9、7、5、3、1 分别表示绝对重要、十分重要、比较重要、稍微重要、同样重要；2、4、6、8 分别表示上述相邻判断的中间值。靠左边的衡量尺度表示左列因素重要于右列因素，靠右边的衡量尺度表示右列因素重要于左列因素。根据您的看法，在对应方格中打钩即可。下面以一具体事例说明。

比如一套住房的地理位置重要，还是价格重要。如果您认为一套住房的地理位置相对于价格十分重要，那么请在左侧（十分重要）下边的方格打钩。

表 C-1　　　　　　　　　　　　总目标主观权重调查表

A	评价尺度																	B
	9	8	7	6	5	4	3	2	1	2	3	4	5	6	7	8	9	
地理位置																		价格

注　衡量尺度划分为 9 个等级，数值 9、7、5、3、1 分别表示绝对重要、十分重要、比较重要、稍微重要、同样重要；2、4、6、8 分别表示上述相邻判断的中间值。

限于篇幅，仅列出总目标 A 主观权重调查表、除险加固方案 B_1 下子指标主观权重调查表以及加固工程技术 C_2 下各基础指标主观权重的调查表，其余主观权重调查表均与之相同。

表 C-2　　　　　　　　　　　　总目标主观权重调查表

总目标 A	说明
除险加固方案	包括：除险加固技术、除险加固施工
功能指标康复程度	包括：防洪能力康复程度、渗流安全康复程度、结构安全康复程度、抗震安全康复程度、金属结构安全康复程度、工程质量、运行管理康复程度
工程施工	包括：人员素质、安全综合管理、施工环境、施工现场安全管理、安全保障
除险加固效益	包括：工程投资、防洪效益、灌溉效益、供水效益、发电效益、养殖效益、旅游效益、生态效益

A	评价尺度																	B
	9	8	7	6	5	4	3	2	1	2	3	4	5	6	7	8	9	
除险加固方案																		功能指标康复程度
除险加固方案																		工程施工
除险加固方案																		除险加固效益
功能指标康复程度																		工程施工

总目标 A	说明												
功能指标 康复程度													除险加固 效益
工程施工													除险加固 效益

表 C-3　　　　　　　　　除险加固方案主观权重调查表

除险加固 方案	说明
加固工程 投资	包括：投资利用合理性、投资利用充分性
加固工程 技术	包括：加固技术适用性、加固技术安全性、加固技术可靠性
加固工程 施工	包括：施工设备、施工工艺、施工工期

A	评价尺度																	B
	9	8	7	6	5	4	3	2	1	2	3	4	5	6	7	8	9	
加固工程 投资																		加固工程 技术
加固工程 投资																		加固工程 施工
加固工程 技术																		加固工程 施工

表 C-4　　　　　　　　　工程加固技术主观权重调查表

除险加固 技术	说　明
加固技术 适用性	基础指标
加固技术 安全性	基础指标
加固技术 可靠性	基础指标

A	评价尺度																	B
	9	8	7	6	5	4	3	2	1	2	3	4	5	6	7	8	9	
加固技术 适用性																		加固技术 安全性
加固技术 适用性																		加固技术 可靠性
加固技术 安全性																		加固技术 可靠性

参 考 文 献

［1］ 中华人民共和国水利部. 2019 年全国水利发展统计公报［M］. 北京：中国水利水电出版
社，2020.

［2］ 马福恒. 病险水库大坝风险分析与预警方法［D］. 南京：河海大学，2006.

［3］ 张湛. 病险水库除险加固效果综合评价方法及应用［D］. 南京：河海大学，2018.

［4］ 刘冲，沈振中，甘磊，等. 基于模糊灰色聚类-组合赋权的病险水库康复度综合评价方法［J］. 水
利水电科技进展，2018，38（3）：36－41.

［5］ 沈振中，甘磊，徐力群，等. 病险水库除险加固效果的量化评价模型［J］. 水利水电科技进展，
2018，38（5）：10－14，80.

［6］ 韦强军，马福恒，李子阳，等. 病险水库除险加固功能康复程度评估信息模型及应用［J］. 水电
能源科学，2019，37（8）：47－50，21.

［7］ 杜雷功. 全国病险水库除险加固专项规划综述［J］，水利水电工程设计，2003，22（3）：1－5.

［8］ 马福恒，盛金保，胡江，等. 水库大坝安全评价［M］，南京：河海大学出版社，2019.

［9］ 马福恒，李子阳，徐国龙，等. 大坝安全检测与监测技术标准化及应用［M］，北京：中国水利水
电出版社，2018.

［10］ 张国栋，李雷，彭雪辉. 基于大坝安全鉴定和专家经验的病险程度评价技术［J］. 中国安全科学
学报，2008，18（9）：158－166.

［11］ 王士军，董福昌，葛从兵，等. 土石坝结构安全分析评价系统［J］. 水电自动化与大坝监测，
2006，30（5）：33－35.

［12］ 阮建清，刘忠恒，严祖文. 基于风险的病险水库除险加固方案优化技术［J］. 中国水利水电科学
研究院学报，2014（1）：36－41.

［13］ 张计. 土石坝安全与除险加固效果量化评价体系研究［D］. 武汉：长江科学院，2011.

［14］ 吴焕新. 病险水库除险加固治理效果综合评价体系研究［D］. 济南：山东大学，2009.

［15］ Jatin S. Nathwani, Niels C. Lind, Mahesh D. Pandey. The LQI standard of practice: optimizing
engineered safety with the life quality index［J］. Structure & Infrastructure Engineering，2008，4（5）：
327－334.

［16］ Maes M A, Pandey M D, Nathwani J S. Harmonizing structural safety levels with life-quality ob-
jectives［J］. Canadian Journal of Civil Engineering，2011，30（3）：500－510.

［17］ Brown C A, Graham W J. Assessing the threat to life from dam failure［J］. Jawra Journal of the
American Water Resources Association，2007，24（6）：1303－1309.

［18］ Jonkman S N, Vrijling J K, Vrouwenvelder A. Methods for the estimation of loss of life due to
floods: a literature review and a proposal for a new method［J］. Natural Hazards，2008，46（3）：
353－389.

［19］ Jonkman S N. Loss of life estimation in flood risk assessment: theory and applications［D］. Delft u-
niversity of Technology，2007.

［20］ Su H Z, Wen Z P, Hu J, et al. Evaluation model for service life of dam based on time-varying risk
probability［J］. Science in China，2009，52（7）：1966－1973.

［21］ 胡江，苏怀智. 基于生命质量指数的病险水库除险加固效应评价方法［J］. 水利学报，2012（7）：
852－859，868.

[22] 赵杰. 土石坝除险加固防渗技术方案多目标决策研究 [D]. 长沙：长沙理工大学，2012.

[23] 马福恒，向衍，吴中如. 土石坝渗流警兆指标体系及拟定方法研究 [J]. 人民黄河，2007，29 (3)：64-65.

[24] 王根杰. 专家模糊意见动态权重集成方法 [D]. 南宁：广西大学，2008.

[25] Petrakian R，Haimes Y Y，Stakhiv E，et al. Risk analysis of dam failure and extreme floods [J]. Journal of Nutrition，2010，132 (9)：2644-50.

[26] Zahedi F. The analytic hierarchy process—a survey of the method and its applications [J]. Interfaces，1986，16 (16)：96-108.

[27] 蔡守华，张展羽，张鹏，等. 基于 AHP-TOPSIS 的小型水库除险加固优化排序方法 [J]. 扬州大学学报（自然科学版），2009，12 (1)：71-75.

[28] 王宁. 土石坝除险加固效果评价方法及其应用 [D]. 南京：河海大学，2014.

[29] 张佩，姜暑芳，李富滨. 风险排序及其在病险水库除险加固工程中的应用 [J]. 四川水力发电，2013 (5)：62-64.

[30] 田林钢，肖盈盈. 智能加权灰靶决策理论在水库除险加固中的应用 [J]. 人民长江，2012 (3)：33-35.

[31] Xing A Q，Wang C L. Applications of the exterior penalty method in constrained optimal control problems [J]. Optimal Control Applications & Methods，1989，10 (4)：333-345.

[32] 李子阳. 大坝病险预警的盲分析模型和方法 [D]. 南京：河海大学，2009.

[33] 吴子平，王振波，宋修广. 施工期混凝土拱坝应力实测数据的混合模型研究 [J]. 河海大学学报（自然科学版），2000，28 (1)：100-105.

[34] Franz S. Continuous interior penalty method on a Shishkin mesh for convection-diffusion problems with characteristic boundary layers [J]. Computer Methods in Applied Mechanics & Engineering，2008，197 (45-48)：3679-3686.

[35] 闫滨，钱静宇，郭超. 基于动态权重的综合指标权重确定及应用 [J]. 沈阳农业大学学报，2014 (1)：58-61.

[36] Maeda H，Murakami S. A fuzzy decision-making method and its application to a company choice problem [J]. Information Sciences An International Journal，1988，45 (2)：331-346.

[37] Chang C C，Lin C J. LIBSVM：A library for support vector machines [J]. Acm Transactions on Intelligent Systems & Technology，2011，2 (3)：389-396.

[38] Kangas J. The Analytic Hierachy Process (AHP)：Standard Version，Forestry Application and Advances [M]. New York：Springer，1999.

[39] 严祖文，魏迎奇，李维朝. 水库除险加固技术方案关联分析与决策 [J]. 中国水利水电科学研究院学报，2012，10 (2)：153-159.

[40] 杨志民. 不确定性支持向量机原理及应用 [M]. 北京：科学出版社，2007.

[41] Vapnik V N. An overview of statistical learning theory [J]. IEEE Transactions on Neural Networks，1999，10 (10)：988-999.

[42] 高永刚，岳建平，石杏喜. 支持向量机在变形监测数据处理中的应用 [J]. 水电自动化与大坝监测，2005，29 (5)：36-39.

[43] 姜谙男，梁冰. 基于 PSO-SVM 的大坝渗流监测时间序列非线性预报模型 [J]. 水利学报，2006，37 (3)：331-335.

[44] 宋志宇，李俊杰. 最小二乘支持向量机在大坝变形预测中的应用 [J]. 水电能源科学，2006，24 (6)：49-52.

[45] 苏怀智，温志萍，吴中如. 基于 SVM 理论的大坝安全预警模型研究 [J]. 应用基础与工程科学学报，2009，17 (1)：40-48.

［46］ Levy P S. Measurement error and misclassification in statistics and epidemiology： impacts and bayesian adjustments ［J］. American Journal of Epidemiology，2004，159 (9)： 911 - 920.

［47］ Jiang Y，Xu C，Liu Y，et al. A new approach for representing and processing uncertainty knowledge ［C］. IEEE International Conference on. Information Reuse and Integration，2003： 466 - 470.

［48］ 蒋云良，徐从富. 集对分析理论及其应用研究进展 ［J］. 计算机科学，2006，33 (1)： 205 - 209.

［49］ 刘亚莲，胡建平. 土石坝安全的集对分析—可变模糊集评价模型 ［J］. 人民长江，2011，42 (11)： 91 - 94.

［50］ 何金平，施玉群，齐文强. 基于集对分析的指标属性测度确定方法 ［J］. 武汉大学学报 (工学版)，2010，43 (4)： 429 - 432.

［51］ Cao Z，Pender G，Wallis S，et al. Computational dam - break hydraulics over erodible sediment bed ［J］. Journal of Hydraulic Engineering，2004，130 (7)： 689 -703.

［52］ Rathbun J. Dams and clams： freshwater mussel surveys and translocations in the context of dam removal projects ［C］. World Environmental and Water Resources Congress，2010： 1759 - 1776.

［53］ Dong J J，Tung Y H，Chen C C，et al. Logistic regression model for predicting the failure probability of a landslide dam ［J］. Engineering Geology，2011，117 (1)： 52 - 61.

［54］ Afshar M H. A two - stage penalty method for discrete optimization of pipe networks ［J］. Scientia Iranica，2004，11 (4)： 283 - 291.

［55］ Vapnik V N. The Nature of Statisitical Learing ［M］. New York：Springer，1995.

［56］ Suykens J A K，Vandewalle J. Least squares support vector machine classifiers ［J］. Neural Processing Letters，1999，9 (3)： 293 - 300.

［57］ 钮新强. 全国病险水库除险加固专项规划 ［M］. 北京：中国水利水电出版社，2007.

［58］ 顾冲时，吴中如. 大坝与坝基安全监控理论和方法及其应用 ［M］. 南京：河海大学出版社，2006.

［59］ 吴子平，王振波，宋修广. 施工期混凝土拱坝应力实测数据的混合模型研究 ［J］. 河海大学学报 (自然科学版)，2000，28 (1)： 100 - 105.

［60］ 陈继光，李光东，刘中波. 大坝变形数据处理中的离散小波分析方法 ［J］. 水电能源科学，2003，21 (4)： 11 - 13.

［61］ Suykens J A K，Vandewalle J. Least squares support vector machines classifiers ［J］. Neural Processing Letters，1999，9 (3)： 293 - 300.

［62］ 宋志宇，李俊杰. 最小二乘支持向量机在大坝变形预测中的应用 ［J］. 水电能源科学，2006，24 (6)： 49 - 52.

［63］ 苏怀智，温志萍，吴中如. 基于SVM理论的大坝安全预警模型研究 ［J］. 应用基础与工程科学学报，2009，17 (1)： 40 - 48.

［64］ Vapnik V N. An Overview of Statistical Learing Theory ［J］. IEEE Trans on Neural Network，1999，10 (5)： 988 - 999.

［65］ 白鹏，等. 支持向量机理论及工程应用实例 ［M］. 西安：西安电子科技大学出版社，2008.

［66］ 汪树玉，刘国华，刘立军. 大坝监测分析中的贝叶斯动态模型 ［J］. 水利学报，1998 (7)： 73.

［67］ 李宁. 基于多源信息融合的复杂系统安全监测及诊断方法研究 ［D］. 昆明：云南大学，2010.

［68］ Waltz E，Llina J. Multi - sensor Data Fusion ［M］. Boston：Artech House，1990.

［69］ 任艳玲，朱明放. 基于集对分析的综合评价方法及其应用 ［J］. 微计算机信息，2007，23 (36)： 220 - 222.

［70］ 吴中如. 重大水工混凝土结构病害检测与健康诊断 ［M］. 北京：高等教育出版社，2005.

［71］ 孟宪萌，胡和平. 基于熵权的集对分析模型在水质综合评价中的应用 ［J］. 水利学报，2009，40 (3)： 257 - 262.

［72］ 刘亚莲，胡建平. 土石坝安全的集对分析-可变模糊集评价模型 ［J］. 人民长江，2011 (11)：

91－94.

[73] 杨捷，何金平，李珍照. 大坝结构实测性态综合评价中定量评价指标度量方法的基本思路 [J]. 武汉大学学报（工学版），2001（4）：25－28.

[74] 杨杰，郑成成，江德军，等. 病险水库理论分析研究进展 [J]. 水科学进展，2014，25（1）：148－154.

[75] 阮建清，刘忠恒，严祖文. 基于风险的病险水库除险加固方案优化技术 [J]. 中国水利水电科学研究院学报，2014（1）：36－41.

[76] 钮新强. 水库病害特点及除险加固技术 [J]. 岩土工程学报，2010（1）：153－157.

[77] 闫滨，钱静宇，郭超. 基于动态权重的综合权重指标权重确定及应用 [J]. 沈阳农业大学学报，2014，45（1）：58－61.

[78] 刘鹏，张园林，晏湘涛. 基于专家动态权重的群组 AHP 交互式决策方法 [J]. 数学的实践认识，2007，37（13）：85－90.

[79] 王根太. 专家模糊意见动态权重集成方法 [D]. 南宁：广西大学，2008.

[80] 田永红，薄亚明，高美凤. 多维多极值函数优化的和声退火算法 [J]. 计算机仿真，2004，21（10）：79－82.

[81] 陈莹珍. 和声搜索算法的改进研究 [D]. 银川：北方民族大学，2012.

[82] 欧阳海滨，高立群，邹德旋. 和声搜索算法能力研究及其修正 [J]. 控制理论与应用，2014，31（1）：57－65.

[83] 张风荣，潘全科，庞荣波. 基于和声退火算法的多维函数优化 [J]. 计算机应用研究，2010，27（3）：853－856.

[84] Malmborg C J. A simulated annealing algorithm for dynamic document retrieval [J]. International Journal of Industrial Engineering：Theory Applications and Practice，2003，10（2）：115－125.

[85] Schanze T. An exact D－dimensional Tsallis random number generator for generalized simulated annealing [J]. Computer Physics Communications，2006，175（11－12）：708－712.

[86] 方国华，高玉琴，谈为雄，等. 水利工程管理现代化评价指标体系的构建 [J]. 水利水电科技进展，2013，33（3）：39－44.

[87] Peng L. Effects of anti－dam campaigns on institutional capacity：A case study of Meinung from Taiwan [J]. Paddy and Water Environment，2013，11（1－4）：353－367.

[88] Yerel S，Anagun A S. Assessment of water quality observation stations using cluster analysis and ordinal logistic regression technique [J]. International Journal of Environment and Pollution，2010，42（4）：344－358.

[89] Dong J，Tung Y，Chen C，et al. Logistic regression model for predicting the failure probability of a landslide dam [J]. Engineering Geology，2011，117（1－2）：52－61.

[90] Franz S. Continuous interior penalty method on a Shishkin mesh for convection－diffusion problems with characteristic boundary layers [J]. Computer Methods in Applied Mechanics and Engineering，2008，197（45－48）：3679－3686.

[91] 毛强，郭亚军，郭英民. 基于利益相关视角的评价者权重确定方法 [J]. 系统工程与电子技术，2013，4（3）：1－6.

作 者 简 介

马福恒 男，1969年9月生，工学博士，正高级工程师、博士生导师。现任水利部大坝安全管理中心水闸处副处长，江苏省第四期"333工程"第三层次培养对象，中国水力发电工程学会抗震防灾专委会委员，《水电能源科学》等期刊编委。

主要从事水利水电工程安全评价、健康诊断、风险管理、安全监测（控）等领域的理论创新和关键技术研究工作。先后主持完成国家自然基金重点项目专题1项、基金面上项目2项，负责重点研发专项课题1项、省部级水利科技攻关项目近20项。主持完成南水北调中线干线工程、黄河小浪底水利枢纽、河南出山店水库、浙江曹娥江大闸、重庆金佛山水利枢纽、林州红旗渠等重大水利水电工程的安全评价、安全监测（控）、健康诊断及风险评估等百余项。研究成果获全国优秀工程咨询成果二等奖1项，省部级科技进步奖6项，中国水利工程优质（大禹）奖2项，地市级（厅局级）奖励10余项，授权专利8项、软件著作权10余项。在国内外发表学术论文70余篇，出版专著5部、译著1部，主参编国家、行业及地方技术标准5部。已培养硕士、博士研究生各2名、博士后1名。目前在读硕士研究生2名、博士研究生2名、博士后1名。

邮箱地址：fhma@nhri.cn

沈振中 男，江苏苏州人，1968年3月生，博士后，教授，博士生导师。1990年获得河海大学水利水电工程建筑专业学士学位，1993年获得河海大学水力学与河流动力学硕士学位，1995年获得河海大学岩土工程专业博士学位，同年留校参加工作，2003年被聘为教授。2000—2002年由教育部委派在日本京都大学进行博士后研究。2007年入选江苏省"333高层次人才培养工程"中青年科学技术带头人，2012年入选江苏高校"青蓝工程"中青年学术技术带头人。2013—2019年任河海大学水利水电学院副院长，现兼任新加坡《水利电力技术与应用》主编，《水利学报》《河海大学学报》《南水北调与水利科技》和《水利与建筑工程学报》编委，中国大坝协会多功能水库大坝专业委员会委员、中国水利学会地下水科学与工程专业委员会委员。

长期从事水利工程科学研究、人才培养和工程实践，主持和承担过国家自然科学基金、国家科技攻关、省部基金和生产委托等项目 200 多项，参加水利工程安全鉴定 60 多个；获得国家科技进步二等奖 1 项，省部级科技进步一等奖 1 项、二等奖 5 项、三等奖 3 项，省水利科技进步特等奖 2 项、一等奖 2 项、三等奖 2 项，其他厅局级科技进步一等奖 4 项；获授权国家发明专利 30 多项，出版专著和教材 6 部，参编《大辞海》《水利大辞典》《水工设计手册》第二版和《碾压式土石坝设计规范》修订版、《液压升降坝设计规范》等，发表学术论文 300 余篇（其中 SCI、EI 和 ISTP 收录 100 余篇）。获中国岩石力学与工程学会第五届青年科学技术奖银奖，2018 年度严恺科技奖，指导研究生获江苏省优秀硕士论文 5 篇，校优博论文 2 篇、优硕论文 7 篇；主编的《水利工程概论》获第一届全国高等学校水利类专业优秀教材奖、徐芝纶教材奖一等奖，获其他教学奖励多项。

邮箱地址：zhzhshen@hhu.edu.cn

李子阳 男，安徽亳州人，1983 年 9 月生，2009 年毕业于河海大学水工结构工程专业，获博士学位。2009 年 7 月至今在南京水利科学研究院工作，现任大坝安全与管理研究所安全评价研究室主任，正高级工程师，硕士生导师，中国大坝工程学会水库泥沙处理与资源利用技术专业委员会副秘书长，安徽省水下建筑健康诊治工程研究中心主要技术带头人，江苏省"333 高层次人才培养工程"中青年学术技术带头人。

主要从事水利水电工程健康诊断、监控预警、风险管理等研究工作。工作以来，主持完成国家自然科学基金青年基金项目 1 项、课题负责重点项目 1 项，主参国家自然科学基金面上项目 1 项、青年基金项目 3 项，参与"十三五"国家重点研发计划课题 2 项，其中专题负责 1 项；主持或参与多项省部级科研项目，包括行业技术标准编制 1 项、水利部公益性行业专项 2 项、河南省水利科技攻关项目 6 项等；相关研究成果对提高水利工程应对环境变化的安全诊断、监控分析与风险管理水平具有积极贡献。另承担或参与各类技术咨询项目近百项，负责完成丹江口水利枢纽、万家寨水利枢纽、燕山水库等全国 20 余座大型水利工程的安全评价、蓄水安全鉴定/竣工技术鉴定、调度规程编制、预警指标拟定等技术咨询工作。发表核心期刊及以上论文 50 余篇，参编行业、地方标准 3 部，主编专、译著 5 本，申请发明专利 5 项、实用新型专利 3 项、软件著作权 8 项。成果获大禹水利科学技术进步奖二等奖 1 项、河南省科学技术进步二等奖 1 项、中国水利工程优质（大禹）奖 1 项、中国水运建设行业协会科学技术三等奖 1 项等。

邮箱地址：zyli@nhri.cn

张湛　男，河南开封人，1977 年 6 月生，河海大学水利水电建设与管理专业博士，水利工程监理工程师、造价工程师。2007 年考入河南省水利厅公务员，从事水利工程建设管理工作。2021 年 7 月，入职深圳市深水兆业工程顾问有限公司，任总工程师。

长期奋战在水利工程建设现场一线，作为主要工作人员先后参加了河南省燕山水库、河南省西霞院水利枢纽输水及灌区工程等多个国家和省级重点水利工程建设，参建工程分别获得了"鲁班奖""大禹奖"及省部级优质工程奖；在省水利厅工作期间起草了《河南省水利工程建设监理管理办法》《河南省水利工程建设现场管理规定》《河南省水利工程建设质量违规行为责任追究办法》等规范性文件，负责修编了《河南省水利水电工程安全生产知识培训教材》等专业性教材；先后获得河南省科技进步二等奖 2 项、三等奖 1 项及厅级科技进步一等奖 7 项、二等奖 2 项，发表学术论文 7 篇；先后被评为"河南省病险水库除险加固工程建设管理先进个人""河南省水利基本建设管理先进个人"，授予"三等功"一次，2017 年被河南省人政府表彰为全省重点项目建设先进个人。

邮箱地址：50505109@qq.com